# Strömungsmechanische Instabilitäten

Springer

*Berlin*
*Heidelberg*
*New York*
*Barcelona*
*Budapest*
*Hongkong*
*London*
*Mailand*
*Paris*
*Santa Clara*
*Singapur*
*Tokio*

Herbert Oertel Jr. · Jan Delfs

# Strömungsmechanische Instabilitäten

Mit 82 Abbildungen

Springer

Prof. Dr.-Ing. habil. Herbert Oertel Jr.
Ordinarius
Dr.-Ing. Jan Delfs
Hochschulassistent
Institut für Strömungslehre und Strömungsmaschinen
der Universität Karlsruhe (TH)
Kaiserstraße 12
76128 Karlsruhe

ISBN 978-3-540-56984-8

Die Deutsche Bibliothek - Cip-Einheitsaufnahme
**Oertel, Herbert:**
Strömungsmechanische Instabilitäten / Herbert Oertel Jr. ; Jan Delfs. -
Belin ; Heidelberg ; New York ; Barcelona ; Hongkong ; London ; Mailand ;
Paris ; Santa Clara ; Singapur ; Tokio : Springer, 1996
ISBN 978-3-540-56984-8 ISBN 978-3-642-60931-2 (eBook)
DOI 10.1007/978-3-642-60931-2

NE: Delfs, Jan:



Satz: Reproduktionsfertige Vorlage des Autors
SPIN: 10099035 68/3020 - 5 4 3 2 1 0 - Gedruckt auf säurefreiem Papier

# Vorwort

Das Buch über die strömungsmechanischen Instabilitäten ergänzt den Lehrstoff der Strömungsmechanik–Lehrbuchreihe um das Fachgebiet der Stabilitätstheorie und deren Anwendung in Teilgebieten der Technik und Naturwissenschaften. Es dient der Vertiefung der strömungsmechanischen Grundlagen für interessierte Studenten der höheren Semester und Doktoranden.

Das Lehrbuch gibt eine Einführung in die klassische Stabilitätstheorie harmonischer Wellen. Es behandelt im Rahmen der primären Instabilität die Dynamik lokaler Störungen in dreidimensionalen Strömungsfeldern sowie die Theorie der sekundären Instabilitäten. Die Begriffe der konvektiven und absoluten Instabilität dienen der Klassifikation strömungsmechanischer Instabilitäten. Konvektiv instabile Strömungsprobleme führen in einem Transitionsprozeß über primäre und sekundäre Instabilitäten von einer laminaren zur turbulenten Strömung. Absolute Instabilitäten führen dagegen schlagartig im gesamten Strömungsfeld zur Turbulenz oder Instationarität.

Die Stabilitätsanalyse nichtparalleler Strömungen wird einerseits auf der Basis der Erweiterung der klassischen Theorie mittels der Methode der multiplen Skalen besprochen. Andererseits wird die Stabilitätsanalyse auf der Basis der parabolisierten Störungsdifferentialgleichungen durchgeführt. Damit können konvektive Instabilitäten in nichtparallelen Strömungen besonders elegant beschrieben werden.

Als Leitfaden dienen uns die klassischen Stabilitätsprobleme, wie die Rayleigh-Bénard–Konvektion, die Marangoni– und Diffusions–Konvektion, das Taylor– und Görtler–Problem, die Tollmien–Schlichting–Welle, Querströmungsinstabilitäten und die Kármán'sche Wirbelstraße. Mit Bezug auf die technische Anwendung wird die Laminarströmung und Strömungsbeeinflussung transsonischer Tragflügelströmungen in Ergänzung zum Lehrstoff der numerischen Strömungsmechanik herausgestellt.

Das vorliegende Lehrbuch beabsichtigt nicht, das Fachgebiet der strömungsmechanischen Instabilitäten umfassend zu behandeln. Es umfaßt die Stoffauswahl einer vom Erstautor über mehrere Jahre gehaltenen Spezialvorlesung, die dem Wissensstand der Ingenieurstudenten in den höheren Semestern angepaßt ist. Es werden einige ausgewählte Literaturzitate benutzt, die ausschließlich der Vertiefung des Lehrstoffes dienen. Das Buchmanuskript wurde gemeinsam mit meinem langjährigen Assistenten J. Delfs ausgearbeitet, der den Vorlesungsstoff um die neueren Entwicklungen der Stabilitätstheorie erweitert hat.

Besonderer Dank gilt unserer Mitarbeiterin I. Adami für die photographische Gestaltung des Manuskripts und meinem Assistenten T. Ehret sowie Dr.-Ing. G. Büchner für die Manuskriptdurchsicht. Dem Springer-Verlag danken wir für die bewährte und stets erfreuliche gute Zusammenarbeit.

Karlsruhe, im Herbst 1995 Herbert Oertel jr.

# Inhaltsverzeichnis

# 1 Einführung

Das Fachgebiet der strömungsmechanischen Instabilitäten befaßt sich mit dem Verhalten von Strömungen, nachdem diese beliebigen Störungen ausgesetzt worden sind. Der Begriff der "Stabilität" wird hierbei eine zentrale Rolle spielen. Er wird häufig im Zusammenhang mit den verschiedensten Gebieten verwendet. Die Stabilitätseigenschaft ist ein Kriterium dafür, ob ein System dazu neigt, seinen derzeitigen Zustand beizubehalten oder zu verändern. Im letzteren Fall spricht man von "Instabilität". Die besonders leichte Zugänglichkeit des Stabilitätsbegriffs schließt in diesem Fall den hohen Abstraktionsgrad und damit die Breite seiner Anwendbarkeit nicht aus. So wird z.B. von "politischer Stabilität", "wirtschaftlicher Stabilität" und "Geldwertstabilität" ebenso gesprochen wie etwa von "Stabilität chemischer Verbindungen", "Stabilität von Tragwerken", "flugmechanischer Stabilität" oder "Stabilität von Regelkreisen". Die typische Ingenieuraufgabe besteht z. B. darin, die Stabilität eines entwickelten technischen Systems nachzuweisen. Andererseits können Instabilitäten gezielt ausgenutzt werden, um etwa selbsterregte Schwingungen in einem Schwingkreis anzuregen. Viele naturwissenschaftliche Erscheinungen können stabilitätstheoretisch erklärt werden.

Wir wollen uns hier mit solchen Instabilitätsphänomenen beschäftigen, die in Fluiden auftreten. Sie werden auch häufig als "hydrodynamische Instabilitäten" bezeichnet, obwohl hiermit nicht nur entsprechende Vorgänge in Flüssigkeiten, sondern in allen Fluiden gemeint sind. Nach einer phänomenologischen Einführung werden wir den Stabilitätsbegriff formal definieren, den mathematischen und physikalischen Zugang zu strömungsmechanischen Stabilitätsproblemen erläutern und auf die technischen Anwendungen der Stabilitätstheorie hinweisen.

Der Lehrstoff baut auf den Grundlagenwerken "Strömungsmechanik – Methoden und Phänomene" von H. OERTEL JR., M. BÖHLE, T. EHRET 1995 und "Numerische Strömungsmechanik" von H. OERTEL JR., E. LAURIEN 1995 auf. Alle speziell für die Theorie der strömungsmechanischen Instabilitäten notwendigen Grundlagen, insbesondere mathematischer Art, werden erläutert und sind am Ausbildungsstand eines Ingenieurstudiums nach Abschluß des Vordiploms orientiert.

Wir beginnen mit einer sehr allgemeinen Überlegung zu physikalischen Systemen. Der Zustand eines solchen Systems stellt sich nach den jeweils gültigen Gleichgewichtsbedingungen ein. Es stellt sich dabei die für das physikalische Verständnis ebenso wie für die Anwendung des Systems wichtige Frage:

- Wie reagiert das System auf eine *beliebige*, aber physikalisch mögliche Störung seines (*Ausgangs-*)Zustands ?

Drei prinzipiell unterschiedliche störungsinduzierte Systemreaktionen sind denkbar:

- Alle Störungen verschwinden auf Dauer. Der Ausgangszustand wird wieder erreicht und wir charakterisieren ihn als *stabil*.
- Es gibt Störungen, die das System dazu bringen, selbsttätig den Ausgangszustand auf Dauer zu verlassen. Dann bezeichnen wir den Ausgangszustand als *instabil*.
- Es gibt Störungen, die immer im System verbleiben, aber auf Dauer keine Veränderung des Systemzustands bewirken. Wir nennen den Ausgangszustand *indifferent*.

Aufgrund dieser vorläufigen Einteilung wollen wir die drei oben eingeführten Eigenschaften unter dem Oberbegriff *Stabilität* zusammenfassen.

Wir konkretisieren unsere so vereinbarte Einteilung anhand zweier einfacher Beispiele aus der Punktmechanik und der Strömungsmechanik.

## 1.1 Instabilität

Die Punktmechanik liefert uns das wohl anschaulichste Beispiel zum Stabilitätsbegriff. In Abbildung 1.1 ist das Verhalten einer Kugel auf verschieden geformten Untergründen im Schwerefeld skizziert. Die Anwendung des oben eingeführten Stabilitätsbegriffs auf die ersten drei Fälle ist offensichtlich. Bei konkaver Oberfläche ist das Verhalten stabil. Die Kugel kehrt nach einer Auslenkung aus ihrer Ruhelage unter Dämpfungseinfluß selbständig wieder in diese zurück. Aber auch bei vollkommener Verlustfreiheit wüchse die Amplitude der Bewegung auf Dauer nicht an. Ist die Oberfläche horizontal, liegt Indifferenz vor, da die Kugel der veränderten Lage keine Reaktion entgegensetzt. Im Gegensatz dazu verläßt die Kugel bei konvex geformter Oberfläche auch unter Dämpfungseinfluß selbst bei der kleinsten Auslenkung ihre Ruheposition; die Lage ist instabil.

Die im rechten Teil der Abbildung 1.1 gezeigte Situation hingegen zeigt, daß die Stabilitätseigenschaft von der Stärke der Störung abhängen kann. Der skizzierte Fall wird deshalb als *bedingt stabil*, bzw. *lokal stabil* bezeichnet.

Im Gegensatz zur Punktmechanik muß der Instabilitätsbegriff in der Kontinuumsmechanik weiter nach der *zeitlichen* und der *räumlichen* Störungsentwicklung qualifiziert werden. Wir betrachten die stationäre, laminare Konvektionsströmung an einer vertikalen, beheizten Platte nach Abbildung 1.2. Wir stören das Strömungsfeld mit einer periodischen Störwelle kleiner Amplitude:

$$w'(x,z,t) = \hat{w}(x)\ \exp(i\,az - i\,\omega t) \tag{1.1}$$

Bei vorgegebener Wellenlänge $\lambda = 2\pi/a$ bezeichnen wir den laminaren Ausgangszustand als *zeitlich instabil* bezüglich dieser Wellenlänge, wenn die Strömung für eine zeitliche Anfachung der Wellenamplitude sorgt, d.h. $Im\,\omega(a) > 0$. Wird die Störwelle

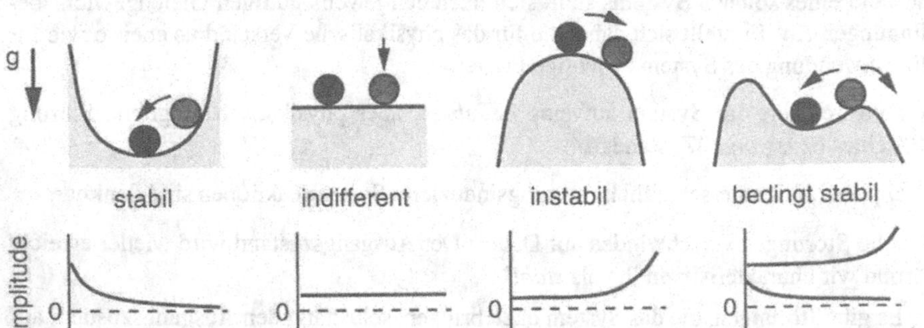


**Abb. 1.1**: Zum Stabilitätsbegriff in der Punktmechanik.

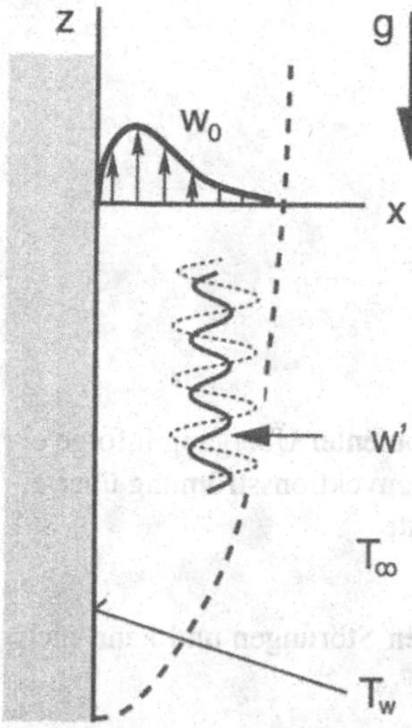


**Abb. 1.2**: Zum Stabilitätsbegriff in der Strömungsmechanik. $T_w > T_\infty$. Der gezeigte Fall deutet eine zeitlich instabile, laminare Konvektionsströmung $w_0$ an (Amplitudenwachstum).

zeitlich gedämpft ($Im\,\omega(a) < 0$), so nennen wir die laminare Ausgangsströmung *zeitlich stabil* bezüglich der gegebenen Wellenlänge. Als *zeitlich neutral* oder indifferent gelte der Grenzfall zeitlich konstanter Störamplitude. Damit ist in Analogie zur Punktmechanik der Fall der zeitlichen Stabilitätsuntersuchung ($\omega$ komplex, $a$ reell) erläutert.

Anstatt der rein zeitlichen Störungsentwicklung können wir aber auch den Stabilitätsbegriff bezüglich der rein räumlichen- ($\omega$ reell, $a$ komplex), oder allgemeiner der räumlich-zeitlichen ($\omega, a$ komplex) Entwicklung von Störungen definieren. Im letzteren Fall untersucht man die Aufteilung nach sogenannten absoluten und konvektiven Instabilitäten. Eine konvektive Instabilität liegt vor, falls die zeitlich aufklingende Störenergie mit der Strömung stromab fortgeschwemmt wird. Verbleibt die Störung hingegen am Ort, so spricht man von absoluter Instabilität. Wir werden hierauf im einzelnen in Kapitel 2.5 eingehen.

## 1.2 Strömungsmechanische Instabilitätsphänomene

Der Vielzahl strömungsmechanischer Instabilitätserscheinungen wegen können wir im folgenden lediglich eine Auswahl der für das Verständnis und die technischen Anwendungen wichtigsten Beispiele erläutern.

Betrachten wir den aufsteigenden Rauch einer abgelegten, glimmenden Zigarette in ruhender Umgebungsluft, so stellen wir nach Abbildung 1.3 fest, daß er sich in der Nähe der Zigarette zunächst in glatten geraden Bahnen bewegt. Nach dem Erreichen einer bestimmten Höhe zerfasern diese Rauchbahnen plötzlich in eine offenkundig ungeordnete, zeitlich und räumlich irregulär schwankende Struktur. Die die Rauchteilchen mitnehmende Strömung ist vom laminaren in den turbulenten Zustand übergegangen. In vielen Strömungsproblemen wird der laminar–turbulente Übergang durch Instabilitäten eingeleitet. Die laminare Strömungsform wird beim Überschreiten eines kritischen Pa-

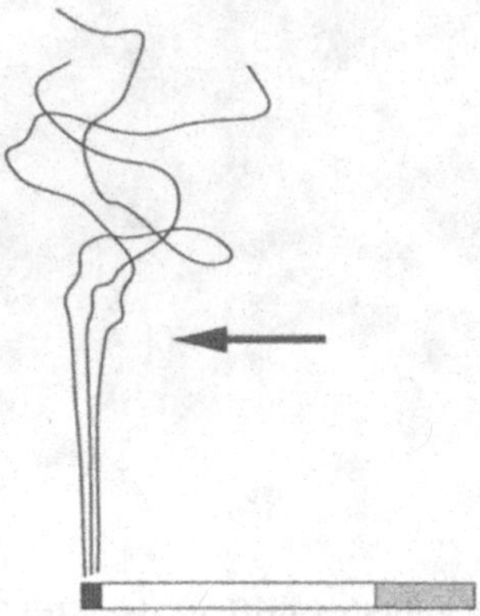

**Abb. 1.3**: Laminar–turbulenter Übergang infolge einer Instabilität in der Konvektionsströmung über einer glimmenden Zigarette.

rameters, z.B. der Reynoldszahl, instabil gegenüber kleinen Störungen und kann nicht beibehalten werden.

Im zweiten Beispiel betrachten wir eine horizontale Fluidschicht unter Schwerkrafteinfluß. Der Boden unterhalb des Fluids besitzt eine höhere Temperatur als die freie Oberfläche. Beim Überschreiten einer kritischen Temperaturdifferenz zwischen der freien Oberfläche und dem Boden gerät das Fluid plötzlich in Bewegung und bildet nach Abbildung 1.4 hexagonale Zellstrukturen aus, in deren Zentren Fluid aufsteigt und an deren seitlichen Grenzen Fluid abwärts strömt. Das Phänomen wird als thermische Zellularkonvektion bezeichnet. Bénard wies die Zellularkonvektion experimentell nach, während Rayleigh sie stabilitätstheoretisch erklärte. Das Instabilitätsphänomen wird daher auch als Rayleigh–Bénard Konvektion bezeichnet. Ist das Fluid von oben durch eine

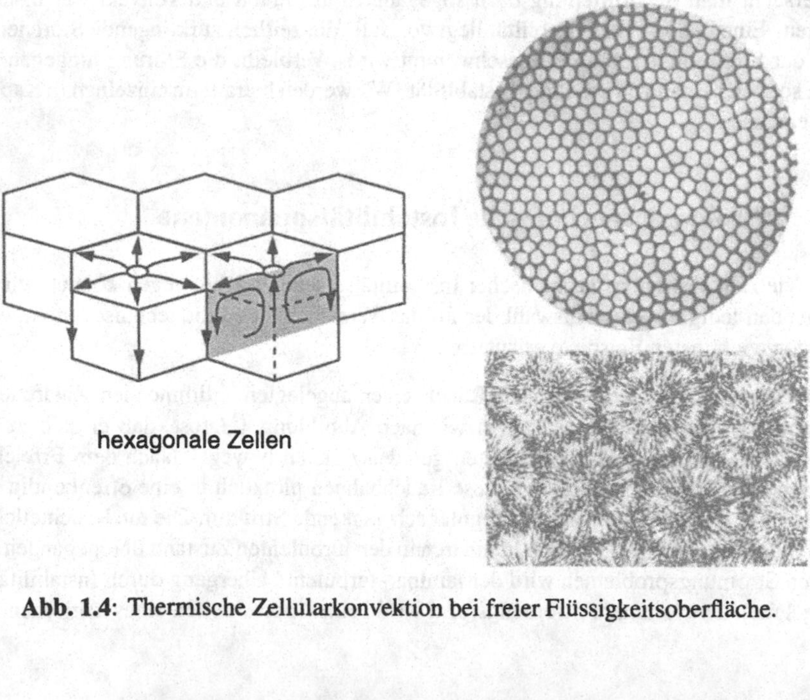


**Abb. 1.4**: Thermische Zellularkonvektion bei freier Flüssigkeitsoberfläche.

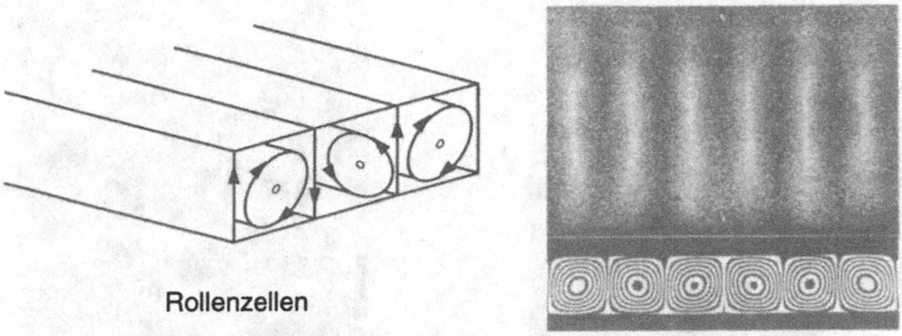


**Abb. 1.5**: Thermische Zellularkonvektion bei fester oberer Berandung.

Deckplatte begrenzt, so bilden sich anstatt der hexagonalen Zellen periodisch nebeneinander angeordnete, walzenförmige Strukturen aus. Diese Situation zeigt das Bild 1.5. Der Grund für die Instabilität ist in beiden Fällen anschaulich: kaltes, also dichteres Fluid ist über wärmerem Fluid geschichtet und tendiert dazu, in tiefere Schichten zu wandern. Die kleinste Störung der Schichtung führt zum Einsetzen dieser Ausgleichsbewegung. Dabei ist vorausgesetzt, daß ein bestimmter kritischer Parameter, die sog. Rayleighzahl, überschritten ist.

Eine Rayleigh–Bénard Konvektion wird auch während des Abkühlvorgangs von flüssigen Magmamassen beobachtet. Die Oberfläche kühlt ab, und es bildet sich eine (instabile) Temperaturgrenzschicht im Magma. Im Bereich der Grenzschicht stellt sich eine in hexagonalen Zellen strukturierte Konvektionsströmung ein, die nach der Erstarrung typische Basaltsäulen hinterläßt (vgl. Abb. 1.6). Wir kommen auf eine detaillierte Berechnung der Rayleigh–Bénard Konvektion später zurück.

Die die Konvektionsströmung verursachenden Dichteunterschiede können auch durch Konzentrationsgradienten in einer Lösung hervorgerufen werden. Genau wie bei der Bénard Konvektion entstehen bei freier Oberfläche auch hier hexagonale Strömungs-

**Abb. 1.6**: Zellularkonvektion an Erstarrungsfronten hinterläßt Basaltsäulen.

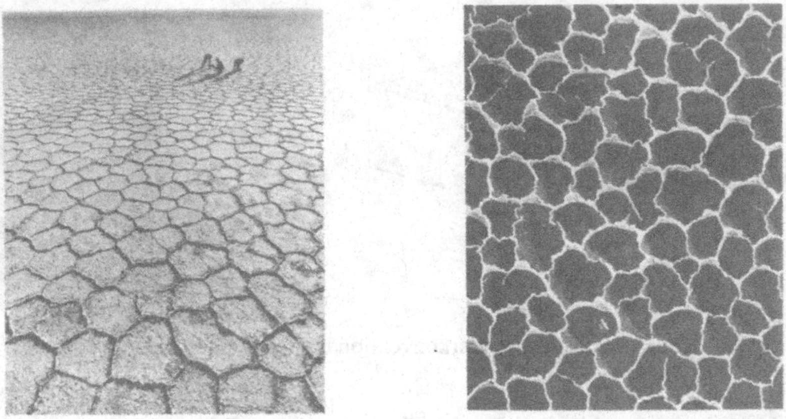

Salzsee Sodasee

**Abb. 1.7**: Zellularkonvektion als Folge von Konzentrationsschichtungen.

zellen. Solche Situationen entstehen etwa beim Austrocknen eines Salzsees. Das an der Oberfläche verdunstende Wasser hinterläßt relativ hohe Salzkonzentrationen mit entsprechenden Dichteerhöhungen. Schweres Fluid ist damit (instabil) über leichterem geschichtet. Die beim Überschreiten eines kritischen Konzentrationsunterschiedes entstehende Konvektionsströmung nimmt in Bodennähe, wo sie in Richtung der Zellzentren fließt, Sand und Staubteilchen auf. Diese Partikel werden in der Folge durch die Auftriebszone im Zellzentrum mitgetragen und entsprechend der in der Abbildung 1.4 skizzierten Strömung zu den Zellrändern verteilt. Hier schließlich sinken sie entsprechend der Konvektionsbewegung zu Boden, wo sie sich am Ende ablagern. So entstehen die in Abbildung 1.7 gezeigten Strukturen am Grund ausgetrockneter Salzseen.

Hydrodynamische Instabilitäten mit zellularen Strukturen treten ebenfalls in stellaren Dimensionen auf. Die Abbildung 1.8 zeigt dazu Photographien von der Oberfläche der Sonne, deren Strukturierung (auch *Granulation*) auf Bénard Instabilitäten zurück-

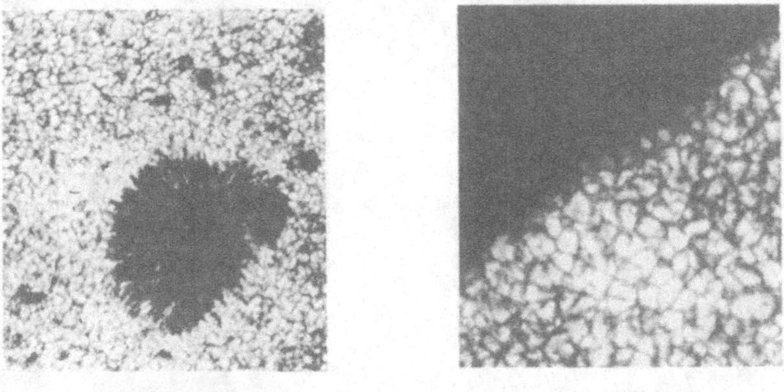

**Abb. 1.8**: Zellularkonvektion auf der Sonne (Granulation).

zuführen ist. Denn die Temperatur nimmt in Oberflächennähe mit dem Radius ab, so daß eine instabile Dichteschichtung entsteht. In der Umgebung der Sonnenflecken (vgl. linkes Bild von 1.8) orientieren sich die Konvektionszellen entlang der starken Magnetfelder als längliche Rollen.

Eine der thermischen Zellularkonvektion sehr ähnliche Erscheinung beobachten wir in einem von zwei konzentrischen Zylindern gebildeten und mit Fluid gefüllten Ringspalt, wenn bei ruhendem Außenzylinder der innere Zylinder eine kritische Drehzahl überschreitet. In dieser Schichtenströmung sorgt die Fliehkraft dafür, daß innenliegende Fluidschichten nach außen drängen. Entsprechend der Abbildung 1.9 links bilden sich bei beliebig kleiner Störung der Schichtung torusförmige Strukturen aus, die nach ihrem Entdecker Taylor auch Taylorwirbel genannt werden. Die dieses Instabilitätsphänomen charakterisierende Kennzahl heißt Taylorzahl. Eine eingehende mathematische Analyse des Taylorproblems werden wir weiter unten vornehmen. Beim Überschreiten einer weiteren kritischen Drehzahl des Innenzylinders werden die Taylorwirbel instabil gegenüber in Umfangsrichtung laufenden Wellenstörungen. Diese sog. sekundäre Instabilität sorgt für eine instationäre periodische Schwankung der Taylorwirbel, die in der Abbildung 1.9 rechts oben dargestellt ist. Sekundäre Instabilitäten entstehen an solchen Strömungszuständen, die ihrerseits infolge einer Instabilität (sog. primäre Instabilität) entstanden sind, wie z.B. Taylorwirbel. Wir werden im Rahmen der Ableitung der sekundären Stabilitätstheorie darauf zurückkommen. Instabilitäten Taylorscher Art werden auch in der Atmosphäre von Planeten wie Saturn oder Jupiter beobachtet, vgl. Abbildung 1.10.

Den infolge kleiner Störungen eingeleiteten und mit Rauch visualisierten laminar-turbulenten Übergang in der Grenzschicht eines längsangeströmten Zylinders zeigt das Bild 1.11. Ab einer bestimmten Position in Achsrichtung bilden sich stromablaufende, sog. Tollmien–Schlichting Wellen aus, deren Amplituden stromab anwachsen. Die laminare Grenzschicht wird ab einer kritischen, mit der Grenzschichtdicke gebildeten Reynoldszahl instabil gegenüber kleinen, instationären Wellenstörungen des Drehungsfeldes. Die Rauchteilchen sammeln sich in Gebieten großer Drehung, so daß die in der Abbildung sichtbaren Streifen hoher Rauchkonzentration näherungsweise Wirbelröhren

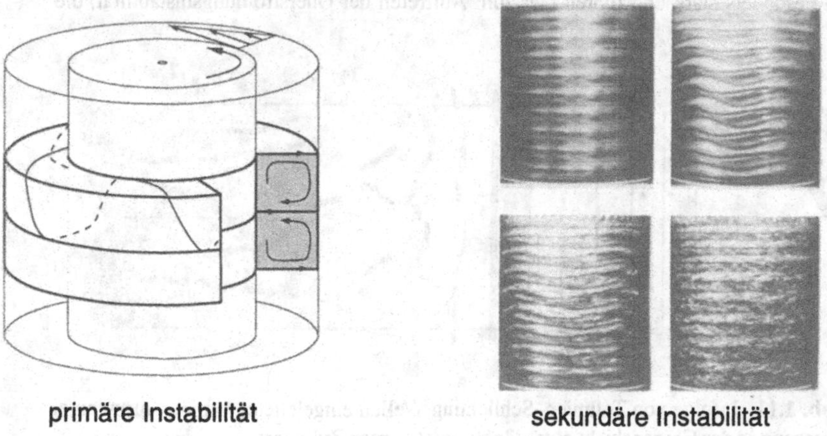


**Abb. 1.9**: Taylorwirbel als Folge der Schichteninstabilität des Fliehkraftfeldes

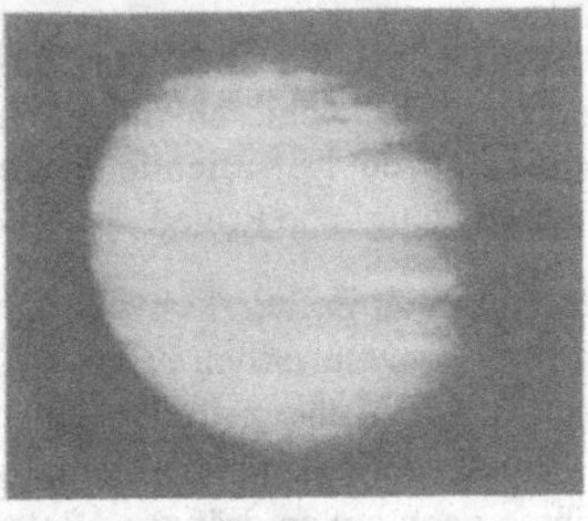


**Abb. 1.10**: Instabilitäten in Planetenatmosphären.

visualisieren. Nach Erreichen einer kritischen Amplitude werden diese Welleninstabilitäten ihrerseits instabil gegenüber Querwellenstörungen, die zu der im Bild 1.11 erkennbaren wellenartigen Verformung der Wirbelröhren führen. Dieses Phänomen kann ebenfalls mit Hilfe der Theorie der sekundären Instabilitäten erklärt werden. Wir werden diese Phasen des laminar–turbulenten Übergangs in späteren Kapiteln im einzelnen untersuchen.

Dreidimensionale Grenzschichtströmungen weisen eine weitere Art von Instabilität auf, die mit dem Vorhandensein einer wandparallelen Geschwindigkeitskomponente quer zur Strömungsrichtung am Grenzschichtrand zusammenhängt. Sie wird dementsprechend *Querströmungsinstabilität* genannt. Ein dreidimensionales Geschwindigkeitsprofil tritt in dem technisch besonders interessanten Fall der Grenzschichtströmung an einem gepfeilten Tragflügel auf, denn die im Bereich der Vorderkante stark gekrümmten Stromlinien unmittelbar außerhalb der Grenzschicht gehen mit einem Druckgradienten quer zur Hauptströmungsrichtung einher, der sich der Grenzschicht aufprägt. Dieser Druckgradient treibt eine sog. *Sekundärströmung*, die sich als Querströmungskomponente des Grenzschichtprofils bemerkbar macht. Die Skizze 1.12 zeigt schematisch diese Strömung. Im Bereich der Vorderkante des Flügels sind die Querströmungskomponenten besonders stark und führen hier zum Auftreten der Querströmungsinstabilität, die

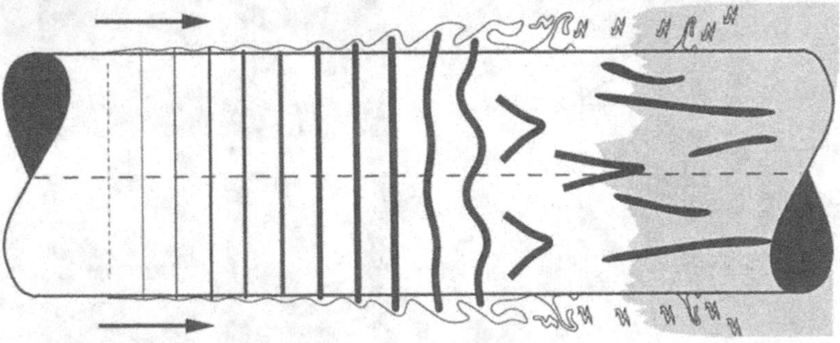

**Abb. 1.11**: Infolge von Tollmien–Schlichting Wellen eingeleiteter laminar–turbulenter Übergang in der Grenzschicht eines längsangeströmten Zylinders.

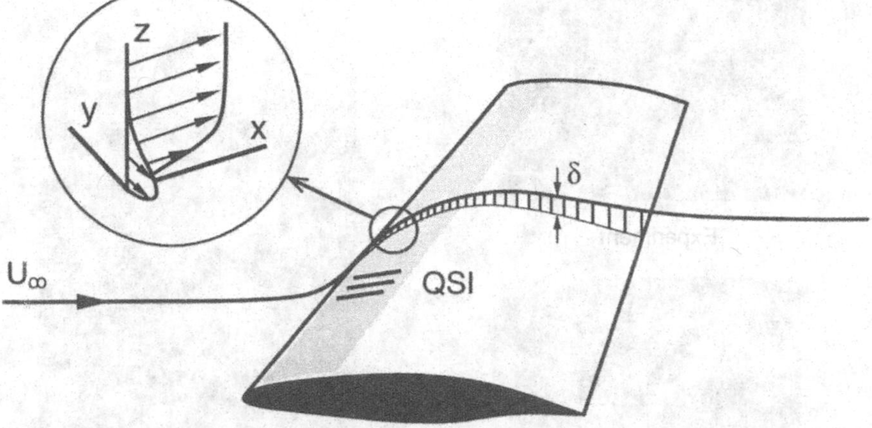


**Abb. 1.12**: Querströmungsprofil mit Querströmungsinstabilität (QSI) am Pfeilflügel.

bei geeigneter Strömungssichtbarmachung charakteristische, periodische Längsstreifenstrukturen hinterläßt, die in der Skizze 1.12 angedeutet sind. Innerhalb der Vielzahl der möglichen instationären Querströmungswellen besteht i.d.R. auch immer eine stehende Querströmungswelle, die auch als Querstromwirbel bezeichnet wird. Die Querströmungsinstabilität ist von großer technischer Bedeutung, da etwa bei der Auslegung eines Laminarflügels Sorge dafür getragen werden muß, daß sie unterbleibt. Denn die Querströmungsinstabilität leitet praktisch schon in der Nähe der Vorderkante den Transitionsprozeß zur turbulenten Strömung ein, der aber gerade möglichst weit stromab liegen sollte.

Als letztes einführendes Beispiel von strömungsmechanischen Instabilitäten sei die von Kármán'sche Wirbelstraße angeführt, die als Folge einer Instabilität im Nachlauf von umströmten Körpern mit stumpfer Hinterseite entsteht. Beim Überschreiten einer kritischen Reynoldszahl beginnen periodische Wirbelablösungen von der Hinterseite des Körpers. Die Prinzipskizze 1.13 stellt die von Kármán'sche Wirbelstraße hinter einem Körper mit stumpfer Hinterkante dar. Die zeitlich und räumlich periodischen Ablösungen sorgen dafür, daß der Druckrückgewinn an der Hinterseite stark geschwächt wird. Die von Kármán'sche Wirbelstraße sorgt somit für einen hohen Druckwiderstand des Körpers. Abbildung 1.14 zeigt eine Photographie der Streichlinien im instabilen Nachlauf eines

**Abb. 1.13**: Von Kármán'sche Wirbelstraße als Folge einer Instabilität des Nachlaufs.

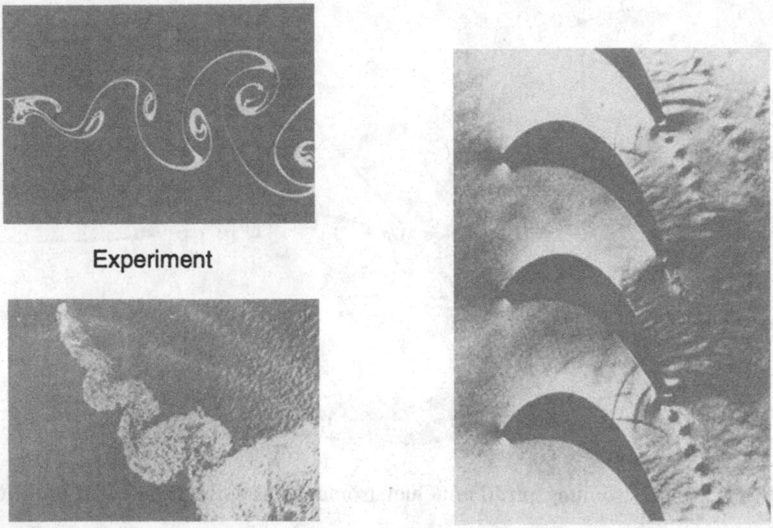


**Abb. 1.14**: Von Kármán'sche Wirbelstraße in verschiedenen Nachlaufströmungen.

querangeströmten Zylinders im Experiment. Die Luftaufnahme eines havarierten Schiffs (Bild 1.14), dessen austretendes Öl die leeseitigen Strömungsverhältnisse des Wassers sichtbar macht, zeigt ebenfalls die Form einer Wirbelstraße. Eine Visualisierung der transsonischen Umströmung eines Turbinenschaufelgitters verdeutlicht nach Abbildung 1.14 abermals die typische, periodische Wirbelanordnung der von Kármán'schen Wirbelstraße im Nachlauf.

## 1.3 Stabilitätsdefinition

Nach den vorangegangenen Überlegungen können wir, ohne den Fall einer speziellen instabilen Strömung betrachten zu müssen, formulieren, was Instabilitäten charakterisiert.

Wir betrachten einen stationären Strömungszustand $\boldsymbol{U}_0(x,y,z)$, der z.B. durch seine dimensionslose Dichteverteilung $\rho_0$, Temperaturverteilung $T_0$ und die drei Komponenten des Geschwindigkeitsvektors ${}^t(u_0, v_0, w_0)$ an jeder räumlichen Position ${}^t(x,y,z)$ vollständig definiert ist. $\boldsymbol{U}_0 = {}^t(\rho_0, u_0, v_0, w_0, T_0)$ erfüllt die Erhaltungsgleichungen der Kontinuumsmechanik für Masse, Impuls und Energie. Hierbei stellt sich die wichtige Frage, ob es weitere Lösungen der Erhaltungsgleichungen, also zusätzliche Gleichgewichtszustände des Systems gibt, die möglicherweise sogar bevorzugt werden. Um diese Frage beantworten zu können, lenken wir unseren Strömungszustand $\boldsymbol{U}_0$ aus seiner Gleichgewichtslage schwach aus. Diese Auslenkung muß physikalisch möglich sein, d.h. der zum Zeitpunkt $t = 0$ neu entstandene gestörte Strömungszustand $\boldsymbol{U}(x,y,z,t=0)$ muß den Randbedingungen des Strömungsproblems genügen.

Wir brauchen jetzt nur noch die "Größe" der nun im Strömungsfeld befindlichen Störung

$U' := U(x,y,z,t) - U_0(x,y,z)$ in der Zeit zu verfolgen, um beurteilen zu können, ob der alte Zustand $U_0$ wieder angenommen wird oder nicht. Unter "Größe der Störung" verstehen wir eine geeignet gewählte Norm, $||U'||$ von $U'$ wie z.B.

$$||U'|| := \int\limits_V |U'(x,y,z,t)|^2 \, dV \quad , \qquad (1.2)$$

die ein Maß für die Abweichung der gestörten Strömung $U$ von der Grundströmung $U_0$ im gesamten Strömungsfeld $V$ darstellt. Wir werden im folgenden $||U'||$ auch als Störenergie im Strömungsfeld bezeichnen.

Mit den so eingeführten Begriffen kommen wir zur Definition der Stabilität. Unsere Grundströmung heiße stabil, sofern die Größe einer Störung für alle Zeiten $t \geq 0$ kleiner als eine vorgegebene Zahl $\epsilon$ bleibt :

$$||U'||_t < \epsilon \quad \text{mit } t \geq 0 \quad , \qquad (1.3)$$

für alle Anfangsstörungen $U'(x,y,z,t=0)$, deren Störenergie kleiner als eine Konstante ist: $||U'||_{t=0} < const(\epsilon)$. Anderenfalls heiße die Grundströmung instabil. Die Prinzipdiagramme 1.15 erläutern an Beispielen, wie nach der obigen Definition Strömungen nunmehr anhand des zeitlichen Verhaltens der Störenergie einer eingebrachten Störung in stabile und instabile Strömungen eingeteilt werden können. Dazu werden der Grundströmung $U_0$ verschiedene Anfangsstörungen, z.B. $U_1'(t=0)$, $U_2'(t=0)$, $U_3'(t=0)$, $U_4'(t=0)$ überlagert. Es sei darauf hingewiesen, daß unter den unendlich vielen möglichen Störungen auch bei instabiler Strömung Störungen angeregt werden können, die auf Dauer abklingen, wie z.B. für die Störung $U_3'(t=0)$ in Skizze 1.15 angedeutet.

In der Regel werden wir Strömungen $U_0$ auf sog. *asymptotische Stabilität* untersuchen, die dann vorliegt, wenn jede beliebige Störung auf Dauer abklingt :

$$\lim_{t\to\infty} ||U'(t)|| = 0 \quad . \qquad (1.4)$$

In diesem Fall nimmt das gestörte System zeitasymptotisch wieder seinen Ursprungszustand $U_0$ an. Dieser Fall ist in der Abbildung 1.16 skizziert.

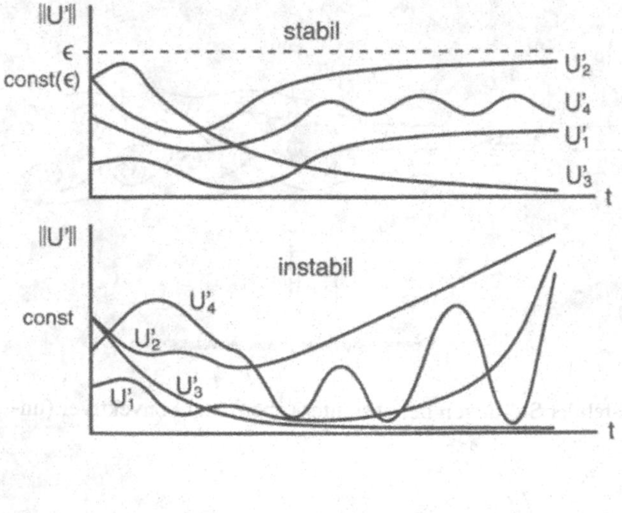


**Abb. 1.15**: Zur Definition von Stabilität.

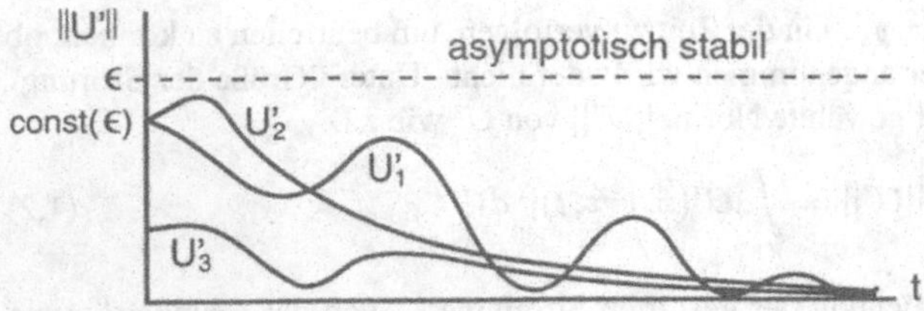


**Abb. 1.16**: Störverhalten bei asymptotisch stabiler Strömung.

Wir können nun zwar stationäre Strömungen $\boldsymbol{U}_0$ in instabile und stabile einteilen, und wir machen dazu definitionsgemäß eine Aussage über die zeitliche Entwicklung der Störenergie $||\boldsymbol{U}'||$ im Mittel über dem gesamten Strömungsfeld $V$. Damit ist jedoch noch keine Aussage über die räumlich–zeitliche Ausbreitung der instabilen Störungen gemacht, die wesentlich zum Verständnis von Instabilitätsphänomenen beitragen kann.

Zur Erläuterung der Problematik vergleichen wir zwei instabile Grundströmungen $\boldsymbol{U}_0$ miteinander, die ein qualitativ vollkommen unterschiedliches Verhalten nach der Störungseinleitung aufweisen. Unter der idealisierenden Annahme völliger Störungsfreiheit könnte auch bei überkritischer Reynoldszahl ein stationärer Nachlauf hinter der stumpfen Hinterseite eines umströmten Körpers erzeugt werden, so daß entgegen der Situation nach Abbildung 1.13 keine von Kármán'sche Wirbelstraße entsteht. Ebenso würde bei ideal störungsfreier Längsanströmung einer ebenen Platte auch bei überkritischer Reynoldszahl eine zwar instabile, aber laminare Strömung vorliegen.

Wird nun im Beispiel der Nachlaufströmung nach Skizze 1.17 zu einem Zeitpunkt $t_0$ kurzfristig eine lokale Störung etwa in der Umgebung des stationären Nachlaufgebiets des Körpers eingebracht, so bildet sich auf Dauer die von Kármán'sche Wirbelstraße aus. Eine solche Störung verhält sich in der instabilen Plattengrenzschichtströmung qualitativ vollkommen verschieden. Die Größe der Störung wächst zwar auch hier an, die Störung wird jedoch entsprechend der Skizze gleichzeitig stromab geschwemmt, verläßt also für immer den Ort der Störungseinleitung. Offenbar führt die Instabilität in der Nachlaufströmung zu einer selbsterregten Schwingung des Systems am festen Ort, während in der Grenzschichtströmung Störungen am festen Ort auf Dauer verschwinden. Störenergie würde am festen Ort hier nur dann zu beobachten sein, wenn stromauf vor

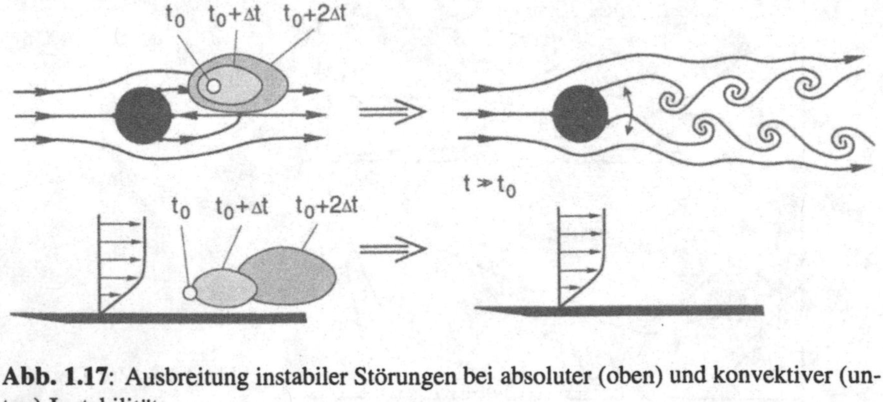


**Abb. 1.17**: Ausbreitung instabiler Störungen bei absoluter (oben) und konvektiver (unten) Instabilität.

der Meßstelle kontinuierlich Störenergie von außen eingebracht würde.

Um eine Aussage bezüglich des räumlichen Verhaltens der Störungen machen zu können, müssen wir offenbar ein Maß für die lokale Größe der Störungen einführen. Dazu verkleinern wir das Integrationsgebiet $V$, über welchem nach Gleichung (1.2) die Störungsgröße $||\boldsymbol{U}'||$ berechnet wird, vom gesamten Strömungsfeld auf ein Teilgebiet. Diese Verkleinerung treiben wir solange, bis das Integrationsgebiet auf die infinitesimal kleine Größe $dV$ geschrumpft ist. Entsprechend (1.2) ist dann

$$d||\boldsymbol{U}'|| = |\boldsymbol{U}'|^2 dV \quad .$$

Teilen wir durch das Volumenelement $dV$, so erhalten wir schließlich formal eine Störenergiedichte $A$ mit

$$A^2(x,y,z,t) := \frac{d||\boldsymbol{U}'||}{dV} = |\boldsymbol{U}'|^2 \quad , \tag{1.5}$$

die wir hiermit als Maß für die Größe der Störung am Ort $x, y, z$ zum Zeitpunkt $t$ definieren. Wir können jetzt die eingangs angeführten zwei instabilen Strömungen folgendermaßen voneinander unterscheiden.

In einer anfänglich störungsfreien instabilen Strömung klinge die Störenergiedichte $A$ am Ort der Einleitung einer kurzfristig aufgebrachten, lokalen Störanregung zeitasymptotisch ab. Dann heiße die Strömung *lokal konvektiv instabil.* Anderenfalls heiße die Strömung *lokal absolut instabil.*

Wir können jetzt die Punkte, an denen die Strömung lokal absolut instabil ist, zu einem absolut instabilen Strömungsbereich zusammenfassen. Wir werden solche Strömungen, in denen absolut instabile Bereiche auftreten auch einfach als absolut instabile Strömungen bezeichnen. Tritt dagegen kein absolut instabiler Bereich auf, so sprechen wir von einer konvektiv instabilen Strömung.

Die in der Abbildung 1.17 oben dargestellte Nachlaufströmung ist danach absolut instabil, während die unten skizzierte Plattengrenzschicht konvektiv instabiles Verhalten zeigt. Über die wichtigen Konsequenzen dieser Einteilung in absolut und konvektiv instabile Bereiche für die Modellierung des laminar–turbulenten Übergangs oder für Techniken zur Strömungsbeeinflussung kommen wir im abschließenden Kapitel zurück.

# 2 Primäre Instabilitäten

Instabilitäten, die in solchen Strömungen $\boldsymbol{U}_0(x, y, z)$ auftreten, die nicht ihrerseits schon Folge einer Instabilität sind, nennen wir *primäre Instabilitäten*. Eine primäre Instabilität zeigt sich als eine dem Grundzustand überlagerte Störströmung. Um das Wachstum der Störung aufrecht zu erhalten, versorgt sie sich selbsttätig und direkt mit Energie aus dem Grundzustand. Im Gegensatz dazu benötigen sekundäre Instabilitäten eine Art "Katalysator" zur Energieaufnahme, der in Form der bereits vorliegenden primären Störströmung erscheint.

## 2.1 Grundgleichungen

Zur theoretischen Beschreibung von primären Instabilitäten werden wir zunächst die zur Darstellung der Störströmung $\boldsymbol{U}'(x, y, z, t)$ benötigten Gleichungen ableiten. Ausgangspunkt bei dieser Herleitung ist die am Anfang erwähnte Betrachtung eines gestörten Strömungszustands $\boldsymbol{U} = \boldsymbol{U}_0 + \varepsilon\, \boldsymbol{U}'$. Dabei haben wir jetzt aus Darstellungsgründen den dimensionslosen Skalierungsfaktor $\varepsilon$ eingeführt, der uns im weiteren als Maß für die Größe der Störung dienen soll. Ohne Beschränkung der Allgemeinheit normieren wir nun die Anfangsstörung $\varepsilon\, \boldsymbol{U}'(t = 0)$ nach (1.2) so, daß

$$||\varepsilon\, \boldsymbol{U}'||_{t=0} \stackrel{!}{=} \varepsilon \iff ||\, \boldsymbol{U}'||_{t=0} \stackrel{!}{=} 1 \tag{2.1}$$

Der Zeitpunkt der Normierung $t_n$ hat natürlich nicht zwangsläufig $t_n = 0$ zu sein. Wir haben $t_n = 0$ aus Gründen der einfachen Darstellung gewählt. Wir weisen ferner darauf hin, daß der Skalierungsfaktor $\varepsilon$ nicht mit der Zahl $\epsilon$ verwechselt werden darf, die bei der Definition der Stabilität (1.3) verwendet worden war.

Im weiteren werden wir uns hauptsächlich mit kleinen Störungen befassen. Eine Störung sei klein, falls

$$\varepsilon\, ||\boldsymbol{U}'||_t \ll ||\boldsymbol{U}_0 - \boldsymbol{U}_{ref}|| \quad , \tag{2.2}$$

wobei $\boldsymbol{U}_{ref}$ ein (konstanter) Bezugsgrößenzustand ist, der so gewählt wird, daß $||\boldsymbol{U}_0 - \boldsymbol{U}_{ref}||$ minimal ist. Die Vereinbarung (2.1) ermöglicht uns nun, die Größenordnung des eingeführten Störparameters $\varepsilon$ festzulegen. Denn für $t = 0$ muß offenbar $\varepsilon \ll ||\boldsymbol{U}_0 - \boldsymbol{U}_{ref}||$ gelten. Die Störung kann also solange als klein angesehen werden, wie $||\boldsymbol{U}'||_t$ von der Größenordnung eins bleibt : $||\boldsymbol{U}'||_t \sim O(1)$. Wir kennzeichnen eine infinitesimal kleine Störung, indem wir den Skalierungsfaktor $\varepsilon \ll 1$ beliebig klein werden lassen. Die Größenordnung der Störung ist nunmehr durch die Zahl $\varepsilon$ festgelegt.

Ziel unserer Bemühungen im Rahmen der Stabilitätsanalyse ist es, festzustellen, unter welchen Umständen die Strömung den gestörten Zustand "freiwillig", d.h. ohne Aufprägung einer zusätzlichen Störkraft, beibehält, bzw. zum Grundzustand $\boldsymbol{U}_0$ zurückkehrt. Unter sonst gleichen Bedingungen betrachten wir also die Möglichkeit der Strömung, auch andere Zustände anzunehmen. Wir interessieren uns dabei zunächst nicht dafür, wie die Störung in das System gelangt ist, sondern unterstellen ihr Vorhandensein. So wie jede physikalisch mögliche Strömung muß auch unser gestörter Strömungszustand die Erhaltungsgleichungen der Kontinuumsmechanik erfüllen.

### 2.1.1 Inkompressible Strömungen

Der einfachen Darstellung wegen beschränken wir uns einführend zunächst auf inkompressible Fluide mit konstanter Dichte $\rho$, und konstanter dynamischer Zähigkeit $\mu$ :

$$\nabla \cdot \boldsymbol{v} = 0 \tag{2.3}$$

$$\frac{\partial \boldsymbol{v}}{\partial t} + \boldsymbol{v} \cdot \nabla \boldsymbol{v} = -\nabla p + Re^{-1} \Delta \boldsymbol{v} \tag{2.4}$$

wobei $\boldsymbol{v}(\boldsymbol{x}, t)$ den dimensionslosen Geschwindigkeitsvektor und $p(\boldsymbol{x}, t)$ den dimensionslosen Druck am Punkt $\boldsymbol{x}$ zum Zeitpunkt $t$ darstellen. Die Geschwindigkeit ist auf eine dem speziellen Problem angepasste Bezugsgeschwindigkeit $U_{ref}$, die Längen auf die charakteristische Länge $L_{ref}$ und der Druck auf $\rho U_{ref}^2$ bezogen, so daß sich die Reynoldszahl $Re = \rho U_{ref} L_{ref} / \mu$ ergibt. Der Strömungszustand ist demnach durch $\boldsymbol{U} = {}^t(\boldsymbol{v}, p)$ beschrieben. Hinzu treten die Randbedingungen des Strömungsproblems. An der Berandung $S(\boldsymbol{x}_r) = 0$ gilt im Falle einer festen Wand die Nichtdurchdringungsbedingung und Haftbedingung :

$$\boldsymbol{v}(\boldsymbol{x}_r) = \boldsymbol{0} \tag{2.5}$$

Die Strömung wird nun als Überlagerung der Grundströmung $\boldsymbol{U}_0 = {}^t(\boldsymbol{v}_0, p_0)$ mit einer Störströmung $\boldsymbol{U}' = {}^t(\boldsymbol{v}', p')$ dargestellt:

$$\boldsymbol{v} = \boldsymbol{v}_0 + \varepsilon \boldsymbol{v}' \quad , \quad p = p_0 + \varepsilon p' \tag{2.6}$$

Wir bezeichnen (2.6) als einen *Störungsansatz* und setzen ihn in die Navier-Stokes Gleichungen (2.3,2.4) ein :

$$\nabla \cdot (\boldsymbol{v}_0 + \varepsilon \boldsymbol{v}') = 0 \tag{2.7}$$

$$\frac{\partial(\boldsymbol{v}_0 + \varepsilon \boldsymbol{v}')}{\partial t} + (\boldsymbol{v}_0 + \varepsilon \boldsymbol{v}') \cdot \nabla (\boldsymbol{v}_0 + \varepsilon \boldsymbol{v}') = -\nabla (p_0 + \varepsilon p') + Re^{-1} \Delta (\boldsymbol{v}_0 + \varepsilon \boldsymbol{v}') \tag{2.8}$$

Wir wollen die einzelnen Terme umordnen nach reinen Grundlösungs–, gemischten Grundlösungs/Störungs– und reinen Störungsanteilen:

$$\varepsilon \nabla \cdot \boldsymbol{v}' = -\nabla \cdot \boldsymbol{v}_0 \tag{2.9}$$

$$\begin{aligned} \varepsilon \tfrac{\partial}{\partial t} \boldsymbol{v}' &+ \varepsilon \boldsymbol{v}_0 \cdot \nabla \boldsymbol{v}' + \varepsilon \boldsymbol{v}' \cdot \nabla \boldsymbol{v}_0 + \varepsilon^2 \boldsymbol{v}' \cdot \nabla \boldsymbol{v}' + \varepsilon \nabla p' - \varepsilon Re^{-1} \Delta \boldsymbol{v}' = \\ -\tfrac{\partial}{\partial t} \boldsymbol{v}_0 &- \boldsymbol{v}_0 \cdot \nabla \boldsymbol{v}_0 - \nabla p_0 + Re^{-1} \Delta \boldsymbol{v}_0 \end{aligned} \tag{2.10}$$

Da die Grundlösung für sich die Navier-Stokes Gleichungen erfüllt, verschwinden jeweils die rechten Seiten von (2.9) und (2.10). Wir teilen danach durch $\varepsilon$. Wir erkennen, daß in diesem Stadium der Herleitung der Grundgleichungen noch nicht hätte vorausgesetzt werden müssen, die Grundströmung $\boldsymbol{U}_0 = {}^t(\boldsymbol{v}_0, p_0)$ sei stationär. Wir haben somit die allgemeinen nichtlinearen Störungsdifferentialgleichungen abgeleitet, die jede beliebige inkompressible Störströmung $\boldsymbol{U}' = {}^t(\boldsymbol{v}', p')$ mit konstanten Stoffwerten beschreibt:

$$\nabla \cdot \boldsymbol{v}' = 0 \tag{2.11}$$

$$\tfrac{\partial}{\partial t} \boldsymbol{v}' + \boldsymbol{v}_0 \cdot \nabla \boldsymbol{v}' + \boldsymbol{v}' \cdot \nabla \boldsymbol{v}_0 + \nabla p' - Re^{-1} \Delta \boldsymbol{v}' = -\varepsilon \boldsymbol{v}' \cdot \nabla \boldsymbol{v}' \tag{2.12}$$

Das obige Gleichungssystem ist nach wie vor nichtlinear, und es ist i.d.R. nicht möglich, allgemeine Lösungen dieser Gleichungen anzugeben. Beschränken wir uns aber auf die Untersuchung kleiner Störungen, so können wir diese allgemein diskutieren. Mit "kleinen Störungen" meinen wir dabei infinitesimal kleine Störungen, die bei infinitesimal kleinem Störgrößenparameter $\varepsilon$ vorliegen. Indem wir also $\varepsilon \to 0$ gehen lassen, können wir alle Terme der Gleichungen (2.11–2.12) vernachlässigen, die mit dem Faktor $\varepsilon$ versehen sind. Wir streichen mithin alle Terme von höherer Ordnung in $\boldsymbol{v}', p'$, d.h. das quadratische Glied $\boldsymbol{v}' \cdot \boldsymbol{\nabla} \boldsymbol{v}'$ in (2.12) und erhalten somit die folgenden linearen Differentialgleichungen zur Ermittlung der (kleinen) Störungen :

$$\boldsymbol{\nabla} \cdot \boldsymbol{v}' = 0 \tag{2.13}$$

$$\frac{\partial}{\partial t}\boldsymbol{v}' + \boldsymbol{v}_0 \cdot \boldsymbol{\nabla} \boldsymbol{v}' + \boldsymbol{v}' \cdot \boldsymbol{\nabla} \boldsymbol{v}_0 = -\boldsymbol{\nabla} p' + Re^{-1} \boldsymbol{\Delta} \boldsymbol{v}' \tag{2.14}$$

Dieses sind die allgemeinen linearen *Störungsdifferentialgleichungen* für inkompressible Strömungen mit konstanter Dichte und konstanten Stoffeigenschaften. Das oben vorgeführte Streichen der nichtlinearen Terme heißt *Linearisierung*, vgl. auch H. OERTEL JR., M. BÖHLE, T. EHRET 1995. Das System (2.13–2.14) enthält die nichtkonstanten Koeffizienten $\boldsymbol{v}_0(\boldsymbol{x})$ und $\boldsymbol{\nabla} \boldsymbol{v}_0(\boldsymbol{x})$ und beschreibt das Verhalten kleiner Störungen der (gegebenen) Grundströmung $\boldsymbol{U}_0 = {}^t(\boldsymbol{v}_0, p_0)$.

Selbstverständlich müssen auch für das lineare Gleichungssystem (2.13, 2.14) Randbedingungen spezifiziert werden. An einer festen Wand war die kinematische Strömungs– und Haftbedingung (2.5) zu erfüllen. Da diese Gleichung bereits (trivial) linear ist, bleibt sie auch nach dem Einsetzen des Störungsansatzes (2.6) unverändert. Denn aus

$$\varepsilon\, \boldsymbol{v}'(\boldsymbol{x}_r) = -\boldsymbol{v}_0(\boldsymbol{x}_r)$$

erkennen wir sofort, daß mit $\boldsymbol{v}_0(\boldsymbol{x}_r) = 0$ unabhängig vom Wert des Störgrößenparameters $\varepsilon$ die Wandrandbedingung

$$\boldsymbol{v}'(\boldsymbol{x}_r) = \boldsymbol{0} \tag{2.15}$$

für die Störströmung folgt.

Bei Umströmungsproblemen fordern wir überdies, daß sämtliche Störungen unendlich weit weg von Wänden, d.h. im Fernfeld, auf Null abgeklungen sein müssen.

### 2.1.2 Kompressible Strömungen

Im vorangegangenen Abschnitt haben wir uns zunächst auf inkompressible Strömungen und Störungen beschränkt. Tatsächlich muß bei zahlreichen technischen Strömungen, wie etwa der Tragflügelumströmung an Verkehrsflugzeugen die Kompressibilität der Luft berücksichtigt werden. Die Vorgehensweise bei der Ableitung der Störungsdifferentialgleichungen ist analog zu der für den inkompressiblen Fall vorgestellten. Wir schreiben zunächst die Erhaltungsgleichungen für Strömungen nichtkonstanter Dichte an :

$$\frac{\partial}{\partial t}\rho + \boldsymbol{v} \cdot \boldsymbol{\nabla} \rho = -\rho \boldsymbol{\nabla} \cdot \boldsymbol{v} \tag{2.16}$$

$$\rho \left(\frac{\partial}{\partial t}\boldsymbol{v} + \boldsymbol{v} \cdot \boldsymbol{\nabla} \boldsymbol{v}\right) = -(\kappa M^2)^{-1} \boldsymbol{\nabla} p + Re^{-1} \left[\boldsymbol{\nabla} \cdot \left(\mu [\boldsymbol{\nabla} \boldsymbol{v} + {}^t\boldsymbol{\nabla} \boldsymbol{v}]\right) - \tfrac{2}{3} \boldsymbol{\nabla}(\mu \boldsymbol{\nabla} \cdot \boldsymbol{v})\right] \tag{2.17}$$

$$\rho \left(\frac{\partial}{\partial t}T + \boldsymbol{v} \cdot \boldsymbol{\nabla} T\right) = -(\kappa - 1) p \boldsymbol{\nabla} \cdot \boldsymbol{v} + \kappa Re^{-1} [Pr^{-1} \boldsymbol{\nabla} \cdot (\lambda \boldsymbol{\nabla} T) - (\kappa - 1) M^2 \Phi] \tag{2.18}$$

$$\Phi = \mu \left(\tfrac{1}{2} [\boldsymbol{\nabla} \boldsymbol{v} + {}^t\boldsymbol{\nabla} \boldsymbol{v}]^2 - \tfrac{2}{3} (\boldsymbol{\nabla} \cdot \boldsymbol{v})^2\right)$$

Hierin bezeichnet $\rho$ die Dichte, $T$ die statische Temperatur und $\nabla \boldsymbol{v}$ den Geschwindigkeitsgradienten bzw. ${}^t\nabla \boldsymbol{v}$ sein Transponiertes. Das in der Dissipationsfunktion $\Phi$ vorkommende Quadrat bedeutet das komponentenweise Quadrieren und anschließende Summieren der Elemente des Matrixausdrucks $[\nabla \boldsymbol{v} + {}^t\nabla \boldsymbol{v}]$. Dieses Gleichungssystem für die 5 Unbekannten $\rho$, $\boldsymbol{v}$ und $T$ wird mit Hilfe des idealen Gasgesetzes

$$p = \rho T \tag{2.19}$$

und der Sutherlandgleichung für die Temperaturabhängigkeit der Zähigkeit $\mu$ sowie Wärmeleitfähigkeit $\lambda$

$$\mu = \lambda = T^{3/2} \frac{1+\theta}{T+\theta} \tag{2.20}$$

geschlossen. Es wurde ein Newton'sches Medium unterstellt, für das außerdem die Stokes'sche Hypothese erfüllt sei. Die Gleichungen (2.16–2.20) sind dimensionslos angeschrieben. Alle Größen wurden mit den entsprechenden Werten in einem Bezugszustand $\rho_{ref}$, $U_{ref}$, $T_{ref}$, $p_{ref}$, $\mu_{ref}$, $\lambda_{ref}$ (z.B. Anströmzustand oder Strömung am Grenzschichtrand), die Längen mit $L_{ref}$ und die Zeit mit $L_{ref}/U_{ref}$ entdimensioniert. Daher erscheinen neben dem dimensionslosen Parameter Reynoldszahl $Re = \rho_{ref} U_{ref} L_{ref} / \mu_{ref}$ jetzt die Machzahl $M = U_{ref}/a_{ref}$ mit $a_{ref} = \sqrt{\kappa R T_{ref}}$ und der speziellen Gaskonstanten $R$, sowie dem Isentropenexponenten $\kappa = c_p/c_v$ als Verhältnis aus den (konstant angenommenen) Wärmekapazitäten bei konstantem Druck $c_p$ und konstantem Volumen $c_v$. Ferner erscheint die ebenfalls als Konstante angenommene Prandtlzahl $Pr = c_p \mu_{ref}/\lambda_{ref}$ des Mediums mit der Wärmeleitfähigkeit $\lambda_{ref}$. Schließlich tritt der Parameter $\theta = S/T_{ref}$ in der Sutherlandgleichung (2.20) auf, wo z.B. $S(Luft) = 110.4$K beträgt.

Gegenüber dem inkompressiblen Fall müssen wir neben der Haft– und kinematischen Strömungsbedingung (2.5) weitere Randbedingungen formulieren. An festen Wänden fordern wir i.d.R. eine Temperaturrandbedingung.

An einer wärmeundurchlässigen (adiabaten) Wand, durch die definitionsgemäß kein Wärmestrom $\dot{\boldsymbol{q}}$ hindurchfließt, verschwindet entsprechend der Fourier'schen Wärmeleitungsgleichung $\dot{\boldsymbol{q}} = -\lambda \nabla T$ der Temperaturgradient entlang der Wandnormalenrichtung $\boldsymbol{n}$ :

$$\boldsymbol{e}_n \cdot \nabla T(\boldsymbol{x}_r) = 0 \quad . \tag{2.21}$$

Hierin ist $\boldsymbol{e}_n = \nabla S / |\nabla S|$ der Einheitsnormalenvektor auf der durch $S(\boldsymbol{x}_r) = 0$ gegebenen Wand.

Andererseits könnte eine konstante Wandtemperatur

$$T(\boldsymbol{x}_r) = T_w \tag{2.22}$$

vorgeschrieben sein. Für die Dichte wird keine explizite Randbedingung gefordert, da sie sich aus der auf der Wand ausgewerteten Kontinuitätsgleichung (2.16) ergibt.

Um das Verhalten der Strömung bei Abweichungen von einem ursprünglichen stationären Grundzustand $\boldsymbol{U}_0 = {}^t(\rho_0, u_0, v_0, w_0, T_0)$ zu untersuchen, gehen wir zunächst analog wie im inkompressiblen Fall vor. Wir unterstellen eine kleine Störung $\varepsilon\, \boldsymbol{U}' = \varepsilon\, {}^t(\rho', u', v', w', T')$ von $\boldsymbol{U}_0$ und setzen den neu entstandenen Strömungszustand $\boldsymbol{U} =$

$\boldsymbol{U}_0 + \varepsilon\, \boldsymbol{U}'$ in die Grundgleichungen (2.16–2.20) ein. Bei den oben behandelten Erhaltungsgleichungen für inkompressible Strömungen konnten wir die Terme sofort nach ihrer Ordnung in $\varepsilon$ einteilen.

Für die hier behandelten kompressiblen Strömungen müssen wir jedoch an dieser Stelle zunächst eine Zwischenüberlegung anstellen. Denn es treten neben den eigentlichen Strömungsvariablen nun noch die Zähigkeit $\mu(T)$ und die Wärmeleitfähigkeit $\lambda(T)$, aber auch der Druck $p(\rho, T)$ als Funktionen der gewählten Strömungsvariablen auf. Eine Störung der Dichte $\rho$ und der Temperatur $T$ führt ebenfalls zu einer Störung in diesen Funktionen, und wir haben zu untersuchen, wie sich diese darstellen. Dazu entwickeln wir zuerst $\mu$ und $\lambda$ um den Grundzustand $\mu_0$, $\lambda_0$ in eine Taylorreihe :

$$\begin{aligned}(\mu,\lambda) &= (\mu,\lambda)_0 + \left[\frac{d(\mu,\lambda)}{dT}\right]_0 (T-T_0) + \frac{1}{2!}\left[\frac{d^2(\mu,\lambda)}{dT^2}\right]_0 (T-T_0)^2 + \ldots \\ &= (\mu,\lambda)_0 + \varepsilon\left[\frac{d(\mu,\lambda)}{dT}\right]_0 T' + \varepsilon^2\frac{1}{2!}\left[\frac{d^2(\mu,\lambda)}{dT^2}\right]_0 (T')^2 + \ldots \end{aligned} \tag{2.23}$$

Hieraus erkennen wir sofort, daß die Abweichung der Transportkoeffizienten vom Grundzustand $(\mu - \mu_0)$ bzw. $(\lambda - \lambda_0)$ nicht exakt einen Term der Größenordnung $\varepsilon$ darstellt, sondern, daß sie Terme höherer Ordnung in $\varepsilon$ enthält. Zur Kennzeichung dieses Umstandes führen wir die folgende Schreibweise ein :

$$(\mu-\mu_0, \lambda-\lambda_0) = \varepsilon\,(\mu'_\varepsilon, \lambda'_\varepsilon) + \varepsilon^2\,(\mu'_{\varepsilon\varepsilon}, \lambda'_{\varepsilon\varepsilon}) + \varepsilon^3\,(\mu'_{\varepsilon\varepsilon\varepsilon}, \lambda'_{\varepsilon\varepsilon\varepsilon}) + \ldots\ , \tag{2.24}$$

wo durch Vergleich mit (2.23) die Definition der mit Strichen versehenen Größen folgt :

$$\begin{aligned}(\mu'_\varepsilon, \lambda'_\varepsilon) &:= \frac{1}{1!}\left[\frac{d(\mu,\lambda)}{dT}\right]_0 T' \\ (\mu'_{\varepsilon\varepsilon}, \lambda'_{\varepsilon\varepsilon}) &:= \frac{1}{2!}\left[\frac{d^2(\mu,\lambda)}{dT^2}\right]_0 (T')^2 \\ (\mu'_{\varepsilon\varepsilon\varepsilon}, \lambda'_{\varepsilon\varepsilon\varepsilon}) &:= \frac{1}{3!}\left[\frac{d^3(\mu,\lambda)}{dT^3}\right]_0 (T')^3 \\ &\ \vdots \end{aligned} \tag{2.25}$$

Einer übersichtlichen Schreibweise der angestrebten Störungsdifferentialgleichungen wegen definieren wir analog die durch die Störung $\varepsilon\, \boldsymbol{U}'$ verursachte Abweichung der Dissipationsfunktion $\Phi$ :

$$\Phi - \Phi_0 = \varepsilon\, \Phi'_\varepsilon + \varepsilon^2\, \Phi'_{\varepsilon\varepsilon} + \varepsilon^3\, \Phi'_{\varepsilon\varepsilon\varepsilon} + \ldots \tag{2.26}$$

Wir setzen nun den gestörten Strömungszustand $\boldsymbol{v} = \boldsymbol{v}_0 + \varepsilon\, \boldsymbol{v}'$ und die gestörte Zähigkeit entsprechend (2.24, 2.25) in die Dissipationsfunktion nach (2.18) ein. Danach ordnen wir nach Potenzen in $\varepsilon$ und erhalten so

$$\begin{aligned}\Phi - \Phi_0 \ = \ & \varepsilon\,\Big[\mu'_\varepsilon\left(\tfrac{1}{2}[\boldsymbol{\nabla v}_0 + {}^t\boldsymbol{\nabla v}_0]^2 - \tfrac{2}{3}(\boldsymbol{\nabla}\cdot\boldsymbol{v}_0)^2\right) + \\ & 2\mu_0\left(\tfrac{1}{2}[\boldsymbol{\nabla v}_0 + {}^t\boldsymbol{\nabla v}_0][\boldsymbol{\nabla v}' + {}^t\boldsymbol{\nabla v}'] - \tfrac{2}{3}(\boldsymbol{\nabla}\cdot\boldsymbol{v}_0)(\boldsymbol{\nabla}\cdot\boldsymbol{v}')\right)\Big] \\ & \varepsilon^2\,\Big[\mu'_{\varepsilon\varepsilon}\left(\tfrac{1}{2}[\boldsymbol{\nabla v}_0 + {}^t\boldsymbol{\nabla v}_0]^2 - \tfrac{2}{3}(\boldsymbol{\nabla}\cdot\boldsymbol{v}_0)^2\right) + \\ & 2\mu'_\varepsilon\left(\tfrac{1}{2}[\boldsymbol{\nabla v}_0 + {}^t\boldsymbol{\nabla v}_0][\boldsymbol{\nabla v}' + {}^t\boldsymbol{\nabla v}'] - \tfrac{2}{3}(\boldsymbol{\nabla}\cdot\boldsymbol{v}_0)(\boldsymbol{\nabla}\cdot\boldsymbol{v}')\right) + \\ & \mu_0\left(\tfrac{1}{2}[\boldsymbol{\nabla v}' + {}^t\boldsymbol{\nabla v}']^2 - \tfrac{2}{3}(\boldsymbol{\nabla}\cdot\boldsymbol{v}')^2\right)\Big] \\ & \varepsilon^3\big[\ldots\big] + \ldots\ ,\end{aligned}$$

Ein Abgleich der Koeffizienten der Potenzen von $\varepsilon$ im obigen Ausdruck und (2.26) führt nun auf die eingeführten Größen $\Phi'_\varepsilon$, $\Phi'_{\varepsilon\varepsilon}$, $\Phi'_{\varepsilon\varepsilon\varepsilon}, \ldots$

$$\begin{aligned}
\Phi'_\varepsilon &:= \mu'_\varepsilon \left( \tfrac{1}{2} [\boldsymbol{\nabla v}_0 + {}^t\boldsymbol{\nabla v}_0]^2 - \tfrac{2}{3}(\boldsymbol{\nabla}\cdot\boldsymbol{v}_0)^2 \right) + \\
&\quad 2\mu_0 \left( \tfrac{1}{2} [\boldsymbol{\nabla v}_0 + {}^t\boldsymbol{\nabla v}_0][\boldsymbol{\nabla v}' + {}^t\boldsymbol{\nabla v}'] - \tfrac{2}{3}(\boldsymbol{\nabla}\cdot\boldsymbol{v}_0)(\boldsymbol{\nabla}\cdot\boldsymbol{v}') \right) \\
\Phi'_{\varepsilon\varepsilon} &:= \mu'_{\varepsilon\varepsilon} \left( \tfrac{1}{2} [\boldsymbol{\nabla v}_0 + {}^t\boldsymbol{\nabla v}_0]^2 - \tfrac{2}{3}(\boldsymbol{\nabla}\cdot\boldsymbol{v}_0)^2 \right) + \\
&\quad 2\mu'_\varepsilon \left( \tfrac{1}{2} [\boldsymbol{\nabla v}_0 + {}^t\boldsymbol{\nabla v}_0][\boldsymbol{\nabla v}' + {}^t\boldsymbol{\nabla v}'] - \tfrac{2}{3}(\boldsymbol{\nabla}\cdot\boldsymbol{v}_0)(\boldsymbol{\nabla}\cdot\boldsymbol{v}') \right) + \\
&\quad \mu_0 \left( \tfrac{1}{2} [\boldsymbol{\nabla v}' + {}^t\boldsymbol{\nabla v}']^2 - \tfrac{2}{3}(\boldsymbol{\nabla}\cdot\boldsymbol{v}')^2 \right) \\
&\ \vdots
\end{aligned} \tag{2.27}$$

Es sei darauf hingewiesen, daß im Falle konstanter Zähigkeit $\mu \equiv \mu_0$ der Ausdruck für die Schwankung des Wertes der Dissipationsfunktion $\Phi - \Phi_0$, (2.26), nur noch Terme enthält, die die Ordnung $\varepsilon^2$ nicht überschreiten. Der dann verbleibende Term zweiter Ordnung $\Phi'_{\varepsilon\varepsilon} = \mu_0 \left( \frac{1}{2} [\boldsymbol{\nabla v}' + {}^t\boldsymbol{\nabla v}']^2 - \frac{2}{3}(\boldsymbol{\nabla}\cdot\boldsymbol{v}')^2 \right)$ ist stets positiv und trägt somit zu einer Dämpfung der Störungen bei. Wir können also schon an dieser Stelle erkennen, daß bei großen Störungen (d.h. endliche $\varepsilon$) der nichtlineare Term $\Phi'_{\varepsilon\varepsilon}$ für eine Schwächung von Instabilitäten sorgt.

Auch die Druckterme der Grundgleichungen erzeugen nach Einführung des Störungsansatzes $\boldsymbol{U} = \boldsymbol{U}_0 + \varepsilon \boldsymbol{U}'$ einen Ausdruck zweiter Ordnung in $\varepsilon$. Entsprechend der einfachen, produktförmigen Abhängigkeit des Drucks von der Dichte und der Temperatur nach dem idealen Gasgesetz (2.19) verbleibt bei der Taylorentwicklung jedoch exakt nur ein solcher Term:

$$\begin{aligned}
p - p_0 &= \varepsilon \left[\frac{\partial p}{\partial \rho}\right]_0 \rho' + \varepsilon \left[\frac{\partial p}{\partial T}\right]_0 T' + \varepsilon^2 \left[\frac{\partial^2}{\partial\rho\partial T}\right]_0 \rho' T' \\
&= \varepsilon \left(T_0 \rho' + \rho_0 T'\right) + \varepsilon^2 \rho' T'
\end{aligned} \tag{2.28}$$

Nach diesen umfangreichen Vorbereitungen setzen wir den gestörten Strömungszustand in (2.16–2.20) ein und können die auftretenden Terme nach Potenzen in $\varepsilon$ ordnen. Die reinen Grundlösungsanteile (Terme der Ordnung $\varepsilon^0$) fallen heraus, da sie der exakten stationären Lösung $\boldsymbol{U}_0$ der Erhaltungsgleichungen entstammen. Wir dividieren das verbleibende Gleichungssystem durch $\varepsilon$ und erhalten am Ende:

$$\tfrac{\partial}{\partial t}\rho' + \boldsymbol{v}'\cdot\boldsymbol{\nabla}\rho_0 + \boldsymbol{v}_0\cdot\boldsymbol{\nabla}\rho' + \rho'\boldsymbol{\nabla}\cdot\boldsymbol{v}_0 + \rho_0\boldsymbol{\nabla}\cdot\boldsymbol{v}' = -\varepsilon\left[\boldsymbol{\nabla}\cdot(\rho'\boldsymbol{v}')\right] \tag{2.29}$$

$$\begin{aligned}
&\rho_0 \left(\tfrac{\partial}{\partial t}\boldsymbol{v}' + \boldsymbol{v}'\cdot\boldsymbol{\nabla v}_0 + \boldsymbol{v}_0\cdot\boldsymbol{\nabla v}'\right) + \rho'\left(\boldsymbol{v}_0\cdot\boldsymbol{\nabla v}_0\right) + (\kappa M^2)^{-1}\boldsymbol{\nabla}(\rho_0 T' + T_0\rho') - \\
&Re^{-1}\left[\boldsymbol{\nabla}\cdot\left(\mu_0[\boldsymbol{\nabla v}' + {}^t\boldsymbol{\nabla v}'] + \mu'_\varepsilon[\boldsymbol{\nabla v}_0 + {}^t\boldsymbol{\nabla v}_0]\right) - \tfrac{2}{3}\boldsymbol{\nabla}(\mu_0\boldsymbol{\nabla}\cdot\boldsymbol{v}' + \mu'_\varepsilon\boldsymbol{\nabla}\cdot\boldsymbol{v}_0)\right] = \\
&\qquad = \varepsilon\Big[-\rho'\left(\tfrac{\partial}{\partial t}\boldsymbol{v}' + \boldsymbol{v}'\cdot\boldsymbol{\nabla v}_0 + \boldsymbol{v}_0\cdot\boldsymbol{\nabla v}'\right) - \rho_0\boldsymbol{v}'\boldsymbol{\nabla}\cdot\boldsymbol{v}' \\
&\qquad\quad -(\kappa M^2)^{-1}\boldsymbol{\nabla}(\rho' T') + \\
&\qquad\quad Re^{-1}\Big[\boldsymbol{\nabla}\cdot\left(\mu'_\varepsilon[\boldsymbol{\nabla v}' + {}^t\boldsymbol{\nabla v}'] + \mu'_{\varepsilon\varepsilon}[\boldsymbol{\nabla v}_0 + {}^t\boldsymbol{\nabla v}_0]\right) - \\
&\qquad\quad \tfrac{2}{3}\boldsymbol{\nabla}(\mu'_\varepsilon\boldsymbol{\nabla}\cdot\boldsymbol{v}' + \mu'_{\varepsilon\varepsilon}\boldsymbol{\nabla}\cdot\boldsymbol{v}_0)\Big]\Big] +
\end{aligned}$$

$$\varepsilon^2\Big[\ldots\Big] + \ldots \tag{2.30}$$

$$\rho_0\left(\tfrac{\partial}{\partial t}T' + \boldsymbol{v}'\boldsymbol{\cdot}\boldsymbol{\nabla}T_0 + \boldsymbol{v}_0\boldsymbol{\cdot}\boldsymbol{\nabla}T'\right) + (\kappa-1)[(T_0\rho' + \rho_0 T')\boldsymbol{\nabla}\boldsymbol{\cdot}\boldsymbol{v}_0 + T_0\rho_0\boldsymbol{\nabla}\boldsymbol{\cdot}\boldsymbol{v}'] +$$
$$\kappa Re^{-1}\left[(\kappa-1)M^2\Phi'_\varepsilon - Pr^{-1}\boldsymbol{\nabla}\boldsymbol{\cdot}(\lambda_0\boldsymbol{\nabla}T' + \lambda'_\varepsilon\boldsymbol{\nabla}T_0)\right] =$$
$$= \varepsilon\Big[-\rho'\left(\tfrac{\partial}{\partial t}T' + \boldsymbol{v}'\boldsymbol{\cdot}\boldsymbol{\nabla}T_0 + \boldsymbol{v}_0\boldsymbol{\cdot}\boldsymbol{\nabla}T'\right) - \rho_0(\boldsymbol{v}'\boldsymbol{\cdot}\boldsymbol{\nabla}T') -$$
$$(\kappa-1)[(T_0\rho' + \rho_0 T')\boldsymbol{\nabla}\boldsymbol{\cdot}\boldsymbol{v}' + T'\rho'\boldsymbol{\nabla}\boldsymbol{\cdot}\boldsymbol{v}_0] -$$
$$\kappa Re^{-1}\left[(\kappa-1)M^2\Phi'_{\varepsilon\varepsilon} - Pr^{-1}\boldsymbol{\nabla}\boldsymbol{\cdot}(\lambda'_\varepsilon\boldsymbol{\nabla}T' + \lambda'_{\varepsilon\varepsilon}\boldsymbol{\nabla}T_0)\right]\Big] +$$
$$\varepsilon^2\Big[\ldots\Big] + \ldots \tag{2.31}$$

Das Störungsdifferentialgleichungssystem (2.29–2.31) beschreibt das Verhalten beliebiger Störungen $\boldsymbol{U}'(\boldsymbol{x}, t)$ des stationären Grundströmungszustands $\boldsymbol{U}_0(\boldsymbol{x})$. Die nichtlinearen Terme stehen auf den rechten Seiten. Werden kleine, aber endliche Störungen angenommen, dürfen wir die Potenzen von $\varepsilon$ als eine Größenordnungseinteilung der nichtlinearen Effekte auf die Störungsentwicklung interpretieren. Betrachten wir infinitesimal kleine Störungen, d.h. $\varepsilon \to 0$, so fallen die rechten Seiten im Grenzfall fort und wir erhalten lineare Differentialgleichungen. Steigern wir $\varepsilon$ als Maß für die Größe der unterstellten Störungen, so erlangen die Terme zunehmend an Bedeutung und nichtlineare Effekte beeinflussen die Störungsentwicklung.

Es sei angemerkt, daß die Terme dritter Ordnung und höher in den Impulsgleichungen (2.30) bzw. vierter Ordnung und höher in der Energiegleichung (2.31) (unabhängig von der Größe von $\varepsilon$ ) nur noch eine Folge der i.d.R. sehr schwachen zweiten und höheren Ableitungen der Transportkoeffizienten $\mu$ und $\lambda$ nach der Temperatur sind. Ihre Vernachlässigung ist selbst bei moderaten Störungen noch gerechtfertigt.

Wir werden uns im weiteren nur mit infinitesimal kleinen Störungen, d.h. $\varepsilon \to 0$ beschäftigen. Die für solche Störungen zuständigen linearen Störungsdifferentialgleichungen kompressibler Strömungen gehen aus (2.29–2.31) durch Streichen der rechten Seiten hervor.

So wie jede Strömung muß auch die Störströmung $\boldsymbol{U}'$ Randbedingungen erfüllen. An einer festen Wand, die mit $S(\boldsymbol{x}_r) = 0$ beschrieben sei, sind zunächst die kinematische– und Haftbedingung nach (2.15) einzuhalten. Die darüber hinaus benötigte Randbedingung für die Temperaturstörung erfordert eine kurze Diskussion. Wir beginnen der Einfachheit halber mit dem Fall einer isothermen Wand nach (2.22). Unserem Störungsansatz zufolge muß offenbar $T_0(\boldsymbol{x}_r) + \varepsilon T'(\boldsymbol{x}_r) \stackrel{!}{=} T_w$ gelten. Mit (2.22) folgt daraus sofort für beliebige $\varepsilon$ die Temperaturbedingung

$$T'(\boldsymbol{x}_r) = 0 \tag{2.32}$$

Analog ergäbe sich aus der Randbedingung für adiabate Wände (2.21), daß $\boldsymbol{e}_n\boldsymbol{\cdot}\boldsymbol{\nabla}T'$ zu verschwinden habe. Wir können uns aber fragen, ob diese Bedingung technisch oder physikalisch eigentlich gerechtfertigt ist. Denn auch eine reale technisch adiabate Wand besitzt natürlich eine endliche Wärmekapazität. Wir unterstellen, daß auch eine technisch adiabate Wand thermisch so "träge" ist, daß sie die störungsinduzierten, i.d.R.

instationären Temperaturschwankungen der Strömung nicht mitmacht. Zumindest für instationäre Störungen fordern wir die Bedingung (2.32) auch an wärmeundurchlässigen (adiabaten) Wänden.

Für die Dichtestörung darf keine explizite Randbedingung gefordert werden, da sie nur in erster Ableitung in den Gleichungen vorkommt. Stattdessen wird die Dichte aus der auf dem Rand ausgewerteten Kontinuitätsgleichung (2.29) bestimmt.

Im Falle der Behandlung von Umströmungsproblemen fordern wir darüber hinaus, daß im Fernfeld, d.h. in unendlicher Entfernung von Wänden, alle Störungen auf Null abgeklungen seien.

### 2.1.3 Allgemeine Strömungen

Übersichtshalber wollen wir die Ableitung der Störungsdifferentialgleichungen nochmals zusammenfassen. Dabei soll jetzt nicht mehr interessieren, ob es sich um kompressible oder inkompressible Strömungen handelt. Das System von Erhaltungsgleichungen könnte auch durch weitere Beziehungen, wie z.B. Reaktionsgleichungen, bzw. Komponentenkontinuitätsgleichungen im Falle chemisch reagierender Strömungen, ergänzt sein. Daher lassen wir die Beschreibung allgemein.

Wir stellen zunächst fest, daß die Ableitung der Störungsdifferentialgleichungen für kompressible Strömungen idealer Gase in 2.1.2 bereits recht aufwendig ist. Insbesondere das Sortieren der Störungsterme nach Potenzen des Störgrößenparameters $\varepsilon$ kann sehr mühsam (und fehleranfällig !) werden. Wir stellen daher im folgenden eine allgemeine und sehr übersichtliche Vorgehensweise zur Ableitung von Störungsdifferentialgleichungen dar.

Wir können Erhaltungsgleichungen i.d.R. in der Form

$$\boldsymbol{N_I}[\tfrac{\partial}{\partial t}\boldsymbol{U}] + \boldsymbol{N_S}[\boldsymbol{U}] = \boldsymbol{0} \tag{2.33}$$

anschreiben. Hierin stellt $\boldsymbol{N_S} = \boldsymbol{N_S}\left(\frac{\partial}{\partial x}, \frac{\partial}{\partial y}, \frac{\partial}{\partial z}, \text{Kennzahlen}\right)$ den die stationären Terme der Gleichungen repräsentierenden nichtlinearen Differentialausdruck dar. Er wirkt auf den Vektor der Strömungsgrößen $\boldsymbol{U}$. Der Differentialausdruck $\boldsymbol{N_I}$ wirke auf die instationären Glieder der Erhaltungsgleichung. Im vorangegangenen Beispiel der inkompressiblen Strömungen, Gln. (2.3,2.4), ist $\boldsymbol{N_I}[\boldsymbol{U}] = {}^t(0, \frac{\partial u}{\partial t}, \frac{\partial v}{\partial t}, \frac{\partial w}{\partial t})$. Der entsprechende Ausdruck für kompressible Strömung ist z.B. $\boldsymbol{N_I}[\frac{\partial}{\partial t}\boldsymbol{U}] = {}^t(\frac{\partial \rho}{\partial t}, \rho\frac{\partial u}{\partial t}, \rho\frac{\partial v}{\partial t}, \rho\frac{\partial w}{\partial t}, \rho\frac{\partial T}{\partial t})$.

Wir betrachten die Lösung in der Umgebung $\varepsilon\,\boldsymbol{U}'$ der stationären Grundlösung $\boldsymbol{U}_0$ :

$$\boldsymbol{U} = \boldsymbol{U}_0 + \varepsilon \cdot \boldsymbol{U}' \tag{2.34}$$

und setzen diesen Störungsansatz in die Erhaltungsgleichungen ein. Wir erhalten damit

$$\boldsymbol{N_I}[\varepsilon\tfrac{\partial}{\partial t}\boldsymbol{U}'] + \boldsymbol{N_S}[\boldsymbol{U} + \varepsilon\boldsymbol{U}'] = \boldsymbol{0} \quad , \tag{2.35}$$

wo wir bereits von der Voraussetzung Gebrauch gemacht haben, daß $\frac{\partial}{\partial t}\boldsymbol{U}_0 = \boldsymbol{0}$ ist. Das Sortieren nach Potenzen von $\varepsilon$ im Gleichungssystem (2.35) gelingt nun auf ganz einfache und formale Weise, indem wir $\boldsymbol{N}_I$ und $\boldsymbol{N}_S$ in eine Taylorreihe nach $\varepsilon$ entwickeln :

$$\boldsymbol{N}_I[\varepsilon \tfrac{\partial}{\partial t}\boldsymbol{U}'] = \left(\frac{d\boldsymbol{N}_I}{d\varepsilon}\right)_{\varepsilon=0} \varepsilon + \frac{1}{2!}\left(\frac{d\boldsymbol{N}_I}{d\varepsilon^2}\right)_{\varepsilon=0} \varepsilon^2 + \ldots \quad (2.36)$$

$$\boldsymbol{N}_S[\boldsymbol{U}_0 + \varepsilon \boldsymbol{U}'] = \underbrace{\boldsymbol{N}_S[\boldsymbol{U}_0]}_{=\mathbf{0}} + \left(\frac{d\boldsymbol{N}_S}{d\varepsilon}\right)_{\varepsilon=0} \varepsilon + \frac{1}{2!}\left(\frac{d^2\boldsymbol{N}_S}{d\varepsilon^2}\right)_{\varepsilon=0} \varepsilon^2 + \ldots \quad (2.37)$$

Dabei können wir noch den ersten Term der rechten Seite von (2.36) vereinfachen, denn

$$\left(\frac{d\boldsymbol{N}_I}{d\varepsilon}\right)_{\varepsilon=0} = \left(\frac{d}{d\varepsilon}\boldsymbol{N}_I[\varepsilon \tfrac{\partial}{\partial t}\boldsymbol{U}']\right)_{\varepsilon=0} = \Bigg(\underbrace{\frac{\partial \boldsymbol{N}_I}{\partial \varepsilon}[\varepsilon \tfrac{\partial}{\partial t}\boldsymbol{U}']}_{=\,0 \text{ für } \varepsilon = 0} + \boldsymbol{N}_I[\tfrac{\partial}{\partial t}\boldsymbol{U}']\Bigg)_{\varepsilon=0}$$

Wir setzen diese Ausdrücke nun wieder in (2.35) ein, teilen durch $\varepsilon$ und erhalten

$$\left(\boldsymbol{N}_I[\tfrac{\partial}{\partial t}\boldsymbol{U}']\right)_{\varepsilon=0} + \left(\frac{d}{d\varepsilon}\boldsymbol{N}_S\right)_{\varepsilon=0} = -\varepsilon\,\frac{1}{2!}\left(\frac{d^2}{d\varepsilon^2}\boldsymbol{N}_S\right)_{\varepsilon=0} - \varepsilon^2 \ldots \quad (2.38)$$

Damit haben wir zum einen die allgemeinen Störungsdifferentialgleichungen für das Verhalten der Störung $\boldsymbol{U}'$ abgeleitet und andererseits schon nach Potenzen im Störgrößenparameter $\varepsilon$ sortiert.

Wir führen einer einfacheren Schreibweise wegen noch die Bezeichnungen

$$\begin{aligned} \boldsymbol{L}_I[\tfrac{\partial}{\partial t}\boldsymbol{U}'] &:= \left(\boldsymbol{N}_I[\tfrac{\partial}{\partial t}\boldsymbol{U}']\right)_{\varepsilon=0} \\ \boldsymbol{L}_S[\boldsymbol{U}'] &:= \left(\frac{d}{d\varepsilon}\boldsymbol{N}_S\right)_{\varepsilon=0} \end{aligned} \quad (2.39)$$

ein, wo die $\boldsymbol{L} = \boldsymbol{L}\left(\frac{\partial}{\partial x}, \frac{\partial}{\partial y}, \frac{\partial}{\partial z}, \boldsymbol{U}_0, \text{Kennzahlen}\right)$ lineare Differentialausdrücke sind. Sie stellen die Linearisierungen der Ausdrücke $\boldsymbol{N}$ um die Grundlösung $\boldsymbol{U}_0$ dar. Sehr oft ist $\boldsymbol{L}_I$ sogar nur ein algebraischer Ausdruck, der explizit in Matrixform aufgeschrieben werden kann. Im Beispiel der unter 2.1.2 behandelten kompressiblen Strömungen nach (2.29-2.31) ist $\boldsymbol{L}_I$ eine Diagonalmatrix mit den Diagonalelementen $diag(\boldsymbol{L}_I) = {}^t(1, \rho_0, \rho_0, \rho_0, \rho_0)$.

Zur Untersuchung infinitesimal kleiner Störungen lassen wir in (2.38) $\varepsilon \to 0$ gehen und erhalten am Ende die folgenden allgemeinen linearen Störungsdifferentialgleichungen für $\boldsymbol{U}'$

$$\boldsymbol{L}_I[\tfrac{\partial}{\partial t}\boldsymbol{U}'] + \boldsymbol{L}_S[\boldsymbol{U}'] = 0 \quad . \quad (2.40)$$

Wir weisen nochmals darauf hin, daß die $\boldsymbol{L}$ von der stationär vorausgesetzten Grundströmung $\boldsymbol{U}_0(\boldsymbol{x})$ abhängen.

Um die Vorteile dieser abstrakt anmutenden Vorgehensweise zu verdeutlichen, führen wir hier ein Beispiel vor. Betrachtet werde die Dissipationsfunktion $\Phi$ als Teil des Ausdrucks $\boldsymbol{N}_S$ in der Energiegleichung für kompressible Strömungen (2.18). Wir werden nochmals den linearen Anteil $\Phi'_\varepsilon$ der Störung der Dissipationsfunktion $\Phi - \Phi_0$ nach Gleichung (2.27) herleiten. Dazu stören wir $\Phi$

$$\Phi = \mu(T_0 + \varepsilon T')\left(\tfrac{1}{2}[\boldsymbol{\nabla}(\boldsymbol{v}_0 + \varepsilon\boldsymbol{v}') + {}^t\boldsymbol{\nabla}(\boldsymbol{v}_0 + \varepsilon\boldsymbol{v}')]^2 - \tfrac{2}{3}[\boldsymbol{\nabla}\cdot(\boldsymbol{v}_0 + \varepsilon\boldsymbol{v}')]^2\right)$$

Entsprechend (2.39) haben wir zunächst $\Phi$ nach $\varepsilon$ zu differenzieren

$$\begin{aligned}\frac{d\Phi}{d\varepsilon} &= \frac{d\mu}{dT}\overbrace{\frac{dT}{d\varepsilon}}^{T'}\left(\tfrac{1}{2}[\nabla(\boldsymbol{v}_0+\varepsilon\boldsymbol{v}')+{}^t\nabla(\boldsymbol{v}_0+\varepsilon\boldsymbol{v}')]^2-\tfrac{2}{3}[\nabla\cdot(\boldsymbol{v}_0+\varepsilon\boldsymbol{v}')]^2\right)+\\ &\quad \mu(T_0+\varepsilon T')\left(\tfrac{1}{2}2[\nabla(\boldsymbol{v}_0+\varepsilon\boldsymbol{v}')+{}^t\nabla(\boldsymbol{v}_0+\varepsilon\boldsymbol{v}')][\nabla\boldsymbol{v}'+{}^t\nabla\boldsymbol{v}']-\right.\\ &\quad \left.\tfrac{2}{3}2[\nabla\cdot(\boldsymbol{v}_0+\varepsilon\boldsymbol{v}')][\nabla\cdot\boldsymbol{v}']\right)\end{aligned}$$

und $\varepsilon = 0$ zu setzen, um den linearen Anteil von $\Phi$ zu erhalten :

$$\begin{aligned}\Phi'_\varepsilon = \left(\frac{d\Phi}{d\varepsilon}\right)_{\varepsilon=0} &= \overbrace{\frac{d\mu}{dT}(T_0)T'}^{\mu'_\varepsilon}\left(\tfrac{1}{2}[\nabla\boldsymbol{v}_0+{}^t\nabla\boldsymbol{v}_0]^2-\tfrac{2}{3}(\nabla\cdot\boldsymbol{v}_0)^2\right)+\\ &\quad 2\underbrace{\mu(T_0)}_{\mu_0}\left(\tfrac{1}{2}[\nabla\boldsymbol{v}_0+{}^t\nabla\boldsymbol{v}_0][\nabla\boldsymbol{v}'+{}^t\nabla\boldsymbol{v}']-\tfrac{2}{3}(\nabla\cdot\boldsymbol{v}_0)(\nabla\cdot\boldsymbol{v}')\right)\end{aligned}$$

Wir haben damit das selbe Ergebnis wie in (2.27) auf formale Weise erzielt. Die gerade vorgeführte Methode ist vorteilhaft bei der Ableitung der Störungsdifferentialgleichungen aus Systemen mit besonders komplexen Nichtlinearitäten.

Der Störungsansatz (2.34) wird natürlich, so wie in den vorangegangenen zwei Abschnitten vorgeführt, ebenfalls in die Randbedingungen eingesetzt. Die Randbedingungen stellen aber oft, z.B. die Haftbedingung (2.5), bereits lineare Gleichungen dar, so daß sie ihre Gestalt nach der Linearisierung nicht ändern. Da die Randbedingungen eng mit dem speziellen Problem verbunden sind, werden diese im Rahmen der Behandlung verschiedener Beispiele weiter unten ausführlich behandelt.

## 2.2 Stabilitäts–Eigenwertproblem

Wir hatten vorausgesetzt, daß die auf Stabilität zu untersuchende Strömung $\boldsymbol{U}_0$ stationär sei. Betrachten wir nun die allgemeinen linearen Störungsdifferentialgleichungen (2.13,2.14), (2.29-2.31) bzw. (2.40), so stellen wir fest, daß keiner der Terme explizit von der Zeit $t$ abhängt (keine zeitliche Zwangserregung). Da wir uns bei der Stabilitätsanalyse auch nicht für die Art und Weise interessieren, nach der die Störungen in das System gebracht wurden, können wir annehmen, sie seien für alle Zeiten im System vorhanden. Auch die Randbedingungen seien zeitunabhängig (keine vibrierende Wand o.ä.). Dann nennen wir unser Gleichungssystem bezüglich der Zeit $t$ homogen; die Differentialausdrücke $\boldsymbol{L}_I \neq \boldsymbol{L}_I(t)$, $\boldsymbol{L}_S \neq \boldsymbol{L}_S(t)$ und die Randbedingungen sind zeitunabhängig. Wir dürfen daher einen *Produktansatz* machen, der die Zeitabhängigkeit von der Ortsabhängigkeit multiplikativ trennt:

$$\boldsymbol{U}'(\boldsymbol{x},t) = f(t)\cdot\boldsymbol{U}'_x(\boldsymbol{x}) \tag{2.41}$$

Wir wählen die in der Theorie der linearen Differentialgleichungen übliche komplexe Formulierung. Damit lassen wir komplexe Funktionen $f$ und $\boldsymbol{U}'_x$ zu mit dem Verständnis, daß physikalisch immer nur der Realteil interessiert. Wir werden aber im folgenden hierauf nicht mehr explizit hinweisen.

Setzen wir unseren Separationsansatz (2.41) in (2.40) ein, ergibt sich

$$\boldsymbol{L}_I[(\tfrac{d}{dt}f)\,\boldsymbol{U}'_x] = -\boldsymbol{L}_S[f\,\boldsymbol{U}'_x] \quad .$$

Nun sind die $\boldsymbol{L}$ lineare Differentialausdrücke, die keine Ableitungen nach $t$ enthalten, so daß die (skalare) Funktion $f$ bzw. $\frac{d}{dt}f$ als Konstanten bezüglich $\boldsymbol{L}$ erscheinen und vorgezogen werden können. Denn für jeden linearen Ausdruck gilt definitionsgemäß $\boldsymbol{L}[const \cdot \boldsymbol{U}] = const \cdot \boldsymbol{L}[\boldsymbol{U}]$ :

$$(1/f)\,\tfrac{d}{dt}[f]\,\boldsymbol{L}_I[\boldsymbol{U}'_x] = -\boldsymbol{L}_S[\boldsymbol{U}'_x] \quad . \tag{2.42}$$

Da weder die rechte Seite dieser Gleichung noch $\boldsymbol{U}'_x$ von $t$ abhängen, muß der Ausdruck $(1/f)\,\frac{d}{dt}[f]$ eine (allgemein komplexe) Konstante $\lambda$ darstellen, so daß

$$\tfrac{d}{dt}[f] - \lambda f = 0 \quad \Longrightarrow \quad f(t) = \exp(\lambda\, t) \tag{2.43}$$

Wir bezeichnen diese Konstante jetzt um in eine neue Konstante $\omega = i\,\lambda$, deren Realteil $\omega_r$ als Kreisfrequenz und deren Imaginärteil $\omega_i$ als zeitliche Anfachungsrate interpretierbar wird. Natürlich gehört zu einem gegebenen $\omega$ eine bestimmte räumliche Verteilung der Störungen $\boldsymbol{U}'_x(\boldsymbol{x}, \omega)$. Wir erkennen sofort die Bedeutung des Produktansatzes (2.41) für die Beurteilung der asymptotischen Stabilität nach (1.4). Bilden wir nämlich die Störenergie entsprechend (1.2), so erhalten wir

$$||\boldsymbol{U}'||_t = \exp(2\,\omega_i\, t)\, ||\boldsymbol{U}'_x(\omega)|| \quad , \tag{2.44}$$

woraus sofort hervorgeht, daß asymptotische Stabilität vorliegt, wenn $\omega_i < 0$ und Instabilität für $\omega_i > 0$. Sicherlich stellt sich an dieser Stelle die Frage danach, wie wir die Zahlen $\omega$ bestimmen. Dazu schreiben wir nochmals die Gleichung (2.42) für ein von uns zunächst beliebig gewähltes $\omega$ an:

$$\boldsymbol{L}_S[\boldsymbol{U}'_x(\omega)] - i\,\omega\,\boldsymbol{L}_I[\boldsymbol{U}'_x(\omega)] = \boldsymbol{0} \quad . \tag{2.45}$$

Neben dieser linearen Differentialgleichung hat $\boldsymbol{U}'_x(\boldsymbol{x}, \omega)$ die Randbedingungen des Stabilitätsproblems zu erfüllen. Nur solche $\omega$ sind erlaubt, für die es nichttriviale Lösungen $\boldsymbol{U}'_x(\omega) \not\equiv \boldsymbol{0}$ von (2.45) mitsamt den Randbedingungen gibt. Das Randwertproblem (2.45) heißt *Eigenwertproblem* der primären Stabilitätstheorie. Die komplexe Frequenz $\omega$ tritt als Eigenwert auf. Für viele Stabilitätsprobleme ergibt sich der Ausdruck $\boldsymbol{L}_I$ als Einheitsmatrix $\boldsymbol{I}$ und wir haben mit (2.45) ein sog. *gewöhnliches Eigenwertproblem* zu lösen. Ist jedoch $\boldsymbol{L}_I \neq \boldsymbol{I}$, so sprechen wir von einem *verallgemeinerten Eigenwertproblem.* Die Funktion $\boldsymbol{U}'_x(\omega)$ heißt Eigenfunktion. Finden wir auch nur ein $\omega$ mit positivem Imaginärteil, für das das Eigenwertproblem eine nichttriviale Lösung besitzt, so ist unsere Strömung instabil, anderenfalls asymptotisch stabil.

Das Eigenwertproblem muß in der Regel numerisch gelöst werden, kann aber unter bestimmten Bedingungen, die wir im folgenden besprechen werden, stark vereinfacht werden. Wir werden anhand von Beispielen vorführen, wie dann mit Hilfe von Produktansätzen auch in den Raumrichtungen bisweilen sogar analytische Lösungen gefunden werden können. Um uns andererseits mit den behandelbaren Fällen nicht allzu stark einzuschränken, besprechen wir in einem späteren Kapitel, wie wir zu einer numerischen Lösung der Eigenwertprobleme der primären Stabilitätstheorie kommen.

## 2.3 Schichteninstabilitäten

Mit der Ableitung der Grundgleichungen und dem Eigenwertproblem der primären Stabilitätstheorie im vorangegangenen Abschnitt in allgemeiner Form, kommen wir nun zur detaillierten Besprechung einiger klassischer und technisch besonders wichtiger Instabilitäten. Wir beginnen mit den anschaulich leicht zugänglichen Schichteninstabilitäten, die wir bei der Vorstellung der verschiedenen Instabilitätsphänomene in Abschnitt 1.2 bereits kennengelernt haben. Dazu zählt zum einen die thermische– und die diffusionsbedingte Zellularkonvektion und die Taylor–Instabilität. Wir werden überdies auch die der Taylor–Instabilität sehr ähnliche sog. Görtlerinstabilität näher betrachten, die in Grenzschichten mit konkaven Wänden auftritt. Als erstes Stabilitätsproblem behandeln wir die Rayleigh–Bénard Konvektion. Dabei gehen wir besonders ausführlich vor, damit alle Teilschritte einer Stabilitätsanalyse deutlich werden. Die danach analysierten Instabilitätsphänomene werden entsprechend kürzer dargestellt.

### 2.3.1 Rayleigh–Bénard Konvektion

Wir wenden uns hier einer Instabilität zu, die in von unten beheizten, horizontalen Flüssigkeitsschichten unter Schwerkrafteinfluß $g$ beobachtet wird. Die Schicht sei horizontal unendlich ausgedehnt und habe die Dicke $d$. Ihre Unterseite werde auf die Temperatur $T_1$ geheizt und ihre Oberseite auf der Temperatur $T_2 < T_1$ gehalten (vgl. Skizze 2.1). Beim (quasistationären) Überschreiten einer kritischen Temperaturdifferenz $\Delta T := (T_1 - T_2)$ zwischen der oberen und unteren (festen) Berandung der Flüssigkeitsschicht bilden sich in einem Behälter mit bezüglich $d$ sehr großen Querabmessungen geradlinige Konvektionsrollen aus. Die Längsachsen dieser stationär auftretenden Konvektionsrollen liegen dabei horizontal und sind periodisch nebeneinander angeordnet. Der beschriebene Vorgang wird als *thermische Zellularkonvektion* bezeichnet.

Die Konvektion hat wegen der zusätzlichen Austauschvorgänge gegenüber dem Wärmeleitungsfall eine starke Zunahme des Wärmestroms $\dot{q}$ in die Wand zur Folge. Eine experimentelle Untersuchung dieses Phänomens führt zum *Verzweigungsdiagramm* 2.2,

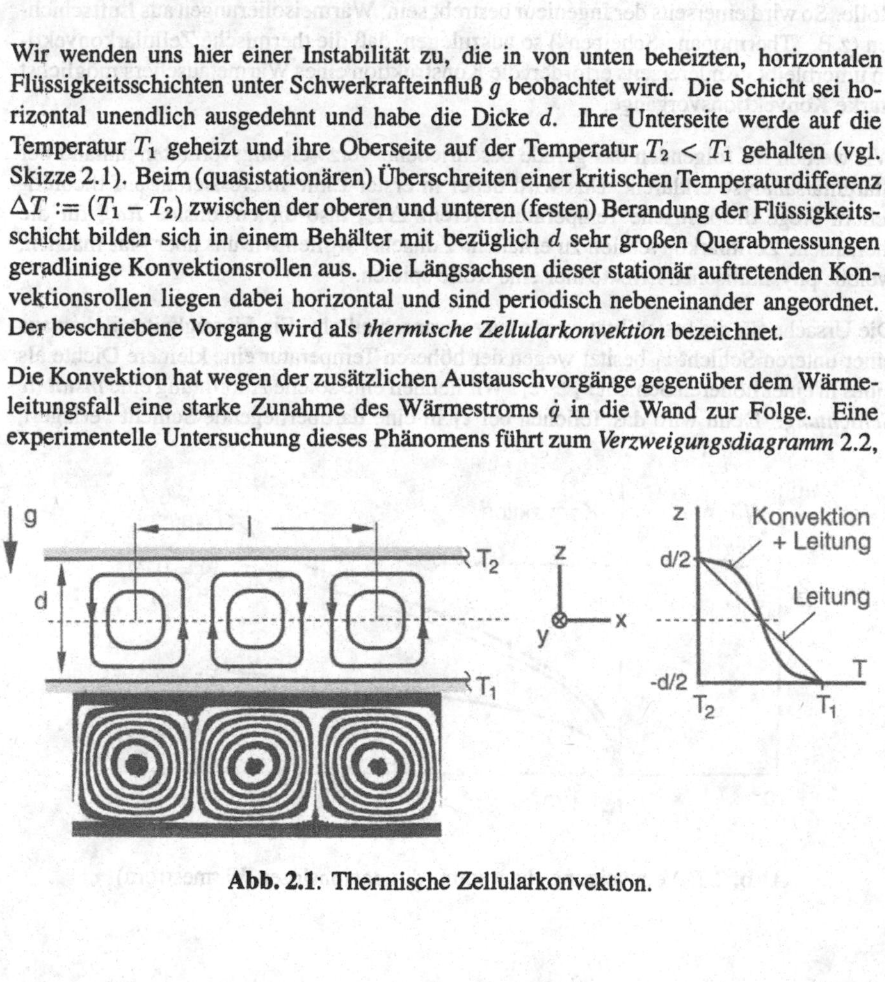


**Abb. 2.1**: Thermische Zellularkonvektion.

in dem die *Nusseltzahl* $Nu = \frac{\dot{q}_{Leitung} + \dot{q}_{Konvektion}}{q_{Leitung}}$ als dimensionsloser Wärmestrom über der *Rayleighzahl* $Ra = \frac{\alpha \Delta T g d^3}{\nu k}$ aufgetragen ist. Der thermische Volumenausdehnungskoeffizient $\alpha$, die kinematische Viskosität $\nu$ und die Temperaturleitzahl $k$ des Mediums sind Bestandteile dieser Konvektionsprobleme charakerisierenden dimensionslosen Kennzahl. Das Diagramm weist bis zu einer kritischen Rayleighzahl von $Ra_c = 1708$ die konstante Nusseltzahl $Nu = 1$ auf. Offensichtlich liegt hier reine Wärmeleitung vor. Beim Überschreiten dieser kritischen Rayleighzahl knickt die Meßkurve plötzlich ab und zeigt eine starke Abhängigkeit von der Rayleighzahl und Prandtlzahl $Pr = \nu/k$ des Mediums. Dieser plötzlich einsetzende Vorgang hat offenbar mit einer qualitativen Zustandsänderung des Systems zu tun. Der alte Zustand (reine Wärmeleitung, ruhendes Medium) kann nicht weiter aufrecht erhalten werden; er wird instabil und von einem neuen (Wärmeleitung + Konvektion, bewegtes Medium) abgelöst. Man bezeichnet diesen Vorgang als *Verzweigung*. Wir erkennen überdies eine Besonderheit des Verzweigungsdiagramms 2.2 : Die kritische Rayleighzahl ist offenbar unabhängig vom Medium, da der Verzweigungspunkt $(Nu, Ra_c) = (1, 1708)$ unabhängig von der Prandtlzahl $Pr$ ist !

Die thermische Zellularkonvektion spielt in vielen technischen Problemen eine wichtige Rolle. So wird einerseits der Ingenieur bestrebt sein, Wärmeisolierungen aus Luftschichten (z.B. "Thermopane-Scheiben") so auszulegen, daß die thermische Zellularkonvektion unterbleibt. Andererseits erfordert die Konstruktion eines Wärmetauschers möglichst starke Konvektionsvorgänge.

Wir werden im folgenden das gerade beschriebene Verzweigungsverhalten anhand der Stabilitätsanalyse erklären. Uns wird dabei in erster Linie interessieren, auf theoretischem Wege die kritische Temperaturdifferenz $\Delta T_c$, also dimensionslos $Ra_c$, für die thermische Zellularkonvektion zu erhalten. Zunächst wollen wir uns aber klar machen, welche physikalischen Effekte hier eine Rolle spielen.

Die Ursache für die Instabilität werde kurz veranschaulicht. Ein Flüssigkeitsteilchen aus einer unteren Schicht $z_1$ besitzt wegen der höheren Temperatur eine kleinere Dichte als eines in einer höheren Schicht $z_2 > z_1$. Wir nennen eine solche Anordnung eine *instabile Schichtung*. Denn wird das Teilchen bei $z_1$ in eine darüberliegende Schicht verlagert,

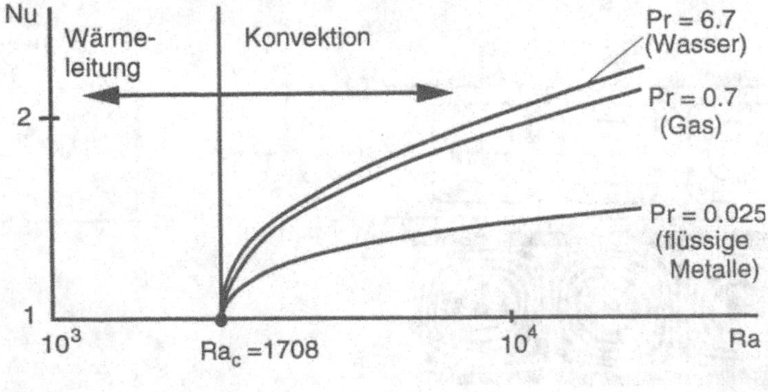


**Abb. 2.2**: Verzweigungsdiagramm (dimensionsloser Wärmestrom)

so erfährt es in der neuen Umgebung dichteren Fluids eine Auftriebskraft, die es weiter nach oben beschleunigt. Dieser Tendenz wirken Reibungskräfte und die Wärmeleitung entgegen, die den treibenden Temperatur- und damit Dichteunterschied des Teilchens zur Umgebung auszugleichen sucht.

**2.3.1.1 Dimensionsanalyse** Wir beginnen unsere Betrachtungen mit einer Dimensionsanalyse, um die das Problem beschreibenden Kennzahlen zu ermitteln. Wenn wir den Abstand der periodisch angeordneten Rollenpaare voneinander mit $l$ bezeichnen, so erkennen wir seinen Zusammenhang mit den das Medium charakterisierenden Stoffwerten mittlere Dichte $\rho_m$, spezifische Wärmekapazität $c_v$, mittlerer Volumenausdehnungskoeffizient $\alpha_m$, Wärmeleitkoeffizient $\lambda$ (bzw. Wärmeleitzahl $k = \lambda/\rho_m c_v$) und dynamische Viskosität $\mu$ (bzw. kinematische Viskosität $\nu = \mu/\rho_m$), sowie der Erdbeschleunigung $g$, der Höhe der Flüssigkeitsschicht $d$ und der darüber aufgeprägten Temperaturdifferenz $\Delta T$, also

$$l = l\,(\Delta T, g, d, \rho_m, c_v, \alpha_m, \lambda, \mu) \quad .$$

Da wir hier den Temperaturbegriff nicht auf mechanische Größen (so wie in der statistischen Thermodynamik) zurückführen wollen, gilt die Temperatur $\Theta$ neben den 3 mechanischen Basisgrößen "Masse, Länge, Zeit", M,L,T als vierte Basisgröße. Nach Buckingham reduziert sich dann das Problem auf 9-4=5 unabhängige Kennzahlen $\Pi_1, ..., \Pi_5$, z.B.

$$\Pi_1 = \frac{l}{d} \ , \ \Pi_2 = \alpha_m \Delta T \ , \ \Pi_3 = \frac{\lambda}{c_v \mu} \ , \ \Pi_4 = \frac{\alpha_m \Delta T g d^3}{k\nu} \ , \ \Pi_5 = \frac{c_v \Delta T d^2}{k\nu} \ . \quad (2.46)$$

Weiter unten werden wir sehen, daß nach Einführen der sog. *Boussinesq Approximation*, der Linearisierung und im stationären Indifferenzzustand alle Kennzahlen bis auf $\Pi_1$ und $\Pi_4$ verschwinden. Die Kennzahl $\Pi_4$ wird als *Rayleighzahl Ra* bezeichnet. Der dimensionslose funktionale Zusammenhang zur Ermittlung der Abstände der Konvektionsrollenpaare ist damit

$$\frac{l}{d} = \frac{l}{d}\,(Ra) \quad (2.47)$$

**2.3.1.2 Anschauliche Bedeutung der Rayleighzahl** Wir wollen nun die physikalische Interpretation der Rayleighzahl geben. Der Anschauung hatten wir entnommen, daß der Auftrieb $A$ die thermische Instabilität treibt, während der Strömungswiderstand $W$ einer einsetzenden Störbewegung entgegenwirkt. Auch die Wärmeleitung hemmt die Instabilität, da sie infolge Temperaturausgleichs die den Auftrieb erzeugenden Dichteunterschiede verkleinert.

Betrachtet werde ein z.B. kugelförmiges Flüssigkeitselement mit der charakteristischen Abmessung $\sim d$. Damit legen wir lediglich die Größenordnung der Abmessung des Teilchens fest. Es kann tatsächlich z.B. die Größe $0.1d$ besitzen, was hier aber nicht interessieren soll. Im Rahmen einer Größenordnungsabschätzung werden die beteiligten physikalischen Effekte nur mit Hilfe System–charakteristischer Größen wie z.B. $d$ beschrieben. Wichtig ist hier, daß nur solche Fluidelemente am Konvektionsvorgang teilnehmen werden, deren Abmessung nicht größer als von der Größenordnung der Dicke

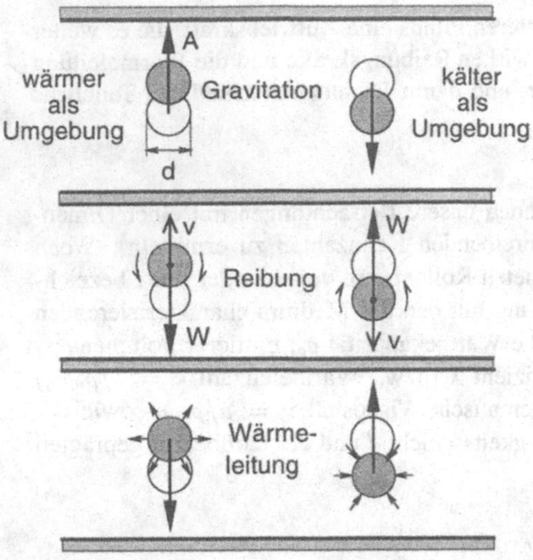


**Abb. 2.3**: Zur physikalischen Interpretation der Rayleighzahl.

der Flüssigkeitsschicht ist. Das Teilchen bewege sich mit einer Störgeschwindigkeit $v$ nach Bild 2.3 von $z = z_0$ auf eine darüber liegende Schicht $z_0 + d$. Das geschieht offenbar in der Zeitspanne $\Delta t = d/v$. Dabei wirkt des Dichteunterschiedes $\Delta\rho \sim \rho_m \alpha_m \Delta T$ wegen eine Auftriebskraft $A = \Delta\rho_m g V_k \sim \rho_m \alpha_m \Delta T g d^3$. Gleichzeitig entsteht ein schleichender Widerstand (kleine Störgeschwindigkeiten unterstellt) nach Stokes von $W \sim \mu \frac{v}{d} d^2 = \mu\, d^2 \frac{1}{\Delta t}$ (vgl. Bild 2.3). Entscheidend ist weiterhin, in wie weit während der Zeitspanne $\Delta t$ die Wärmeleitung dafür sorgt, den treibenden Temperaturunterschied zwischen Flüssigkeitselement und neuer Umgebung auszugleichen. Der Unterschied an innerer Energie von $E_k \sim \rho c_v \Delta T d^3$ wird infolge von Wärmeleitung nach Fourier $\dot{q} \sim \lambda \frac{\Delta T}{d}$ durch eine Querschnittsfläche $\sim d^2$ an die Umgebung abgegeben. Die Zeitskala für diesen Vorgang ist demnach $\Delta t = E_k / \dot{q}\, d^2 \sim d^2/k$ und kann in die obigen Proportionalitätsbetrachtungen eingesetzt werden.

Die Bedingung für das Instabilwerden ist offensichtlich durch das Dominieren des Auftriebs über den Widerstand bestimmt :

$$A \overset{!}{\geq} W \Longleftrightarrow \rho\alpha\Delta T g d^3 \overset{!}{\geq} \mu d^2 \frac{k}{d^2} \cdot const \quad ,$$

bzw.

$$\frac{\alpha \Delta T g d^3}{k\nu} = Ra \overset{!}{\geq} const = Ra_c \quad .$$

Offenbar hat die Rayleighzahl die Bedeutung des Verhältnisses aus Auftriebskraft zu Reibungskraft.

**2.3.1.3 Grundgleichungen** Wegen der Temperaturabhängigkeit unseres Strömungsproblems und der damit verbundenen Nichtkonstanz der Dichte $\rho$ sind die Erhaltungsgleichungen für Masse, Impuls und Energie nach (2.16–2.18) zuständig. Wir beginnen mit der Masseerhaltung (2.16), die wir hier zunächst dimensionsbehaftet (!) anschreiben :

$$\frac{d}{dt}\rho + \rho\, \nabla \cdot \boldsymbol{v} = 0 \quad . \tag{2.48}$$

Wir haben es mit Flüssigkeiten zu tun, die insbesondere vor dem Hintergrund kleiner strömungs- bzw. schwerkraftbedingter Druckunterschiede natürlich als inkompressible Medien betrachtet werden dürfen. Die Dichte ist demnach keine Funktion des Druckes $p$, d.h. $\frac{\partial\rho}{\partial p} \equiv 0$, wohl aber über eine entsprechende Zustandsgleichung $\rho = \rho(T)$ von der Temperatur abhängig. Dieser Zustandsgleichung entnehmen wir auch den bereits oben eingeführten Volumenausdehnungskoeffizienten $\alpha = -\frac{1}{\rho}\frac{d\rho}{dT}$. Mit der Erweiterung $\frac{d\rho}{dt} = \frac{d\rho}{dT}\frac{dT}{dt}$ erhalten wir dann aus der Kontinuitätsgleichung (2.48)

$$\boldsymbol{\nabla}\cdot\boldsymbol{v} = \alpha\left(\frac{\partial}{\partial t}T + \boldsymbol{v}\cdot\boldsymbol{\nabla}T\right) \quad . \tag{2.49}$$

Die Impulsgleichungen für Strömungen mit nichtkonstanter Dichte nach (2.17) lauten in dimensionsbehafteter Schreibweise :

$$\rho\left(\frac{\partial}{\partial t}\boldsymbol{v} + \boldsymbol{v}\cdot\boldsymbol{\nabla}\boldsymbol{v}\right) = -\boldsymbol{\nabla}p + \boldsymbol{\nabla}\cdot\left(\mu[\boldsymbol{\nabla}\boldsymbol{v} + {}^t\boldsymbol{\nabla}\boldsymbol{v}]\right) - \frac{2}{3}\boldsymbol{\nabla}(\mu\boldsymbol{\nabla}\cdot\boldsymbol{v}) - \rho\, g\, \boldsymbol{e}_z \quad , \tag{2.50}$$

wo $\boldsymbol{e}_z$ der Einheitsvektor in Richtung $z$ ist. Wir wollen jetzt vereinfachend annehmen, die Zähigkeit unterliege innerhalb des vorliegenden Problems nur geringen Änderungen, so daß wir sie konstant setzen dürfen. Unter Verwendung der Vektoridentität $\boldsymbol{\nabla}\cdot{}^t\boldsymbol{\nabla}\boldsymbol{v} = \boldsymbol{\nabla}\boldsymbol{\nabla}\cdot\boldsymbol{v}$ erhalten wir aus (2.50) dann

$$\rho\left(\frac{\partial}{\partial t}\boldsymbol{v} + \boldsymbol{v}\cdot\boldsymbol{\nabla}\boldsymbol{v}\right) = -\boldsymbol{\nabla}p + \mu\left(\boldsymbol{\Delta}\boldsymbol{v} + \frac{1}{3}\boldsymbol{\nabla}(\boldsymbol{\nabla}\cdot\boldsymbol{v})\right) - \rho\, g\, \boldsymbol{e}_z \tag{2.51}$$

Es fehlt nun noch eine Beziehung für die Temperatur, die ja durch eine Zustandsgleichung mit der Dichte und insofern über die obigen Strömungsgleichungen mit den Strömungsgrößen gekoppelt ist. Wir benötigen dazu die Energiebilanz für Medien nichtkonstanter Dichte (2.17) wiederum zunächst in dimensionsbehafteter Schreibweise :

$$\begin{aligned} \rho c_v\left(\frac{\partial}{\partial t}T + \boldsymbol{v}\cdot\boldsymbol{\nabla}T\right) &= \boldsymbol{\nabla}\cdot(\lambda\boldsymbol{\nabla}T) - p\boldsymbol{\nabla}\cdot\boldsymbol{v} + \Phi \\ \Phi &= \mu\left(\frac{1}{2}[\boldsymbol{\nabla}\boldsymbol{v} + {}^t\boldsymbol{\nabla}\boldsymbol{v}]^2 - \frac{2}{3}(\boldsymbol{\nabla}\cdot\boldsymbol{v})^2\right) \end{aligned} \tag{2.52}$$

Auch hier wollen wir einen unveränderlichen Transportkoeffizienten $\lambda$ voraussetzen und erhalten schließlich

$$\rho c_v\left(\frac{\partial}{\partial t}T + \boldsymbol{v}\cdot\boldsymbol{\nabla}T\right) = \lambda\boldsymbol{\Delta}T - p\boldsymbol{\nabla}\cdot\boldsymbol{v} + \Phi \tag{2.53}$$

Schließlich wird eine thermische Zustandsgleichung benötigt, um die Dichte und Temperatur zu koppeln. Wir wollen hier davon ausgehen, daß diese Beziehung durch einen linearen Zusammenhang hinreichend genau beschrieben wird, der durch eine Linearisierung um eine geeignete (i.a. bezüglich des Problems mittlere) Dichte $\rho_m$ und Temperatur $T_m$ gewonnen wird :

$$\rho(T) = \rho_m + \left[\frac{d\rho}{dT}\right]_m (T - T_m) = \rho_m[1 - \alpha_m(T - T_m)] \tag{2.54}$$

Wir erreichen am Ende ein Differentialgleichungssystem, bestehend aus den 6 Gleichungen (2.49, 2.51, 2.53, 2.54) für die 6 Unbekannten $\rho$, $\boldsymbol{v}$, $p$, $T$.

**2.3.1.4 Dimensionslose Schreibweise** Wir entdimensionieren nun unser Differentialgleichungssystem in problemangepasster Weise; d.h. wir beziehen alle Größen auf die charakteristischen Größen, die unsere Überlegungen in 2.3.1.2 ergeben hatten. Demnach werden folgende Zuordnungen verwendet :

$$\begin{array}{rlcl}
\text{Länge} & (x,y,z) & =: & d\cdot(x^*,y^*,z^*) \\
\text{Zeit} & t & =: & \frac{d^2}{k}\cdot t^* \\
\text{Geschwindigkeit} & \boldsymbol{v} = {}^t(u,v,w) & =: & \frac{k}{d}\cdot {}^t(u^*,v^*,w^*) = \frac{k}{d}\cdot \boldsymbol{v}^* \\
\text{Temperatur} & (T-T_m) & =: & (T_1-T_2)\cdot T^* = \Delta T\cdot T^* \\
\text{Druck} & p+\rho_m g z & =: & \frac{\rho_m \nu k}{d^2}\cdot p^* \\
\text{Dichte} & \rho & =: & \rho_m\cdot\rho^*
\end{array}$$

Wir haben hier vom Druck den mittleren hydrostatischen Anteil $p_{hs} = -\rho_m g z$ abgespalten. Unsere dimensionslosen Gleichungen nehmen nach Substitution der Zustandsgleichung (2.54) die Form

$$\rho^* \boldsymbol{\nabla}\cdot \boldsymbol{v}^* = (\alpha_m \Delta T)\left(\tfrac{\partial}{\partial t^*}T^* + \boldsymbol{v}^*\cdot\boldsymbol{\nabla}T^*\right) \tag{2.55}$$

$$\frac{k}{\nu}\rho^*\left(\tfrac{\partial}{\partial t^*}\boldsymbol{v}^* + \boldsymbol{v}^*\cdot\boldsymbol{\nabla}\boldsymbol{v}^*\right) = \boldsymbol{\Delta v}^* + \tfrac{1}{3}\boldsymbol{\nabla}(\boldsymbol{\nabla}\cdot\boldsymbol{v}^*) - \boldsymbol{\nabla}p^* + \frac{\alpha_m\Delta T g d^3}{k\nu}T^*\,\boldsymbol{e}_z \tag{2.56}$$

$$\rho^*\left(\tfrac{\partial}{\partial t^*}T^* + \boldsymbol{v}^*\cdot\boldsymbol{\nabla}T^*\right) = \Delta T^* + \frac{k\nu}{c_v\Delta T d^2}\left[\left(\frac{gd^3}{k\nu}z^* - p^*\right)\boldsymbol{\nabla}\cdot\boldsymbol{v}^* + \Phi^*\right] \tag{2.57}$$

$$\rho^* = 1-(\alpha_m\Delta T)\,T^* \tag{2.58}$$

an, wobei $\Phi^* = \frac{1}{2}\left[\boldsymbol{\nabla v}^* + {}^t(\boldsymbol{\nabla v}^*)\right]^2 - \frac{2}{3}(\boldsymbol{\nabla}\cdot\boldsymbol{v}^*)^2$. Wir finden im obigen Differentialgleichungssystem die dimensionslosen Kennzahlen Prandtlzahl $Pr = \nu/k$, Rayleighzahl $Ra = \alpha_m\Delta T g d^3/k\nu$, $\Pi_2 = \alpha_m\Delta T$, bzw. $Ra/\Pi_2$ und $(\Pi_5)^{-1} = k\nu/c_v\Delta T d^2$ aus der Dimensionsanalyse wieder.

**2.3.1.5 Boussinesq Approximation** Das Differentialgleichungssystem (2.55-2.58) kann unter der Annahme sehr kleiner relativer Dichteänderungen $(\rho-\rho_m)/\rho_m = -\alpha_m(T-T_m) = -(\alpha_m\Delta T)\,T^* \ll 1$, also

$$(\alpha_m\Delta T) \ll 1 \quad ,$$

erheblich vereinfacht werden. Aus der Kontinuitätsgleichung (2.55) erhalten wir damit sofort $\boldsymbol{\nabla}\cdot\boldsymbol{v}^* \simeq 0$. Darüberhinaus wird mit der Zustandsgleichung (2.58) $\rho^* \simeq 1$. Um die Schreibweise der Gleichungen zu vereinfachen, lassen wir im folgenden die Kennzeichnung der dimensionslosen Größen mit einem hochgestellten Stern wieder fort. System (2.55-2.57) erhält danach die folgende Gestalt

$$\boldsymbol{\nabla}\cdot\boldsymbol{v} = 0 \tag{2.59}$$

$$Pr^{-1}\left(\tfrac{\partial}{\partial t}\boldsymbol{v} + \boldsymbol{v}\cdot\boldsymbol{\nabla v}\right) = \boldsymbol{\Delta v} - \boldsymbol{\nabla}p + Ra\,T\,\boldsymbol{e}_z \tag{2.60}$$

$$\left(\tfrac{\partial}{\partial t}T + \boldsymbol{v}\cdot\boldsymbol{\nabla}T\right) = \Delta T + \tfrac{k\nu}{c_v\Delta T d^2}\,\Phi \quad . \tag{2.61}$$

Das wesentliche dieser sog. *Boussinesq Approximation* ist die Tatsache, daß trotz $(\alpha_m\Delta T) \ll 1$ die Rayleighzahl $Ra = (\alpha_m\Delta T)\,d^3 g/k\nu$ keineswegs als klein gegenüber eins angesehen wird. Denn die Transportkoeffizienten $k, \nu$ besitzen i.a. sehr kleine Zahlenwerte und stehen im Nenner der Rayleighzahl. Als Folge der Boussinesq Approximation erkennen wir, daß die einzige Kopplung zwischen Temperaturproblem (Energiegleichung) und Strömungsproblem (Konti–, Impulsgleichung) über den Auftriebsterm $Ra\, T \boldsymbol{e}_z$ zustande kommt.

Wir bemerken, daß kleine Prandtlzahlen (z.B. flüssige Metalle) zu einem Anwachsen des Einflusses der instationären Beschleunigung führen. Wenngleich entsprechend des Verzweigungsdiagramms 2.2 das Einsetzen der Instabilität nicht von der Prandtlzahl abhängt, neigen Medien mit sehr kleinen Prandtlzahlen zu einer instationären Weiterentwicklung der verzweigten Lösung.

**2.3.1.6 Grundzustand** Wie üblich beginnen wir eine Stabilitätsanalyse mit der Ermittlung des stationären Grundzustandes $\boldsymbol{v}_0, p_0, T_0$, dessen Stabilität zu untersuchen ist. Dieses ist hier besonders einfach, da wir davon ausgehen, das Fluid befinde sich im Grundzustand in Ruhe : $\boldsymbol{v}_0 \equiv 0$. Die Energiegleichung (2.61) lautet damit

$$\Delta T_0 = 0 \quad ,$$

stellt also das stationäre Wärmeleitungsproblem dar. Es muß hierbei erwähnt werden, daß der Ruhezustand nur möglich ist, wenn der Temperaturgradient parallel zu $\boldsymbol{e}_z$ ist. Denn nehmen wir die Rotation von (2.60) und setzen $\boldsymbol{v}_0 \equiv 0$ ein, so folgt die Bedingung $\nabla T_0 \times \boldsymbol{e}_z = \boldsymbol{0}$. Wir beschränken uns auf den Fall einer in den horizontalen Richtungen $x$ und $y$ unendlich ausgedehnten Schicht, bzw. einer solchen mit wärmeundurchlässigen, vertikalen Seitenwänden. Wegen der Konstanz der Temperaturrandbedingungen

$$T_0(x, y, z = -1/2) = T_1 \, , \quad T_0(x, y, z = 1/2) = T_2$$

entlang der homogenen Parallelrichtungen $x, y$ ist unser Grundzustand nur von der Vertikalrichtung $z$ abhängig und wir bekommen aus der obigen Laplacegleichung

$$\frac{d^2 T_0}{dz^2} = 0 \, , \quad \text{bzw} \quad T_0(z) = C_1\, z + C_0 \, . \tag{2.62}$$

Die Konstanten $(C_1, C_2)$ folgen aus den angeführten Randbedingungen zu $C_1 = -1$, $C_0 = (T_1 + T_2 - 2T_m)/\Delta T$. Es ist nun offensichtlich, daß mit $T_m = \frac{1}{2}(T_1 + T_2)$ als dem Mittelwert der Temperatur die sinnvollste Wahl für den Parameter $T_m$ getroffen wird. Wir erreichen für den Wärmeleitungsgrundzustand

$$T_0 = -z \tag{2.63}$$

Aus den ersten beiden Impulsgleichungen $(x, y)$ erhalten wir $p_0 = p_0(z)$. Die $z$-Impulsgleichung ergibt

$$0 = -\frac{dp_0}{dz} + Ra\, T_0$$

bzw. mit (2.63) für den Druck

$$p_0 = -\tfrac{1}{2} Ra\, z^2 + p_u \tag{2.64}$$

wobei die Konstante $p_u$ den Umgebungsdruck bedeutet. Die oben ermittelte Temperaturverteilung und damit auch das gesamte Wärmeleitungsproblem ist offenkundig unabhängig von $p_u$. Nicht das Niveau des Drucks $p_0$ hat einen Einfluß auf das Problem, sondern ausschließlich sein Gradient.

**2.3.1.7 Störungsdifferentialgleichungen** Gemäß unseres Standardvorgehens nach (2.39, 2.40) unterstellen wir irgendwelche kleine Störungen $\varepsilon \boldsymbol{U}' = \varepsilon\, {}^t(\boldsymbol{v}', p', T')$ des Grundzustands, setzen den gestörten Zustand $\boldsymbol{v} = \boldsymbol{v}_0 + \varepsilon\, \boldsymbol{v}', p = p_0 + \varepsilon\, p', T = T_0 + \varepsilon\, T'$ in die Strömungsgleichungen (2.59-2.61) ein, differenzieren nach $\varepsilon$ und setzen $\varepsilon = 0$. Unsere daraus resultierenden Störungsdifferentialgleichungen lauten

$$\boldsymbol{\nabla}\cdot\boldsymbol{v}' = 0 \tag{2.65}$$
$$Pr^{-1}\,\frac{\partial}{\partial t}\boldsymbol{v}' = \boldsymbol{\Delta}\boldsymbol{v}' - \boldsymbol{\nabla}p' + Ra\,T'\,\boldsymbol{e}_z \tag{2.66}$$
$$\frac{\partial}{\partial t}T' = \boldsymbol{\Delta}T' + w' \quad . \tag{2.67}$$

Wir bemerken, daß alle Anteile aus der Dissipation $\Phi$ nach der Linearisierung vollständig verschwinden, da sie ausschließlich, und zwar quadratisch, von den Geschwindigkeiten abhängen. Beim vorliegenden Grundzustand ist die Produktion von Wärme infolge Dissipation von höherer Ordnung klein in $\varepsilon$.

Überdies erkennen wir, daß, wie bei der Dimensionsanalyse erwähnt, im stationären Fall die Rayleighzahl $Ra$ die einzige Ähnlichkeitskennzahl wird. Da die hier untersuchte Instabilität tatsächlich stationär ist, erkennen wir außerdem, daß das Stabilitätskriterium unabhängig von der Prandtlzahl $Pr$, also stoffunabhängig sein wird. Dieses steht im Einklang mit dem experimentellen Befund nach Abbildung 2.2.

**2.3.1.8 Randbedingungen** Um das Störungsdifferentialgleichungssystem (2.65-2.67) des Stabilitätsproblems lösen zu können, sind Randbedingungen zu spezifizieren. Verschiedene Fälle von Strömungs- und Temperaturrandbedingungen sind hier denkbar. Wir diskutieren eine freie und feste Flüssigkeitsberandung $z = z_r = \pm 1/2$ mit isothermer oder adiabater Temperaturrandbedingung.

- freie Berandung (Flüssigkeitsoberfläche)

  Wir betrachten die Oberfläche weiterhin als eben, da Verformungseffekte aufgrund kleiner Störungen von höherer Ordnung klein sind. Dann haben wir an der Oberfläche die Nichtdurchdringungsbedingung (kinematische Strömungsbedingung) zu erfüllen :

$$[w = w_0 + \varepsilon\, w']_{(x,y,z_r)} \stackrel{!}{=} 0$$
$$\Longrightarrow \quad w'(x,y,z_r) \stackrel{!}{=} 0 \tag{2.68}$$

  Die Randbedingungen für die Parallelgeschwindigkeiten hängen i.a. von der Oberflächenspannung $\sigma$ ab, die so dimensionsbehaftet bezeichnet sei. Wir gehen hier auf den Einfluß einer temperaturabhängigen Oberflächenspannung $\sigma(T)$ ein. Die Tangentialkraft $dT_x = \frac{\partial\sigma}{\partial x}dxdy$, bzw. $dT_y = \frac{\partial\sigma}{\partial y}dxdy$, die infolge einer (temperaturbedingten) Änderung der Oberflächenspannung $\sigma = \sigma(T)$ über einem Oberflächenelement der Flüssigkeit entsteht, muß durch die Schubkräfte $\tau_{xz}dxdy = \mu(\frac{\partial u}{\partial z} + \frac{\partial w}{\partial x})dxdy$ bzw. $\tau_{yz}dxdy = \mu(\frac{\partial v}{\partial z} + \frac{\partial w}{\partial y})dxdy$ kompensiert werden :

$$\frac{\partial\sigma}{\partial x} = \mu\left(\frac{\partial u}{\partial z} + \frac{\partial w}{\partial x}\right), \quad \frac{\partial\sigma}{\partial y} = \mu\left(\frac{\partial v}{\partial z} + \frac{\partial w}{\partial y}\right)$$

Das betrachtete Fluid besitze einen konstanten Wert für $d\sigma/dT$ und entsprechend unserer vorher getroffenen Annahmen die konstante Zähigkeit $\mu$. Der kinematischen Strömungsbedingung (2.68) wegen gilt an der Fluidoberfläche überdies $\frac{\partial w}{\partial x} = \frac{\partial w}{\partial y} = 0$. Beziehen wir nun auf die selben Größen wie in 2.3.1.4, erhalten wir den folgenden, dimensionslos formulierten Zusammenhang an der Flüssigkeitsoberfläche

$$\left[\frac{\partial u^*}{\partial z^*} - Ma\,\frac{\partial T^*}{\partial x^*}\right]_{(x^*,y^*,z_r^*)} = 0 \quad , \quad \left[\frac{\partial v^*}{\partial z^*} - Ma\,\frac{\partial T^*}{\partial y^*}\right]_{(x^*,y^*,z_r^*)} = 0 \quad . \tag{2.69}$$

Die dabei neu entstandene, dimensionslose Kennzahl

$$Ma := \frac{\frac{d\sigma}{dT}\Delta T d}{\rho_m \nu k} \tag{2.70}$$

wird als *Marangonizahl* bezeichnet. Für eine temperaturunabhängige Oberflächenspannung ist $Ma = 0$ und die Flüssigkeitsoberfläche schubspannungsfrei. Dann ist $\frac{\partial u}{\partial z} = \frac{\partial v}{\partial z} = 0$.

Der Übersichtlichkeit wegen lassen ab jetzt die Kennzeichnung der dimensionslosen Formulierung durch den hochgestellten Stern wieder fort. Da die Oberflächenbeziehung (2.69) bereits linear ist, bleibt sie nach der Einführung des Störansatzes unverändert, so daß auch für die Störströmung gilt :

$$\left[\frac{\partial u'}{\partial z} - Ma\,\frac{\partial T'}{\partial x}\right]_{(x,y,z_r)} = 0 \quad , \quad \left[\frac{\partial v'}{\partial z} - Ma\,\frac{\partial T'}{\partial y}\right]_{(x,y,z_r)} = 0 \tag{2.71}$$

Ist der Oberflächenspannungseffekt besonders groß, kann er bei entlang der Oberfläche aufgeprägten Temperaturunterschieden sogar alleiniger Grund für das Entstehen einer sog. *Marangoni Instabilität* sein. Denn den Gln.(2.71) entnehmen wir, daß ein Medium, dessen Oberflächenspannung mit der Temperatur sinkt ($\frac{d\sigma}{dT} < 0$, bzw. $Ma < 0$) Geschwindigkeiten induziert. Gegenüber einem Medium mit $\frac{d\sigma}{dT} = 0$ vergrößert sich dabei die Geschwindigkeit in der Richtung, entlang der die Temperatur abfällt. Man beachte, daß ein solches Medium die thermische Zellularkonvektion unterstützt, weil auch hier das Medium an der freien Oberfläche in der Richtung sinkender Temperatur strömt. Dieses ist mit folgender Nebenüberlegung ersichtlich : Warmes Fluid steigt auf und strömt an der Oberfläche oberflächenparallel ab. Die Oberflächenströmung kühlt sich im weiteren ab bis die Fluidteilchen schließlich wieder absinken. Diesem Vorgang entsprechend verläuft die Oberflächenströmung in Richtung fallender Temperatur. Verblüffenderweise war die von Bénard beobachtete Zellularkonvektion tatsächlich eine durch variable Oberflächenspannung getriebene Strömung. Auch die Abbildung 2.4 zeigt eine durch Oberflächenspannung getriebene Konvektionsströmung an der Grenzfläche zweier Flüssigkeiten.

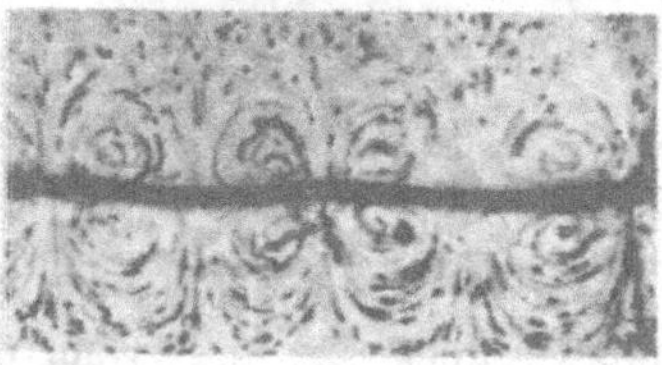

**Abb. 2.4**: Marangoni–Konvektion an Flüssigkeitsgrenzfläche.

- feste Berandung

  Am Boden, den Seitenwänden oder der Deckplatte haben wir die kinematische- und Haftbedingung zu erfüllen, mithin

$$\boldsymbol{v}'(x, y, z_r) \stackrel{!}{=} \mathbf{0} \tag{2.72}$$

- isotherme Berandung

  Unter der Annahme, der die Berandung bildende Stoff besitze eine große Wärmeleitfähigkeit, werden auftretende Temperaturstörungen sofort ausgeglichen und er behält seine Temperatur bei; Temperaturstörungen verschwinden also :

$$T'(x, y, z_r) \stackrel{!}{=} 0 \tag{2.73}$$

- adiabate Berandung

  Die Wandtemperatur $T_w = T_1$, bzw. $T_w = T_2$ entsprechend der Grundlösung können wir uns entstanden denken durch einen aufgeprägten, konstanten Wärmefluß $\dot{q}_0 = -\lambda(\frac{\partial T_0}{\partial z})_w$ durch die ruhende Flüssigkeitsschicht. Änderungen $\dot{q}' = -\lambda\frac{\partial T'}{\partial z}$ dieses Wärmeflusses durch Temperaturstörungen seien ausgeschlossen. Ein solches Verhalten können wir erwarten, wenn die Temperaturleitfähigkeit des Begrenzungsmediums ($z < -1/2$, $z > 1/2$) sehr klein ist. Die mit dem fest vorgegebenen Wärmestrom einhergehenden lokalen Änderungen in der Temperatur des Begrenzungsmediums seien klein und Rückwirkungen auf die Grundlösung wie üblich vernachlässigbar. Das führt uns auf die Temperaturrandbedingung

$$\frac{\partial T'}{\partial z}(x, y, z_r) \stackrel{!}{=} 0 \tag{2.74}$$

An jeder der beiden horizontalen Berandungen $z = z_r$ kann so für $\boldsymbol{v}'$ und $T'$ je eine Randbedingung gegeben werden, was der Ordnung des Störungsdifferentialgleichungssystems entspricht. Ist die Flüssigkeitsschicht durch vertikale, adiabate Seitenwände $S(x_r, y_r) = 0$ begrenzt, fordern wir auch dort analoge Bedingungen für $u'(S, z)$, $v'(S, z)$ und $T'(S, z)$. Anstatt der Ableitungen nach $z$ in den obigen Beziehungen sind dann die entsprechenden Ableitungen in Richtung der Seitenwandnormalen $\boldsymbol{n} = \boldsymbol{\nabla} S/|\boldsymbol{\nabla} S|$ zu nehmen, und z.B. die Geschwindigkeit $w'$ ist durch $\boldsymbol{n}\cdot\boldsymbol{v}'$ zu ersetzen.

**2.3.1.9 Alternative Formulierung der Störungsdifferentialgleichungen** Mit dem Ziel, die Anzahl der Variablen im Gleichungssystem (2.65–2.67) zu reduzieren, wenden wir zur Elimination des Druckes $p'$ zweimal den Rotationsoperator $\boldsymbol{\nabla} \times \boldsymbol{\nabla} \times (\ldots) = = \boldsymbol{\nabla}\boldsymbol{\nabla}\cdot(\ldots) - \boldsymbol{\Delta}(\ldots)$ auf die Impulsgleichungen (2.66) an. Damit ist bereits die Entkopplung der $z$–Impulsgleichung und der Energiegleichung (2.67) von $u'$, $v'$ und $p'$ gelungen :

$$\frac{1}{Pr}\frac{\partial}{\partial t}\boldsymbol{\Delta} w' = \boldsymbol{\Delta}^2 w' + Ra\left[\frac{\partial^2 T'}{\partial x^2} + \frac{\partial^2 T'}{\partial y^2}\right] \tag{2.75}$$

Wir können auch noch die Temperaturstörung $T'$ aus dem Gleichungssystem (2.75, 2.67) eliminieren. Dazu wenden wir den Differentialausdruck $(\frac{\partial^2}{\partial x^2} + \frac{\partial^2}{\partial y^2})$ auf die

Energiegleichung (2.67) an. Danach können wir die Temperaturglieder aus (2.75) in (2.67) einsetzen und erhalten

$$\frac{\partial}{\partial t}\left[(1+\frac{1}{Pr})\Delta^2 w' - \frac{1}{Pr}\frac{\partial}{\partial t}\Delta w'\right] = \Delta^3 w' - Ra\left[\frac{\partial^2 w'}{\partial x^2} + \frac{\partial^2 w'}{\partial y^2}\right]. \quad (2.76)$$

Da wir jetzt eine Differentialgleichung sechster Ordnung für $w'$ vorliegen haben, benötigen wir für deren Lösung zusätzliche $w'$–Randbedingungen, die wir uns aus den ursprünglichen Gleichungen besorgen müssen. Zunächst gilt, unabhängig davon, ob ein fester oder freier Rand vorhanden ist, die kinematische Strömungsbedingung (2.68) für $w'$.

Die zwei weiteren an jeder der beiden Berandungen benötigten Bedingungen sind zum einen davon abhängig, ob ein fester oder freier Rand vorliegt; andererseits aber auch von der Temperaturrandbedingung (Kopplung über den Rand !).

Da bei einer freien Berandung die $u'$- bzw. die $v'$-Randbedingungen (2.71) für alle $x$ bzw. $y$ gelten, dürfen wir sie danach differenzieren und in die nach $z$ differenzierte Kontinuitätsgleichung (2.65) einsetzen. Wir erreichen dadurch

$$\left[\frac{\partial^2 w'}{\partial z^2} + Ma\left(\frac{\partial^2 T'}{\partial x^2} + \frac{\partial^2 T'}{\partial y^2}\right)\right]_{(x,y,z_r)} = 0 \qquad \text{(frei)} \quad (2.77)$$

Hieraus können wir noch mit Hilfe von Gleichung (2.75) die Temperatur eliminieren und erhalten schließlich

$$\left[\frac{\partial^2 w'}{\partial z^2} - \frac{Ma}{Ra}\Delta^2 w' = -\frac{Ma}{Ra\,Pr}\frac{\partial}{\partial t}\Delta w'\right]_{(x,y,z_r,t)} \qquad \text{(frei)} \quad (2.78)$$

Für die isotherme Bedingung vereinfacht sich aber bereits (2.77) wegen $\frac{\partial^2 T'}{\partial x^2} = \frac{\partial^2 T'}{\partial y^2} = 0$ zur zweiten Bedingung

$$\frac{\partial^2 w'}{\partial z^2}(x,y,z_r) = 0 \qquad \text{(frei,isotherm)} \quad (2.79)$$

und unter Ausnutzung von (2.79) bereits Beziehung (2.75) zur dritten Bedingung

$$\frac{\partial^4 w'}{\partial z^4}(x,y,z_r) = 0 \quad . \qquad \text{(frei,isotherm)} \quad (2.80)$$

Im Falle der adiabaten Berandung (2.74) gilt offenbar immer $(\frac{\partial^2}{\partial x^2} + \frac{\partial^2}{\partial y^2})\frac{\partial T'}{\partial z} = 0$, was für die nach $z$ differenzierte Gleichung (2.75) die dritte adiabate Bedingung

$$\left[\Delta^2\frac{\partial w'}{\partial z} = \frac{1}{Pr}\frac{\partial}{\partial t}\Delta\frac{\partial w'}{\partial z}\right]_{(x,y,z_r,t)} \qquad \text{(frei,adiabat)} \quad (2.81)$$

ergibt. Wir haben damit die $w'$-Randbedingungen sowohl für die isotherme als auch adiabate freie Berandung angegeben.

Die zweite Randbedingung im Falle der festen Berandung folgt mit der Haftbedingung an der Wand unmittelbar aus $\frac{\partial u'}{\partial x} = \frac{\partial v'}{\partial y} = 0$, so daß die Kontinuitätsgleichung sofort die folgende Bedingung für $w'$ nach sich zieht

$$\frac{\partial w'}{\partial z}(x,y,z_r) = 0 \quad . \qquad \text{(fest)} \quad (2.82)$$

Die dritte Randbedingung für $w'$ besorgen wir uns auch bei der festen Berandung aus Gleichung (2.75), und zwar im isothermen Fall direkt zu

$$\left[\left(2\frac{\partial^2}{\partial x^2} + 2\frac{\partial^2}{\partial y^2} + \frac{\partial^2}{\partial z^2}\right)\frac{\partial^2 w'}{\partial z^2} = \frac{1}{Pr}\frac{\partial}{\partial t}\frac{\partial^2 w'}{\partial z^2}\right]_{(x,y,z_r,t)} \qquad \text{(fest,isotherm)} \quad (2.83)$$

Im adiabaten Fall können wir Bedingung (2.81), die ebenfalls für feste Berandungen gilt, weiter vereinfachen :

$$\left[\left(2\frac{\partial^2}{\partial x^2} + 2\frac{\partial^2}{\partial y^2} + \frac{\partial^2}{\partial z^2}\right)\frac{\partial^3 w'}{\partial z^3} = \frac{1}{Pr}\frac{\partial}{\partial t}\frac{\partial^3 w'}{\partial z^3}\right]_{(x,y,z_r,t)} \qquad \text{(fest,adiabat)} \quad (2.84)$$

Wir haben damit in jedem Fall drei Bedingungen für $w'$ an den Rändern angegeben, womit das Bedürfnis der $w'$-Differentialgleichung (2.76) an Randbedingungen erfüllt ist.

Wir hätten anstatt der Temperaturstörung $T'$ auch die Vertikalgeschwindigkeit $w'$ zwischen (2.67) und (2.75) eliminieren können. Wenn wir $w'$ der Energiegleichung (2.67) entnehmen und in (2.75) einsetzen, enden wir bei einer einzigen Differentialgleichung für die Temperaturstörung $T'$ :

$$\frac{\partial}{\partial t}\left[\left(1 + \frac{1}{Pr}\right)\mathbf{\Delta}^2 T' - \frac{1}{Pr}\frac{\partial}{\partial t}\mathbf{\Delta} T'\right] = \mathbf{\Delta}^3 T' - Ra\left[\frac{\partial^2 T'}{\partial x^2} + \frac{\partial^2 T'}{\partial y^2}\right] \qquad (2.85)$$

Bei einem Vergleich von (2.85) und (2.76) bemerken wir, daß ein und derselbe Differentialausdruck die Temperaturstörung und die Vertikalgeschwindigkeit beschreibt. Genauso wie bei der Diskussion der zusätzlichen Randbedingungen für $w'$ können wir nun eine hinreichende Anzahl von Randbedingungen für die $T'$-Differentialgleichung (2.85) angeben. Unabhängig von der Art der Randbedingungen zeigt uns die an der Berandung ausgewertete Energiegleichung (2.67) mit $w' = 0$, daß

$$\left[\mathbf{\Delta} T' = \frac{\partial}{\partial t} T'\right]_{(x,y,z_r,t)} \qquad (2.86)$$

Im Falle einer adiabaten Berandung identifizieren wir neben der Forderung (2.74) Gleichung (2.86) als zweite thermische Randbedingung. Bei isothermer Berandung kann wegen $\frac{\partial^2 T'}{\partial x^2} = \frac{\partial^2 T'}{\partial y^2} = 0$ Beziehung (2.86) noch weiter vereinfacht werden zu

$$\frac{\partial^2 T'}{\partial z^2}(x,y,z_r) = 0 \qquad \text{(isotherm)} \quad (2.87)$$

Wir diskutieren nun zunächst die dritte thermische Randbedingung bei einer festen Berandung. Wegen der Kontinuitätsgleichung war $\frac{\partial w'}{\partial z}(z_r) = 0$. Nutzen wir diese Kenntnis in der nach $z$ differenzierten Energiegleichung (2.67) aus, so erhalten wir als dritte Randbedingung

$$\left[\mathbf{\Delta}\frac{\partial T'}{\partial z} = \frac{\partial}{\partial t}\frac{\partial T'}{\partial z}\right]_{(x,y,z_r,t)} \qquad \text{(fest)} \quad (2.88)$$

Bei adiabater Berandung läßt sich dieses wegen $\frac{\partial^2}{\partial x^2}\frac{\partial T'}{\partial z} = \frac{\partial^2}{\partial y^2}\frac{\partial T'}{\partial z} = 0$ weiter vereinfachen zu

$$\frac{\partial^3 T'}{\partial z^3}(x, y, z_r) = 0 \qquad \text{(fest,adiabat)} \quad (2.89)$$

Wir wenden uns nun der dritten thermischen Randbedingung bei freier Flüssigkeitsoberfläche zu. Wenn wir die Energiegleichung (2.67) zweifach nach $z$ differenzieren, so können wir aus (2.77) $w'$ eliminieren und erhalten dann

$$\left[\Delta \frac{\partial^2 T'}{\partial z^2} + Ma\frac{\partial^2 T'}{\partial z^2} = \frac{\partial}{\partial t}\left(Ma\,T' + \frac{\partial^2 T'}{\partial z^2}\right)\right]_{(x,y,z_r,t)} \qquad \text{(frei)} \quad (2.90)$$

Diese stellt bereits die dritte adiabate Randbedingung dar. Bei isothermer freier Berandung läßt sich (2.90) noch weiter vereinfachen, denn wegen (2.87) folgt

$$\frac{\partial^4 T'}{\partial z^4}(x, y, z_r) = 0 \qquad \text{(frei,isotherm)} \quad (2.91)$$

Wir bemerken abschließend, daß sowohl für die $w'$-Randbedingungen als auch die $T'$-Randbedingungen bei isothermer Berandung die Marangonizahl herausfällt. Dieses Ergebnis ist natürlich sinnvoll, da der Effekt der Oberflächenspannung ja nur infolge von Temperaturänderungen auf der Oberfläche zutage tritt.

**2.3.1.10 Eigenwertproblem** Wir kommen nun zur Identifikation des der thermischen Zellularkonvektion zugeordneten Eigenwertproblems. Wir hatten in Abschnitt 2.2 allgemein gezeigt, daß die Lösung eines Problems der primären Stabilitätsanalyse stets auf ein Eigenwertproblem führt.

Im vorangegangenen Abschnitt hatten wir gezeigt, daß Variablen aus dem Störungsdifferentialgleichungssystem (2.65–2.67) eliminiert werden können. Damit ergaben sich Differentialgleichungen höherer Ordnung für die verbliebenen Variablen. Ein und das selbe Eigenwertproblem stellt sich daher auf verschiedene Arten dar. Drei dieser Möglichkeiten stellen wir kurz vor.

Zunächst fassen wir die Variablen im System (2.65–2.67) zu $\boldsymbol{U}' := {}^t(u', v', w', p', T')$ zusammen. Nach Abschnitt 2.2 darf zwischen Zeit und Ortsabhängigkeit separiert werden. Entsprechend des Separationsansatzes (2.41) und (2.43) ist damit $\boldsymbol{U}' = \exp(-i\,\omega t)\,\boldsymbol{U}'_x(\boldsymbol{x},\omega)$. Analog zu oben schreiben wir daher $\boldsymbol{U}'_x := {}^t(u', v', w', p', T')_x$. Mit der Übernahme dieser Schreibweise stellt sich das Störungsdifferentialgleichungssystem (2.65–2.67) nun folgendermaßen dar :

$$\left\{\begin{bmatrix} \frac{\partial}{\partial x} & \frac{\partial}{\partial y} & \frac{\partial}{\partial z} & 0 & 0 \\ -\Delta & 0 & 0 & \frac{\partial}{\partial x} & 0 \\ 0 & -\Delta & 0 & \frac{\partial}{\partial y} & 0 \\ 0 & 0 & -\Delta & \frac{\partial}{\partial z} & -Ra \\ 0 & 0 & -1 & 0 & -\Delta \end{bmatrix} - i\,\omega \begin{bmatrix} 0 & 0 & 0 & 0 & 0 \\ \frac{1}{Pr} & 0 & 0 & 0 & 0 \\ 0 & \frac{1}{Pr} & 0 & 0 & 0 \\ 0 & 0 & \frac{1}{Pr} & 0 & 0 \\ 0 & 0 & 0 & 0 & 1 \end{bmatrix}\right\} \begin{pmatrix} u' \\ v' \\ w' \\ p' \\ T' \end{pmatrix}_x = \begin{pmatrix} 0 \\ 0 \\ 0 \\ 0 \\ 0 \end{pmatrix} \quad (2.92)$$

Entsprechend des allgemeinen Eigenwertproblems der primären Stabilitätsanalyse (2.45) erkennen wir, daß hier $\boldsymbol{L}_S$ dem ersten Matrixausdruck in (2.92) und $\boldsymbol{L}_I$ dem zweiten

Matrixausdruck entspricht. Es sei darauf hingewiesen, daß $\boldsymbol{L}_I$ eine singuläre Matrix darstellt, also nicht invertierbar ist. Nach 2.2 liegt also ein verallgemeinertes Eigenwertproblem vor.

Als zweite Möglichkeit der Schreibweise des Eigenwertproblems eliminieren wir $u'$, $v'$ und $p'$ aus (2.65–2.67), und es verbleiben die Gleichungen (2.67, 2.75) zur Bestimmung von $\boldsymbol{U}' := {}^t(w', T')$. Mit $\boldsymbol{U}'_x(\omega) := {}^t(w', T')_x$ können wir das System in die folgende Form fassen :

$$\left\{\begin{bmatrix} -\boldsymbol{\Delta}^2 & -Ra(\frac{\partial^2}{\partial x^2} + \frac{\partial^2}{\partial y^2}) \\ -1 & -\boldsymbol{\Delta} \end{bmatrix} - i\,\omega \begin{bmatrix} \frac{1}{Pr}\boldsymbol{\Delta} & 0 \\ 0 & 1 \end{bmatrix}\right\} \begin{pmatrix} w' \\ T' \end{pmatrix}_x = \begin{pmatrix} 0 \\ 0 \end{pmatrix} \qquad (2.93)$$

Der Vergleich mit der allgemeinen Formulierung (2.45) zeigt, daß $\boldsymbol{L}_S$ dem ersten Matrixausdruck in (2.93) und $\boldsymbol{L}_I$ dem zweiten Matrixausdruck entspricht. Genau wie bei (2.92) handelt es sich um ein verallgemeinertes Eigenwertproblem.

Die dritte dargestellte Schreibweise des Eigenwertproblems der thermischen Zellularkonvektion ergibt eine besonders einfache Form. Wir betrachten dazu die Beziehung (2.85), die nur noch eine Differentialgleichung für die Unbekannte $\boldsymbol{U}' = T'$ darstellt (die Betrachtung der Gleichung (2.76) für $w'$ ist übrigens äquivalent). Die formale Schreibweise von Abschnitt 2.2 ergibt nun $\boldsymbol{U}'_x(\boldsymbol{x}, \omega) = T'_x$, und das Eigenwertproblem ist :

$$\left\{\left[-\boldsymbol{\Delta}^3 + Ra\left(\frac{\partial^2}{\partial x^2} + \frac{\partial^2}{\partial y^2}\right)\right] - i\,\omega\left[\left(1 + \frac{1}{Pr}\right)\boldsymbol{\Delta}^2\right] + \omega^2\left[\frac{1}{Pr}\boldsymbol{\Delta}\right]\right\} T'_x = 0 \qquad (2.94)$$

Dieses Eigenwertproblem für $T'_x$ enthält im Gegensatz zu den beiden vorangegangenen Formulierungen den Eigenwert $\omega$ quadratisch. Es kann somit nicht in die Standardform (2.45) gebracht werden.

Jedes der drei Eigenwertprobleme (2.92–2.94) beschreibt unter Berücksichtigung der besprochenen Randbedingungen für sich das Einsetzen der thermischen Zellularkonvektion und kann z.B. numerisch gelöst werden. Je nach Fall können auch analytische Lösungen des Problems gefunden werden, für deren Herleitung sich besonders die Formulierung (2.94) eignet. Wir werden im folgenden eine solche Lösung ableiten.

Sicherlich hat der indifferente Fall, für den $Im(\omega) = \omega_i = 0$ gilt, zunächst die größte Bedeutung. Wir erinnern uns zudem daran, daß sich die Zellularkonvektion beim Überschreiten der kritischen Rayleighzahl als stationäre Störströmung ausbildet. Offenbar dürfen wir bei der Berechnung des indifferenten Zustands von einer stationären Störströmung ausgehen. Es läßt sich darüberhinaus sogar beweisen, daß alle Störungen mit $\omega_i \geq 0$ die Frequenz $\omega_r = 0$ besitzen (vgl. P. DRAZIN, W. REID 1982, S.44–45). Wir setzen also $\omega = 0$, bzw. $\frac{\partial}{\partial t} \equiv 0$ sowohl in den oben abgeleiteten Differentialgleichungen, als auch den diversen Randbedingungen. Es sei darauf hingewiesen, daß gemäß unserer im Abschnitt 2.2 eingeführten Notation $\boldsymbol{U}'(\omega = 0) = \boldsymbol{U}'_x$ ist.

Im folgenden werden wir uns auf den Fall der in den Horizontalrichtungen $x$ und $y$ unendlich ausgedehnten Fluidschicht beschränken. Denn das gesamte Konvektionsproblem, welches durch das Differentialgleichungssystem (2.65–2.67) einschließlich der Randbedingungen beschrieben ist, wird damit unabhängig von $x, y$, die wir als *homogene*

*Richtungen* bezeichnen. Diese Voraussetzung ermöglicht es uns, den Separationsansatz

$$^t[u', v', w', p', T'](x, y, z) = F(x, y) \cdot {}^t[\hat{u}(z), \hat{v}(z), \hat{w}(z), \hat{p}(z), \hat{T}(z)] \quad . \tag{2.95}$$

zu machen. Wir betonen nochmals, daß dieser Ansatz bei seitlichen Behälterberandungen nicht mehr möglich ist, da in diesem Fall explizite Randbedingungen an diesen Seitenwänden gefordert werden müssen. Die Substitution des Ansatzes (2.95) in die stationäre ($\frac{\partial}{\partial t} \equiv 0$) Energiegleichung (2.67) liefert zunächst den Zusammenhang der Funktion $F(x, y)$ mit dem frei wählbaren Separationsparameter $a^2$

$$\frac{\frac{d^2\hat{T}}{dz^2} + \hat{w}}{\hat{T}} = -\frac{\frac{\partial^2 F}{\partial x^2} + \frac{\partial^2 F}{\partial y^2}}{F} \stackrel{!}{=} a^2 = const \tag{2.96}$$

In der separierten Differentialgleichung für $T'$ (2.94) erscheint dann $a^2$ in Verbindung mit der Voraussetzung $\omega = 0$ folgendermaßen :

$$\left[\frac{d^2}{dz^2} - a^2\right]^3 \hat{T}(z) + Ra\, a^2\, \hat{T}(z) = 0 \tag{2.97}$$

Mit den unter 2.3.1.9 abgeleiteten Randbedingungen ist dadurch wieder ein Eigenwertproblem definiert, in dem bei gegebenem $a$ jetzt die Rayleighzahl $Ra$ als Eigenwert auftritt. Das Eigenwertproblem (2.97) beschreibt das Einsetzen der thermischen Zellularkonvektion eines Fluids mit nach Boussinesq vereinfachten Eigenschaften. Finden wir eine nichttriviale Lösung $\hat{T}(z) \not\equiv 0$, so haben wir eine Störströmung ermittelt, die sich zeitlich neutral (indifferent) verhält. Unser Ziel wird es sein, zu jeder beliebigen vorgegebenen Zahl $a$ die dazugehörige Rayleighzahl $Ra(a)$ zu finden, um so alle möglichen indifferenten Zustände des Systems zu bestimmen.

Wir wollen nun die physikalische Bedeutung des Separationsparameters $a^2$ diskutieren. Dazu stellen wir uns vor, wir würden zunächst das Eigenwertproblem (2.97) unter Vorgabe der Randbedingungen lösen. Als Ergebnis einer solchen Analyse erhalten wir ein Paar $(Ra, a^2)$. Zu einer Interpretation des Separationsparameters $a$ gelangen wir über die Diskussion der Gleichung (2.96). Die die $(x, y)$-Struktur der Lösung darstellende Funktion $F$ ist gemäß (2.96) durch die Helmholtzgleichung

$$\left[\frac{\partial^2}{\partial x^2} + \frac{\partial^2}{\partial y^2}\right] F(x, y) + a^2 F(x, y) = 0 \tag{2.98}$$

bestimmt.

Dieses ist jedoch nicht die einzige Forderung an die Funktion $F(x, y)$. Der Separationsansatz (2.97) hat natürlich mit jeder der Gleichungen (2.65–2.67) verträglich zu sein. Setzen wir ihn in die $z$–Impulsgleichung von (2.66) ein, so erhalten wir zwar zunächst nur wieder die Separationsbedingung (2.98), aber die $x$– und $y$–Impulsgleichungen ergeben zusätzlich

$$\frac{1}{F}\frac{\partial F}{\partial x} \stackrel{!}{=} i\, a_x = const \quad , \quad \frac{1}{F}\frac{\partial F}{\partial y} \stackrel{!}{=} i\, a_y = const$$

wo wir die imaginäre Einheit $i$ aus Gründen einer einfacheren späteren Schreibweise hinzugefügt haben. Aus den obigen Beziehungen ergibt sich sofort die Form von $F$ :

$$F(x, y) = \exp(i\, a_x x + i\, a_y y) \tag{2.99}$$

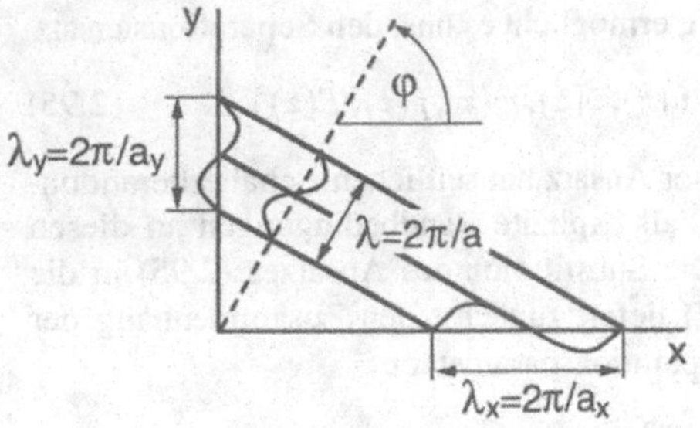


**Abb. 2.5**: Zur Interpretation der Separationsparameter als Wellenzahlen.

Durch Einsetzen in (2.98) erkennen wir, daß dieser Ansatz die Helmholtzgleichung löst, sofern die angesetzten Konstanten $a_x, a_y$ die folgende Bedingung erfüllen :

$$a^2 = a_x^2 + a_y^2 \tag{2.100}$$

Der Ausdruck (2.99) stellt für reelle Zahlen $a_x$, $a_y$ eine räumlich periodische, ebene Welle dar mit den Teilwellenzahlen $a_x = 2\pi/\lambda_x$ und $a_y = 2\pi/\lambda_y$ (vgl. Abbildung 2.5). Wir erkennen daraus, daß die Wahl einer Teilwellenzahl $a_x$ (bzw. $a_y$) nur der Einschränkung $a_x^2 \leq a^2$ (bzw. $a_y^2 \leq a^2$) unterliegt. Die jeweils andere Teilwellenzahl folgt danach aus (2.100). Der Separationsparameter $a$ hat offenbar die Bedeutung einer charakteristischen Wellenzahl. Das Stabilitätsproblem wird nur durch die Wellenlänge $\lambda = 2\pi/a$ der dazugehörigen charakteristischen Störwelle bestimmt, nicht aber von der Orientierung ihrer Wellennormalen $\varphi = \tan^{-1}(a_y/a_x)$ in der $(x, y)$-Ebene.

Wegen des Fehlens einer ausgezeichneten Richtung können wir ohne Beschränkung der Allgemeinheit sinnvoll z.B. $a_x \in [0, a/\sqrt{2}]$ wählen. Wir betonen, daß die $(x, y)$-Struktur der Lösung ebenfalls natürlich unabhängig von der speziellen Lösung $\hat{T}(z)$ ist, die aus (2.97) ermittelt wird. Bestimmen wir beispielsweise aus dem Eigenwertproblem (2.97) die kritische Wellenzahl $a_c$, so gibt es unendlich viele Möglichkeiten, diese mittels (2.100) aus Teilwellen zusammenzusetzen.

So sind eindimensionale (z.B. $a_x = 0, a_y = a$), also Rollenstrukturen ebenso denkbar, wie zweidimensionale, z.B. Zellstrukturen mit sechseckförmigem Grundriß, bei denen

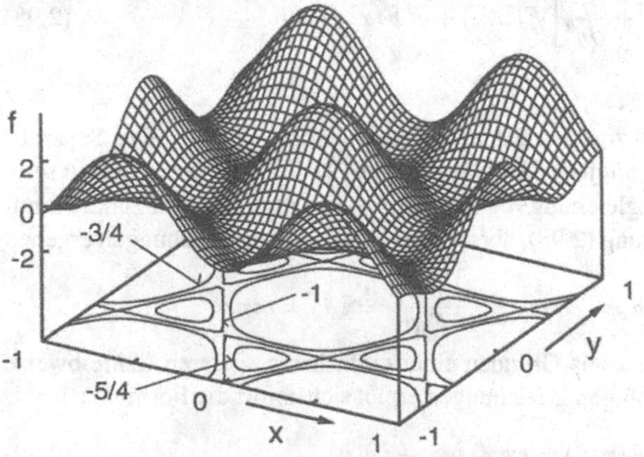


**Abb. 2.6**: Entstehung von hexagonalen Zellstrukturen (Höhenlinien) durch Überlagerung dreier Eigenlösungen.

einfach einer Rollenstruktur ($a_x = 0, a_y = a/2$) zwei gleiche weitere, um jeweils $60^o$ und $120^o$ verdrehte Rollenstrukturen ($a_x = \sqrt{3}/2a, a_y = \pm a/2$) superponiert werden. Ein Beispiel gibt die Abbildung 2.6, in der die Funktion $f(x,y) = \cos(ay) + \cos(\frac{\sqrt{3}}{2}ax + \frac{1}{2}ay) + \cos(\frac{\sqrt{3}}{2}ax - \frac{1}{2}ay)$ mit $a = 2\pi$ aufgetragen ist.

Welche der möglichen Strukturen sich ausbildet, ist nach der linearen Theorie einzig von Anfangsbedingungen abhängig. In der Realität zeigt sich jedoch, daß z.B. bei offenen Behältern auch bei verschiedensten Anfangsstörungen eher die hexagonale Zellstruktur angenommen wird, während in Behältern mit Deckplatte Rollenstrukturen beobachtet werden. Es handelt sich dabei um Zusatzeffekte, die nicht Gegenstand unserer Betrachtungen waren.

**2.3.1.11 Stabilitätsdiagramm** Wir wollen in diesem Abschnitt drei verschiedene Lösungen des Eigenwertproblems (2.97) diskutieren, die sich infolge der verschiedenen Randbedingungen unterscheiden.

- Obwohl physikalisch eher unbedeutend, ist der Fall zweier freier, isothermer Berandungen interessant, da hier eine Lösung des Eigenwertproblems in geschlossener Form angegeben werden kann. Wir führen uns nochmals die Randbedingungen (2.73, 2.87, 2.91)

$$\hat{T}(z = \pm\tfrac{1}{2}) \stackrel{!}{=} 0 \quad , \quad \frac{d^2\hat{T}}{dz^2}(z = \pm\tfrac{1}{2}) \stackrel{!}{=} 0 \quad , \quad \frac{d^4\hat{T}}{dz^4}(z = \pm\tfrac{1}{2}) \stackrel{!}{=} 0 \qquad (2.101)$$

vor Augen und stellen fest, daß die gerade Funktion $\hat{T}^g(z) = \cos[(2n+1)\pi\ z]$ alle diese Randbedingungen erfüllt. Das gleiche gilt für die ungerade Funktion $\hat{T}^u(z) = \sin[2n\pi\ z]$. Setzen wir $\hat{T}^g$ in das Eigenwertproblem (2.97) ein, erkennen wir, daß hiermit tatsächlich auch eine Eigenlösung vorliegt, sofern

$$Ra(a) = \frac{[(2n+1)^2\pi^2 + a^2]^3}{a^2} \quad . \qquad (2.102)$$

Damit haben wir die gesuchte Beziehung zwischen der Rayleighzahl und der Wellenzahl auf der Indifferenzkurve $Ra(a)$ gefunden. Bei genauer Betrachtung von (2.102) fällt auf, daß es unendlich viele solcher Indifferenzkurven gibt; denn wir dürfen die Ordnungszahl $n$ beliebig vorgeben. Es ist aber leicht einsehbar, daß für alle $a$ die niedrigsten (und damit relevanten) Rayleighzahlen für die Grundmode $n = 0$ vorliegen. Die kritische Rayleighzahl $Ra_c$ erhalten wir sehr einfach durch die Bedingung verschwindender Ableitung am Minimum der Funktion $Ra(a^2)$ zu :

$$Ra_c = \tfrac{27}{4}\pi^4 \simeq 658 \quad \text{bei} \qquad a_c = \tfrac{\pi}{\sqrt{2}} \simeq 2.22$$

Setzen wir die ungeraden Eigenfunktionen $\hat{T}^u$ an, so sehen wir, daß die am tiefsten liegende $Ra(a)$-Kurve weit oberhalb derjenigen für die geraden Eigenfunktionen liegt. Sie besitzt eine kritische Rayleighzahl von $Ra_c = 108\pi^4 \simeq 10520$ bei $a = \sqrt{2}\pi \simeq 4.44$. Wir erkennen daraus, daß die ungerade Lösung physikalisch irrelevant ist, weil in jedem Fall die gerade Eigenlösung vorher instabil wird. Die Indifferenzkurven niedrigster Ordnung bei gerader und ungerader Eigenlösung haben das in der Abbildung 2.7 gezeigte Aussehen.

- Wir wenden uns jetzt dem zweiten und in der Praxis weit wichtigeren Fall einer thermischen Zellularkonvektion bei zwei festen isothermen Berandungen zu. Die hier geltenden Randbedingungen waren nach (2.73, 2.87, 2.88)

$$\hat{T}(z=\pm\tfrac{1}{2}) \stackrel{!}{=} 0\,, \quad \frac{d^2\hat{T}}{dz^2}(z=\pm\tfrac{1}{2}) \stackrel{!}{=} 0\,, \quad \left[\frac{d^2}{dz^2}-a^2\right]\frac{d\hat{T}}{dz}(z=\pm\tfrac{1}{2}) \stackrel{!}{=} 0 \qquad (2.103)$$

Wir haben es bei (2.97) mit einer linearen, gewöhnlichen Differentialgleichung sechster Ordnung in $z$ mit konstanten Koeffizienten zu tun, die wir mittels eines $e^{\lambda\,z}$–Ansatzes auf die charakteristische Gleichung

$$\left[\lambda^2 - a^2\right]^3 + Ra\, a^2 = 0 \qquad (2.104)$$

zurückführen können. Die Konstanten $C_i$ der allgemeinen Lösung $\hat{T}(z) = \sum_{i=1}^{6} C_i \cdot e^{\lambda_i\,z}$ müssen nichttrivial an die sechs homogenen Randbedingungen (2.103) angepaßt werden. Nichttriviale Lösungen $\hat{T}(z) \not\equiv 0$ können nur dann vorliegen, wenn die Determinante der entsprechenden $6 \times 6$-Systemmatrix verschwindet. Diese Bedingung führt auf die gesuchte Beziehung zwischen der Rayleighzahl $Ra$ und der Wellenzahl $a$. Bevor wir das tun, wollen wir jedoch abermals einen Blick auf unser Eigenwertproblem werfen.

Wir erkennen an (2.97, 2.103), daß der Differentialausdruck (auch *Differentialoperator*) $L := \left[\frac{\partial^2}{\partial z^2} - a^2\right]^3 + Ra\; a^2$, der die Differentialgleichung (2.97) repräsentiert, ausschließlich Ableitungen von gerader Ordnung enthält, und daß alle Randbedingungen (2.103) symmetrisch bezüglich $z = 0$ sind. Wir nutzen im folgenden die bekannte Tatsache, daß eine an jeder Stelle $z$ in eine Taylorreihe entwickelbare Funktion $f(z)$ als Summe aus einer ungeraden Funktion $f^u(z) = -f^u(-z)$ und einer geraden Funktion $f^g(z) = f^g(-z)$ betrachtet werden kann (z.B. $e^z = \sinh(z) + \cosh(z)$). Da Differentiationen gerader Ordnung von (un-)geraden Funktionen wieder (un-)gerade Funktionen ergeben, erhalten wir in unserem Fall mit $\hat{T}(z) = \hat{T}^u(z) + \hat{T}^g(z)$ und $L$ folgende Beziehung :

$$L[\hat{T}^u(z) + \hat{T}^g(z)] = \underbrace{L[\hat{T}^u(z)]}_{\text{ungerade}} + \underbrace{L[\hat{T}^g(z)]}_{\text{gerade}} = 0$$

Da eine ungerade Funktion eine gerade nicht an jeder Stelle $z$ auslöschen kann, müssen offenbar beide obigen Ausdrücke unabhängig voneinander verschwinden :

$$L[\hat{T}^u(z)] = 0 \quad , \quad L[\hat{T}^g(z)] = 0 \qquad (2.105)$$

Ebenso können wir beispielsweise an der zweiten der Randbedingungen (2.103) sehen, daß

$$\left.\frac{\partial^2(\hat{T}^u + \hat{T}^g)}{\partial z^2}\right|_{z=\pm\frac{1}{2}} = \pm \left.\frac{\partial^2 \hat{T}^u}{\partial z^2}\right|_{z=\frac{1}{2}} + \left.\frac{\partial^2 \hat{T}^g}{\partial z^2}\right|_{z=\frac{1}{2}} \quad , \quad \text{bzw.}$$

$$\left.\frac{\partial^2 \hat{T}^u}{\partial z^2}\right|_{z=\pm\frac{1}{2}} = 0 \quad , \quad \left.\frac{\partial^2 \hat{T}^g}{\partial z^2}\right|_{z=\pm\frac{1}{2}} = 0 \quad . \qquad (2.106)$$

Wir erkennen, daß unser Randwertproblem von geraden und ungeraden Funktionen, und zwar unabhängig voneinander, gelöst wird. Aus den aus (2.104) erhaltenen Eigenwerten

$$\begin{aligned}
\lambda_{1/2} &= \pm i\sqrt{\sqrt[3]{Ra\,a^2}-a^2} \\
\lambda_{3/4} &= \pm(\Lambda_r + i\,\Lambda_i) \\
\lambda_{5/6} &= \pm(\Lambda_r - i\,\Lambda_i) \quad \text{mit} \\
\Lambda_r &= \tfrac{1}{2}\sqrt{\sqrt[3]{Ra\,a^2}+2a^2+2\sqrt{\sqrt[3]{Ra\,a^2}^2+a^2\sqrt[3]{Ra\,a^2}+a^4}} \\
\Lambda_i &= \tfrac{1}{2}\sqrt{-\sqrt[3]{Ra\,a^2}-2a^2+2\sqrt{\sqrt[3]{Ra\,a^2}^2+a^2\sqrt[3]{Ra\,a^2}+a^4}}
\end{aligned} \tag{2.107}$$

bzw. Eigenfunktionen $e^{\lambda_i z}$ lassen sich je drei gerade und ungerade Fundamentallösungen $f_i^u$ und $f_i^g$ zusammensetzen

$$\begin{aligned}
f_1^u(z) &= \sin\left(\sqrt{\sqrt[3]{Ra\,a^2}-a^2}\,z\right) \\
f_2^u(z) &= \cos(\Lambda_i\,z)\sinh(\Lambda_r\,z) \\
f_3^u(z) &= \sin(\Lambda_i\,z)\cosh(\Lambda_r\,z)
\end{aligned} \tag{2.108}$$

$$\begin{aligned}
f_1^g(z) &= \cos\left(\sqrt{\sqrt[3]{Ra\,a^2}-a^2}\,z\right) \\
f_2^g(z) &= \cos(\Lambda_i\,z)\cosh(\Lambda_r\,z) \\
f_3^g(z) &= \sin(\Lambda_i\,z)\sinh(\Lambda_r\,z)
\end{aligned} \tag{2.109}$$

Hierbei ist z.B. $f_2^g(z) = \frac{1}{4}\sum_{i=3}^{6}\exp(\lambda_i\,z)$. Berechnen wir zunächst die gerade Lösung $\hat{T}^g(z) = \sum_{i=1}^{3} c_i f_i^g(z)$, so erhalten wir aus der Anpassung der Randbedingungen z.B. an $z = \frac{1}{2}$

$$D_g(Ra,a) = \det\begin{bmatrix} f_1^g & f_2^g & f_3^g \\ f_1^{g\,\prime\prime} & f_2^{g\,\prime\prime} & f_3^{g\,\prime\prime} \\ (f_1^{g\,\prime\prime\prime}-a^2 f_1^{g\,\prime}) & (f_2^{g\,\prime\prime\prime}-a^2 f_2^{g\,\prime}) & (f_3^{g\,\prime\prime\prime}-a^2 f_3^{g\,\prime}) \end{bmatrix}_{z=\frac{1}{2}} \stackrel{!}{=} 0 \tag{2.110}$$

wo $()' = \frac{d}{dz}$ bezeichnet. Dieses ist eine transzendente, implizite Gleichung in $Ra$ und $a$, und die Trajektorie $Ra(a)$, auf der $D_g(Ra(a),a) \equiv 0$ gilt, stellt unsere gesuchte Indifferenzkurve dar (vgl. Bild 2.7).

Wir wollen uns in Bezug auf das Einsetzen der Rayleigh–Bénard Konvektion nochmals vergegenwärtigen, welche Bedeutung die so gewonnene Kurve im $(Ra,a)$-Diagramm hat. Entsprechend unseres Ansatzes stellen Punkte auf der Kurve solche Paare $(Ra,a)$ dar, für die die dazugehörigen Störungen sich zeitlich neutral verhalten. Hätten wir die Zeitableitung in den Störungsdifferentialgleichungen berücksichtigt, so hätte die Vorgabe eines beliebigen Paares $(Ra,a)$ oberhalb dieser Indifferenzkurve entsprechend $T' = \exp(-i\omega t)\cdot F(x,y)\cdot\hat{T}(z)$ eine positive zeitliche Anfachungsrate $\omega_i > 0$, also Instabilität, ergeben. Anderenfalls (also unterhalb der Kurve) hätten wir eine negative Anfachungsrate $\omega_i < 0$, d.h. zeitliches Abklingen (asymptotische Stabilität), berechnet.

Die Indifferenzkurve besitzt eine minimale Rayleighzahl $Ra_c$, unterhalb derer Störungen jedweder Wellenlänge abklingen. Diese Grenze errechnet man als Minimum der Funktion $Ra(a)$ zu

$$Ra_c \simeq 1708 \quad , \quad a_c \simeq 3.12 \tag{2.111}$$

Die Lösung für die ungeraden (antimetrischen) Eigenfunktionen $f_i^u(z)$ ist ebenfalls in Bild 2.7 dargestellt. Die kritische Rayleighzahl liegt hier jedoch etwa 10-fach höher als im Falle gerader (symmetrischer) Störfunktionen ($Ra_c \simeq 17610$ bei $a_c \simeq 5.37$). Die ungeraden Störfunktionen erreichen erst dann zeitliche Anfachung, wenn die geraden bereits hoch instabil sind. Die geraden Störungen stellen darüberhinaus die einzigen experimentell nachweisbaren Rayleigh–Bénard Rollen dar.

- Als letzten Fall behandeln wir hier denjenigen des offenen Behälters mit isothermen Berandungen. Bei $z = \frac{1}{2}$ haben wir also die Bedingungen (2.101), bei $z = -\frac{1}{2}$ hingegen (2.103) einzuhalten. Mit einer Nebenüberlegung gelingt es, dieses Problem auf das vorangegangene bei zwei festen Berandungen zurückzuführen. Da eine ungerade Funktion $f^u(z)$ grundsätzlich mitsamt aller ihrer geraden Ableitungen bei $z = 0$ verschwindet, erfüllt die ungerade Eigenlösung des obigen Falls (2.97, 2.103) bei $z = 0$ gerade die Bedingungen des freien isothermen Randes. Wir brauchen uns also nur die obere Hälfte $0 < z \leq \frac{1}{2}$ des beidseitig fest berandeten Rayleigh–Bénard Problems wegzudenken. Die Rayleighzahl und die dimensionslose Wellenzahl $a$ müssen lediglich mit der auf die Hälfte verkleinerten Schichtdicke neugebildet werden. Wir halbieren dazu die Temperaturdifferenz $\Delta T$ und substituieren in der Definition der Rayleighzahl $d$ durch $d/2$ : $Ra(\frac{\Delta T}{2}, \frac{d}{2}) = 2^{-4} \cdot Ra$. Da die Wellenzahl $a$ durch Multiplikation mit $d$ dimensionslos gemacht worden war, muß sie halbiert werden : $a(\frac{d}{2}) = \frac{1}{2} \cdot a$.

$$Ra_c \simeq \frac{17610}{2^4} = 1101 \quad \text{bei} \qquad a_c \simeq \frac{5.37}{2} = 2.68$$

Die Indifferenzkurven ergeben sich auch hier so wie in Abbildung 2.7 skizziert.

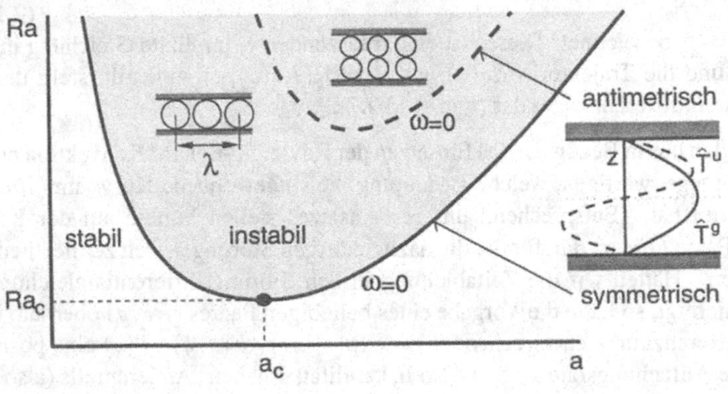


**Abb. 2.7**: Indifferenzkurve des Rayleigh–Bénard Problems.

**2.3.1.12 Einfluß von Behälterberandungen** In den bisher behandelten Stabilitätsproblemen hatten wir es mit Grundströmungen zu tun, in denen nur eine der Raumrichtungen ($z$) inhomogen war. Nur in dieser einen Richtung wurden explizit Randbedingungen gefordert. In den homogenen Richtungen (ohne explizite Randbedingungen) konnten Wellenansätze (Separationsansätze) gemacht werden, was zu gewöhnlichen homogenen Differentialgleichungen führte. Wenn wir aber z.B. unser Rayleigh-Bénard Problem in einem realen Behälter mit endlichen Querabmessungen betrachten wollen, müssen explizite Randbedingungen an allen Wänden erfüllt werden, wodurch die separate Betrachtung vorgegebener Wellenstörungen nicht mehr zulässig ist. Die numerische Lösung des Eigenwertproblems (2.92) für $\omega = 0$ wird sehr viel aufwendiger. Entsprechende dreidimensionale Eigenfunktionen $\boldsymbol{U}'_x(x,y,z)$ und kritische Rayleighzahlen bei unterschiedlichen Behältergeometrien sind von H. Oertel jr. 1979 unter Verwendung des Galerkin Verfahrens (vgl. z.B. H. Oertel jr., E. Laurien 1995) berechnet worden. Zusatzeffekte durch instationäres Aufheizen der Flüssigkeitsschicht oder das Verhalten bei großen überkritischen Rayleighzahlen können darüberhinaus in einer direkten numerischen Simulation studiert werden. Dabei werden die Boussinesq Gleichungen (2.59–2.61) unter Verwendung einer numerischen Methode (z.B. Finite Differenzen Verfahren) gelöst.

Solche Untersuchungen sind u.a. von K. Stork, U. Müller 1972 und H. Oertel jr. 1979 durchgeführt worden und haben das Folgende ergeben :

- Die vertikalen Berandungen wirken stabilisierend auf das Einsetzen der Zellularkonvektion, da zusätzliche Reibung eingeführt wird. Dieses wird nach Abbildung 2.8 deutlich in der Auftragung der kritischen Rayleighzahl über dem Verhältnis aus Behälterlänge $h_x$ zu Behälterhöhe $d$. Bei vorgegebenem Verhältnis $h_y/d = 4$ strebt für große $h_x/d$ die kritische Rayleighzahl gegen den Wert 1815. Dieses entspricht einer Erhöhung der kritischen Rayleighzahl um etwa 6% gegenüber dem Fall der unendlich ausgedehnten Schicht. Man erkennt aus dem Diagramm 2.8 ferner, daß der asymptotische Wert der kritischen Rayleighzahl bereits bei relativ

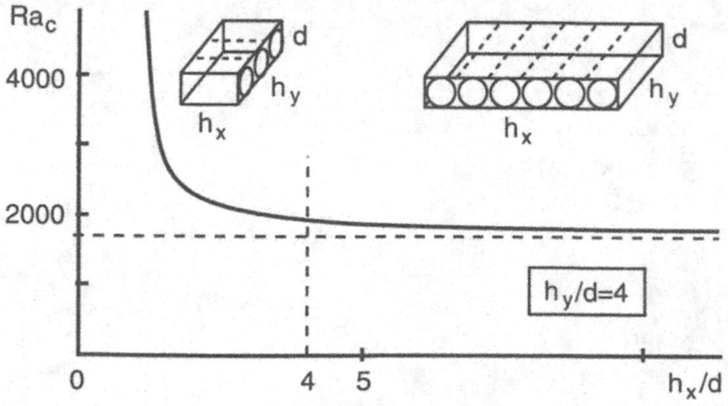


**Abb. 2.8**: Kritische Rayleighzahlen von rechteckigen Behältern mit endlicher Ausdehnung

niedrigen Werten des Verhältnisses $h_x/d$ angenommen wird. Bei der Verringerung der Behälterlängen $h_x/d$ auf sehr kleine Werte wächst die kritische Rayleighzahl stark an. Entsprechend $h_x/d$ ist der Abstand der größeren Seitenwände voneinander dann klein. Die Reibungskraft infolge der Haftbedingung an diesen Wänden wirkt sich im ganzen Strömungsfeld stark aus und verhindert am Ende vollends die Ausbildung der einfachen Konvektionsrollen.

- Die Längsachsen der Konvektionsrollen orientieren sich parallel zu den kürzeren Seiten des Behälters (vgl. Prinzipskizze in Abbildung 2.8).
- Das Strömungsfeld wird grundsätzlich dreidimensional.
- Der Randeinfluß wirkt sich bis zu einer Tiefe von etwa einer charakteristischen Länge (d.i. der Rollenabstand) in das Strömungsfeld hinein aus. Im Innern des Strömungsfeldes kann so gerechnet werden, als sei keine Berandung vorhanden. Dieses führt u.a. zu dem überraschenden Ergebnis, daß sich auch im Innern eines kreisrunden Behälters zeitasymptotisch gerade Walzenstrukturen bilden und nicht, wie früher vermutet, konzentrische Ringzellen, R. KIRCHARTZ, U. MÜLLER, H. OERTEL JR., J. ZIEREP 1981.
- Die Form des sich einstellenden dreidimensionalen Strömungsfeldes ist stark von den Anfangs– und Randbedingungen abhängig.

**2.3.1.13 Ergänzende Literatur** Die vorangegangenen Erläuterungen zur Rayleigh–Bénard Konvektion liefern einen Einstieg in das betreffende Gebiet. Aus der Fülle an Veröffentlichungen zum Themenkreis der freien Konvektionsströmungen sei auf die Bücher von J. TURNER 1973, J. ZIEREP, H. OERTEL JR. 1982 und E. KOSCHMIEDER 1993 hingewiesen. Bezüglich der Rayleigh–Bénard Konvektion bei endlichen Störungen und der sich der primären Instabilität anschließenden Phänomene sei auf das Kapitel über sekundäre Instabilitäten verwiesen.

### 2.3.2 Diffusions–Konvektion

Beim zuvor behandelten Rayleigh–Bénard Problem sorgte der vertikale Temperaturgradient in der (Einstoff–) Flüssigkeit für die instabile Konvektionsströmung. In der sog. *phänomenologischen Thermodynamik* wird eine Temperaturdifferenz als eine *thermodynamische Kraft* bezeichnet. Außer einer Temperaturdifferenz treiben auch andere thermodynamische Kräfte Konvektionsströmungen. In völliger Analogie zum Rayleigh–Bénard Problem könnte (selbst bei konstanter Temperatur) in einem Stoffgemisch auch ein Konzentrationsgradient, als weiteres Beispiel einer thermodynamischen Kraft, für eine instabile Dichteschichtung verantwortlich sein. In einer Salzlösung nimmt z.B. die Dichte mit der Konzentration zu. Verdunstet Wasser an der freien Oberfläche einer Salzlösung, so verbleibt hier eine hohe Salzkonzentration und es entsteht eine instabile Dichteschichtung. Es wird sich zeigen, daß die Behandlung einer durch (diffusionsbedingte) Konzentrationsunterschiede getriebenen Konvektionsströmung eines Zweistoffgemisches der Analyse des Rayleigh–Bénard Problems identisch wird. Dazu muß lediglich die charakteristische Temperaturdifferenz $\Delta T$ durch die (Massen–) Konzentrationsdifferenz $\Delta c$, der Wärmeausdehnungskoeffizient $\alpha = \rho^{-1} d\rho/dT$ durch den Konzentrationsausdehnungskoeffizienten $\beta = \rho^{-1} d\rho/dc$ und die Wärmeleitzahl $k$ durch den Diffusionskoeffizienten $D$ ausgetauscht werden. Entsprechend ersetzt die Diffusions–Rayleighzahl $Ra_D^* = \beta_m \Delta c_m g d^3/\nu D$ die Rayleighzahl $Ra$ und die sog. Schmidtzahl $Sc = \nu/D$ die Prandtlzahl $Pr$, wo wieder $g$ die Erdbeschleunigung, $d$ die Flüssigkeitsschichtdicke und $\nu$ die kinematische Zähigkeit bezeichnen. Alle Ergebnisse der thermischen Zellularkonvektion sind damit sofort übertragbar auf die Diffusionskonvektion. Wir besprechen daher die einfache Diffusionskonvektion nicht explizit.

Wir behandeln im folgenden die *Doppeldiffusions–Instabilität*. Die einfache Diffusions–Instabilität ist nur ein Spezialfall davon. Es sei zu einem einfacheren Verständnis empfohlen, den Abschnitt über die Rayleigh–Bénard Instabilität (2.3.1) vor der Doppeldiffusionskonvektion durchzuarbeiten. Doppeldiffusionsphänomene sind Vorgänge, bei denen zwei Diffusionseinflüsse gleichzeitig auftreten. Den Begriff "Diffusion" wollen wir in diesem Zusammenhang weiter fassen und darunter nicht nur die Stoffdiffusion verstehen, sondern auch die Wärmediffusion (d.h. Wärmeleitung). Wir behandeln hier die Stabilität eines Doppeldiffusionssystems, das durch Überlagerung der Stoffdiffusion in einem Zweistoffgemisch mit der Wärmeleitung zustandekommt. Je nach Fall können diese zwei unterschiedlichen Diffusionsvorgänge in ihrem Zusammenwirken sowohl eine Instabilität begünstigen als auch die Fluidschicht stabilisieren.

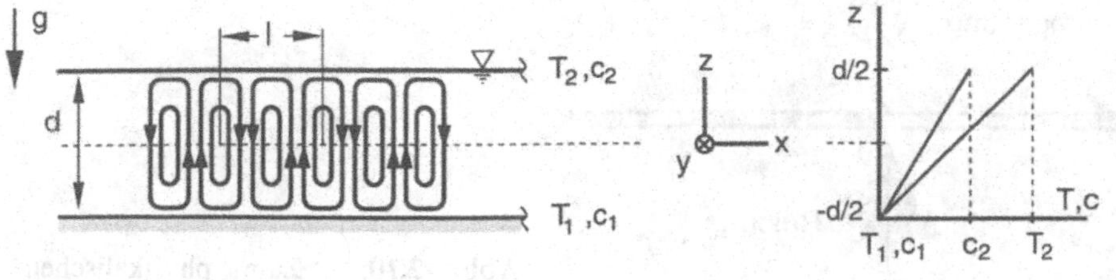


**Abb. 2.9**: "Salzfinger" bei Doppel–Diffusions–Instabilität.

Wir richten im folgenden unser Augenmerk auf eben dieses Zusammenwirken der beiden Diffusionsvorgänge. Anhand der Flüssigkeitsschicht nach Abbildung 2.9, die aus einer Salzlösung besteht, wollen wir die kritischen Parameter beim Übergang von Stabilität zu Instabilität ableiten.

Zunächst wollen wir uns verdeutlichen, welche physikalischen Effekte und damit verbundenen dimensionslosen Parameter hier eine Rolle spielen. Die Oberseite der Flüssigkeitsschicht nach Abbildung 2.9 werde auf einer höheren Temperatur $T_2$, als der Boden ($T_1$) gehalten. Die Salzkonzentration $c_2$ an der Oberfläche sei ebenfalls größer als am Boden ($c_1$). Mit $c$ ist die Massenkonzentration $c = \rho_s/\rho$ mit der Partialdichte des Salzes $\rho_s$ und der Gesamtdichte der Lösung $\rho$ gemeint; die spezielle Definition der Konzentration (Molenbruch, Massenbruch ...) ist an dieser Stelle jedoch nicht von Bedeutung. Wir weisen darauf hin, daß mit dieser Anordnung sowohl eine instabile, als auch stabile Dichteschichtung vorliegen kann. Der Instabilitätsmechanismus ist davon unabhängig ! Dieses wird im folgenden erläutert.

Ähnlich wie beim Rayleigh–Bénard Problem beginnen wir mit der Betrachtung eines Flüssigkeitselements der charakteristischen Ausdehnung $d$, das infolge einer kleinen Störung mit kleiner Vertikalgeschwindigkeit $v$ aufsteigt. Es hat in der neuen Schicht eine gegenüber der Umgebung kleinere Temperatur und einen kleineren Salzgehalt. Wir betrachten zunächst die zeitliche Änderung der inneren Energie des Teilchens. Es steigt mit der Geschwindigkeit $v$ auf und wandert dabei entlang des in der umgebenden Fluidschicht befindlichen Temperaturgradienten $\Delta T/d$. Die dazugehörige Änderung an innerer Energie im Volumen $d^3$ des Teilchens ist $\dot{E}_k = \rho_m c_v \cdot v(\Delta T/d) \cdot d^3$. Diese Änderung wird durch Energiefluß über die Teilchenoberfläche $\sim d^2$ infolge Wärmeleitung nach Fourier $\dot{q} \sim \lambda \Delta T_w/d$ erreicht. Den "wirksamen" Temperaturgradienten $\Delta T_w$

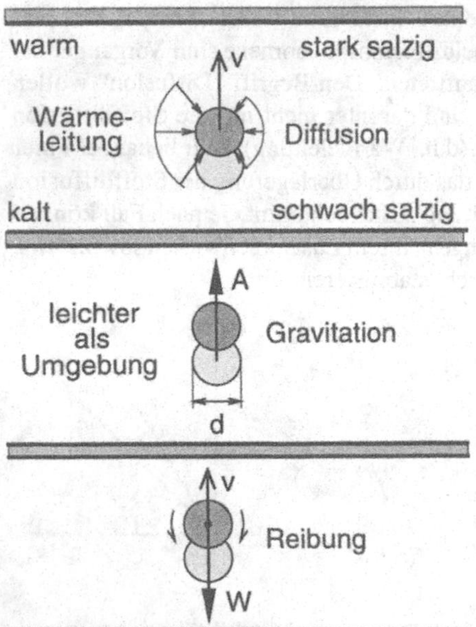


**Abb. 2.10**: Zum physikalischen Verständnis der Doppel–Diffusions–Instabilität.

haben wir eingeführt, um anzudeuten, daß während des Vorgangs i.d.R. nicht der gesamte aus der Schichtung bereitgestellte Temperturgradient $\Delta T$ wirksam ist; denn ist die Steiggeschwindigkeit $v$ des Teilchen groß, hat unser Teilchen nicht genügend Zeit, sich der jeweils angetroffenen Umgebungstemperatur anzupassen. Die Bilanz $\dot{E}_k = \dot{q}d^2$ liefert uns nun eine Abschätzung für den wirksamen Temperaturgradienten $\Delta T_w = vd\Delta T/k$, wo $k = \lambda/\rho_m c_v$ die Wärmeleitzahl ist. Könnten wir die Teilchengeschwindigkeit so vorgeben, daß der Temperaturausgleich gerade erreicht wird, würden sich $\Delta T$ und $\Delta T_w$ nicht unterscheiden. Die dazugehörige thermische Diffusionsgeschwindigkeit $v_T$ wäre damit $v_T = k/d$.

Während das Teilchen dem Konzentrationsgradienten der Schichtung $\Delta c/d$ ausgesetzt ist, reichert es sich mit Salz an. Die Konzentrationsänderung, die sich ihm während des Aufsteigens mit der Geschwindigkeit $v$ mitteilt, ist also $v(\Delta c/d)$; das entspricht einer Massenänderung von $\dot{m} = \rho_m \cdot v(\Delta c/d)d^3$. Die Anreicherung findet in der Form eines über die Teilchenoberfläche $d^2$ fließenden Diffusionsstroms $j = \rho_m D(\Delta c_w/d)d^2$ nach Fick statt. Hierbei bezeichnet $D$ den Diffusionskoeffizienten. So wie oben haben wir den "wirksamen" Konzentrationsunterschied $\Delta c_w$ eingeführt, da das Fluidteilchen aufgrund seiner Geschwindigkeit nicht genügend Zeit hat, den aufgeprägten Unterschied $\Delta c$ vollständig auszugleichen. Durch Bilanzierung $\dot{m} = j$ erhalten wir den wirksamen Konzentrationsgradienten zu $\Delta c_w = vd\Delta c/D$. Könnten wir die Teilchengeschwindigkeit so vorgeben, daß der Konzentrationsausgleich gerade erreicht wird, würden sich $\Delta c$ und $\Delta c_w$ nicht unterscheiden. Die dazugehörige Stoffdiffusionsgeschwindigkeit $v_D$ wäre damit $v_D = D/d$.

Zu einer Aussage bezüglich des Instabilwerdens kommen wir, ähnlich wie beim Rayleigh–Bénard Problem, wenn wir die auf das Fluidelement wirkende Auftriebskraft $A$ mit der Widerstandskraft $W$ vergleichen. Die Auftriebskraft $A = A_T + A_D$ setzt sich aus einem thermisch bedingten Anteil $A_T$ und einem diffusionsbedingten Anteil $A_D$ zusammen. Die mit der Temperaturänderung einhergehende Dichteänderung unseres Flüssigkeitsteilchens ergibt sich zu $\Delta\rho_T \sim \rho_m\alpha_m\Delta T_w$. Der hierdurch hervorgerufene Anteil an der Auftriebskraft ist $A_T \sim \rho_m\alpha_m\Delta T_w g d^3$, worin $\alpha_m$ den mittleren Temperaturausdehnungskoeffizienten bedeutet. Die diffusionsbedingte Dichteänderung ist $\Delta\rho_D \sim \rho_m\beta_m\Delta c_w$ und führt zu einer anteiligen Auftriebskraft von $A_D \sim -\rho_m\beta_m\Delta c_w\, g\, d^3$, wo mit $\beta_m$ der mittlere Konzentrationsausdehnungskoeffizient gemeint ist. Das negative Vorzeichen haben wir eingeführt, damit $A_T$ und $A_D$ in die gleiche Richtung weisen, wenn $\Delta c_w$ und $\Delta T_w$ das gleiche Vorzeichen besitzen. Der Bewegung des Teilchens wirkt die Widerstandskraft $W$ entgegen. Gemäß schleichendem Widerstand (kleine Störgeschwindigkeiten $v$) gilt nach Stokes $W \sim \mu\, v/d \cdot d^2 = \mu\, d^2 \frac{1}{\Delta t}$ (vgl. Bild 2.10). Die Bedingung für das Instabilwerden ist offensichtlich durch das Dominieren des Auftriebs über den Widerstand bestimmt :

$$\begin{aligned} A = A_T + A_D &\overset{!}{\geq} W \\ \rho_m\alpha_m\Delta T_w g d^3 - \rho_m\beta_m\,\Delta c_w\, g d^3 &\overset{!}{\geq} \mu\, v\, d \cdot const \quad , \end{aligned}$$

Die Konstante $const$ faßt sämtliche bei den vorgenommenen Abschätzungen auftretenden Proportionalitätsfaktoren zusammen. Mit den oben abgeleiteten Beziehungen für $\Delta T_w$

und $\Delta c_w$ und Dividieren durch $\mu\, v\, d$ erhalten wir am Ende

$$\underbrace{\frac{\alpha_m \Delta T g d^3}{k\nu}}_{Ra} - \underbrace{\frac{\beta_m \Delta c\, g d^3}{D\nu}}_{Le \cdot Ra_D} \overset{!}{\geq} const =: \Pi_c \quad .$$

Wir erkennen in der ersten dimensionslosen Bildung auf der linken Seite die Rayleighzahl $Ra$ wieder. Die zweite dimensionslose Bildung der linken Seite wird üblicherweise als Produkt aus der Diffusions–Rayleighzahl $Ra_D = \beta_m \Delta c\, g d^3 / k\nu$ und der *Lewiszahl* $Le := k/D$ geschrieben. Deren physikalische Bedeutung erkennen wir, wenn wir das Verhältnis aus der oben abgeleiteten charakteristischen thermischen Diffusionsgeschwindigkeit $v_T$ und der Stoffdiffusionsgeschwindigkeit $v_D$ bilden. Daraus ergibt sich nämlich $Le = v_T / v_D$.

Es sei darauf hingewiesen, daß das Einsetzen der Rayleigh–Bénard Konvektion ein Spezialfall des obigen Stabilitätskriteriums ist. Denn ohne Diffusionseinfluß ist $Ra_D = 0$ und wir gelangen zu dem unter 2.3.1.2 abgeleiteten Stabilitätskriterium. Es ist ebenfalls bemerkenswert, daß die auftretende Konstante *const*, die ja die Bedeutung des Werts der kritischen Kennzahl hat, einfach aus der Analyse des Rayleigh–Bénard Problems (d.h. $Ra_D = 0$) entnommen werden kann, d.h. $\Pi_c = Ra_c$. Daher können wir aufgrund unserer phänomenologischen Überlegung schreiben

$$Ra - Le \cdot Ra_D \geq Ra_c \tag{2.112}$$

Die Beziehung (2.112) stellt für $Ra - Le \cdot Ra_D = Ra_c$ eine Geradengleichung im $Ra(Ra_D)$ Diagramm dar. Diese "kritische" Gerade besitzt die Steigung $Le$. Gemäß Definition liegt für positive $Ra$ eine thermisch instabile, und für negative $Ra_D$ eine diffusiv instabile Dichteschichtung vor. Bei z.B. fest vorgegebenem $Ra_D < 0$ wird die Dichteschichtung schon bei Werten von $Ra < Ra_c$ instabil.

Man beachte ebenfalls, daß sich die thermisch und diffusiv bedingten Dichtegradienten $\Delta\rho_T = \rho_m \alpha_m \Delta T$ und $\Delta\rho_D = \rho_m \beta_m \Delta c$ der Schicht für $Ra = Ra_D$ gegenseitig aufheben. Die Bedingung $Ra > Ra_D$ drückt aus, daß dichteres Medium über leichterem liegt. Jenseits des Punktes in dem sich unsere kritische Gerade nach (2.112) mit der eben identifizierten Geraden $Ra = Ra_D$ schneidet (ein solcher Punkt existiert für $Le \neq 1$), ist Instabilität auch bei stabiler Dichteschichtung möglich !

Obwohl (2.112) ein exaktes Stabilitätskriterium ist, darf der Vollständigkeit halber nicht unerwähnt bleiben, daß im Bereich sehr großer positiver Diffusions–Rayleighzahlen $Ra_D$ diese Gleichung nicht mehr gilt. Die Schichtung wird schon bei kleineren thermischen Rayleighzahlen $Ra$ instabil, als durch (2.112) vorausgesagt. Hierfür sind die bei den relativ starken Konzentrations– und Temperaturgradienten auftretenden starken Dichteänderungen des Teilchens verantwortlich. Diese Dichteänderungen sorgen dafür, daß die Trägheitskraft neben der Auftriebs– und Reibungskraft das Gleichgewicht mit beeinflusst. Die dann auftretenden Instabilitäten sind instationär und haben kein Analogon beim Rayleigh–Bénard Problem. Als weitere dimensionslose Kennzahl tritt damit die Prandtlzahl $Pr = \nu/k$ auf. In den obigen Betrachtungen waren wie beim Rayleigh–Bénard Problem die Trägheitskräfte vernachlässigt worden, womit die stationär einsetzenden Formen von Instabilitäten richtig beschrieben werden. Diese treten in Form von schmalen hohen Konvektionszellen auf, weshalb sie üblicherweise als *Fingerinstabilitäten* bezeichnet werden (vgl. Abbildung 2.9). Die mathematische Berechnung der einzelnen Stabilitätskriterien wird in der Folge vorgenommen.

**2.3.2.1 Grundgleichungen** Wir wollen an dieser Stelle nicht den gesamten Satz an Grundgleichungen für diffundierende Gemische ableiten, sondern nur die Erweiterung gegenüber dem Fall eines Einkomponentenfluids diskutieren. Diese betrifft insbesondere die Massenbilanz, die wir im folgenden kurz ansprechen. Zur Beschreibung des Massenaustauschs innerhalb eines Mehrkomponentengemischs, bestehend aus $M$ Spezies, können $M$ Massenbilanzgleichungen aufgestellt werden. Bedeutet $\Delta m_\alpha$ die Masse der Spezies $\alpha$, die in einem kontinuumsmechanisch kleinen Kontrollvolumen $\Delta V_k$ enthalten ist, so bezeichnen wir die Größe $\rho_\alpha = \Delta m_\alpha / \Delta V_k$ als *Partialdichte* der Spezies $\alpha$ im Gemisch. Die Dichte des Gemischs $\rho$ ist definiert als das Verhältnis aus der Gesamtmasse $\Delta m = \sum_{\alpha=1}^{M} \Delta m_\alpha$ und $\Delta V_k$, also

$$\rho = \sum_{\alpha=1}^{M} \rho_\alpha \quad . \tag{2.113}$$

Jede Spezies $\alpha$ besitzt zudem eine eigene (makropskopische, d.h. über die Moleküle gemittelte) Geschwindigkeit $\boldsymbol{v}_\alpha$. Hiermit lassen sich in vollkommener Analogie zum Einkomponentenfluid ($M = 1$) unter Ausschluß von Massenquellen oder Massensenken für jede einzelne Spezies die $M$ (Teil–) Massenbilanzen

$$\frac{\partial}{\partial t}\rho_\alpha + \boldsymbol{\nabla}\cdot(\rho_\alpha\, \boldsymbol{v}_\alpha) = 0 \quad ; \quad \alpha = 1, \ldots, M \tag{2.114}$$

formulieren. Summieren wir alle diese *Komponentenkontinuitätsgleichungen*, so erhalten wir unter Einführung des *Massenbruchs* $c_\alpha$ (auch *Massenkonzentration* genannt) der Spezies $\alpha$

$$c_\alpha := \rho_\alpha / \rho \tag{2.115}$$

die folgende Beziehung für die Gemischdichte :

$$\frac{\partial}{\partial t}\rho + \boldsymbol{\nabla}\cdot\left(\rho \sum_{\alpha=1}^{M} c_\alpha\, \boldsymbol{v}_\alpha\right) = 0$$

Um zu einer möglichst einfachen Form dieser Massenbilanz des Gemischs zu gelangen, nennen wir die Summe in der Klammer die Strömungsgeschwindigkeit des Gemischs :

$$\boldsymbol{v} := \sum_{\alpha=1}^{M} c_\alpha\, \boldsymbol{v}_\alpha \quad . \tag{2.116}$$

Diese Geschwindigkeit wird auch als *massengemittelte Geschwindigkeit* bzw. *Schwerpunktgeschwindigkeit* des Gemischs bezeichnet. Je nach Anwendungsfall werden auch andere (Gemisch–) Geschwindigkeiten definiert; wir wollen uns aber auf die Beschreibung der Bewegung unseres Gemischs mit Hilfe der obigen Definition von $\boldsymbol{v}$ beschränken. Die Kontinuitätsgleichung des Gemischs erhält damit dieselbe Form wie beim Einkomponentenfluid (2.16).

Jede Spezies besitzt bezüglich der Gemischgeschwindigkeit $\boldsymbol{v}$ die Relativgeschwindigkeit $\boldsymbol{v}_{\alpha,rel} = \boldsymbol{v}_\alpha - \boldsymbol{v}$, die auch als *Diffusionsgeschwindigkeit* der Spezies $\alpha$ bezeichnet wird. Der dazugehörige Massenstrom $\rho_\alpha\, \boldsymbol{v}_{\alpha,rel}$ heißt *Diffusionsstrom* $\boldsymbol{j}_\alpha$ :

$$\boldsymbol{j}_\alpha := \rho_\alpha(\boldsymbol{v}_\alpha - \boldsymbol{v}) = \rho c_\alpha(\boldsymbol{v}_\alpha - \boldsymbol{v}) \tag{2.117}$$

Diese Beziehung können wir nach $\boldsymbol{v}_\alpha$ auflösen und in (2.114) einsetzen. Eliminieren wir darin weiterhin die Partialdichte $\rho_\alpha$ mittels (2.115), erhalten wir unter Verwendung der Gemischkontinuitätsgleichung (2.16)

$$\rho\left(\tfrac{\partial}{\partial t}c_\alpha + \boldsymbol{v}\cdot\boldsymbol{\nabla} c_\alpha\right) = -\boldsymbol{\nabla}\cdot\boldsymbol{j}_\alpha\,, \quad \alpha = 1,\ldots,M \tag{2.118}$$

Diese $M$ Gleichungen sind allerdings nicht unabhängig voneinander; ihre Summe verschwindet, da entsprechend der Definition des Diffusionsstroms (2.117)

$$\sum_{\alpha=1}^{M} \boldsymbol{j}_\alpha = \boldsymbol{0} \tag{2.119}$$

und der Definition der Konzentrationen

$$\sum_{\alpha=1}^{M} c_\alpha = 1 \tag{2.120}$$

gilt. Zur vollständigen Beschreibung der Massenbilanz werden deshalb i.d.R. $M-1$ der Beziehungen (2.118) verwendet und die Gemischkontinuitätsgleichung (2.16) hinzugefügt. Wir haben überdies noch keine Aussage zu den Diffusionsströmen $\boldsymbol{j}_\alpha$ in (2.118) gemacht; sie werden weiter unten mit Hilfe der Strömungsvariablen $\rho, c_\alpha, \boldsymbol{v}, T$ ausgedrückt, damit das am Ende entstehende Gleichungssystem geschlossen wird.

Die Impuls– und Energiebilanzgleichungen für Stoffgemische entnehmen wir dem Buch von J. HIRSCHFELDER, C. CURTISS, R. BIRD 1967. Darin werden diese Gleichungen über die Methoden der statistischen Mechanik der Molekülbewegungen abgeleitet. Sie können aber auch mit einiger Vorsicht aus kontinuumsmechanischer Sicht in Analogie

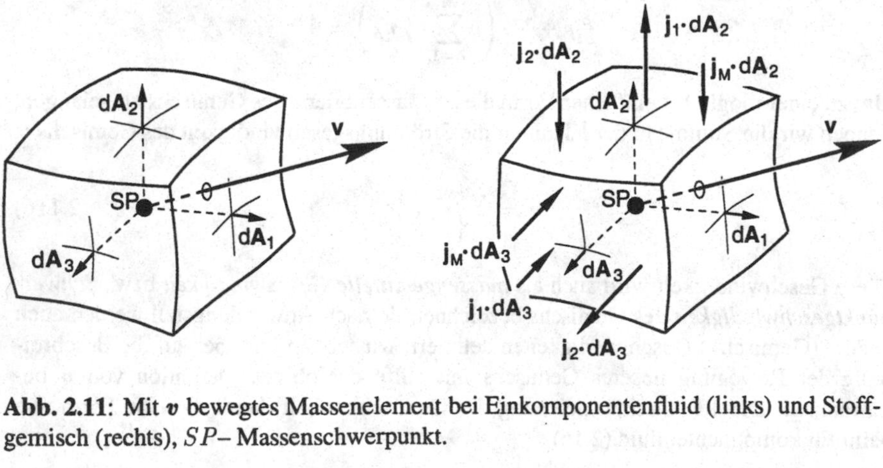


**Abb. 2.11**: Mit $\boldsymbol{v}$ bewegtes Massenelement bei Einkomponentenfluid (links) und Stoffgemisch (rechts), $SP$– Massenschwerpunkt.

zum Einkomponentenfluid hergeleitet werden. Die Impuls– bzw. Energiebilanz wird dazu für ein Massenelement angeschrieben. Der Unterschied zum Einkomponentenfluid besteht einzig in der Bedeutung dessen, was ein Massenelement ist. Im Falle des Einkomponentenfluids verliert ein Massenelement im statistischen Mittel genauso viele Moleküle, wie es gewinnt. Ein "Massenelement" im Gemisch (definiert durch die massengemittelte, bzw Schwerpunkts–Geschwindigkeit $\boldsymbol{v}$) wird hingegen fortwährend von (makroskopischen) diffusiven Massenströmen durchdrungen, obwohl es insgesamt ebenfalls keine Masse verliert oder gewinnt (vgl. Abbildung 2.11). Unser Massenelement könnte z.B. stetig an Masse der Spezies $\alpha$ verlieren, aber ausgleichend Masse der Spezies $\beta$ gewinnen, so daß sich seine Zusammensetzung ändert. Wie bei der kontinuumsmechanischen Beschreibung eines Einkomponentenfluids wollen wir unterscheiden zwischen konvektivem, d.h. strömungsbedingtem Transport, der mit der makroskopischen Geschwindigkeit $\boldsymbol{v}$ vonstatten geht, und molekularem Transport über die Oberflächen des Massenelements. Es sei aber darauf hingewiesen, daß diese Unterteilung willkürlich ist. Denn sie ist an die Definition der Gemischgeschwindigkeit $\boldsymbol{v}$ gebunden, die auch eine andere als die hier durchgehend verwendete massengemittelte Geschwindigkeit sein darf. Die einzelnen, durch die Oberflächen unseres Massenelements diffundierenden Spezies führen ihrem Massenanteil proportionale Strömungsgrößen, wie Impuls oder innere Energie mit sich, die wir dem molekularen Transport zuschlagen. Den molekularen Impulstransport bezeichnen wir in der Kontinuumsmechanik als Reibung, den molekularen Wärmetransport als Wärmeleitung und den molekularen Massetransport als Diffusion.

Die Grundgleichungen zur Beschreibung des Verhaltens eines diffundierenden Gemischs, formuliert für ein Massenelement, das sich mit der massengemittelten Gemischgeschwindigkeit $\boldsymbol{v}$ bewegt, lauten

$$\frac{\partial}{\partial t}\rho + \boldsymbol{\nabla}\cdot(\rho\boldsymbol{v}) = 0 \tag{2.16}$$

$$\rho\left(\frac{\partial}{\partial t}c_\alpha + \boldsymbol{v}\cdot\boldsymbol{\nabla}c_\alpha\right) = -\boldsymbol{\nabla}\cdot\boldsymbol{j}_\alpha \quad , \quad \alpha = 1,\ldots,M-1 \tag{2.118}$$

$$\rho\left(\frac{\partial}{\partial t}\boldsymbol{v} + \boldsymbol{v}\cdot\boldsymbol{\nabla}\boldsymbol{v}\right) = -\boldsymbol{\nabla}p + \boldsymbol{\nabla}\cdot\boldsymbol{\tau} - \rho\sum_{\alpha=1}^{M} c_\alpha \boldsymbol{f}_\alpha \tag{2.121}$$

$$\rho\sum_{\alpha=1}^{M} c_\alpha\left(\frac{\partial}{\partial t}u_\alpha + \boldsymbol{v}\cdot\boldsymbol{\nabla}u_\alpha\right) = -\boldsymbol{\nabla}\cdot\dot{\boldsymbol{\epsilon}} - p\boldsymbol{\nabla}\cdot\boldsymbol{v} + \boldsymbol{\tau}:\boldsymbol{\nabla}\boldsymbol{v} + \sum_{\alpha=1}^{M}\boldsymbol{f}_\alpha\cdot\boldsymbol{j}_\alpha + \sum_{\alpha=1}^{M}u_\alpha\boldsymbol{\nabla}\cdot\boldsymbol{j}_\alpha \tag{2.122}$$

Dieses Grundgleichungssystem besteht aus der Gemischkontinuitätsgleichung (2.16), den Komponentenkontinuitätsgleichungen (2.118), den Impulsgleichungen (2.121) und der Energiegleichung (2.122). Wir bezeichnen hierin wie üblich den Druck im Gemisch mit $p$ und den Spannungstensor infolge Reibung mit $\boldsymbol{\tau}$, wobei gemäß dem Newton'schen Ansatz und der Stokes'schen Hypothese

$$\boldsymbol{\tau} = \mu\left(\boldsymbol{\nabla}\boldsymbol{v} + {}^t\boldsymbol{\nabla}\boldsymbol{v} - \tfrac{2}{3}\boldsymbol{\nabla}\cdot\boldsymbol{v}\right) \tag{2.123}$$

gilt. Die am Fluidelement angreifenden äußeren Volumenkräfte $\boldsymbol{f}_\alpha$ sind i.d.R. speziesabhängig. Die Energiegleichung enthält die *massenspezifischen inneren Energien* $u_\alpha$ der Spezies $\alpha$ im Gemisch. Diese bilden im übrigen durch dichtegewichtete Summation die massenspezifische innere Energie $u := \sum_{\alpha=1}^{M} c_\alpha u_\alpha$ des Gemischs. Der Ausdruck $\boldsymbol{\tau}:\boldsymbol{\nabla}\boldsymbol{v}$ in der Energiegleichung (2.122) wird als Dissipationsfunktion $\Phi$ bezeichnet.

Der Doppelpunkt darin bedeutet das komponentenweise Multiplizieren und Summieren einander entsprechender Elemente der Matrixausdrücke $\boldsymbol{\tau}$ und $\nabla \boldsymbol{v}$. Während die Impulsgleichungen (2.121) dieselbe Form wie für Einkomponentenfluide annehmen, erscheinen in der Energiegleichung (2.122) nunmehr einige Zusatzterme. Im Gegensatz zum Einkomponentenfluid enthält der *molekulare Energiestrom* $\dot{\boldsymbol{\epsilon}}$ neben dem Fourier'schen Wärmestrom $\dot{\boldsymbol{q}}$, der durch Temperaturgradienten verursacht wird, weitere Anteile. $\dot{\boldsymbol{\epsilon}} = \dot{\boldsymbol{q}} + \dot{\boldsymbol{q}}_h + \dot{\boldsymbol{q}}_D$ setzt sich aus dem Wärmestrom durch Wärmeleitung $\dot{\boldsymbol{q}}$, einem diffusiv bedingten Transport von Enthalphie $\dot{\boldsymbol{q}}_h$ und einem sogenannten diffusionsthermischen Anteil $\dot{\boldsymbol{q}}_D$ (*Dufour–Effekt*) zusammen. Wir werden diese drei Anteile weiter unten mit Hilfe der Strömungsvariablen ausdrücken.

Wir erkennen darüberhinaus, daß für den Fall speziesabhängiger Volumenkräfte $\boldsymbol{f}_\alpha$ eine direkte Kopplung der Impulsgleichungen (2.121) mit den Spezieskontinuitätsgleichungen über die Vorfaktoren $c_\alpha$ auftritt. Andererseits erscheinen im Gegensatz zum Einkomponentenfluid die Volumenkräfte $\boldsymbol{f}_\alpha$ explizit in der Energiegleichung (2.122). Solche speziesabhängigen Volumenkräfte kommen etwa dann vor, wenn die Teilchen der einzelnen Spezies verschieden elektrisch geladen sind (Ionen), und ein äußeres elektrisches Feld die Volumenkräfte verursacht. Wir werden aber später ausschließlich die durch die Erdbeschleunigung $g$ bedingte Volumenkraft $\boldsymbol{f}_1 = \boldsymbol{f}_2 = \ldots = \boldsymbol{f}_M = -g\,\boldsymbol{e}_z$ in Betracht ziehen ($\boldsymbol{e}_z$ Einheitsnormalenvektor entgegen Richtung der Schwerkraft). Dann ist in der Impulsgleichung (2.121) $\sum_{\alpha=1}^{M} c_\alpha \boldsymbol{f}_\alpha = -g\,\boldsymbol{e}_z \sum_{\alpha=1}^{M} c_\alpha = -g\,\boldsymbol{e}_z$, entsprechend (2.120). Überdies können die speziesunabhängigen $\boldsymbol{f}_\alpha$ nun vor die Summation im Leistungsterm der Energiegleichung gezogen werden. Es verbleibt daraus dann die Summe der Diffusionsströme, die nach (2.119) Null ist.

Die massenspezifischen inneren Energien der Spezies $u_\alpha$, als thermodynamische Zustandsvariablen, lassen sich z.B. durch $T$ und $\rho_\alpha = \rho c_\alpha$ in Form von *kalorischen Zustandsgleichungen* der Spezies im Gemisch

$$u_\alpha = u_\alpha(T, \rho_1, \rho_2, \ldots, \rho_M) \quad , \quad \alpha = 1, \ldots, M \tag{2.124}$$

ausdrücken. Mit dem Verständnis, daß der Druck $p$ als Summe aller Beiträge (auch *Partialdrücke*) $p_\alpha$ der Spezies $\alpha$, d.h.

$$p = \sum_{\alpha=1}^{M} p_\alpha \tag{2.125}$$

entsteht, werden ebenfalls *thermische Zustandsgleichungen*

$$p_\alpha = p_\alpha(T, \rho_1, \rho_2, \ldots, \rho_M) \quad , \quad \alpha = 1, \ldots, M \tag{2.126}$$

benötigt. Um unser Grundgleichungssystem schließen zu können, müssen wir noch den Diffusionsstrom $\boldsymbol{j}_\alpha$ und den Energiestrom $\dot{\boldsymbol{\epsilon}} = \dot{\boldsymbol{q}} + \dot{\boldsymbol{q}}_h + \dot{\boldsymbol{q}}_D$ mit Hilfe der Strömungsvariablen $\rho$, $c_\alpha$, $\boldsymbol{v}$, $T$ ausdrücken.

Wir beginnen mit dem diffusionsbedingten Enthalpiestrom $\dot{\boldsymbol{q}}_h$, der einfach bestimmt werden kann. Er ergibt sich aus der schon weiter oben erwähnten Tatsache, daß das betrachtete "Massenelement" des Gemischs, an dem wir ja alle unsere Bilanzen formuliert haben, von diffusiven Massenströmen $\boldsymbol{j}_\alpha$ durchströmt wird. Entscheidend ist hier, daß zwar die Summe dieser Diffusionsströme durch das Fluidelement verschwindet, die einzelnen $\boldsymbol{j}_\alpha$ aber keineswegs gleich Null sind. Über die Oberflächen des mit $\boldsymbol{v}$ bewegten Massenelements strömt also Masse der Spezies $\alpha$ mit der Diffusionsgeschwindigkeit $\boldsymbol{v}_{\alpha,rel} = \boldsymbol{v}_\alpha - \boldsymbol{v} = \boldsymbol{j}_\alpha / \rho_\alpha$, vgl. Abbildung 2.11. Diese Bewegung führt innere Energie $u_\alpha$ der Spezies $\alpha$ mit sich, so daß sich ein diffusionsbedingter Strom an innerer Energie von $u_\alpha \boldsymbol{j}_\alpha$ ergibt. Die Summe aller dieser Energieströme ist nur dann Null, wenn die $u_\alpha$ für alle Spezies gleich sind. Des weiteren müssen wir beachten, daß die Relativgeschwindigkeit $\boldsymbol{v}_{\alpha,rel}$ der Spezies $\alpha$ zum Volumenelement in einem druckbedingten Kraftfeld stattfindet und somit wieder ein Beitrag zur Leistungsbilanz entsteht. Jede Spezies leistet also zusätzlich den Beitrag $p_\alpha \boldsymbol{v}_{\alpha,rel} = p_\alpha / \rho_\alpha \boldsymbol{j}_\alpha$ zum diffusiven Energietransport. Daher ist der diffusionsbedingte Enthalpiestrom

$$\dot{\boldsymbol{q}}_h = \sum_{\alpha=1}^{M} \underbrace{(u_\alpha + p_\alpha / \rho_\alpha)}_{=: \, h_\alpha} \boldsymbol{j}_\alpha \tag{2.127}$$

wobei $h_\alpha$ die massenspezifische Enthalpie der Spezies $\alpha$ bedeutet. Diese bestimmen wir nach (2.127) aus (2.124) und (2.126).

Zur Schließung unseres Grundgleichungssystems, haben wir nun noch den Diffusionsstrom $\boldsymbol{j}_\alpha$ sowie die Energieströme $\dot{\boldsymbol{q}}$ und $\dot{\boldsymbol{q}}_D$ aus $\dot{\boldsymbol{\epsilon}} = \dot{\boldsymbol{q}} + \dot{\boldsymbol{q}}_h + \dot{\boldsymbol{q}}_D$ mit Hilfe der Strömungsvariablen $\rho, c_\alpha, \boldsymbol{v}, T$ auszudrücken. Die sog. *konstituiven Gleichungen* geben J. HIRSCHFELDER, C. CURTISS, R. BIRD 1967 in der folgenden allgemeinen Form an :

$$\boldsymbol{j}_\alpha = \rho \sum_{\beta=1}^{M} \frac{m_\alpha m_\beta}{m^2} D_{\alpha\beta} \, \boldsymbol{d}_\beta - \frac{D_\alpha^T}{T} \boldsymbol{\nabla} T \tag{2.128}$$

$$\dot{\boldsymbol{\epsilon}} = -\frac{kT}{m} \sum_{\beta=1}^{M} \frac{D_\beta^T}{c_\beta} \boldsymbol{d}_\beta - \lambda' \boldsymbol{\nabla} T + \dot{\boldsymbol{q}}_h \tag{2.129}$$

Hierin bezeichnet $k = 1.38066 \cdot 10^{-28}$J/K die *Boltzmannkonstante*, $D_{\alpha\beta}$ die *verallgemeinerten Diffusionskoeffizienten* (in $m^2/s$) des Gemischs und $D_\alpha^T$ die *verallgemeinerten thermischen Diffusionskoeffizienten* des Gemischs. Dabei ist die Matrix $D_{\alpha\beta}$ symmetrisch, und ihre Hauptdiagonale besteht aus Nullen. Weiterhin gilt $\sum_{\alpha=1}^{M} D_\alpha^T = 0$. Die Masse eines Teilchens der Spezies $\alpha$ ist $m_\alpha$ (Stoffkonstante) und $m = \rho/n$ die mittlere Teilchenmasse des Gemischs, wobei die *Teilchendichte* $n$ des Gemischs $n = \sum_{\alpha=1}^{M} n_\alpha$ (in Teilchenanzahl pro Volumen) sich als Summe aus den Teilchendichten $n_\alpha = \rho_\alpha / m_\alpha$ der Spezies ergibt. Ferner erscheint der Stoffwert $\lambda'$, der in Verbindung mit einem weiter unten erläuterten Anteil die Wärmeleitfähigkeit $\lambda$ ergeben wird. Mit $\boldsymbol{d}_\beta$ sind die folgenden thermodynamischen Kräfte gemeint :

$$\begin{aligned} \boldsymbol{d}_\beta = \; & \left[ \overbrace{\sum_{\substack{\gamma=1 \\ \gamma\neq\beta}}^{M} \frac{m c_\beta}{m_\beta k T} \left( \frac{\partial \mu_\beta}{\partial \chi_\gamma} \right)_{T,p,\chi_\alpha}}^{=: \, -\eta_{\beta\gamma}} \right] \boldsymbol{\nabla} \chi_\gamma + \\ & \left[ \frac{m^2}{kT} \frac{c_\beta}{\rho} \sum_{\gamma=1}^{M} \left( \frac{n V_\beta}{m_\beta} - \frac{1}{m_\gamma} \right) c_\gamma \right] \boldsymbol{\nabla} p - \\ & \frac{m}{kT} c_\beta \sum_{\gamma=1}^{M} c_\gamma (\boldsymbol{f}_\beta - \boldsymbol{f}_\gamma) \end{aligned} \tag{2.130}$$

Darin bedeutet $x_\gamma = n_\gamma/n$ die *molare Konzentration*, bzw. *Molenbruch* der Spezies $\gamma$. Mit $\mu_\beta$ wird das *chemisches Potential* bezeichnet, das eine Energie pro Teilchen darstellt und eine gegebene Funktion der Zustandsvariablen $T$, $p$ und $x_1, x_2, \ldots, x_M$ ist. Die partiellen Ableitungen $\left(\frac{\partial \mu_\beta}{\partial x_\gamma}\right)_{T,p,x_\alpha}$ sind bei konstantem Druck $p$, konstanter Temperatur $T$ und konstanten Molenbrüchen $x_\alpha$ ,$(\alpha = 1, \ldots, M\ , \alpha \neq \beta)$ zu bilden. Für den einfachsten Fall, d.h. Gemische aus idealen Gasen, gilt z.B. $\frac{\partial \mu_\beta}{\partial x_\gamma} = -\frac{kT}{c_\beta}\frac{m_\beta}{m}$, d.h $\eta_{\beta\gamma} = 1$, und der gesamte erste Summand reduziert sich wegen der allgemeinen Beziehung $\sum_{\alpha=1}^{M} x_\alpha = 1$ auf $-\boldsymbol{\nabla} x_\beta$. In dem obigen Ausdruck für $\boldsymbol{d}_\beta$ wollen wir mit $V_\beta$ das "Teilchenvolumen" eines Teilchens der Spezies $\beta$ im Gemisch bezeichnen. Darunter verstehen wir das Volumen, das es im statistischen Mittel im Gemisch für sich beansprucht. Alle am Gemisch beteiligten Spezies müssen sich den zur Verfügung stehenden Raum teilen. Es gilt daher für die Gesamtheit aller Spezies die folgende Nebenbedingung :

$$\sum_{\alpha=1}^{M} n_\alpha V_\alpha = 1\ , \quad \text{bzw.} \quad \underbrace{\sum_{\alpha=1}^{M} \frac{c_\alpha}{m_\alpha}(nV_\alpha - 1) = 0}_{\text{mit } n_\alpha = n x_\alpha \text{ vgl. (2.132)}} \tag{2.131}$$

Ist das Teilchenvolumen aller Spezies gleich, wie etwa bei einem Gemisch aus idealen Gasen, so ist $V_\beta = 1/n$.

Wir haben bislang den Massenbruch $c_\alpha = \rho_\alpha/\rho$ anstelle des Molenbruchs $x_\alpha = n_\alpha/n$ verwendet. Mit Hilfe der Beziehung $\rho_\alpha = n_\alpha m_\alpha$ kann der Molenbruch aber aus dem Massenbruch folgendermaßen bestimmt werden

$$x_\alpha = \frac{\rho}{n}\frac{1}{m_\alpha} c_\alpha = \frac{m}{m_\alpha} c_\alpha = c_\alpha / (m_\alpha \sum_{\beta=1}^{M} c_\beta/m_\beta) \tag{2.132}$$

Der in $\boldsymbol{d}_\beta$ benötigte Gradient des Molenbruchs $x_\gamma$ ist mit Hilfe der Gradienten des Massenbruchs $c_\gamma$ ausdrückbar, indem $dx_\gamma = \sum_{\beta=1}^{M} \frac{\partial x_\gamma}{\partial c_\beta} dc_\beta$ gebildet wird :

$$\boldsymbol{\nabla} x_\gamma = \frac{m^2}{m_\gamma} \left\{ \sum_{\substack{\beta=1 \\ \beta\neq\gamma}}^{M} \left[ \sum_{\substack{\alpha=1 \\ \alpha\neq\gamma}}^{M} \left( \frac{1}{m_\beta} - \frac{1}{m_\alpha} \right) c_\alpha \right] - \frac{1}{m_\beta} \right\} \boldsymbol{\nabla} c_\beta \tag{2.133}$$

Zur Verbesserung der physikalischen Interpretationsmöglichkeit ist es üblich, nicht die Formulierung (2.129) für den Energiestrom $\dot{\boldsymbol{\epsilon}}$ zu wählen, sondern ihn in Abhängigkeit von den Diffusionsströmen $\boldsymbol{j}_\alpha$ auszudrücken. Dazu wird (2.128) nach den thermodynamischen Kräften $\boldsymbol{d}_\beta$ aufgelöst und in (2.129) eingesetzt. Aus (2.128) erhalten wir zunächst

$$\sum_{\beta=1}^{M} \underbrace{(m_\alpha m_\beta D_{\alpha\beta})}_{=:\, E_{\alpha\beta}^{-1}} \boldsymbol{d}_\beta = \frac{m^2}{\rho} \left( \boldsymbol{j}_\alpha + \frac{D_\alpha^T}{T} \boldsymbol{\nabla} T \right) \tag{2.134}$$

Hiernach wird die symmetrische Matrix $E_{\alpha\beta}^{-1}$ invertiert, so daß $\boldsymbol{d}_\beta$ aus (2.134) durch Multiplikation mit $E_{\alpha\beta} = (E_{\alpha\beta}^{-1})^{-1}$ folgt. Dieses in (2.129) eingesetzt, ergibt am Ende die folgende Schreibweise für den Energiestrom $\dot{\boldsymbol{\epsilon}}$

$$\dot{\boldsymbol{\epsilon}} = -\sum_{\gamma=1}^{M} \underbrace{\left[ mkT \sum_{\beta=1}^{M} \frac{D_\beta^T}{c_\beta} E_{\beta\gamma} \right]}_{=: F_\gamma} \boldsymbol{j}_\gamma - \underbrace{\left[ \lambda' + \frac{1}{T} \sum_{\gamma=1}^{M} F_\gamma D_\gamma^T \right]}_{=: \lambda} \boldsymbol{\nabla} T + \dot{\boldsymbol{q}}_h \tag{2.135}$$

Damit schreibt sich der Energiestrom $\dot{\boldsymbol{\epsilon}}$ in der bekannten Form

$$\dot{\boldsymbol{\epsilon}} = \underbrace{-\lambda \boldsymbol{\nabla} T}_{=: \dot{\boldsymbol{q}}} + \underbrace{\dot{\boldsymbol{q}}_h - \sum_{\gamma=1}^{M} F_\gamma \boldsymbol{j}_\gamma}_{=: \dot{\boldsymbol{q}}_D} \tag{2.136}$$

Wir erkennen im ersten Term der rechten Seite die Fourier'sche Wärmeleitung infolge eines Temperaturgradienten wieder. An der Schreibweise (2.136) wird insbesondere deutlich, daß die in (2.129) aufgetretene Stoffgröße $\lambda'$ noch nicht die Wärmeleitfähigkeit darstellte. Denn selbst für verschwindende Diffusionsströme $\boldsymbol{j}_\alpha = \boldsymbol{0}$ ist $\lambda \neq \lambda'$. Der durch den dritten Term der rechten Seite von (2.136) beschriebene Anteil am Energietransport aufgrund von Diffusionsströmen wird auch als *Dufour–Effekt* bezeichnet. Das Erzeugen eines Diffusionsstroms aufgrund eines Temperaturgradienten, vgl. letzten Term der rechten Seite von (2.128), wird *Soret–Effekt* genannt. Die Abhängigkeit des Diffusionsstroms vom Druckgradienten nach (2.130) heißt *Druckdiffusion*. Alle diese drei Vorgänge werden als *Überlagerungseffekte* bezeichnet. Im Vergleich zur Fourier'schen Wärmeleitung durch Temperaturgradienten bzw. zur Fick'schen Diffusion aufgrund von Konzentrationsgradienten stellen diese Überlagerungseffekte i.d.R. nur einen kleinen Beitrag dar.

Um dieses recht komplizierte Grundgleichungssystem leichter zu überschauen, stellen wir nochmals die nun zur Verfügung stehenden Gleichungen den Unbekannten gegenüber. Zunächst stehen den $4 + M$ Bilanzgleichungen (2.16), (2.118), (2.121) und (2.122) die $5 + M$ Unbekannten $\rho, c_1, c_2, \ldots, c_M, T, \boldsymbol{v}$ gegenüber. Jeweils eine der Konzentrationen $c_\alpha$ läßt sich jedoch wegen (2.120) mit Hilfe der anderen ausdrücken, so daß tatsächlich nur $4 + M$ Unbekannte vorliegen. Die weiteren, in den Gleichungen auftretenden Größen sind über die kalorischen und thermischen Zustandsgleichungen (2.124) und (2.126) in Verbindung mit (2.125) mit den Unbekannten verknüpft. Außerdem sind die konstituiven Gleichungen (2.128) und (2.136) einzusetzen.

Für den Fall unseres anfänglich betrachteten Salzwassergemischs unter Schwerkrafteinfluß lassen sich die obigen Grundgleichungen wesentlich vereinfachen. Die durch den Lösungsvorgang des Salzes im Wasser umgesetzten Energien nehmen wir als vernachlässigbar klein an. Wir haben es mit einem Zweistoffgemisch ($M = 2$) zu tun. Dafür sind zunächst die beiden diffundierenden Stoffe zu identifizieren. Wir steigern gedanklich den Salzgehalt im Wasser solange, bis Salz ausfällt (Löslichkeitsgrenze). Die Temperaturabhängigkeit der Löslichkeitsgrenze werde vernachlässigt. Wir haben damit unsere Spezies 1 definiert; sie ist die Salzlösung mit maximalem Salzgehalt. Die Spezies 2 ist reines Wasser. Die gesättigte Salzlösung liegt demnach für $c_1 = 1$ vor, reines Wasser hingegen für $c_2 = 1$. Wir werden im folgenden die Indizierung der Konzentrationen fortlassen, da nach (2.120) $c_2 = 1 - c_1$ nicht unabhängig von $c_1$ ist. Wir verwenden danach nur noch die Konzentration des Salzwassers $c := c_1$ als Zustandsgröße der Gemischzusammensetzung weiter. Analog dazu nennen wir den Molenbruch der Spezies 1 nun $x := x_1$. Ebenso schreiben wir $\boldsymbol{j} := \boldsymbol{j}_1$, da $\boldsymbol{j}_2$ nach (2.119) über $\boldsymbol{j}_2 = -\boldsymbol{j}_1$ durch $\boldsymbol{j}_1$ ausgedrückt werden kann, so daß $\boldsymbol{j}$ die Diffusion eindeutig beschreibt. Wir erkennen zunächst der speziesunabhängigen Volumenkraft $\boldsymbol{f}_1 = \boldsymbol{f}_2 = -g\boldsymbol{e}_z$ wegen, daß der Kraftterm in der Energiegleichung (2.122) verschwindet.

Wir setzen die kalorischen Zustandsgleichungen (2.124) in die Terme der linken Seite der Energiegleichung (2.122) ein, um die inneren Energien $u_1$ und $u_2$ auf die Temperatur $T$ und die Partialdichten $\rho_\alpha = \rho c_\alpha$ zurückzuführen. Die zeitlichen Ableitungen $\frac{d}{dt} = \frac{\partial}{\partial t} + \boldsymbol{v} \cdot \boldsymbol{\nabla}$ der inneren Energien schreiben sich nach der Kettenregel

$$\frac{du_\alpha}{dt} = \underbrace{\left(\frac{\partial u_\alpha}{\partial T}\right)_{\rho_1,\rho_2}}_{=: \, c_{v\alpha}} \frac{dT}{dt} + \underbrace{\left(\frac{\partial u_\alpha}{\partial \rho_1}\right)_{T,\rho_2} \frac{d\rho_1}{dt} + \left(\frac{\partial u_\alpha}{\partial \rho_2}\right)_{T,\rho_1} \frac{d\rho_2}{dt}}_{\approx\, 0}$$

wo wir die massenspezifische Wärmekapazität der Spezies $\alpha$ bei konstantem Volumen $c_{v\alpha}$ definiert haben. Außerdem ist bereits angedeutet, daß wir im folgenden die Abhängigkeit der massenspezifischen inneren Energien von den Partialdichten vernachlässigen. Wir gehen also von einem kalorisch idealen Fluid aus. Die linke Seite der Energiegleichung (2.122) stellt sich danach folgendermaßen dar :

$$\rho \sum_{\alpha=1}^{M} c_\alpha \frac{du_\alpha}{dt} = \rho \underbrace{\left(\sum_{\alpha=1}^{M} c_\alpha c_{v\alpha}\right)}_{=: \, c_v} \frac{dT}{dt} = \rho \left[c(c_{v1} - c_{v2}) + c_{v2}\right] \frac{dT}{dt}$$

Hiermit haben wir gleichzeitig die spezifische Wärmekapazität bei konstantem Volumen $c_v = \sum_{\alpha=1}^{M} c_\alpha c_{v\alpha}$ des Gemischs eingeführt. Unser Grundgleichungssystem (2.16), (2.118), (2.121), (2.122) ist damit

$$\begin{aligned}
\tfrac{\partial}{\partial t}\rho + \boldsymbol{\nabla}\cdot(\rho \boldsymbol{v}) &= 0 && (2.16)\\
\rho\left(\tfrac{\partial}{\partial t}c + \boldsymbol{v}\cdot\boldsymbol{\nabla}c\right) &= -\boldsymbol{\nabla}\cdot\boldsymbol{j} && (2.137)\\
\rho\left(\tfrac{\partial}{\partial t}\boldsymbol{v} + \boldsymbol{v}\cdot\boldsymbol{\nabla}\boldsymbol{v}\right) &= -\boldsymbol{\nabla}p + \boldsymbol{\nabla}\cdot\boldsymbol{\tau} - \rho g\boldsymbol{e}_z && (2.138)\\
c_v\rho\left(\tfrac{\partial}{\partial t}T + \boldsymbol{v}\cdot\boldsymbol{\nabla}T\right) &= -\boldsymbol{\nabla}\cdot\dot{\boldsymbol{\epsilon}} - p\boldsymbol{\nabla}\cdot\boldsymbol{v} + \boldsymbol{\tau}:\boldsymbol{\nabla}\boldsymbol{v} + \underbrace{u_1\boldsymbol{\nabla}\cdot\boldsymbol{j}_1 + u_2\boldsymbol{\nabla}\cdot\boldsymbol{j}_2}_{=\,(u_1-u_2)\boldsymbol{\nabla}\cdot\boldsymbol{j}} && (2.139)
\end{aligned}$$

Die Indizierung der bei der Bestimmung des Diffusionsstroms $\boldsymbol{j}$ auftretenden Diffusionskoeffizienten $D_{\alpha\beta}$ lassen wir ebenfalls fort, denn es tritt nur ein solcher Wert auf, weil definitionsgemäß $D_{11} = D_{22} = 0$ war und $D_{12} = D_{21} =: D$. Auch die beiden thermischen Diffusionskoeffizienten $D_1^T = -D_2^T =: D^T$ indizieren wir für unser Zweistoffgemisch nicht länger. Mit unseren getroffenen Annahmen erhalten wir für die thermodynamische Kraft $\boldsymbol{d}_2$ nach (2.130)

$$\boldsymbol{d}_2 = -\eta_{21}\boldsymbol{\nabla}x + \frac{m^2(1-c)}{kT\rho}\left[\frac{nV_2 - 1}{m_2} + \left(\frac{1}{m_1} - \frac{1}{m_2}\right)c\right]\boldsymbol{\nabla}p$$

Mit Hilfe der Beziehung (2.133) drücken wir den Gradienten des Molenbruchs $x$ durch den Massenbruch $c$ in der Form $\boldsymbol{\nabla}x = -\frac{m^2}{m_1 m_2}\boldsymbol{\nabla}c$ aus und erhalten am Ende für den

Diffusionsstrom

$$\boldsymbol{j} = -\rho D \boldsymbol{\nabla} c + \frac{(1-c)D}{kT}\left[m_1(nV_2 - 1) + (m_1 - m_2)c\right] \boldsymbol{\nabla} p - \frac{D^T}{T} \boldsymbol{\nabla} T \qquad (2.140)$$

wo wir weiterhin $\eta_{21} \approx 1$ gesetzt haben, d.h. davon ausgehen, die Mischung verhalte sich ähnlich wie eine Mischung aus idealen Gasen. Der Energiestrom $\boldsymbol{\epsilon}$ in der Energiegleichung (2.139) ergibt sich durch Einsetzen der oben getroffenen Annahmen für das Zweistoffgemisch in (2.127) und (2.136) zu

$$\dot{\boldsymbol{\epsilon}} = -\lambda \boldsymbol{\nabla} T + \underbrace{(h_1 - h_2)\boldsymbol{j}}_{\dot{\boldsymbol{q}}_h} + \underbrace{\frac{mkT}{m_1 m_2} \frac{D^T}{D} \frac{1}{c(1-c)} \boldsymbol{j}}_{\dot{\boldsymbol{q}}_D} \qquad (2.141)$$

Um die mathematische Beschreibung unserer Salzlösung möglichst einfach zu gestalten, vernachlässigen wir nun die (im Vergleich zu den Haupteffekten Fick'sche Diffusion und Fourier'sche Wärmeleitung) i.d.R. kleinen Überlagerungseffekte, d.h. den Soret–Effekt (Temperaturgradient in (2.140)), die Druckdiffusion, und den Dufour–Effekt ($\dot{\boldsymbol{q}}_D$ in (2.141)). Darüberhinaus nehmen wir an, die massenspezifischen Enthalpien $h_1$ und $h_2$ bzw. inneren Energien $u_1$ und $u_2$ unterscheiden sich jeweils nur wenig, und vernachlässigen ihre in (2.141) bzw. (2.139) auftretende Differenz ebenfalls.

Nach diesen umfangreichen Vereinfachungen schreibt sich unser Grundgleichungssystem

$$\begin{aligned}
\tfrac{\partial}{\partial t}\rho + \boldsymbol{\nabla}\cdot(\rho \boldsymbol{v}) &= 0 && (2.16)\\
\rho\left(\tfrac{\partial}{\partial t}c + \boldsymbol{v}\cdot\boldsymbol{\nabla} c\right) &= \boldsymbol{\nabla}\cdot(\rho D \boldsymbol{\nabla} c) && (2.142)\\
\rho\left(\tfrac{\partial}{\partial t}\boldsymbol{v} + \boldsymbol{v}\cdot\boldsymbol{\nabla}\boldsymbol{v}\right) &= -\boldsymbol{\nabla} p + \boldsymbol{\nabla}\cdot\boldsymbol{\tau} - \rho g \boldsymbol{e}_z && (2.138)\\
\rho c_v\left(\tfrac{\partial}{\partial t}T + \boldsymbol{v}\cdot\boldsymbol{\nabla} T\right) &= -\boldsymbol{\nabla}\cdot(\lambda \boldsymbol{\nabla} T) - p\boldsymbol{\nabla}\cdot\boldsymbol{v} + \boldsymbol{\tau}:\boldsymbol{\nabla}\boldsymbol{v} && (2.143)
\end{aligned}$$

Bislang haben wir nicht vorausgesetzt, unsere Salzlösung sei inkompressibel. Um die Inkompressibilität mathematisch formulieren zu können, betrachten wir zunächst nochmals die thermischen Zustandsgleichungen (2.126), die wir für Zweistoffgemische u.a. in die Form

$$\rho = \rho(c, T, p) \qquad (2.144)$$

fassen können. Eine Dichteänderung eines inkompressiblen Gemischs kann die Folge einer Änderung der Temperatur oder Zusammensetzung sein, nicht aber durch eine Druckänderung zustandekommen. Die Dichteänderung schreibt sich daher :

$$d\rho = \left(\frac{\partial \rho}{\partial T}\right)_{c,p} dT + \left(\frac{\partial \rho}{\partial c}\right)_{p,T} dc + \underbrace{\left(\frac{\partial \rho}{\partial p}\right)_{c,T}}_{=0} dp$$

Dividieren wir durch das infinitesimale Zeitintervall $dt$, so erhalten wir

$$\frac{d\rho}{dt} = \rho\Bigg[\underbrace{-\frac{1}{\rho}\left(\frac{\partial \rho}{\partial T}\right)_{c,p}}_{=:\,\alpha} \frac{dT}{dt} \underbrace{-\frac{1}{\rho}\left(\frac{\partial \rho}{\partial c}\right)_{T,p}}_{=:\,\beta} \frac{dc}{dt}\Bigg] \qquad (2.145)$$

wo $\alpha$ den thermischen Volumenausdehnungskoeffizienten und $\beta$ den Konzentrationsausdehnungskoeffizienten bezeichnen.

Ähnlich wie bei der Ableitung der Boussinesq'schen Grundgleichungen für das Rayleigh–Bénard Problem unter 2.3.1.3 setzen wir (2.145) in die Gemischkontinuitätsgleichung (2.16) ein und erhalten

$$\nabla\cdot\boldsymbol{v} = \alpha\left(\tfrac{\partial}{\partial t}T + \boldsymbol{v}\cdot\nabla T\right) + \beta\left(\tfrac{\partial}{\partial t}c + \boldsymbol{v}\cdot\nabla c\right) \quad . \tag{2.146}$$

Wir nehmen weiter wie im Rayleigh–Bénard Problem an, die Dichte unterliege im gesamten interessierenden Gebiet nur kleinen Veränderungen. Diese Abweichungen von einer geeignet gewählten mittleren (konstanten) Dichte $\rho_m = \rho(T_m, c_m)$ nach (2.144) läßt sich dann über die linearen Glieder einer Taylorentwicklung um $\rho_m$ hinreichend genau beschreiben, d.h.

$$\rho(T) = \rho_m + \left[\frac{d\rho}{dT}\right]_m (T-T_m) + \left[\frac{d\rho}{dc}\right]_m (c-c_m) = \rho_m[1-\alpha_m(T-T_m)-\beta_m(c-c_m)] \quad , \tag{2.147}$$

wo wir $\alpha_m = \alpha(T_m, c_m)$ als mittleren Wärmeausdehnungskoeffizienten und $\beta_m = \beta(T_m, c_m)$ als mittleren Konzentrationsausdehnungskoeffizienten eingeführt haben. Es sei an dieser Stelle vermerkt, daß mit (2.147) der Zusammenhang $\rho\alpha = \rho_m\alpha_m$, bzw. $\rho\beta = \rho_m\beta_m$ gilt, so daß wir $\alpha$ und $\beta$ in (2.146) entsprechend einsetzen können.

Wir vereinfachen anschließend die Komponentenkontinuitätsgleichung (2.142) dadurch, daß wir voraussetzen, der auf der rechten Seite der Gleichung auftretende Koeffizient $(\rho D)$ sei konstant und demnach ersetzbar durch $\rho_m D_m$, wobei $D_m = D(T_m, c_m)$ der mittlere Diffusionskoeffizient ist. Damit schreibt sich die rechte Seite von (2.142) $\nabla\cdot(\rho D\nabla c) = \rho D\Delta c = \rho_m D_m \Delta c$.

Die Betrachtung des einfachen Falls einer Flüssigkeit mit konstanten Transportkoeffizienten soll konsequent weitergeführt werden. Daher gehen wir auch von einer konstanten Zähigkeit $\mu = \rho_m\nu_m$ mit der mittleren kinematischen Zähigkeit $\nu_m = \nu(T_m, c_m)$ aus. Setzen wir in Verbindung mit dieser Annahme die Schubspannung $\boldsymbol{\tau}$ nach (2.123) in die Impulsgleichungen (2.138) ein, so folgt wieder die Gleichung (2.51) aus dem Rayleigh–Bénard Problem. Unter der Annahme einer konstanten Wärmeleitfähigkeit $\lambda = \rho_m c_v k_m$ mit der mittleren Wärmeleitzahl $k_m = k(T_m, c_m)$ und konstanter spezifischer Wärmekapazität $c_v$ geht überdies auch die Energiegleichung (2.138) wieder in die Form (2.53) über, wobei $\Phi = \boldsymbol{\tau}:\nabla\boldsymbol{v}$. Wir erkennen bereits and dieser Stelle, daß unter den getroffenen Annahmen die Grundgleichungen des Rayleigh–Bénard Problems und der Doppeldiffusionsinstabilität sehr ähnlich sind. Hier tritt lediglich eine weitere Beziehung, nämlich die Komponentenkontinuitätsgleichung (2.142) hinzu.

Durch Einsetzen des Zusammenhangs (2.147) in die Erhaltungsgleichungen und die getroffenen Annahmen zu den Transportkoeffizienten erreichen wir am Ende ein Differentialgleichungssystem, bestehend aus den 6 Gleichungen (2.146, 2.142, 2.51, 2.53) für die 6 Unbekannten $c$, $\boldsymbol{v}$, $p$, $T$. Es gilt für ein inkompressibles Zweistoffgemisch mit konstanten Transportkoeffizienten $\mu$, $\lambda$ und $\rho D$. Überdies werden nur solche Zustände beschrieben, für die Überlagerungseffekte beim Diffusions– und Wärmeleitungsvorgang (Soret–Effekt, Druckdiffusion, bzw. Dufour–Effekt) gegenüber der Fick'schen Diffusion und der Fourier'schen Wärmeleitung vernachlässigt werden können. Außerdem ist unterstellt, die jeweiligen Differenzen an spezifischer innerer Energie und Enthalpie der zwei Spezies seien vernachlässigbar klein.

**2.3.2.2 Dimensionslose Schreibweise** Wie im Rayleigh–Bénard Problem entdimensionieren wir nun unser Differentialgleichungssystem in problemangepasster Weise; d.h. wir beziehen alle Größen auf die charakteristischen Größen, die unsere einleitenden Überlegungen ergeben hatten. Demnach werden folgende Zuordnungen verwendet :

$$\begin{array}{rlcl}
\text{Länge} & (x,y,z) & =: & d\cdot(x^*,y^*,z^*) \\
\text{Geschwindigkeit} & \boldsymbol{v} = {}^t(u,v,w) & =: & (k_m/d)\cdot{}^t(u^*,v^*,w^*) = (k_m/d)\cdot\boldsymbol{v}^* \\
\text{Zeit} & t & =: & (d^2/k_m)\cdot t^* \\
\text{Temperatur} & (T-T_m) & =: & (T_1-T_2)\cdot T^* = \Delta T\cdot T^* \\
\text{Konzentration} & (c-c_m) & =: & (c_1-c_2)\cdot c^* = \Delta c\cdot c^* \\
\text{Druck} & p+\rho_m g z & =: & (\rho_m\nu_m k_m/d^2)\cdot p^* \\
\text{Dichte} & \rho & =: & \rho_m\cdot\rho^*
\end{array}$$

Wir haben hier vom Druck wieder den mittleren hydrostatischen Anteil $p_{hs} = -\rho_m g z$ abgespalten. Unsere dimensionslosen Gleichungen lauten nach Substitution schließlich

$$\rho^*\boldsymbol{\nabla}\cdot\boldsymbol{v}^* = (\alpha_m\Delta T)\left(\frac{\partial}{\partial t^*}T^* + \boldsymbol{v}^*\cdot\boldsymbol{\nabla}T^*\right) + (\beta_m\Delta c)\left(\frac{\partial}{\partial t^*}c^* + \boldsymbol{v}^*\cdot\boldsymbol{\nabla}c^*\right)$$

$$Le\,\rho^*\left(\frac{\partial}{\partial t^*}c^* + \boldsymbol{v}^*\cdot\boldsymbol{\nabla}c^*\right) = \boldsymbol{\Delta}c^*$$

$$\frac{1}{Pr}\rho^*\left(\frac{\partial}{\partial t^*}\boldsymbol{v}^* + \boldsymbol{v}^*\cdot\boldsymbol{\nabla}\boldsymbol{v}^*\right) = \boldsymbol{\Delta}\boldsymbol{v}^* + \tfrac{1}{3}\boldsymbol{\nabla}(\boldsymbol{\nabla}\cdot\boldsymbol{v}^*) - \boldsymbol{\nabla}p^* + (Ra\,T^* - Ra_D\,c^*)\,\boldsymbol{e}_z$$

$$\rho^*\left(\frac{\partial}{\partial t^*}T^* + \boldsymbol{v}^*\cdot\boldsymbol{\nabla}T^*\right) = \boldsymbol{\Delta}T^* + \frac{k_m\nu_m}{c_v\Delta T d^2}\left[\left(\frac{gd^3}{k_m\nu_m}z^* - p^*\right)\boldsymbol{\nabla}\cdot\boldsymbol{v}^* + \Phi^*\right]$$

$$\rho^* = 1 - (\alpha_m\Delta T)\,T^* - (\beta_m\Delta c)\,c^* \qquad (2.148)$$

Hierin haben wir die dimensionslosen Kennzahlen Rayleighzahl $Ra = \alpha_m\Delta T g d^3/k_m\nu_m$, die Diffusionsrayleighzahl $Ra_D = -\beta_m\Delta c\, g d^3/k_m\nu_m$ und die Lewiszahl $Le = k_m/D_m$ eingeführt. Wie früher bedeutet $\Phi^* = \frac{1}{2}(\boldsymbol{\nabla}\boldsymbol{v}^* + {}^t\boldsymbol{\nabla}\boldsymbol{v}^*)^2 - \frac{2}{3}(\boldsymbol{\nabla}\cdot\boldsymbol{v}^*)^2$ die dimensionslose Schreibweise der Dissipationsfunktion $\Phi$.

**2.3.2.3 Boussinesq Gleichung** Für sehr kleine relative Dichteänderungen gilt $\rho^* \approx 1$, d.h. entsprechend der Zustandsgleichung (2.148)

$$(\alpha_m\Delta T)T^* + (\beta_m\Delta c)c^* \ll 1 \quad .$$

Damit vereinfacht sich das Grundgleichungssystem entscheidend. Da Werte der dimensionslosen Temperatur $T^*$ und der dimensionslosen Konzentration $c^*$ infolge der systemangepassten Entdimensionierung in der Größenordnung von eins liegen, fordern wir darüberhinaus

$$(\alpha_m\Delta T) \ll 1\,, \quad (\beta_m\Delta c) \ll 1 \quad ,$$

um in jedem Fall sicherzustellen, daß die auftretenden Dichteunterschiede $(\rho^* - 1)$ klein sind. Aus der Kontinuitätsgleichung erhalten wir damit sofort $\boldsymbol{\nabla}\cdot\boldsymbol{v}^* \simeq 0$. Wir streichen daher alle Terme in unserem Gleichungssystem, die proportional zu $(\alpha_m \Delta T)$, $(\beta_m \Delta c)$ oder $\boldsymbol{\nabla}\cdot \boldsymbol{v}^* \simeq 0$ sind. Konsequenterweise setzen wir gleichzeitig $\rho^* = 1$. In vollkommener Analogie zum Rayleigh–Bénard Problem nennen wir diese Annahmen Boussinesq–Approximation. Um die Schreibweise der Gleichungen übersichtlicher zu gestalten, lassen wir im folgenden die Kennzeichnung der dimensionslosen Größen mit einem hochgestellten Stern wieder fort.

Am Ende dieses außerordentlich aufwendigen Vorgehens zur Spezialisierung der allgemeinen Grundgleichungen für diffundierende Gemische auf unsere Salzlösung steht das folgende dimensionslose Gleichungssystem

$$\boldsymbol{\nabla}\cdot \boldsymbol{v} = 0 \tag{2.149}$$

$$Le\left(\tfrac{\partial}{\partial t}c + \boldsymbol{v}\cdot\boldsymbol{\nabla} c\right) = \boldsymbol{\Delta} c \tag{2.150}$$

$$\frac{1}{Pr}\left(\tfrac{\partial}{\partial t}\boldsymbol{v} + \boldsymbol{v}\cdot\boldsymbol{\nabla}\boldsymbol{v}\right) = \boldsymbol{\Delta}\boldsymbol{v} + -\boldsymbol{\nabla} p + (Ra\, T - Ra_D\, c)\,\boldsymbol{e}_z \tag{2.151}$$

$$\tfrac{\partial}{\partial t}T + \boldsymbol{v}\cdot\boldsymbol{\nabla} T = \boldsymbol{\Delta} T + \frac{k_m \nu_m}{c_v \Delta T d^2}\,\Phi \tag{2.152}$$

Dieses sind die Boussinesq–Gleichungen für ein inkompressibles Zweistoffgemisch mit konstanten Stoffwerten unter den die Diffusion betreffenden Vereinfachungen (Soret–Effekt, Druckdiffusion und Dufour–Effekt, sowie Spezies–Enthalpiedifferenzen und Differenzen der inneren Energien der Spezies vernachlässigt).

Es ist leicht erkennbar, daß für $c \equiv 0$ (reines Wasser) oder $c \equiv 1$ (d.h. auch $Ra_D = 0$) (Salzwasser an der Löslichkeitsgrenze) das obige Gleichungssystem in das der Rayleigh–Bénard Konvektion (2.59–2.61) übergeht.

**2.3.2.4 Grundzustand** Die Bestimmung des stationären Grundzustandes $\boldsymbol{U}_0 = {}^t(c_0, \boldsymbol{v}_0, p_0, T_0)$, dessen Stabilität zu untersuchen ist, geschieht in der gleichen Weise, wie beim Rayleigh–Bénard Problem. Das Fluid befindet sich im Grundzustand in Ruhe : $\boldsymbol{v}_0 \equiv 0$. Die Komponentenkontinuitätsgleichung (2.150) und die Energiegleichung (2.152) vereinfachen sich zu den Laplacegleichungen

$$\boldsymbol{\Delta} c_0 = 0\,, \quad \boldsymbol{\Delta} T_0 = 0 \quad .$$

Wir sollten, bevor wir Lösungen zu diesen beiden entkoppelten Gleichungen angeben, zunächst feststellen, unter welchen Voraussetzungen die unterstellte Ruhelage der Flüssigkeitsschicht überhaupt möglich ist. Nehmen wir die Rotation von (2.151) und setzen $\boldsymbol{v}_0 \equiv 0$ ein, so folgt die Bedingung $(Ra\boldsymbol{\nabla} T_0 - Ra_D \boldsymbol{\nabla} c_0) \times \boldsymbol{e}_z = \boldsymbol{0}$. Anders als bei der reinen thermischen Zellularkonvektion ist eine ruhende Flüssigkeitsschicht auch für solche Fälle möglich, in denen der Temperaturgradient $\boldsymbol{\nabla} T_0$ nicht parallel zur Richtung der Schwerkraft $\boldsymbol{e}_z$ ist. Diese Parallelitätsforderung gilt hier allgemeiner für die Vektorsumme aus Temperatur– und Konzentrationsgradienten $(\boldsymbol{\nabla} T_0 - (Ra_D/Ra)\boldsymbol{\nabla} c_0) \parallel \boldsymbol{e}_z$. Hierin ist $(Ra_D/Ra) = -(\Delta\rho_D/\Delta\rho_T)$ zu interpretieren als das Verhältnis der Dichteänderung infolge Temperaturgradienten $\Delta\rho_T = -\rho_m \alpha_m \Delta T$ zur Dichteänderung infolge Konzentrationsgradienten $\Delta\rho_D = \rho_m \beta_m \Delta c$. Es sei nochmals erwähnt, daß für $\Delta\rho_D/\Delta\rho_T = 1$ die Dichte an jedem Ort gleich ist, da sich in diesem Fall die temperatur– und konzentrationsbedingten Dichteänderungen gerade kompensieren. Die Situation der indifferenten Dichteschichtung ist also durch $Ra = Ra_D$ gegeben.

Wir beschränken uns auf den Fall einer in den horizontalen Richtungen $x$ und $y$ unendlich ausgedehnten Schicht, bzw. einer solchen mit wärme- und stoffundurchlässigen, vertikalen Seitenwänden. Ihr Zustand sei von $x$ und $y$ unabhängig. Die Temperatur und die Konzentrationen an den beiden horizontalen Berandungen der Flüssigkeitsschicht seien jeweils konstant und vorgegeben, d.h.

$$\begin{array}{lll} T_0(x,y,z=-1/2)=T_1 & , & T_0(x,y,z=1/2)=T_2 \\ c_0(x,y,z=-1/2)=c_1 & , & c_0(x,y,z=1/2)=c_2 \end{array}$$

Entlang der homogenen Parallelrichtungen $x, y$ ist unser Grundzustand nur von der Vertikalrichtung $z$ abhängig, und wir bekommen aus den obigen Laplacegleichungen für $T_0$ und $c_0$

$$T_0(z) = C_1^T\, z + C_0^T \ , \quad c_0(z) = C_1^c\, z + C_0^c \tag{2.153}$$

Die Konstanten $(C_0^T, C_1^T)$ bzw. $(C_0^c, C_1^c)$ folgen aus den angeführten Randbedingungen zu $C_1^T = -1, C_0^T = (T_1 + T_2 - 2T_m)/\Delta T$ bzw. $C_1^c = -1, C_0^c = (c_1 + c_2 - 2c_m)/\Delta c$. Mit $T_m = \frac{1}{2}(T_1 + T_2)$, wie im Rayleigh–Bénard Problem, bzw. $c_m = \frac{1}{2}(c_1 + c_2)$ stellt sich die Grundlösung besonders einfach dar.

$$T_0 = c_0 = -z \tag{2.154}$$

Es ist zudem physikalisch leicht einsehbar, die Mittelwerte der Temperatur $T_m$ und der Konzentration $c_m$ in der Schicht als Bezugsgröße zu wählen. Aus den ersten beiden Impulsgleichungen $(x, y)$ erhalten wir $p_0 = p_0(z)$. Die $z$-Impulsgleichung ergibt

$$0 = -\frac{dp_0}{dz} + (Ra\, T_0 - Ra_D\, c_0)$$

bzw. mit (2.154) für den Druck

$$p_0 = -\tfrac{1}{2}(Ra - Ra_D)\, z^2 + p_u \tag{2.155}$$

wobei die Konstante $p_u$ den Umgebungsdruck bedeutet. Die ermittelten Temperatur- und Konzentrationsverteilungen und damit auch das gesamte Wärmeleitungs–Diffusionsproblem ist offenkundig unabhängig von $p_u$. Nicht das Niveau des Drucks $p_0$ hat einen Einfluß auf das Problem, sondern ausschließlich sein Gradient $\frac{dp_0}{dz}$.

**2.3.2.5 Störungsdifferentialgleichungen** Zur Ableitung der Störungsdifferentialgleichungen haben wir dem Grundzustand $\boldsymbol{U}_0 = {}^t(c_0, \boldsymbol{v}_0, p_0, T_0)$ nach (2.39, 2.40) irgendwelche kleinen Störungen $\varepsilon\, \boldsymbol{U}' = \varepsilon\, {}^t(c', \boldsymbol{v}', p', T')$ zu überlagern. Den gestörten Zustand $\boldsymbol{U} = \boldsymbol{U}_0 + \varepsilon\, \boldsymbol{U}'$, setzen wir dann in die Strömungsgleichungen (2.149-2.152) ein, differenzieren nach $\varepsilon$ und setzen $\varepsilon = 0$. Wir erhalten dann

$$\nabla \cdot \boldsymbol{v}' = 0 \tag{2.156}$$

$$Le\, \frac{\partial}{\partial t} c' = \Delta c' + Le\, w' \tag{2.157}$$

$$Pr^{-1}\, \frac{\partial}{\partial t} \boldsymbol{v}' = \Delta \boldsymbol{v}' - \nabla p' + (Ra\, T' - Ra_D\, c')\, \boldsymbol{e}_z \tag{2.158}$$

$$\frac{\partial}{\partial t} T' = \Delta T' + w' \tag{2.159}$$

Dieses sind die linearen Störungsdifferentialgleichungen, die das Stabilitätsverhalten einer beheizten, diffundierenden und nach außen in Ruhe befindlichen Zweistoffflüssigkeitsschicht beschreiben. Die zu einem vorgegebenen Fall gehörigen Randbedingungen werden wir weiter unten ansprechen.

Wir stellen uns für den Moment vor, eine etwaige Instabilität der Flüssigkeitsschicht zeige sich, so wie im Rayleigh–Bénard Problem, (zumindest im Indifferenzzustand) als stationäre Sekundärströmung. Solche Instabilitäten treten tatsächlich in Form der in der Einleitung erwähnten Fingerinstabilitäten auf. Den stationären Indifferenzzustand finden wir, indem wir die Zeitableitungen im obigen Differentialgleichungssystem fortstreichen :

$$\begin{aligned} \nabla\cdot\boldsymbol{v}' &= 0 \\ \Delta c' &= -Le\, w' \\ 0 &= \Delta\boldsymbol{v}' - \nabla p' + (Ra\, T' - Ra_D\, c')\, \boldsymbol{e}_z \\ \Delta T' &= -w' \end{aligned}$$

Fassen wir danach die Temperatur– und Konzentrationsstörung zur neuen Variablen

$$\tilde{T}' := \frac{Ra\, T' - Ra_D\, c'}{(Ra - Le Ra_D)} \qquad (2.160)$$

zusammen, dann können wir das Gleichungssystem durch Kombination der Komponentenkontinuitätsgleichung mit der Energiegleichung für $\boldsymbol{v}'$, $p'$ und $\tilde{T}'$ folgendermaßen aufschreiben :

$$\begin{aligned} \nabla\cdot\boldsymbol{v}' &= 0 \\ 0 &= \Delta\boldsymbol{v}' - \nabla p' - \underbrace{(Ra - Le\, Ra_D)}_{=:\,\Pi}\tilde{T}'\, \boldsymbol{e}_z \\ \Delta\tilde{T}' &= -w' \end{aligned}$$

Dieses Gleichungssystem ist identisch mit demjenigen der Rayleigh–Bénard Konvektion. Wir haben das stationäre Doppeldiffusionsproblem damit auf die thermische Zellularkonvektion zurückgeführt. Wir können alle Ergebnisse von Abschnitt 2.3.1, insbesondere die kritischen Parameter $\Pi_c = Ra_c$ übernehmen. Die dort für die Temperatur formulierten Randbedingungen gelten hierbei für $\tilde{T}'$. Wir kommen damit zu unseren Vorüberlegungen zur Doppeldiffusionsinstabilität zurück (vgl. (2.112)), die uns ja auf rein phänomenologischem Wege zu eben diesem Ergebnis geführt hatten.

Obwohl zum Teil stationär einsetzende Instabilitäten (wie z.B. die Fingerinstabilitäten) bei der Doppeldiffusion beobachtet werden, dürfen wir uns nicht auf diesen Fall beschränken. Wie anfänglich erwähnt, besteht bei denselben Parametern neben den stationären die Möglichkeit zu oszillatorischen, also instationären Instabilitätsformen, die beim Rayleigh–Bénard'schen Stabilitätsproblem nicht vorkommen. Auch der dort mögliche mathematische Beweis dafür, daß thermische Instabilitäten stationär (nichtoszillatorisch) einsetzen, kann für die Doppeldiffusionsinstabilität nicht mehr geführt werden. Entscheidend bei der Stabilitätsaussage ist, ob beim Erreichen des kritischen Parameters für die oben betrachtete stationäre Fingerinstabililtät eine mögliche oszillatorische Instabilität bereits existiert und damit die Bewegungsform dominiert. Daher haben wir i.d.R. das Störungsdifferentialgleichungssystem (2.156–2.159) zu betrachten.

Genau wie beim Rayleigh–Bénard Problem können wir unser Differentialgleichungssystem zu einer Gleichung für eine Unbekannte zusammenfassen. Unter Mitnahme der instationären Glieder wird sich hier eine Differentialgleichung achter, anstatt sechster Ordnung ergeben. Zunächst eliminieren wir den Druck $p$ aus der Impulsgleichung (2.158) wie üblich unter Anwendung der Vektoridentität $\boldsymbol{\nabla} \times \boldsymbol{\nabla} \times (\ldots) = \boldsymbol{\nabla}\boldsymbol{\nabla}\cdot(\ldots) - \boldsymbol{\Delta}(\ldots)$. Nur die letzte Komponente der danach verbleibenden Gleichung interessiert uns weiter. Sie enthält die Störgeschwindigkeitskomponenten $u', v'$ nicht mehr :

$$Pr^{-1}\frac{\partial}{\partial t}\boldsymbol{\Delta} w' = \boldsymbol{\Delta}^2 w' + \Pi\left(\frac{\partial^2}{\partial x^2} + \frac{\partial^2}{\partial y^2}\right)\tilde{T}' \tag{2.161}$$

Wir haben aus Übersichtsgründen wieder von der Definition der Hilfsvariablen $\tilde{T}'$ nach (2.160) Gebrauch gemacht. Des weiteren wurde auch wieder die Kennzahl

$$\Pi := Ra - LeRa_D \tag{2.162}$$

verwendet. Da die obige Gleichung zwei Unbekannte $(w', \tilde{T}')$ enthält, benötigen wir noch eine zweite Beziehung, um das Gleichungssystem zu schließen. Wir lösen (2.160) nach der Konzentration $c'$ auf, und eliminieren sie aus der Komponentenkontinuitätsgleichung (2.157). Die daraus erhaltene Gleichung enthält noch die Temperatur $T'$ :

$$Ra\left[Le\frac{\partial}{\partial t} - \boldsymbol{\Delta}\right]T' = \Pi\left[Le\frac{\partial}{\partial t} - \boldsymbol{\Delta}\right]\tilde{T}' + LeRa_D\, w'$$

Die Energiegleichung (2.159) dient uns jetzt zur Elimination der Temperatur $T'$. Um dieses zu zu bewerkstelligen, müssen wir $\left[\frac{\partial}{\partial t} - \boldsymbol{\Delta}\right]$ auf die gerade abgeleitete Beziehung anwenden. Der dann auftretende Term $\left[\frac{\partial}{\partial t} - \boldsymbol{\Delta}\right]T'$ wird entsprechend (2.159) durch $w'$ ersetzt. Wir erhalten am Ende neben (2.161) als zweite Gleichung für die Unbekannten $(w', \tilde{T}')$

$$\left[Le(Ra - Ra_D)\frac{\partial}{\partial t} - \Pi\boldsymbol{\Delta}\right]w' = \Pi\left[\frac{\partial}{\partial t} - \boldsymbol{\Delta}\right]\left[Le\frac{\partial}{\partial t} - \boldsymbol{\Delta}\right]\tilde{T}' \tag{2.163}$$

Darin können wir noch die Definition von $\Pi$ (2.162) verwenden, um die Rayleighzahl $Ra$ zu ersetzen. Im letzten Schritt eliminieren wir schließlich die modifizierte Temperatur $\tilde{T}'$ aus (2.161) und (2.163). Wir wenden $\left(\frac{\partial^2}{\partial x^2} + \frac{\partial^2}{\partial y^2}\right)$ auf Gleichung (2.163) an und setzen den letzten Term der rechten Seite von (2.161) ein :

$$\begin{aligned}&\left[Pr^{-1}\frac{\partial}{\partial t} - \boldsymbol{\Delta}\right]\left[Le\frac{\partial}{\partial t} - \boldsymbol{\Delta}\right]\left[\frac{\partial}{\partial t} - \boldsymbol{\Delta}\right]\boldsymbol{\Delta} w' - \\ &\left[Le(\Pi + (Le-1)Ra_D)\frac{\partial}{\partial t} - \Pi\boldsymbol{\Delta}\right]\left(\frac{\partial^2}{\partial x^2} + \frac{\partial^2}{\partial y^2}\right)w' = 0\end{aligned} \tag{2.164}$$

Dieses ist die lineare homogene Differentialgleichung achter Ordnung zur Bestimmung der Störgeschwindigkeit $w'$ in einer anfänglich ruhenden, diffundierenden Flüssigkeitsschicht aus zwei Stoffen. Wir merken an, daß wir die selbe Differentialgleichung achter Ordnung für $\tilde{T}'$ erhalten, wenn wir $w'$ aus (2.161) und (2.163) eliminieren.

Die Vielzahl der möglichen Randbedingungen für Störungen wollen wir an dieser Stelle nicht besprechen, da ihre Formulierung im speziellen Fall sehr einfach vorgenommen werden kann. Es sei dazu an das vorangegangene Kapitel über die Rayleigh–Bénard Instabilität erinnert. Die zusätzlichen Randbedingungen für die Konzentration sind sehr ähnlich wie die Temperaturrandbedingungen zu behandeln.

**2.3.2.6 Eigenwertproblem** Nach der Besprechung der Störungsdifferentialgleichungen werden wir nun das zugeordnete Eigenwertproblem ableiten, dessen Lösung uns u.a. auf die Indifferenzzustände der Flüssigkeitsschicht führen wird. Da der Grundzustand der Schicht stationär ist, dürfen wir die Zeitabhängigkeit der Lösung $\boldsymbol{U}'(t,x,y,z) = {}^t(c',u',v',w',p',T')$ entsprechend (2.41) und (2.43) mittels Exponentialansatzes in der Zeit herauslösen. Wir interessieren uns hier nur für die Wandnormalenkomponente der Geschwindigkeitsstörung :

$$w'(t,x,y,z) = e^{-i\omega t} w'_x(x,y,z) \tag{2.165}$$

Unsere Flüssigkeitsschicht wollen wir als in den Schichtparallelrichtungen $x$ und $y$ unendlich ausgedehnt voraussetzen, und ihr Zustand sei unabhängig von $x$ und $y$. Daher gelingt auch für $w'_x(x,y,z)$ ein Exponentialansatz. Die Begründung für die Gültigkeit dieses Ansatzes erfolgt vollkommen analog wie im unter 2.3.1 behandelten Rayleigh–Bénard Problem. Damit besitzt $w'$ die folgende Gestalt:

$$w'(t,x,y,z) = e^{-i\omega t} \underbrace{\hat{w}(z)\, e^{i\,a_x x + i\,a_y y}}_{w'_x(x,y,z)} \tag{2.166}$$

Wir setzen nun diesen Ansatz in die Störungsdifferentialgleichung (2.164) ein und erhalten nach dem Herausstreichen der Exponentialfaktoren

$$\begin{aligned} &\left[-i\omega Pr^{-1} + a^2 - \tfrac{d^2}{dz^2}\right]\left[-i\omega Le + a^2 - \tfrac{d^2}{dz^2}\right]\left[-i\omega + a^2 - \tfrac{d^2}{dz^2}\right]\left[a^2 - \tfrac{d^2}{dz^2}\right]\hat{w}(z) + \\ &\Pi\left[-i\omega Le + a^2 - \tfrac{d^2}{dz^2}\right] a^2 \hat{w}(z) - i\omega a^2 Le(Le-1) Ra_D \hat{w}(z) = 0 \end{aligned} \tag{2.167}$$

Wir erkennen, daß die als Teilwellenzahlen interpretierbaren reellen Konstanten $a_x$ und $a_y$ wieder nur in der Form $a^2 := a_x^2 + a_y^2$ erscheinen (vgl. Abbildung 2.5). Der Separationsparameter $a^2$ hat dieselbe Bedeutung wie im Rayleigh–Bénard Problem. Die Tatsache, daß $a_x$ oder $a_y$ nicht separat auftreten, spiegelt auch hier die Unabhängigkeit des Stabilitätsproblems von der Orientierung der aufretenden Strömungsstruktur in der $x,y$-Ebene wider.

Die homogene lineare Differentialgleichung (2.167) besitzt konstante Koeffizienten, wodurch es uns erlaubt ist, für $\hat{w}(z)$ ebenfalls einen Exponentialansatz zu machen

$$\hat{w}(z) \sim e^{\lambda_i z} \tag{2.168}$$

wo $\lambda_i$ Konstanten sind. In (2.167) eingesetzt, erhalten wir aus diesem Ansatz schließlich die folgende charakteristische Gleichung :

$$\begin{aligned} &\left[-i\omega Pr^{-1} + a^2 - \lambda_i^2\right]\left[-i\omega Le + a^2 - \lambda_i^2\right]\left[-i\omega + a^2 - \lambda_i^2\right]\left[a^2 - \lambda_i^2\right] + \\ &\Pi\left[-i\omega Le + a^2 - \lambda_i^2\right] a^2 - i\omega a^2 Le(Le-1) Ra_D = 0 \end{aligned} \tag{2.169}$$

Diese Gleichung stellt für vorgegebenes $a^2$ und $\omega$ ein Polynom vierten Grades in $\lambda_i^2$ dar. Unter Verwendung der Cardanischen Formeln (vgl. z.B. I. BRONSTEIN, K. SEMENDJAJEW 1985) sind die vier Wurzeln $\lambda_{1,3,5,7}^2$ des Polynoms in geschlossener Form berechenbar. Für die acht $\lambda_i$ gilt dabei $\lambda_2 = -\lambda_1$, $\lambda_4 = -\lambda_3$, $\lambda_6 = -\lambda_5$ und $\lambda_8 = -\lambda_7$.

Wie üblich kann die allgemeine Lösung des Stabilitätsproblems jetzt als Linearkombination $\hat{w} = \sum_{i=1}^{8} C_i e^{\lambda_i z}$ der acht Fundamentallösungen $e^{\lambda_i z}$ bestimmt werden. Dazu werden die Koeffizienten $C_i$ so bestimmt, daß die Randbedingungen des Problems erfüllt sind. Das daraus resultierende homogene lineare Gleichungssystem aus acht Gleichungen für die acht Koeffizienten $C_i$ ist nur für eine verschwindende Koeffizientendeterminante $D(a^2, \omega, \text{Kennzahlen})$ nichttrivial lösbar. Diese Bedingung ($D = 0$) schließlich stellt bei gegebenen Kennzahlen den Zusammenhang zwischen dem Separationsparameter $a^2$ und der komplexen Frequenz $\omega$ dar. Bei gegebenem $a$ und gegebenen Parametern bedeutet $\omega(a, \text{Parameter})$ den (zeitlichen) Eigenwert des Stabilitätsproblems.

Der Indifferenzzustand liegt für $\omega_i = 0$ vor, wo $\omega_i$ den Imaginärteil der komplexen Frequenz $\omega$ darstellt, den wir auch "zeitliche Anfachungsrate" genannt haben. Der Zusammenhang $D(a^2, \omega(a); \text{Parameter})_{\omega_i=0} = 0$ repräsentiert die Neutralzustände der Flüssigkeitsschicht. Diese Neutralzustände können wir dann geeignet in der Form von Indifferenzkurven (z.B. $\Pi(a^2; Pr, Le, Ra_D)$) explizit auftragen.

Der Vollständigkeit halber sei angemerkt, daß die Aufteilung der Lösungen des Eigenwertproblems in (bezüglich $z$) gerade und ungerade Funktionen hier ebenso möglich ist wie beim Rayleigh–Bénard Problem, sofern es die Randbedingungen zulassen. Das ist dann der Fall, wenn jede der Randbedingungen nur entweder gerade oder ungerade Ableitungen nach $z$ enthält und an beiden Rändern ($z_r = \pm 1/2$) gleich ist.

**2.3.2.7 Beispiel : freie Flüssigkeitsschicht** Im folgenden wollen wir die kritischen Parameterwerte für das Einsetzen der Instabilität an einem einfachen Beispiel berechnen. Dazu betrachten wir konkret den denkbar einfachsten Fall einer Flüssigkeitsschicht mit zwei freien Berandungen bei $z_r = \pm 1/2$, an denen sowohl die Temperaturstörung, als auch die Konzentrationsstörung Null sind. Wir behandeln gerade dieses Problem der Doppeldiffusions–Instabilitäten, da es vollständig analytisch zu lösen ist, so daß wir allgemeine Eigenschaften daran diskutieren können. In Analogie zur Vorgehensweise bei der Besprechung der Randbedingungen des Rayleigh–Bénard Problems bei freien, isothermen Flüssigkeitsberandungen haben an $z_r = \pm 1/2$ die Störgeschwindigkeit $w'$ (bzw. $\hat{w}$) mitsamt der zweiten, vierten und sechsten Ableitung nach $z$ zu verschwinden. Diese Randbedingungen werden z.B. durch die Funktionen

$$\hat{w}(z) = \hat{w}_n \cos[(2n+1)\pi z] \quad , \quad n = 0, \pm 1, \pm 2, \ldots$$

erfüllt. Da sich die Kosinusfunktion $\cos[(2n+1)\pi z]$ als Linearkombination $\frac{1}{2}e^{-i(2n+1)\pi z} + \frac{1}{2}e^{i(2n+1)\pi z}$ darstellen läßt, ist nach (2.168)

$$\lambda_1^2 = \lambda_2^2 = -(2n+1)^2\pi^2 =: -\Lambda_n^2 \quad . \tag{2.170}$$

Unsere charakteristische Gleichung (2.169) schreibt sich damit

$$\begin{aligned} &[-i\omega Pr^{-1} + a^2 + \Lambda_n^2][-i\omega Le + a^2 + \Lambda_n^2][-i\omega + a^2 + \Lambda_n^2][a^2 + \Lambda_n^2] + \\ &\Pi\left[-i\omega Le + a^2 + \Lambda_n^2\right] a^2 - i\omega a^2 Le(Le-1) Ra_D = 0 \end{aligned} \tag{2.171}$$

Um die Schreibweise der charakteristischen Gleichung zu vereinfachen, führen wir die Bezeichnung

$$\tilde{\omega} := \frac{\omega}{a^2 + \Lambda_n^2}$$

ein und lösen (2.171) formal nach $\Pi$ auf

$$\Pi = \Pi_r + i\,\Pi_i \tag{2.172}$$

$$\Pi_r = \frac{(a^2+\Lambda_n^2)^3}{a^2}\left[(Pr^{-1}\tilde{\omega}_i+1)(\tilde{\omega}_i+1) - Pr^{-1}\tilde{\omega}_r^2\right] - \\ -Le(Le-1)\frac{\tilde{\omega}_i(1+Le\tilde{\omega}_i)+Le\tilde{\omega}_r^2}{(1+Le\tilde{\omega}_i)^2+Le^2\tilde{\omega}_r^2}Ra_D$$

$$\Pi_i = -\frac{(a^2+\Lambda_n^2)^3}{a^2}\left[1+Pr^{-1}(1+2\tilde{\omega}_i)\right]\tilde{\omega}_r + Le(Le-1)\frac{\tilde{\omega}_r}{(1+Le\tilde{\omega}_i)^2+Le^2\tilde{\omega}_r^2}Ra_D$$

Hierin bezeichnet wie üblich $\tilde{\omega}_r$ den Realteil und $\tilde{\omega}_i$ den Imaginärteil der komplexen bezogenen Frequenz $\tilde{\omega}$. Selbstverständlich muß die Kennzahl $\Pi$ aus physikalischen Gründen reell sein, d.h. $\Pi_i \stackrel{!}{=} 0$. Wir erkennen zunächst, daß diese Bedingung für den trivialen Fall $\tilde{\omega}_r = 0$ erfüllt ist. Es kommt dadurch zum Ausdruck, daß die stationären Lösungen des Stabilitätsproblems ebenfalls erfasst sind. Wir erhalten außer $\tilde{\omega}_r = 0$ aber noch zwei weitere Lösungen der Frequenz $\tilde{\omega}_r$ in Abhängigkeit von der zeitlichen Anfachungsrate $\tilde{\omega}_i$, der Wellenzahl $a$ und den übrigen Kennzahlen des Problems :

$$\tilde{\omega}_r^2 = \frac{a^2}{(a^2+\Lambda_n^2)^3}\frac{(1-Le^{-1})Ra_D}{1+Pr^{-1}(1+2\tilde{\omega}_i)} - \left(Le^{-1}+\tilde{\omega}_i\right)^2 \tag{2.173}$$

Die durch diese Frequenzen repräsentierten oszillierenden Konvektionsbewegungen können offenbar nur dann auftreten, wenn die rechte Seite der Beziehung (2.173) größer oder gleich Null ist. Das Stabilitätsproblem ist vollends gelöst, wenn wir nun noch $\tilde{\omega}_r^2$ aus (2.173) bzw. die stationäre Lösung $\tilde{\omega}_r = 0$ in die Beziehung (2.172) für $\Pi = \Pi_r$ einsetzen. Damit haben wir eine implizite Gleichung für die zeitliche Anfachung $\tilde{\omega}_i$ in Abhängigkeit der vorgegebenen Wellenzahl $a$ und der weiteren physikalischen Parameter ($Le$, $Pr$, $Ra_D$ und $\Pi = Ra - LeRa_D$). Es darf bei der Ermittlung der Anfachungsrate von oszillierenden Konvektionsstörströmungen (d.h. $\tilde{\omega}_r \neq 0$) jedoch nicht außer Acht gelassen werden, daß gleichzeitig die oben besprochene Nebenbedingung eingehalten werden muß, nach der die rechte Seite von (2.173) größer Null zu sein hat.

Die die kritischen Parameterwerte definierenden Indifferenzzustände unserer diffundierenden Flüssigkeitsschicht sind durch die Bedingung $\tilde{\omega}_i \stackrel{!}{=} 0$ gekennzeichnet, die uns sowohl (2.173) als auch (2.172) erheblich vereinfacht. Wir finden für das Einsetzen einer oszillierenden Instabilität nach Gleichung (2.173) sofort

$$\frac{a^2}{(a^2+\Lambda_n^2)^3}\frac{(1-Le^{-1})Ra_D}{1+Pr^{-1}} - Le^{-2} \geq 0 \tag{2.174}$$

Für den Sonderfall $Ra_D = 0$ (Rayleigh-Bénard Konvektion) erkennen wir in Einklang mit dem früher gesagten sofort, daß oszillatorische Instabilitäten ausgeschlossen sind. Die Beziehung (2.174) enthält aber außerdem einige wichtige physikalische Aussagen zum hier interessierenden allgemeinen Fall $Ra_D \neq 0$. Für ein Medium mit einer Lewiszahl $Le < 1$ treten nur für negative Diffusionsrayleighzahlen $Ra_D < 0$ oszillatorische Instabilitäten auf. Gleiches gilt für Medien mit einer Lewiszahl $Le > 1$ bei $Ra_D > 0$. In beiden Fällen (beschrieben durch $(Le-1)Ra_D > 0$) bestehen diese Instabilitäten auch nur für Werte von $Le(Le-1)Ra_D/(1+Pr^{-1}) \geq \min_a[(a^2+\Lambda_n^2)^3/a^2]$. Oszillierende Störungsformen können demnach nur in einem charakteristischen Band von Wellenzahlen $a$ einsetzen. Andererseits kann gefolgert werden, daß oszillatorische Instabilitäten grundsätzlich nicht auftreten, wenn $(Le-1)Ra_D \leq 0$ gilt, wogegen indifferente, nichtoszillatorische, d.h. stationäre Störungen prinzipiell für alle Wellenzahlen exisitieren.

Wir können jetzt die Indifferenzkurve für die Doppeldiffusions-Instabilitäten bestimmen. Wir haben dabei zu beachten, daß gleichzeitig sowohl eine stationäre, als auch eine instationäre Instabilität vorliegen kann. Wir werden daher für jedes $\Lambda_n$ zwei Indifferenzkurven erhalten. Analog zum Rayleigh-Bénard Problem braucht uns nur der Fall $n = 0$, d.h. nach (2.170) $\Lambda_0^2 = \pi^2$, zu interessieren, da die Indifferenzzustände $n \neq 0$ bei Parametern liegen, für die $n = 0$ bereits instabil ist. Wir setzen zum einen die oben diskutierte triviale Lösung $\tilde{\omega}_r = 0$ der Nebenbedingung $\Pi_i = 0$ nach (2.172) mit $\tilde{\omega}_i = 0$ in die entsprechende Gleichung (2.172) für $\Pi = \Pi_r$ ein und erhalten als Indifferenzkurve

$$\overline{\Pi}(a) := Ra - LeRa_D = \frac{(a^2+\pi^2)^3}{a^2} \tag{2.175}$$

wo wir mit $\overline{\Pi}(a)$ angedeutet haben, daß es sich um die Indifferenzkurve für die stationäre Instabilitätsform handelt. Es sei darauf hingewiesen, daß $\overline{\Pi}(a)$ dieselbe Kurve beschreibt, wie beim Rayleigh-Bénard Problem $Ra(a)$.

Die zweite Indifferenzkurve erhalten wir, indem wir die Lösung (2.173) der Nebenbedingung $\Pi_i = 0$ nach (2.172) in die Gleichung (2.172) für $\Pi = \Pi_r$ einsetzen. Wir erhalten dann

$$\tilde{\Pi}(a) := \frac{PrLe^2Ra - PrLe\dfrac{1+PrLe}{1+Pr}Ra_D}{PrLe^2 + Le(1+Pr)+1} = \frac{(a^2+\pi^2)^3}{a^2} \tag{2.176}$$

Dabei haben wir eine neue Kennzahl $\tilde{\Pi}$ im oszillatorischen Fall gebildet, die das Analogon zu $\overline{\Pi}$ darstellt. Es sei vermerkt, daß auch $\tilde{\Pi}(a)$ denselben Verlauf wie $Ra(a)$ beim Rayleigh–Bénard Problem besitzt. So haben wir für den Fall der Flüssigkeitsschicht mit freien Berandungen ohne Temperatur- und Konzentrationsstörungen das Doppeldiffusionsproblem vollständig auf das viel einfachere (stationäre!) Rayleigh-Bénard Problem zurückgeführt.

Mit der Darstellung (2.175), bzw. (2.176) fällt es leicht, festzustellen, ob die Instabilität oszillatorisch oder stationär einsetzt. Wir bestimmen dazu das Minimum der Funktion $\overline{\Pi}(a) = \tilde{\Pi}(a)$, das sich (vgl. freie Flüssigkeitsschicht beim Rayleigh-Bénard Problem) bei $\Pi_c = \frac{27}{4}\pi^4 \simeq 658$ und einer Wellenzahl von $a_c = \frac{\pi}{\sqrt{2}} \simeq 2.22$ befindet.

Damit sind auch die kritischen Zustände der Flüssigkeitsschicht bestimmt. Da die Lewiszahl $Le$ und die Prandtlzahl $Pr$ als konstante, gegebene Stoffeigenschaften betrachtet werden können, ist es sinnvoll, die kritischen Zustände in einem Diagramm der Rayleighzahlen $Ra(Ra_D)$ darzustellen. Wir erhalten aus (2.175) die Geradengleichung

$$\overline{Ra} = \Pi_c + LeRa_D \tag{2.177}$$

und aus (2.176)

$$\tilde{Ra} = \Pi_c(1+Le^{-1})(1+Le^{-1}Pr^{-1}) + \frac{Le^{-1}+Pr}{1+Pr}Ra_D \tag{2.178}$$

Beide Geraden sind in der Abbildung 2.12 eingetragen. Das Diagramm zeigt ebenfalls, daß die Stabilitätsgrenzen $\overline{Ra}$ und $\tilde{Ra}$ i.d.R. die Winkelhalbierende $Ra = Ra_D$ schneiden,

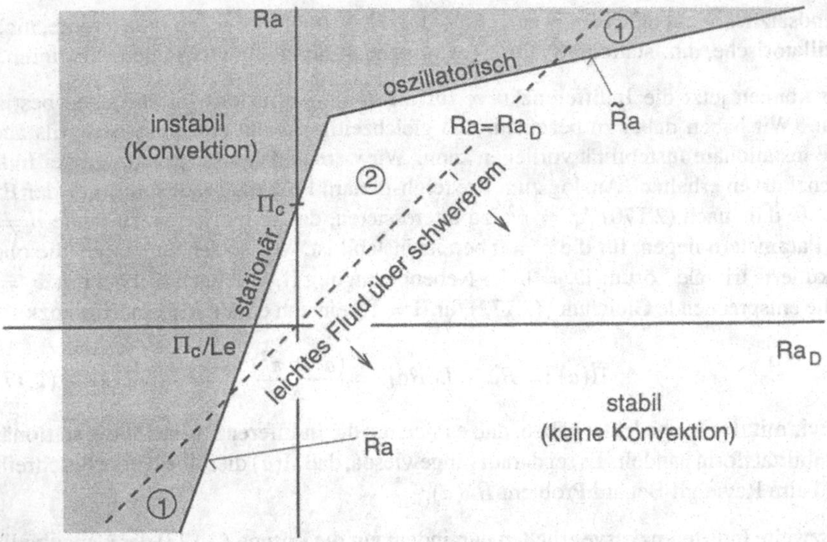


**Abb. 2.12**: Kritische Zustände einer frei berandeten Flüssigkeitsschicht aus einem Zweikomponentengemisch.

die die linke Begrenzung des Bereichs von Rayleighzahlen darstellt, in dem eine stabile Dichteschichtung (leichtes Fluid über schwerem) vorliegt. Dieses zeigt, daß doppeldiffusive Instabilitäten auch bei stabiler Dichteschichtung möglich sind (vgl. Bereiche 1 in Diagramm 2.12). Sogar, wenn schweres Fluid über leichterem liegt, kann der Zustand der Flüssigkeitsschicht stabil sein (Bereich 2, Diagramm 2.12).

**2.3.2.8 Ergänzende Literatur** Doppeldiffusionsinstabilitäten sind vielfach untersucht worden. Wir haben hier eine Einführung gegeben, die es dem interessierten Leser ermöglichen soll, weiterführende Literatur zu verstehen. Wir weisen nachfolgend auf einige wichtige Bücher zu diesem Thema hin : J. TURNER 1973, D. JOSEPH 1976, G. GERSHUNI, E. ZHUKOVITSKII 1976, J. ZIEREP, H. OERTEL JR. 1982.

### 2.3.3 Taylor-Instabilität

Wir betrachten das in Abbildung 2.13 skizzierte Experiment, in dem ein mit der Winkelgeschwindigkeit $\Omega$ rotierender Innenzylinder des Radius' $R$ mit einem dazu koaxialen, hohlen Plexiglas-Außenzylinder einen Ringspalt der Weite $d$ bildet. Der durch den Ringspalt gebildete Zwischenraum beinhalte ein Medium der Dichte $\rho$ und der dynamischen Zähigkeit $\mu$. Durch Hinzugabe von feinen Aluminiumflittern können die Strömungsvorgänge im Ringspalt sichtbar gemacht werden. Bei sehr kleinen Winkelgeschwindigkeiten $\Omega$ beobachtet man eine homogene Verteilung der in Umfangsrichtung mittransportierten Flitter. Bei Überschreiten einer kritischen Drehfrequenz $\Omega_c$ jedoch werden plötzlich stationäre, in sich geschlossene, torusförmige Walzenstrukturen sichtbar. Diese Walzen sind periodisch übereinander geschichtet und besitzen einen vertikalen Abstand $\lambda/2$ voneinander. Die Aluminiumflitter beschreiben Schraubenbahnen um die Umfangs-Mittellinien der Tori, welche für benachbarte Walzen gegenläufig sind. Es handelt sich dabei um die sogenannten *Taylorwirbel*. Die sich dabei aufdrängende Frage lautet :

- Bei welcher kritischen Umdrehungsfrequenz $\Omega_c$ und für welche Wellenlänge $\lambda$ setzt diese Instabilität ein ?

Wir wollen uns zunächst klarmachen, wo die physikalische Begründung für dieses Instabilwerden liegt. Dazu betrachten wir ein Teilchen aus einer Flüssigkeitsschicht mit dem Radius $r_1$. Denken wir uns das Teilchen unter Beibehaltung seines Drehimpulses

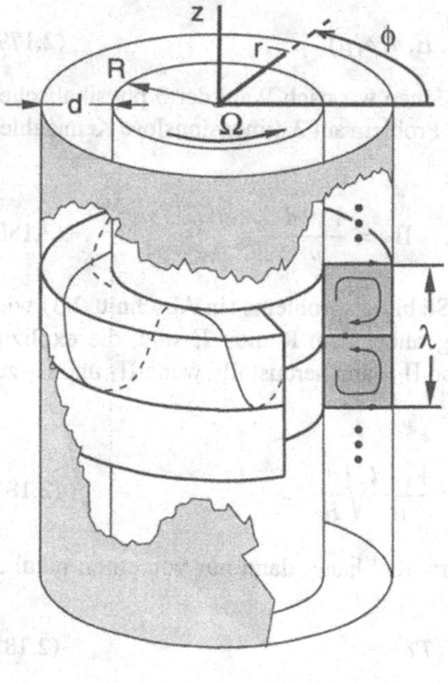


**Abb. 2.13**: Taylor-Couette Experiment.

$r_1 \cdot v_\phi(r_1)$ durch eine Störung auf eine weiter außen liegende Schicht $r = r_2$ verlagert, so besitzt es auf der neuen Bahn mit dem Radius $r_2$ die neue Umfangsgeschwindigkeit $v_\phi(r_1) \cdot r_1/r_2$. Mithin wirkt auf das radial verlagerte Teilchen eine Zentrifugalkraft von $F_1(r_2) = \frac{(v_\phi(r_1)\cdot r_1/r_2)^2}{r_2}$. Ist diese größer als die Zentrifugalkraft $F_2(r_2) = \frac{v_\phi^2(r_2)}{r_2}$, die auf ein ungestörtes Teilchen der Schicht $r_2$ wirkt, so besteht ein Zentrifugalkraftüberschuß, der das verlagerte Teilchen noch weiter nach außen treibt. Mit $F_1(r_2) > F_2(r_2)$ ist auch $r_1 \cdot v_\phi(r_1) > r_2 \cdot v_\phi(r_2)$, d.h. der Drehimpuls, bzw. die Zirkulation auf einer weiter innen liegenden Schicht ist größer als auf einer äußeren Schicht : $\Gamma(r_1) > \Gamma(r_2)$. Wir bezeichnen eine solche Schichtung als instabil.

Wenn wir den indifferenten Fall betrachten, in dem $\Gamma(r_1) = \Gamma(r_2) = const$, so gilt offenbar $v_\phi(r) = const/r$. Das ist aber verblüffenderweise die Gleichung des Potentialwirbels. Wir schließen daraus, daß eine Fliehkraftschichtung dann instabil ist, wenn $v_\phi(r)$ schneller mit $r$ fällt, als es beim Potentialwirbel der Fall wäre. Dieses ist insbesondere bei stehendem Außenzylinder immer der Fall, so daß hier tatsächlich eine instabile Schichtung vorliegt.

Diese hier angeführte Betrachtung ist erstmals von Rayleigh 1916 gegeben worden. Um solche instabilen Schichtungen zu vermeiden, werden *Couette-Viskosimeter* so betrieben, daß anstatt des inneren der äußere Zylinder rotiert.

**2.3.3.1 Dimensionsanalyse** Um uns einen Überblick über die das physikalische Phänomen beeinflussenden Größen zu verschaffen, beginnen wir mit einer Dimensionsanalyse. Wir erkennen einen funktionalen Zusammenhang zwischen 6 Einflußgrößen, z.B.

$$\lambda = \lambda(V_\phi = R\Omega, R, d, \rho, \mu) \quad . \tag{2.179}$$

Nach dem Buckingham'schen $\Pi$-Theorem können wir nach Wahl der 3 physikalischen Basisgrößen $M, L, T$ (Masse,Länge,Zeit) das Problem auf 3 dimensionslose Kennzahlen reduzieren. Diese sind :

$$\Pi_1 = \frac{d}{R}, \quad \Pi_2 = \frac{\lambda}{d}, \quad \Pi_3 = \frac{V_\phi \cdot d}{\nu} \quad . \tag{2.180}$$

Die spätere, analytische Behandlung dieses Stabilitätsproblems (in Abschnitt 2.3) wird zeigen, daß für Spaltweiten $d$, die klein gegenüber dem Radius $R$ sind, die explizite Abhängigkeit der Stabilitätsgrenze von $\Pi_1$ und $\Pi_3$ dann herausfällt, wenn $\Pi_1$ und $\Pi_3$ zur sogenannten *Taylorzahl* kombiniert werden :

$$Ta = \Pi_3 \sqrt{\Pi_1} = \frac{V_\phi \cdot d}{\nu}\sqrt{\frac{d}{R}} \quad . \tag{2.181}$$

Die dimensionslose Wellenlänge der Taylorwirbel hängt dann nur von einer, nämlich der Taylor'schen Kennzahl ab :

$$\frac{\lambda}{d} = f(Ta) \tag{2.182}$$

**2.3.3.2 Anschauliche Bedeutung der Taylorzahl** Um die Bedeutung der Taylorzahl $Ta$ für die vorliegende Instabilität besser verstehen zu lernen, wollen wir kurz qualitativ den Vorgang betrachten, der die Instabilität hervorruft. Wir haben bereits oben festgestellt, daß wir es mit einer Instabilität der Fliehkraftschichtung zu tun haben. Ein Fluidelement, mit der Bahngeschwindigkeit $v_\phi = \Omega \cdot R$, das radial von einer Schicht $R$ auf eine weiter außen liegende Schicht $R + d$ gestoßen wird, behält seinen Drehimpuls bei, also $\Delta(Rv_\phi) = 0$, so daß $R\Delta v_\phi \sim v_\phi \Delta R = v_\phi d$. Den das Teilchen weiter nach außen treibenden Fliehkraftunterschied $F \sim \rho \cdot \Delta(v_\phi^2/R) \cdot d^3$ auf der fremden Schicht können wir damit ausdrücken als $F \sim \rho\Omega^2 d^4$. Dem entgegen wirkt eine viskose radiale Widerstandskraft $W_r \sim \mu(\frac{v_r}{d})d^2$. Die radiale Störgeschwindigkeit ist $v_r \sim d/\Delta t$. Wir besorgen uns die relevante Zeitskala $\Delta t$ aus der Überlegung, daß die Aufzehrung der kinetischen Störenergie des Teilchens $\Delta E_k = \rho \cdot \Delta(v_\phi^2) \cdot d^3$ infolge reibungsbedingter Dissipation $\dot{E}_{diss} \sim W_\phi \cdot \Delta v_\phi \sim \mu(\frac{\Delta v_\phi}{d})d^2 \cdot \Delta v_\phi$ (azimutale Widerstandskraft $W_\phi$) Zeit braucht: $\Delta t = \Delta E_k/\dot{E}_{diss} \sim dR/\nu$. Damit können wir die Widerstandkraft $W_r$ ausdrücken als $W_r \sim \mu\nu d/R$.

Das Einsetzen der Instabilität ist dann zu erwarten, wenn die Widerstandskraft den Fliehkraftüberschuß nicht mehr kompensieren kann:

$$F \overset{!}{\geq} W_r \Longleftrightarrow \rho\Omega^2 d^4 \overset{!}{\geq} \mu\nu d/R \cdot const$$

$$\frac{\Omega^2 R d^3}{\nu^2} =: Ta^2 \overset{!}{\geq} const$$

Das Quadrat der Taylorzahl hat demnach die Bedeutung des Verhältnisses aus Zentrifugal- zu Reibungskraft.

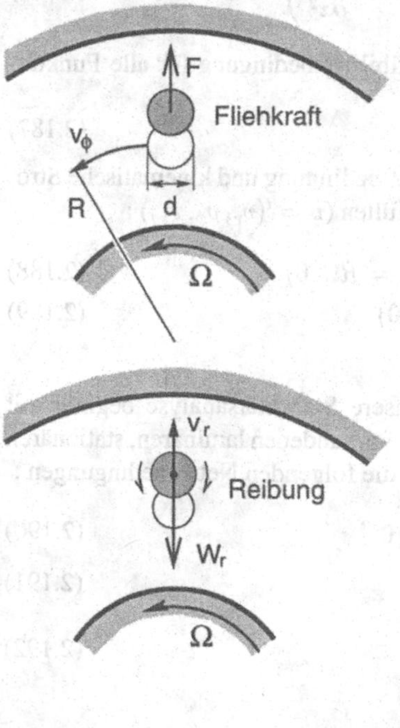


**Abb. 2.14**: Zur physikalischen Interpretation der Taylorzahl.

**2.3.3.3 Grundgleichungen** Im vorangegangenen Abschnitt haben wir uns plausibel gemacht, daß die Taylor Instabilität durch das Wechselspiel von Zentrifugal– und Reibungskraft bei instabiler Geschwindigkeitsverteilung bestimmt ist. Wir wollen unser Strömungsproblem nun mathematisch formulieren. Dazu bietet sich die Schreibweise der Navier-Stokes Gleichungen in Zylinderkoordinaten an. Wir vereinbaren dabei nach Abbildung 2.13, daß die Zylinderachse $z$ in vertikaler Richtung liege, der Radius $r$ den Abstand eines Punktes von dieser Achse bezeichne und der Azimutalwinkel $\phi$ die Winkellage des Punktes um die Achse.

Die Geschwindigkeiten in radialer, azimutaler und axialer Richtung seien mit $v_r$, $v_\phi$ und $v_z$ bezeichnet und der Druck mit $p$. Die Kontinuitäts- und Impulsgleichungen schreiben sich dann dimensionsbehaftet (keine äußeren Kräfte) :

$$\frac{\partial v_r}{\partial r} + \frac{v_r}{r} + \frac{1}{r}\frac{\partial v_\phi}{\partial \phi} + \frac{\partial v_z}{\partial z} = 0 \tag{2.183}$$

$$\begin{aligned}\frac{\partial v_r}{\partial t} &+ v_r\frac{\partial v_r}{\partial r} + \frac{v_\phi}{r}\frac{\partial v_r}{\partial \phi} - \frac{v_\phi^2}{r} + v_z\frac{\partial v_r}{\partial z} = \\ &- \frac{1}{\rho}\frac{\partial p}{\partial r} + \nu\left(\frac{\partial^2 v_r}{\partial r^2} + \frac{1}{r}\frac{\partial v_r}{\partial r} - \frac{v_r}{r^2} + \frac{1}{r^2}\frac{\partial^2 v_r}{\partial \phi^2} - \frac{2}{r^2}\frac{\partial v_\phi}{\partial \phi} + \frac{\partial^2 v_r}{\partial z^2}\right)\end{aligned} \tag{2.184}$$

$$\begin{aligned}\frac{\partial v_\phi}{\partial t} &+ v_r\frac{\partial v_\phi}{\partial r} + \frac{v_\phi}{r}\frac{\partial v_\phi}{\partial \phi} + \frac{v_\phi v_r}{r} + v_z\frac{\partial v_\phi}{\partial z} = \\ &- \frac{1}{\rho}\frac{1}{r}\frac{\partial p}{\partial \phi} + \nu\left(\frac{\partial^2 v_\phi}{\partial r^2} + \frac{1}{r}\frac{\partial v_\phi}{\partial r} - \frac{v_\phi}{r^2} + \frac{1}{r^2}\frac{\partial^2 v_\phi}{\partial \phi^2} + \frac{2}{r^2}\frac{\partial v_r}{\partial \phi} + \frac{\partial^2 v_\phi}{\partial z^2}\right)\end{aligned} \tag{2.185}$$

$$\begin{aligned}\frac{\partial v_z}{\partial t} &+ v_r\frac{\partial v_z}{\partial r} + \frac{v_\phi}{r}\frac{\partial v_z}{\partial \phi} + v_z\frac{\partial v_z}{\partial z} = \\ &- \frac{1}{\rho}\frac{\partial p}{\partial z} + \nu\left(\frac{\partial^2 v_z}{\partial r^2} + \frac{1}{r}\frac{\partial v_z}{\partial r} + \frac{1}{r^2}\frac{\partial^2 v_z}{\partial \phi^2} + \frac{\partial^2 v_z}{\partial z^2}\right)\end{aligned} \tag{2.186}$$

Dazu tritt bei geschlossenen Gebieten die Kompatibilitätsbedingung für alle Funktionen $f$

$$f(\phi) = f(\phi + 2\pi) \quad . \tag{2.187}$$

Ferner sind die Randbedingungen des Problems (Haftbedingung und kinematische Strömungsbedingung) des vorliegenden Problems zu erfüllen ($\boldsymbol{v} = {}^t(v_r, v_\phi, v_z)$) :

$$\boldsymbol{v}(r = R) = {}^t(0, V_\phi = R\Omega, 0) \tag{2.188}$$

$$\boldsymbol{v}(r = R + d) = {}^t(0, 0, 0) \tag{2.189}$$

**2.3.3.4 Grundzustand, Couette-Strömung** Unsere Stabilitätsanalyse beginnt mit der Ermittlung des vor dem Eintreten der Instabilität vorhandenen laminaren, stationären Grundzustandes $\boldsymbol{U}_0 = {}^t(\boldsymbol{v}_0, p_0)$ . Wir identifizieren die folgenden Nebenbedingungen :

$$v_{r0} = v_{z0} \equiv 0 \tag{2.190}$$

$$\frac{\partial v_{\phi 0}}{\partial z} \equiv 0 \tag{2.191}$$

$$\frac{\partial v_{\phi 0}}{\partial t} \equiv 0 \tag{2.192}$$

Mit der Nebenbedingung (2.190) schreibt sich die Kontinuitätsgleichung (2.183) :

$$\frac{1}{r}\frac{\partial v_{\phi 0}}{\partial \phi} = 0 \tag{2.193}$$

Hieraus können wir schließen, daß die Umfangsgeschwindigkeit mitsamt aller ihrer Ableitungen nicht von $\phi$ abhängt.

Der $\phi$-Impulsgleichung (2.185) entnehmen wir (Nebenbedingungen (2.190), (2.191) und (2.193)) :

$$0 = -\frac{1}{r}\frac{\partial p_0}{\partial \phi} + \mu\left(\frac{\partial^2 v_{\phi 0}}{\partial r^2} + \frac{1}{r}\frac{\partial v_{\phi 0}}{\partial r} - \frac{v_{\phi 0}}{r^2}\right) \quad . \tag{2.194}$$

Da der Reibungsterm wegen (2.193) nicht von $\phi$ abhängt, ist $\frac{\partial p_0}{\partial \phi} = const$ und wegen (2.187) gilt dann $\frac{\partial p_0}{\partial \phi} = 0$.

Hiermit erhalten wir aus (2.194)

$$\frac{\partial^2 v_{\phi 0}}{\partial r^2} + \frac{1}{r}\frac{\partial v_{\phi 0}}{\partial r} - \frac{v_{\phi 0}}{r^2} = \frac{\partial}{\partial r}\left[\frac{1}{r}\frac{\partial}{\partial r}(v_{\phi 0} \cdot r)\right] = 0 \quad . \tag{2.195}$$

Gleichung (2.195) kann sehr leicht zweimal nach $r$ integriert werden, wodurch zwei an die Randbedingungen anzupassende Konstanten $C_1, C_2$ entstehen :

$$v_{\phi 0} = C_1 \cdot r + C_2 \cdot \frac{1}{r} \quad . \tag{2.196}$$

Die Konstanten ergeben sich dabei mit den Randbedingungen

$$\begin{aligned} v_{\phi 0}(r = R) = R\Omega &= C_1 R + C_2 \frac{1}{R} \\ v_{\phi 0}(r = R + d) = 0 &= C_1(R + d) + C_2 \frac{1}{R + d} \quad , \text{bzw.} \end{aligned}$$

$$C_1 = -\frac{R^2}{d(2R + d)}\Omega \quad , \quad C_2 = \frac{R^2(R + d)^2}{d(2R + d)}\Omega \quad .$$

Für kleine Spaltweiten $d \ll R$ geht $v_\phi(r)$ asymptotisch gegen das lineare (Couette-) Profil

$$v_{\phi 0} = \Omega R\left(\frac{R + d - r}{d}\right) \quad .$$

**2.3.3.5 Störungsdifferentialgleichungen** Der im Kapitel 1 eingeführte Stabilitätsbegriff muß nun für unser Taylor-Couette Problem konkretisiert werden. Unser Ziel war es, festzustellen, bei welchen kritischen Parametern des Systems die Instabilität erstmals erscheint.

Dazu war der Grundlösung $\boldsymbol{U}_0 = {}^t(\boldsymbol{v}_0, p_0)$ eine physikalisch mögliche Störung $\varepsilon \boldsymbol{U}' = \varepsilon\, {}^t(\boldsymbol{v}', p')$ zu überlagern und deren Entwicklung zu betrachten. "Physikalisch möglich" heißt hier, daß die mit der Störung überlagerte Grundlösung ${}^t(\boldsymbol{v}_0 + \varepsilon \boldsymbol{v}', p_0 + \varepsilon p') = \boldsymbol{U}$ die Navier-Stokes Gleichungen einschließlich der Randbedingungen zu erfüllen hat. Wie üblich beschränken wir uns auf kleine Störungen. Die dazugehörigen Störungsdifferentialgleichungen leiten wir entsprechend unserer im ersten Abschnitt dargestellten Vorgehensweise ab (Einsetzen von $\boldsymbol{U} = {}^t(\boldsymbol{v}_0 + \varepsilon \boldsymbol{v}', p_0 + \varepsilon p')$ in die Navier-Stokes Gleichungen, Differenzieren nach $\varepsilon$ und anschließendes Nullsetzen von $\varepsilon$). Das Störungsdifferentialgleichungssystem wird uns, wie bereits in den vorher behandelten Stabilitätsproblemen, wieder auf ein Eigenwertproblem führen. Für den hier zu untersuchenden indifferenten Fall ist eine nichttriviale Lösung bei gegebenen Parametern $(d, R, \Omega, \mu, \rho)$ nur für bestimmte Störungen (die sog. *Eigenlösungen*) möglich, die durch ihre Wellenlänge $\lambda$ charakterisiert sind und im Rahmen der Stabilitätsanalyse ermittelt werden.

Wir formulieren diese allgemeinen linearen *Störungsdifferentialgleichungen* mit nichtkonstanten Koeffizienten für den Spezialfall der Zylinderkoordinatendarstellung und beschränken uns auf die Taylorwirbel als rotationssymmetrische, stationäre Störungen, d.h.

$$\frac{\partial}{\partial \phi} \equiv 0 \quad , \quad \frac{\partial}{\partial t} \equiv 0 \quad . \tag{2.197}$$

Physikalisch bedeutet dies, daß die kleine, aufgebrachte Störung so bleibt wie sie anfänglich war, also eine zeitlich neutrale Störung darstellt und keine weitere Störungsentwicklung einleitet. Ist unsere Störungsdifferentialgleichung unter dieser Annahme lösbar, haben wir offenbar den uns besonders interessierenden Übergangszustand zwischen zeitlich aufklingendem und abklingendem Störverhalten beschrieben. Das Streichen der instationären Terme entspricht dem Vorgehen bei der Behandlung der Rayleigh–Bénard Konvektion. Aus (2.13, 2.14) wird mit (2.197)

$$\frac{\partial v'_r}{\partial r} + \frac{v'_r}{r} + \frac{\partial v'_z}{\partial z} = 0 \tag{2.198}$$

$$-\frac{2 v_{\phi 0}}{r} v'_\phi = -\frac{1}{\rho}\frac{\partial p'}{\partial r} + \nu \left( \frac{\partial^2 v'_r}{\partial r^2} + \frac{1}{r}\frac{\partial v'_r}{\partial r} + \frac{\partial^2 v'_r}{\partial z^2} - \frac{v'_r}{r^2} \right) \tag{2.199}$$

$$\left( \frac{\partial v_{\phi 0}}{\partial r} + \frac{v_{\phi 0}}{r} \right) v'_r = \nu \left( \frac{\partial^2 v'_\phi}{\partial r^2} + \frac{1}{r}\frac{\partial v'_\phi}{\partial r} + \frac{\partial^2 v'_\phi}{\partial z^2} - \frac{v'_\phi}{r^2} \right) \tag{2.200}$$

$$0 = -\frac{1}{\rho}\frac{\partial p'}{\partial z} + \nu \left( \frac{\partial^2 v'_z}{\partial r^2} + \frac{1}{r}\frac{\partial v'_z}{\partial r} + \frac{\partial^2 v'_z}{\partial z^2} \right) \tag{2.201}$$

Wir haben damit ein System von einer partiellen Differentialgleichung erster Ordnung und 3 partiellen Differentialgleichungen zweiter Ordnung in $r$ und $z$ für die 4 Unbekannten $\boldsymbol{v}'$ und $p'$.

Unser *Störungsdifferentialgleichungssystem* (2.198-2.201) ist erst nach der Festlegung der Randbedingungen eindeutig lösbar. Wegen der zweiten Ableitungen der drei Geschwindigkeitskomponenten in radialer Richtung $r$ haben wir 6 Randbedingungen zu geben (Haftbedingung, kinematische Strömungsbedingung)

$$(\boldsymbol{v}_0 + \boldsymbol{v}')(r = R) = {}^t(0, \Omega R, 0) \overset{(2.188)}{\Rightarrow} \boldsymbol{v}'(r = R) = {}^t(0,0,0) \ , \tag{2.202}$$

$$(\boldsymbol{v}_0 + \boldsymbol{v}')(r = R + d) = {}^t(0,0,0) \overset{(2.189)}{\Rightarrow} \boldsymbol{v}'(r = R + d) = {}^t(0,0,0) \tag{2.203}$$

Auch der Druck ist damit (eindeutig bis auf einen konstanten Anteil von dem das Problem unabhängig ist) bestimmt. Dieses rührt daher, daß für inkompressible Strömungen mit konstanten Transportkoeffizienten nicht der Druck selbst, sondern ausschließlich der Druckgradient in den Navier-Stokes Gleichungen bzw. den Störungsdifferentialgleichungen erscheint.

Das Grundströmungsprofil nach (2.196) und unser Störungsdifferentialgleichungssystem mitsamt den Randbedingungen waren unabhängig von der axialen Richtung $z$. Diese ist damit als *homogene Richtung* identifiziert, und wir brauchen zunächst keine expliziten Randbedingungen in $z$ zu fordern. Wir haben mit dem *linearen, homogenen* Störungsdifferentialgleichungssystem (2.198-2.201) und den Randbedingungen (2.202-2.203) die Bestimmungsgleichungen für die aufgrund kleiner Störungen des anfänglichen Geschwindigkeitsprofils entstandenen, stationären, indifferenten Taylor-Wirbel abgeleitet.

Die Gleichungen können etwas übersichtlicher gestaltet werden, wenn wir sie mit solchen Bezugsgrößen entdimensionieren, die denjenigen ähnlich sind, die bei der Diskussion der Taylorzahl natürlicherweise aufgetreten waren :

$$\begin{array}{rrcl} \text{Länge} & (r,z) & = & d\cdot(r^*,z^*) \\ \text{Azimutalgeschwindigkeit} & v'_\phi & = & \Omega\, d\cdot v'^*_\phi \\ \text{Radial/Vertikalgeschwindigkeit} & (v'_r,v'_z) & = & \frac{\nu\Omega}{2C_1 d}\cdot(v'^*_r,v'^*_z) = -\frac{\nu}{R}(1+\frac{1}{2}\frac{d}{R})\cdot(v'^*_r,v'^*_z) \\ \text{Druckstörung} & p' & = & \frac{\rho\nu^2\Omega}{2C_1 d^2}\, p'^* \end{array}$$

Mit dieser Umbenennung und der Beobachtung, daß der aus der Grundlösung stammende Vorfaktor der linken Seite von Gleichung (2.200), nämlich $\frac{\partial v_{\phi 0}}{\partial r}+\frac{v_{\phi 0}}{r}$ die Konstante $2\cdot C_1$ ergibt, schreibt sich unser Gleichungssystem (2.198-2.201) jetzt

$$\frac{\partial v'^*_r}{\partial r}+\frac{v'^*_r}{r}+\frac{\partial v'^*_z}{\partial z^*} = 0 \qquad (2.204)$$

$$Ta^2\, G\, v'^*_\phi = -\frac{\partial p'^*}{\partial r^*}+\left[\mathbf{\Delta}^*-\frac{1}{r^{*2}}\right] v'^*_r \qquad (2.205)$$

$$v'^*_r = \left[\mathbf{\Delta}^*-\frac{1}{r^{*2}}\right] v'^*_\phi \qquad (2.206)$$

$$0 = -\frac{\partial p'^*}{\partial z^*}+\mathbf{\Delta}^* v'^*_z \qquad (2.207)$$

wobei $\mathbf{\Delta}^*=\left(\frac{\partial^2}{\partial r^{*2}}+\frac{1}{r^*}\frac{\partial}{\partial r^*}+\frac{\partial^2}{\partial z^{*2}}\right)$ der Laplace Operator in Zylinderkoordinaten für Skalare unter Berücksichtigung von $\frac{\partial}{\partial\phi}\equiv 0$ ist. Die Grundlösung wird repräsentiert durch $G=\frac{2R}{\Omega(R+d/2)}\frac{v_{\phi 0}}{r}=\frac{(R/d)^3}{(R/d+1/2)^2}\left[-1+(\frac{R}{d}+1)^2\frac{1}{r^{*2}}\right]$ und das Quadrat der Taylorzahl ist $Ta^2=\frac{\Omega^2 R d^3}{\nu^2}$ so wie in (2.181). Wir werden weiter unten zeigen, daß für $d\ll R$ auch $G$ unabhängig von $d/R$ wird, so daß $Ta$ dann die einzige, das System beschreibende Kennzahl wird. Da Verwechselungen nicht zu befürchten sind, werden wir im folgenden die Kennzeichnung der dimensionslosen Größen mit einem Stern der Übersichtlichkeit wegen wieder fortlassen.

**2.3.3.6 Alternative Formulierung der Störungsgleichungen** Um ein möglichst kleines Gleichungssystem zu erhalten, versuchen wir im folgenden zunächst, unser System von Differentialgleichungen (2.198-2.201) so umzuformen, daß wir eine Differentialgleichung für eine Unbekannte erhalten. So wie bei der Umformung der Grundgleichungen zum Rayleigh–Bénard Problem wenden wir nun zwei Mal den Rotationsoperator $\nabla\times$ auf die Vektorgleichung (2.205-2.207) an und multiplizieren danach skalar mit dem Einheitsvektor $\boldsymbol{e}_r$ in radialer Richtung. Dabei nutzen wir die Vektoridentität $\nabla\times\nabla\times(\ldots) = \nabla\nabla\cdot(\ldots) - \Delta(\ldots)$ und erhalten (zur Darstellung der Operatoren in Zylinderkoordinaten vgl. Anhang A.1)

$$Ta^2\left\{2\frac{\partial}{\partial r}\left[\frac{1}{r}\frac{\partial}{\partial r}(r\,Gv'_\phi)\right] - 2\left[\Delta - \frac{1}{r^2}\right](G\,v'_\phi)\right\} + \left[\Delta - \frac{1}{r^2}\right]^2 v'_r = 0 \qquad (2.208)$$

Die ersten beiden Summanden der obigen Gleichung können unter Berücksichtigung von $\left[\Delta - \frac{1}{r^2}\right](r\,G) = 0$ und einigen elementaren Umformungen zusammengefaßt werden zu $-Ta^2\,G\,\frac{\partial^2 v'_\phi}{\partial z^2}$. Ferner kann mit Hilfe von Gleichung (2.206) $v'_r$ aus (2.208) eliminiert werden. Danach erhalten wir schließlich

$$\left[\Delta - \frac{1}{r^2}\right]^3 v'_\phi - Ta^2\,G\,\frac{\partial^2 v'_\phi}{\partial z^2} = 0 \qquad (2.209)$$

Es sei erwähnt, daß der Differentialausdruck $\left[\Delta - \frac{1}{r^2}\right]$ nichts anderes ist als der Laplace Operator in Zylinderkoordinaten für die $r-$Komponente bzw. $\phi-$Komponente eines Vektors, wiederum unter der Annahme, daß der betreffende Vektor nicht von $\phi$ abhängt. Daher dürfen wir die Gleichung (2.209) auch folgendermaßen schreiben :

$$[\Delta^3\boldsymbol{v}']_\phi - Ta^2\,G\,\frac{\partial^2 v'_\phi}{\partial z^2} =: [\nabla^6\boldsymbol{v}']_\phi - Ta^2\,G\,\frac{\partial^2 v'_\phi}{\partial z^2} = 0 \qquad (2.210)$$

Da uns jetzt eine Gleichung sechster Ordnung in $r$ und $z$ vorliegt, benötigen wir 6 Randbedingungen für $v'_\phi$. Zunächst gilt wie vorher die Haftbedingung an den beiden Wänden

$$v'_\phi(r = R/d) = v'_\phi(r = 1 + R/d) = 0 \quad . \qquad (2.211)$$

Wir betrachten nunmehr Gleichung (2.206) an den Wänden, wo wegen der kinematischen Strömungsbedingung $v'_r = 0$ die linke Seite verschwindet

$$0 = \left[\frac{\partial^2 v'_\phi}{\partial r^2} + \frac{1}{r}\frac{\partial v'_\phi}{\partial r} + \frac{\partial^2 v'_\phi}{\partial z^2} - \frac{v'_\phi}{r^2}\right]_w \quad .$$

Der Haftbedingung $v'_\phi = v'_z = 0$ wegen verschwinden überdies die beiden letzten Summanden der rechten Seite dieser Gleichung und wir erhalten daraus die dritte und vierte Randbedingung für $v'_\phi$ :

$$\left[\frac{\partial^2 v'_\phi}{\partial r^2} + \frac{d}{R}\frac{\partial v'_\phi}{\partial r}\right]_{r=R/d} = \left[\frac{\partial^2 v'_\phi}{\partial r^2} + \frac{d}{(d+R)}\frac{\partial v'_\phi}{\partial r}\right]_{r=1+R/d} = 0 \qquad (2.212)$$

Zur fünften und sechsten Randbedingung für $v'_\phi$ gelangen wir, wenn wir die Kontinuitätsgleichung (2.204) an den Wänden auswerten. Wegen der Haft- und der kinematischen

Strömungsbedingung verbleibt daraus nur $\frac{\partial v_r'}{\partial r} = 0$. Differenzieren wir die bereits oben verwendete Beziehung (2.206) nach $r$ bevor wir sie für die Wand anschreiben, so ist

$$0 = \left[\frac{\partial^3 v_\phi'}{\partial r^3} + \frac{1}{r}\frac{\partial^2 v_\phi'}{\partial r^2} - \frac{2}{r^2}\frac{\partial v_\phi'}{\partial r} + \frac{\partial^3 v_\phi'}{\partial r \partial z^2} + 2\frac{v_\phi'}{r^3}\right]_w .$$

bzw. mit (2.212)

$$\left[\frac{\partial^3 v_\phi'}{\partial r^3} - 3\left(\frac{d}{R}\right)^2 \frac{\partial v_\phi'}{\partial r} + \frac{\partial^3 v_\phi'}{\partial r \partial z^2}\right]_{r=R/d} =$$

$$\left[\frac{\partial^3 v_\phi'}{\partial r^3} - 3\left(\frac{d}{d+R}\right)^2 \frac{\partial v_\phi'}{\partial r} + \frac{\partial^3 v_\phi'}{\partial r \partial z^2}\right]_{r=1+R/d} = 0 \qquad (2.213)$$

Mit Hilfe der Bedingungen (2.211-2.213) kann unsere Störungsdifferentialgleichung (2.210) für $v_\phi'$ nunmehr eindeutig gelöst werden.

**2.3.3.7 Kleine Spaltweiten** $d \ll R$. Die Gleichung (2.210) und die zugehörigen Randbedingungen hängen, so wie durch die Dimensionsanalyse ermittelt, neben der Taylorzahl $Ta$ auch vom Verhältnis $d/R$ ab. Das System vereinfacht sich außerordentlich, wenn wir den asymptotischen Fall $\frac{d}{R} \ll 1$ betrachten. Indem wir das Verhältnis $\frac{d}{R}$ in den Störungsdifferentialgleichungen verschwinden lassen, vernachlässigen wir den Krümmungseinfluß auf die Störgrößen.

Wir führen zunächst eine Koordinatentransformation für die radiale Richtung $r$ ein, die uns den Ursprung auf den mittleren Radius $R + d/2$, also die Spaltmitte verschiebt :

$$r = R/d + 1/2 + x \qquad (2.214)$$

Damit liegt die Spaltmitte bei $x = 0$ und die Innen- bzw. Außenwand bei $x = -1/2$ bzw. $x = 1/2$.

Mit dieser Vorbereitung betrachten wir den Differentialausdruck $[\boldsymbol{\Delta} - \frac{1}{r^2}]$ in der Störungsdifferentialgleichung (2.209) :

$$\boldsymbol{\Delta} - \frac{1}{r^2} = \frac{\partial^2}{\partial x^2} + \frac{\partial^2}{\partial z^2} + \frac{d}{R}\frac{1}{1 + \frac{d}{R}(\frac{1}{2} + x)}\left(\frac{\partial}{\partial x} - \frac{d}{R}\frac{1}{1 + \frac{d}{R}(\frac{1}{2} + x)}\right) .$$

Wir erkennen daraus, daß im Grenzfall $\frac{d}{R} \to 0$ die letzten beiden Terme verschwinden und wir erhalten wie in kartesischen Koordinaten

$$\boldsymbol{\Delta} - \frac{1}{r^2} \quad \overset{\frac{d}{R}\to 0}{\longrightarrow} \quad \frac{\partial^2}{\partial x^2} + \frac{\partial^2}{\partial z^2} =: \boldsymbol{\Delta}_k \quad . \qquad (2.215)$$

Hiernach wenden wir uns der Grundlösung $G$ in (2.209) zu

$$G = \frac{(1 + \frac{1}{2}\frac{d}{R})(1 - 2x) + \frac{d}{R}(\frac{1}{4} - x^2)}{(1 + \frac{1}{2}\frac{d}{R})^2(1 + \frac{1}{2}\frac{d}{R}(1 + 2x))^2}$$

und betrachten sie für $\frac{d}{R} \to 0$ :

$$G \quad \xrightarrow{\frac{d}{R}\to 0} \quad 1 - 2x \tag{2.216}$$

Unsere Störungsdifferentialgleichung (2.209) für $\frac{d}{R} \to 0$ vereinfacht sich damit zu

$$\boldsymbol{\nabla}_k^6 v'_\phi - Ta^2(1-2x)\,\frac{\partial^2 v'_\phi}{\partial z^2} = 0 \tag{2.217}$$

wobei $\boldsymbol{\nabla}_k^6 = \boldsymbol{\Delta}_k{}^3$. Die Randbedingungen (2.211-2.213) vereinfachen sich unter $\frac{d}{R} \to 0$ ebenfalls zu

$$\begin{aligned}
&v'_\phi(x = \pm 1/2) = 0 \\
&\frac{\partial^2 v'_\phi}{\partial x^2}(x = \pm 1/2) = 0 \\
&\frac{\partial^3 v'_\phi}{\partial x^3}(x = \pm 1/2) + \frac{\partial^3 v'_\phi}{\partial x \partial z^2}(x = \pm 1/2) = 0
\end{aligned} \tag{2.218}$$

Das Stabilitätsproblem (2.217,2.218) ist nun ausschließlich abhängig von der Taylorzahl $Ta$ so wie bei der vorangegangenen Dimensionsanalyse bereits angemerkt.

**2.3.3.8 Lösung des Stabilitätsproblems** Unser Problem hängt nicht von der Achsrichtung $z$ ab (d.h. es ist homogen bezügl. $z$). Schon in den noch nicht vereinfachten Störungsdifferentialgleichungen (2.204–2.207) dürfen wir die $z$–Abhängigkeit der Störgrößen in der Form eines gemeinsamen Faktors abtrennen (Separationsansatz) :

$$\left\{\begin{array}{c} v'_r(x,z) \\ v'_\phi(x,z) \\ v'_z(x,z) \\ p'(x,z) \end{array}\right\} = F(z) \cdot \left\{\begin{array}{c} \hat{v}_r(x) \\ \hat{v}_\phi(x) \\ \hat{v}_z(x) \\ \hat{p}(x) \end{array}\right\} \tag{2.219}$$

Diesem Ansatz entsprechend ergibt die Beziehung (2.206)

$$\frac{\hat{v}_r - \frac{d}{dr}\left[\frac{1}{r}\frac{d}{dr}(r\,\hat{v}_\phi)\right]}{\hat{v}_\phi} = \frac{\frac{d^2}{dz^2}F}{F} \stackrel{!}{=} -a^2 \tag{2.220}$$

wobei der konstante Separationsparameter $a$ frei vorgegeben werden kann. Aus dem hinteren Teil der Gleichung (2.220) entnehmen wir die Lösung

$$F(z) = \exp(i\,a\,z) \quad . \tag{2.221}$$

Im Experiment hatten wir beobachtet, daß sich die Taylorwirbel periodisch mit der Wellenlänge $\lambda$ übereinander anordnen. Hier nun erkennen wir, daß für reelle Werte von $a$ unsere Lösung über $F(z) = F(z + 2\pi/a)$ tatsächlich periodisch ist. Der Separationsparameter $a = \frac{2\pi}{\lambda}$ hat offenbar die Bedeutung der Wellenzahl dieser periodischen Anordnung der Wirbel.

Wir wollen nun das abgeleitete Gleichungssystem (2.204–2.207) lösen. Dazu können zwei unterschiedliche Wege eingeschlagen werden. Wir können hier einerseits unter weiteren Voraussetzungen eine analytische Lösungsmethode insbesondere für die Differentialgleichung sechster Ordnung (2.217) verwenden. Andererseits kann das Störungsdifferentialgleichungssystem (2.204-2.207) ohne weitere Einschränkungen auch direkt numerisch gelöst werden. Wir wollen uns aber zunächst um den ersten Lösungsweg kümmern.

**2.3.3.9 Analytische Methode** Nach Einsetzen der Störgeschwindigkeitskomponente $v'_\phi$ nach Ansatz (2.219) und (2.221) in (2.217,2.218) ergibt sich

$$\left[\frac{\partial^2}{\partial x^2} - a^2\right]^3 \hat{v}_\phi + Ta^2(1-2x)\, a^2 \hat{v}_\phi = 0 \tag{2.222}$$

und

$$\begin{aligned} \hat{v}_\phi(x = \pm 1/2) &= 0 \\ \frac{d^2 \hat{v}_\phi}{dx^2}(x = \pm 1/2) &= 0 \\ \frac{d}{dx}\left(\frac{d^2 \hat{v}_\phi}{dx^2} - a^2 \hat{v}_\phi\right)(x = \pm 1/2) &= 0 \end{aligned} \tag{2.223}$$

Wir sind damit zu einem *entkoppelten* System von gewöhnlichen Differentialgleichungen in $x$ für $\hat{v}_\phi(x)$ übergegangen. System (2.222,2.223) ist ein homogenes Randwertproblem mit homogenen Randbedingungen, bzw. ein *Eigenwertproblem*, in dem $Ta^2$ als Eigenwert in Abhängigkeit des Parameters $a$ auftritt.

Trotz unserer vereinfachenden Annahme kleiner Spaltweiten verbleibt zunächst in der Gleichung (2.222) eine explizite Abhängigkeit von $x$, die die Lösung gegenüber einem System mit konstanten Koeffizienten wesentlich erschwert. Diese Abhängigkeit ist durch den Grundströmungsterm $G = 1 - 2x$ gegeben. Mit dem Bestreben, zumindest eine einfache näherungsweise Lösung zu erzielen, fragen wir uns daher zunächst, ob es gegebenenfalls physikalische Gründe gibt, die es uns erlauben, die Abhängigkeit der Funktion $G$ von $x$ zu vernachlässigen. Dazu erinnern wir uns daran, daß der Term $Ta^2\, G\, v_\phi'^*$ in der Gleichung (2.205) die Bedeutung der die Instabilität treibenden Zentrifugalkraft hat. An keiner anderen Stelle der Störungsdifferentialgleichungen taucht die Funktion $G$ auf. Wir können sie als (stets positiven) Fliehkraftfaktor über $x$ auffassen, denn $0 < G(x) < 2$. Wenn wir $G$ durch den Mittelwert $\overline{G} = 1$ im Ringspalt ersetzen, so verschieben wir lediglich diese Zentrifugalkraftverteilung ein wenig. Der treibende physikalische Effekt, nämlich die Anwesenheit der Fliehkraft, bleibt hingegen nach wie vor erhalten. Wir ersetzen somit $G = 1 - 2x$ durch $\overline{G} = 1$ und erhalten aus (2.222)

$$\left[\frac{\partial^2}{\partial x^2} - a^2\right]^3 \overline{\hat{v}}_\phi(x) + Ta^2\, a^2 \overline{\hat{v}}_\phi(x) = 0 \tag{2.224}$$

mit den Randbedingungen (2.223), nunmehr angewandt auf $\overline{\hat{v}}_\phi(x)$. Das somit vereinfachte Taylor–Couette Problem ist dadurch vollkommen auf das Rayleigh–Bénard Problem zurückgeführt. Denn die einfache Substitution von $Ra$ gegen $Ta^2$ zeigt, daß die Differentialgleichungen (2.224) und (2.97) identisch sind. Alle Betrachtungen zur

Lösung von (2.97) können wir einfach übernehmen. Insbesondere ergibt sich derselbe kritische Parameter, wie beim Bénard Problem mit festen isothermen Berandungen, d.h. $Ta_c^2 = 1708$, $a_c = 3.12$.

Nach dieser Überlegung müssen wir uns daran erinnern, daß die aus dem Rayleigh-Bénard Problem übernommene Lösung $\overline{\hat{v}}_\phi(x)$ die Gleichung (2.224) erfüllt. Diese Gleichung beschreibt aber nur näherungsweise das Problem, da in ihr die Abhängigkeit des Grundlösungsterms $G$ von $x$ vernachlässigt worden ist. Die Berücksichtigung dieser $x$–Abhängigkeit verändert dieses Ergebnis nur unwesentlich ($Ta_c^2 = 1695$, $a_c = 3.13$ nach P. DRAZIN, W. REID 1982). Damit ist nachträglich unsere anfangs gemachte Vermutung bestätigt, wonach die Umverteilung der Zentrifugalkraft im Ringspalt infolge des Fliehkraftfaktors $G$ einen nur schwachen Einfluß auf die Lösung hat.

**2.3.3.10 Numerische Methode** Während die oben beschriebene analytische Methode den Vorteil hat, einen tieferen Einblick in die Lösungsmöglichkeiten des Stabilitätsproblems zu gewähren, so ist sie doch stark eingeschränkt auf spezielle Fälle.

Verwenden wir von vornherein eine numerische Approximation der Funktionen, sind wir an Vereinfachungen des Problems, wie etwa die Beschränkung auf kleine Spaltweiten nicht mehr gebunden.

Wir setzen den Separationsansatz in $z$ entsprechend (2.219) und (2.221) für alle Variablen bereits in das System (2.204-2.207) ein und erhalten

$$\begin{aligned} \frac{d\hat{v}_r}{dr} + \frac{\hat{v}_r}{r} + i\,a\hat{v}_z &= 0 \\ Ta^2\, G\,\hat{v}_\phi &= -\frac{d\hat{p}}{dr} + \left[\mathbf{\Delta} - \frac{1}{r^2}\right]\hat{v}_r \\ \hat{v}_r &= \left[\mathbf{\Delta} - \frac{1}{r^2}\right]\hat{v}_\phi \\ 0 &= -i\,a\hat{p} + \mathbf{\Delta}\hat{v}_z \end{aligned} \tag{2.225}$$

Dabei ist nunmehr $\mathbf{\Delta} = (\frac{d^2}{dr^2} + \frac{1}{r}\frac{d}{dr} - a^2)$. Wir machen zunächst die Substitution

$$r = \frac{R}{d} + \frac{1+x}{2} \tag{2.226}$$

um in einem normierten Intervall $x \in [-1, 1]$ arbeiten zu können.

Jede Funktion drücken wir jetzt als ein Polynom eines gewählten (Approximations-) Grades $N$ aus. Besonders günstige Approximationseigenschaften besitzen bestimmte *Orthogonalpolynome*, sog. *Jacobi–Polynome* (vgl. M. ABRAMOWITZ, I.A. STEGUN 1965). Eine sehr häufige Verwendung haben die *Chebychev-Polynome*

$$T_k(x) = 2x\,T_{k-1}(x) - T_{k-2}(x) \quad ; \quad T_0(x) = 1 \quad , \quad T_1(x) = x \quad ; \quad x \in [-1, 1] \tag{2.227}$$

gefunden (der Index bezeichnet den Grad). Jedes Polynom $N$'ten Grades ist aber exakt anhand der Kenntnis seiner Werte an $N+1$ verschiedenen Stellen $x_k$ repräsentiert. Die sog. *Spektralkollokationsmethode* nutzt gerade diese Tatsache. Die $x_k$ heißen dabei

*Kollokationspunkte*. Es reicht also aus, unsere zu approximierenden Funktionen nur an den Kollokationspunkten auszuwerten. Mit der Bezeichnung $\hat{\boldsymbol{U}} := {}^t(\hat{v}_r, \hat{v}_\phi, \hat{v}_z, \hat{p})$ erhalten sie die Gestalt

$$\hat{\boldsymbol{U}}(x) \simeq \sum_{k=0}^{N} \hat{\boldsymbol{U}}^k g_k^N(x) \tag{2.228}$$

wobei die $\hat{\boldsymbol{U}}^k := \hat{\boldsymbol{U}}(x_k)$ ab jetzt die Unbekannten darstellen und $g_k^N(x)$ das $k$'te sog. *Lagrange'sche Interpolationspolynom* $N$'ten Grades ist. Es zeichnet sich dadurch aus, daß es an der Stelle $x_k$ den Wert $g_k^N(x_k) = 1$ und an allen anderen Kollokationsstellen den Wert Null annimmt.

Ableitungen von z.B. $\hat{v}_r(x)$ ergeben sich damit zu

$$\frac{d\hat{v}_r}{dx} = \sum_{k=0}^{N} \hat{v}_r^k \frac{dg_k^N}{dx}(x) \stackrel{!}{=} \sum_{k=0}^{N} \hat{v}_{r,x}^k \, g_k^N(x) \tag{2.229}$$

Die abgeleiteten Lagrange'schen Interpolationspolynome sind offensichtlich wieder Polynome und insofern ihrerseits wieder mit Hilfe der $g_k^N(x)$ exakt ausdrückbar. Darüber hinaus können wir die $g_k^N(x)$ mit Hilfe der Chebychev Polynome $T_k(x)$ ausdrücken. Die Ableitungen der Lagrange'schen Interpolationspolynome können daher unter Zuhilfenahme der Ableitungsregel

$$\frac{d\,T_k}{dx}(x) = \sum_{j=0}^{k-1} \frac{1-(-1)^{k-j}}{1+\delta_{j0}} \, k\, T_j(x)$$

für Chebychev Polynome bestimmt werden. Hieraus läßt sich eine Beziehung zwischen den $\frac{dg_k^N}{dx}$ und den $g_k^N(x)$ der Form

$$\frac{dg_j^N}{dx}(x) = D_{jk}\, g_k^N(x)$$

ableiten. Danach kann die Spalte $\underline{\hat{v}_{r,x}} := {}^t(\hat{v}_{r,x}^0, \hat{v}_{r,x}^1, \dots, \hat{v}_{r,x}^N)$ der Funktionswerte $\hat{v}_{r,x}^k$ der Funktion $\frac{d\hat{v}_r}{dx}$ an den Kollokationsstellen einfach durch eine Multiplikation der Spalte $\underline{\hat{v}_r} := {}^t(\hat{v}_r^0, \hat{v}_r^1, \dots, \hat{v}_r^N)$ der Funktionswerte von $\hat{v}_r(x)$ mit einer $(N+1) \times (N+1)$ Matrix $\underline{D}$ gewonnen werden. Diese Matrix ist nur vom Approximationsgrad $N$ und der Wahl der Kollokationsstellen $x_k$ abhängig. Für die Wahl der sog. *Gauss-Lobattopunkte* bezüglich der Chebychev Polynome $x_k = cos(k\pi/N)$ ergibt sich z.B. (vgl. C. CANUTO, M. HUSSAINI, A. QUARTERONI, T. ZANG 1988) für die Lagrange'schen Interpolationspolynome

$$g_k^N(x) = \frac{(-1)^{k+1}(1-x^2)}{(1+\delta_{k0}+\delta_{kN})N^2(x-x_k)} \, \frac{d\,T_N}{dx}$$

Dieser Ausdruck ist ein Polynom, da $\frac{dT_N}{dx}$ den Linearfaktor $(x - x_k)$ enthält. Denn die inneren Kollokationspunkte $x_k$, $0 < k < N$ stellen die lokalen Extrema von $T_N$, bzw. Nullstellen von $\frac{dT_N}{dx}$ dar. Die Ableitungsmatrix erhalten wir damit nach C. CANUTO ET AL. 1988 als

$$D_{jk} = \begin{cases} \frac{(1+\delta_{j0}+\delta_{jN})(-1)^{j+k}}{(1+\delta_{k0}+\delta_{kN})(x_j-x_k)} \;; & j \neq k \\ \frac{-x_k}{2(1-x_k^2)} \;; & 1 \leq j = k \leq N-1 \\ (\delta_{j0} - \delta_{jN})\frac{2N^2+1}{6} \;; & j = k = 0, N \end{cases} \tag{2.230}$$

Hierin ist $\delta_{ij} = 0$ für $i \neq j$ und $\delta_{ij} = 1$ für $i = j$ und heißt Kronecker Symbol. Auch höhere Ableitungen können wir jetzt sehr einfach ausdrücken, nämlich durch Mehrfachanwendungen der Multiplikation

$$^t\left(\frac{d^m\hat{v}_r}{dx^m}(x_0), \frac{d^m\hat{v}_r}{dx^m}(x_1), ..., \frac{d^m\hat{v}_r}{dx^m}(x_N)\right) = \underline{\underline{D}}^m\ \underline{\hat{v}}_r$$

Dabei sei erwähnt, daß wir bei numerischen Methoden i.a. bestrebt sind, die Ordnung der Ableitungen klein zu halten und nicht wie etwa bei der obigen analytischen Methode die Anzahl der Variablen zu verkleinern. Es ist bekannt, daß die Rundungsfehler bei der numerischen Darstellung hoher Ableitungsordnungen i.a. beträchtlich werden.

Aus der Differentialgleichung (2.225) wird einfach nach einer Substitution von $\hat{v}_r(x)$, $\hat{v}_\phi(x)$, $\hat{v}_z(x)$, $\hat{p}(x)$ durch $\underline{\underline{I}}\ \underline{\hat{v}}_r$, $\underline{\underline{I}}\ \underline{\hat{v}}_\phi$, $\underline{\underline{I}}\ \underline{\hat{v}}_z$, $\underline{\underline{I}}\ \underline{\hat{p}}$ und nach Substitution von $\frac{d^m}{dr^m}$ durch $(2\underline{\underline{D}})^m$ ein homogenes lineares Gleichungssystem für die Kollokationswerte der gesuchten Eigenfunktion $\hat{\boldsymbol{U}}(x)$.

$$\begin{bmatrix} 2\underline{\underline{D}} + (\underline{\underline{\tfrac{1}{r}}}) & \underline{\underline{0}} & ia\underline{\underline{I}} & \underline{\underline{0}} \\ -\underline{\underline{\Delta}} + (\underline{\underline{\tfrac{1}{r^2}}}) & \underline{\underline{0}} & \underline{\underline{0}} & 2\underline{\underline{D}} \\ \underline{\underline{I}} & -\underline{\underline{\Delta}} + (\underline{\underline{\tfrac{1}{r^2}}}) & \underline{\underline{0}} & \underline{\underline{0}} \\ \underline{\underline{0}} & \underline{\underline{0}} & \underline{\underline{\Delta}} & -ia\underline{\underline{I}} \end{bmatrix} \begin{bmatrix} \underline{\hat{v}}_r \\ \underline{\hat{v}}_\phi \\ \underline{\hat{v}}_z \\ \underline{\hat{p}} \end{bmatrix} + Ta^2 \begin{bmatrix} \underline{\underline{0}} & \underline{\underline{0}} & \underline{\underline{0}} & \underline{\underline{0}} \\ \underline{\underline{0}} & \underline{\underline{G}} & \underline{\underline{0}} & \underline{\underline{0}} \\ \underline{\underline{0}} & \underline{\underline{0}} & \underline{\underline{0}} & \underline{\underline{0}} \\ \underline{\underline{0}} & \underline{\underline{0}} & \underline{\underline{0}} & \underline{\underline{0}} \end{bmatrix} \begin{bmatrix} \underline{\hat{v}}_r \\ \underline{\hat{v}}_\phi \\ \underline{\hat{v}}_z \\ \underline{\hat{p}} \end{bmatrix} = 0 \tag{2.231}$$

wobei $(\underline{\underline{\frac{1}{r}}})$ eine Diagonalmatrix bezeichnet, deren Diagonale mit den Elementen $\frac{1}{r(x_k)}$ nach (2.226) gefüllt ist, $\underline{\underline{I}}$ die Einheitsmatrix bedeutet und $\underline{\underline{\Delta}} := 4\underline{\underline{D}}^2 + 2(\underline{\underline{\frac{1}{r}}})\underline{\underline{D}} - a^2\underline{\underline{I}}$ (alle Matrizen $(N+1) \times (N+1)$).

Den Randbedingungen tragen wir Rechnung, indem wir die dort geforderten Funktionswerte einfach setzen; in unserem Fall erfüllen wir (2.202,2.203) also durch $(\hat{v}_r^0, \hat{v}_\phi^0, \hat{v}_z^0) = (\hat{v}_r^N, \hat{v}_\phi^N, \hat{v}_z^N) \stackrel{!}{=} (0,0,0)$. Für das *verallgemeinerte Eigenwertproblem* (2.231) bedeutet dies, die erste, $(N+1)$'te, $(N+2)$'te, $(2N+2)$'te, $(2N+3)$'te, sowie $(3N+3)$'te Zeile und Spalte zu streichen. Es hat damit die Größe $(4N-2) \times (4N-2)$ und kann nach Vorgabe einer Wellenzahl $a$ numerisch gelöst werden. Wir erfüllen somit das Differentialgleichungssystem (2.225) an den inneren Kollokationspunkten, während wir an den Randpunkten die Randbedingungen aufprägen. Von den $4N-2$ Eigenwerten $Ta^2$ hat nur derjenige eine physikalische Bedeutung, der reell und positiv (und endlich) ist. Eine punktweise Auftragung des jeweils kleinsten Wertes führt uns schließlich auch hier zur Indifferenzkurve $Ta^2(a)$.

**2.3.3.11 Weiterführende Arbeiten** Wir haben in den vorangegangenen Abschnitten zur Taylor'schen Instabilität lediglich einen Einstieg geben können. Unter den sehr zahlreichen Arbeiten zum Taylorproblem seien an dieser Stelle nur einige wesentliche angeführt. Eine umfassende Darstellung gibt E. KOSCHMIEDER 1993. D. COLES 1965 stellt umfangreiche experimentelle Analysen auch für den rotierenden Außenzylinder dar. Derselbe Autor bespricht ebenfalls die Vielfalt der Erscheinungsformen der auftretenden Taylorwirbel bei gleicher (überkritischer) Taylorzahl, und deren starke Abhängigkeit von den Anfahrbedingungen der Zylinder.

### 2.3.4 Görtler-Instabilität

Eine der Taylor–Instabilität ganz ähnliche Erscheinung wird in Grenzschichten entlang konkaver Wände beobachtet. Beim Überschreiten einer kritischen Geschwindigkeit $U_{\infty c}$ der Strömung oberhalb der Grenzschicht bilden sich nach Skizze 2.15 periodisch angeordnete, gegensinnig drehende Wirbel, deren Wirbelachsen wandparallel stromab ausgerichtet sind.

**2.3.4.1 Dimensionsanalyse** Ersetzen wir die charakteristische Umfangsgeschwindigkeit $V_\phi$ beim Taylor–Problem durch die Geschwindigkeit am Grenzschichtrand $U_\infty$ und die Spaltweite $d$ durch das charakteristische Grenzschichtmaß $d = \sqrt{\nu L_x / U_\infty}$, bei der $L_x$ den Abstand von der Vorderkante bezeichnet, so zeigt die Dimensionsanalyse, daß die folgende Form gilt :

$$\frac{\lambda}{d} = f\left(\frac{d}{R}, \frac{U_\infty \cdot d}{\nu}\right), \quad \text{bzw.} \; \frac{\lambda}{d} = g\left(\frac{d}{R}, \frac{U_\infty \cdot d}{\nu}\sqrt{\frac{d}{R}}\right) \qquad (2.232)$$

Wir werden uns weiter unten auf solche Fälle konzentrieren, bei denen die Grenzschichtdicken sehr viel kleiner als der Krümmungsradius der Wand und die Reynoldszahlen $Re_d = \frac{U_\infty \cdot d}{\nu}$ groß gegen Eins sind. Wir werden dann die Abhängigkeit der dimensionslosen Wellenlänge $\lambda/d$ nach (2.232) von $d/R \ll 1$ vernachlässigen. Somit verbleibt allein die dimensionslose Kombination $Gö := \frac{U_\infty \cdot d}{\nu}\sqrt{\frac{d}{R}}$, welche die Görtlerwirbel und daher das gesamte Stabilitätsproblem beschreibt. Dieser Parameter wird als *Görtlerzahl* bezeichnet.

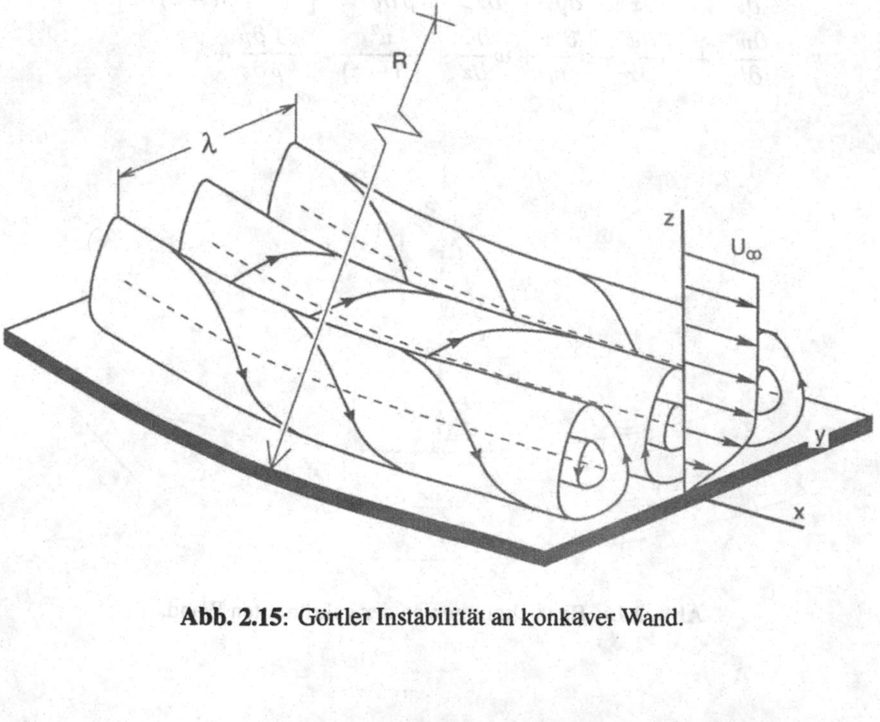


**Abb. 2.15**: Görtler Instabilität an konkaver Wand.

**2.3.4.2 Anschauliche Bedeutung der Görtlerzahl** Analog zum Taylor Problem existiert in der Grenzschicht ein Drehimpulsgefälle zur Wand hin. Erinnern wir uns an die Definition der Taylorzahl $Ta = \frac{V_\phi d}{\nu}\sqrt{\frac{d}{R}}$, so zeigt der Vergleich mit der Görtlerzahl $Gö = \frac{U_\infty d}{\nu}\sqrt{\frac{d}{R}}$ die Ähnlichkeit im Aufbau der beiden Größen. Die gleichen Überlegungen wie bei der Diskussion der Taylorzahl führen hier zur Interpretation des Quadrats der Görtlerzahl als dem Verhältnis aus destabilisierender Fliehkraft zu stabilisierender Reibungskraft.

**2.3.4.3 Grundgleichungen** Die Ableitung der Grundgleichungen wollen wir wegen der offensichtlichen Ähnlichkeit des Görtler Problems mit dem Taylor'schen, an diesem orientieren. Wir nutzen dazu wie vorher Zylinderkoordinaten, beschreiben das Strömungsproblem aber aus einem lokalen kartesischen Koordinatensystem dessen Lage und Beziehung zu den Zylinderkoordinaten in der Skizze 2.16 zu erkennen ist. In den Navier–Stokes Gleichungen (2.183 – 2.186) ersetzen wir dazu formal $r$ gegen $R - z$, $dr$ gegen $-dz$, $r \cdot d\phi$ gegen $dx$, $dz$ gegen $-dy$ sowie $v_r$ gegen $-w$, $v_\phi$ gegen $u$ und $v_z$ gegen $-v$. Wir erhalten dann

$$\frac{\partial u}{\partial x} + \frac{\partial v}{\partial y} + \frac{\partial w}{\partial z} - \frac{w}{(R-z)} = 0 \tag{2.233}$$

$$\frac{\partial u}{\partial t} + u\frac{\partial u}{\partial x} + v\frac{\partial u}{\partial y} + w\frac{\partial u}{\partial z} - \frac{u\,w}{(R-z)} = -\frac{1}{\rho}\frac{\partial p}{\partial x} + \nu\left[\Delta u - \frac{1}{(R-z)}\left(\frac{\partial u}{\partial z} + \frac{u}{(R-z)} + 2\frac{\partial w}{\partial x}\right)\right] \tag{2.234}$$

$$\frac{\partial v}{\partial t} + u\frac{\partial v}{\partial x} + v\frac{\partial v}{\partial y} + w\frac{\partial v}{\partial z} = -\frac{1}{\rho}\frac{\partial p}{\partial y} + \nu\left[\Delta v - \frac{1}{(R-z)}\frac{\partial v}{\partial z}\right] \tag{2.235}$$

$$\frac{\partial w}{\partial t} + u\frac{\partial w}{\partial x} + v\frac{\partial w}{\partial y} + w\frac{\partial w}{\partial z} + \frac{u^2}{(R-z)} = -\frac{1}{\rho}\frac{\partial p}{\partial z} +$$

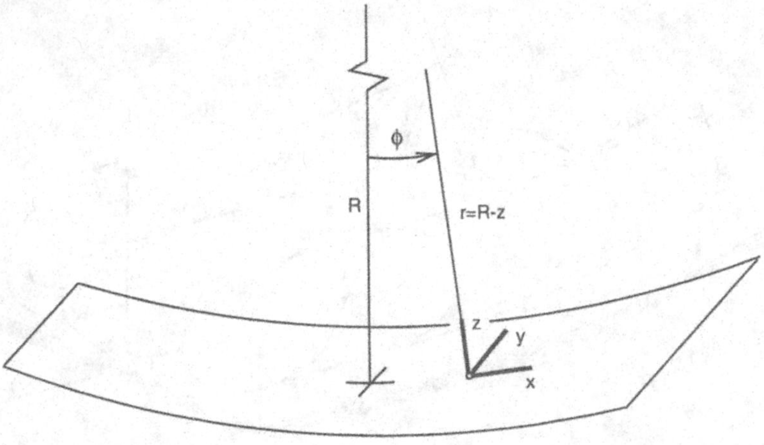


**Abb. 2.16**: Bezeichnungen an der gekrümmten Wand.

$$\nu\left[\boldsymbol{\Delta} w-\frac{1}{(R-z)}\left(\frac{\partial w}{\partial z}+\frac{w}{(R-z)}-2\frac{\partial u}{\partial x}\right)\right] \tag{2.236}$$

wobei $\boldsymbol{\Delta} := \frac{\partial^2}{\partial x^2}+\frac{\partial^2}{\partial y^2}+\frac{\partial^2}{\partial z^2}$.

**2.3.4.4 Grundzustand** Wir wollen zunächst feststellen, welche Form die Gleichungen annehmen, die den Grundzustand, d.h. die wirbelfreie Grenzschichtströmung, beschreiben. Dabei wollen wir von einem sehr großen Krümmungsradius, d.h. $d/R \ll 1$, ausgehen. Der Grundzustand ist eine zweidimensionale, stationäre Strömung $\boldsymbol{U}_0 = (u_0, 0, w_0, p_0)$, wo die Stromabkomponente $u_0$ auf $U_\infty$, die Wandnormalkomponente $w_0$ auf $\frac{U_\infty}{Re_d}$ und der Druck $p_0$ auf $\rho U_\infty^2$ bezogen worden ist. Die Reynoldszahl $Re_d = \frac{U_\infty d}{\nu}$ ist mit der Blasiuslänge $d = \sqrt{\nu L_x/U_\infty}$ gebildet, wobei $L_x$ den Abstand zur Vorderkante darstellt. Wir weisen darauf hin, daß $Re_{L_x} = Re_d^2$. Wir beziehen die Koordinate in Stromabrichtung auf $L_x$ und bezeichnen sie mit $x$. Die Wandnormalenrichtung werde auf $d$ bezogen und $z$ genannt. Mit diesen Vereinbarungen schreibt sich (2.233–2.236)

$$\frac{\partial u_0}{\partial x}+\frac{\partial w_0}{\partial z}-\frac{d}{R}\frac{w_0}{(1-\frac{d}{R}z)} = 0 \tag{2.237}$$

$$\begin{aligned} u_0\frac{\partial u_0}{\partial x}+w_0\frac{\partial u_0}{\partial z}-\frac{d}{R}\frac{u_0 w_0}{(1-\frac{d}{R}z)} &= -\frac{\partial p_0}{\partial x}+\frac{1}{Re_d^2}\frac{\partial^2 u_0}{\partial x^2}+\frac{\partial^2 u_0}{\partial z^2}- \\ &-\frac{d}{R}\frac{1}{(1-\frac{d}{R}z)}\left(\frac{\partial u_0}{\partial z}+\frac{d}{R}\frac{u_0}{(1-\frac{d}{R}z)}+\frac{2}{Re_d^2}\frac{\partial w_0}{\partial x}\right) \end{aligned} \tag{2.238}$$

$$\begin{aligned} u_0\frac{\partial w_0}{\partial x}+w_0\frac{\partial w_0}{\partial z}+\frac{d}{R}\frac{Re_d^2}{(1-\frac{d}{R}z)}(u_0)^2 &= -Re_d^2\frac{\partial p_0}{\partial z}+\frac{1}{Re_d^2}\frac{\partial^2 w_0}{\partial x^2}+\frac{\partial^2 w_0}{\partial z^2}- \\ &-\frac{d}{R}\frac{1}{(1-\frac{d}{R}z)}\left(\frac{\partial w_0}{\partial z}+\frac{d}{R}\frac{w_0}{(1-\frac{d}{R}z)}-2\frac{\partial u}{\partial x}\right) \end{aligned} \tag{2.239}$$

Wir erkennen aus der letzten dieser Gleichungen, daß für den Fall $Re_d^2 \gg 1$, in dem die Grenzschichtapproximation zulässig ist, der wandnormale Druckgradient $\frac{\partial p_0}{\partial z} = -\frac{d}{R}\frac{1}{1-d/Rz}(u_0)^2$ durch die Fliehkraft infolge der Wandkrümmung bestimmt ist. Vernachlässigen wir nunmehr alle Terme, die mit dem Faktor $d/R \ll 1$ versehen sind, so verschwinden die Krümmungseinflüsse aus den Gleichungen (2.237– 2.239) für die Grundströmung, die mithin als ebene Strömung behandelt werden kann.

**2.3.4.5 Störungsdifferentialgleichungen** Wir überlagern unseren aus den obigen Gleichungen bestimmten Grundzustand $\boldsymbol{U}_0$ mit einer Störung. Wir hatten aus den Betrachtungen zur anschaulichen Bedeutung der Taylorzahl die relevanten Bezugsgrößen entnommen. Wir übertragen die dort verwendeten Bezugsgrößen auf das Görtler Problem und setzen den folgenden gestörten Strömungszustand an:

$$\begin{aligned} u &= U_\infty \cdot u_0 + \varepsilon\left(U_\infty \frac{d}{R}\right)\cdot u' \\ v &= \varepsilon\left(\frac{\nu}{R}\right)\cdot v' \end{aligned}$$

$$w = \frac{U_\infty}{Re_d} \cdot w_0 + \varepsilon \left(\frac{\nu}{R}\right) \cdot w'$$
$$p = \rho U_\infty^2 \cdot p_0 + \varepsilon \left(\frac{\rho \nu^2}{Rd}\right) \cdot p'$$

Die Stromabrichtung $x$ ist auf $L_x$, die Wandnormalen– und spannweitige Richtung $(z, y)$ sind auf $d$ bezogen. Nach dem Einsetzen in die Grundgleichungen (2.237–2.240), Differenzieren nach $\varepsilon$ und anschließendem Nullsetzen $\varepsilon = 0$, erhalten wir die linearen Störungsdifferentialgleichungen zur Beschreibung kleiner Störungen in der Grenzschicht an einer gekrümmten Wand. Der experimentellen Beobachtung entsprechend setzen wir überdies wieder einen stationären Indifferenzzustand (stationäre Görtlerwirbel) voraus. Außerdem vernachlässigen wir gleich wieder Terme, die mit dem Krümmungsfaktor $d/R \ll 1$ versehen sind. Mit diesen Voraussetzungen ergeben sich schließlich die folgenden Störungsdifferentialgleichungen für $(u', v', w', p')$ :

$$\frac{\partial u'}{\partial x} + \frac{\partial v'}{\partial y} + \frac{\partial w'}{\partial z} = 0 \tag{2.240}$$
$$\frac{\partial u_0 u'}{\partial x} + w_0 \frac{\partial u'}{\partial z} + \frac{\partial u_0}{\partial z} w' = \frac{\partial^2 u'}{\partial y^2} + \frac{\partial^2 u'}{\partial z^2} - \frac{1}{Re_d^2}\frac{\partial p'}{\partial x} + \frac{1}{Re_d^2}\frac{\partial^2 u'}{\partial x^2} \tag{2.241}$$
$$u_0 \frac{\partial v'}{\partial x} + w_0 \frac{\partial v'}{\partial z} = \frac{\partial^2 v'}{\partial x^2} + \frac{\partial^2 v'}{\partial y^2} - \frac{\partial p'}{\partial y} + \frac{1}{Re_d^2}\frac{\partial^2 v'}{\partial x^2} \tag{2.242}$$
$$u_0 \frac{\partial w'}{\partial x} + \frac{\partial w_0}{\partial x} u' + \frac{\partial w_0 w'}{\partial z} + 2G\ddot{o}^2 u_0 u' = \frac{\partial^2 w'}{\partial y^2} + \frac{\partial^2 w'}{\partial z^2} - \frac{\partial p'}{\partial z} + \frac{1}{Re_d^2}\frac{\partial^2 w'}{\partial x^2} \tag{2.243}$$

Da es sich beim Görtlerproblem um die Zentrifugalinstabilität einer Grenzschicht handelt, haben wir große Reynoldzahlen $Re_{L_x} = Re_d^2 \gg 1$ unterstellt. Das heißt, die Görtlerzahl stellt das Produkt aus einer großen Zahl $Re_d$ mit einer kleinen Zahl $\sqrt{d/R}$ dar. Im Zuge der oben eingeführten Vernachlässigung der Terme der Größenordnung $d/R$ dürfen demnach ebenso Terme der Größenordnung $\frac{1}{Re_d^2} \ll 1$ entfernt werden. Man beachte, daß im Rahmen dieser Approximation ebenfalls entsprechende Terme in den Bestimmungsgleichungen der Grundströmung (2.237–2.239) vernachlässigt wurden, was gleichbedeutend mit der Grenzschichtapproximation ist.

$$\frac{\partial u'}{\partial x} + \frac{\partial v'}{\partial y} + \frac{\partial w'}{\partial z} = 0 \tag{2.244}$$
$$u_0 \frac{\partial u'}{\partial x} + \frac{\partial u_0}{\partial x} u' + w_0 \frac{\partial u'}{\partial z} + \frac{\partial u_0}{\partial z} w' = \frac{\partial^2 u'}{\partial y^2} + \frac{\partial^2 u'}{\partial z^2} \tag{2.245}$$
$$u_0 \frac{\partial v'}{\partial x} + w_0 \frac{\partial v'}{\partial z} = \frac{\partial^2 v'}{\partial y^2} + \frac{\partial^2 v'}{\partial z^2} - \frac{\partial p'}{\partial y} \tag{2.246}$$
$$u_0 \frac{\partial w'}{\partial x} + \frac{\partial w_0}{\partial x} u' + w_0 \frac{\partial w'}{\partial z} + \frac{\partial w_0}{\partial z} w' + 2G\ddot{o}^2 u_0 u' = \frac{\partial^2 w'}{\partial y^2} + \frac{\partial^2 w'}{\partial z^2} - \frac{\partial p'}{\partial z} \tag{2.247}$$

Dieses Gleichungssystem beschreibt das Stabilitätsverhalten einer Grenzschichtströmung bei schwacher Wandkrümmung. Der Krümmungseinfluß auf die Grenzschichtströmung selbst braucht dabei nicht berücksichtigt zu werden. Sie darf als Lösung aus den ebenen Grenzschichtgleichungen bestimmt werden.

Es gelingt hier, durch Differentiation den Druck zwischen (2.246) und (2.247) und unter Ausnutzung der Kontinuitätsgleichung (2.244) die Störung $v'$ zu eliminieren. Damit ergibt sich ein Störungsdifferentialgleichungssystem aus zwei Gleichungen für die zwei Unbekannten $u', w'$ :

$$\left[\frac{\partial^2}{\partial y^2}+\frac{\partial^2}{\partial z^2}\right]^2 w' - \frac{\partial}{\partial z}\left(w_0\left[\frac{\partial^2}{\partial y^2}+\frac{\partial^2}{\partial z^2}\right]w'\right) - \left(u_0\left[\frac{\partial^2}{\partial y^2}+\frac{\partial^2}{\partial z^2}\right]+\frac{\partial u_0}{\partial z}\frac{\partial}{\partial z}\right)\frac{\partial w'}{\partial x} =$$
$$= \left(2G\ddot{o}^2 u_0 + \frac{\partial w_0}{\partial x}\right)\frac{\partial^2 u'}{\partial y^2} + \frac{\partial}{\partial z}\left(\left[u_0\frac{\partial}{\partial x}+w_0\frac{\partial}{\partial z}-\frac{\partial^2}{\partial y^2}-\frac{\partial^2}{\partial z^2}\right]\frac{\partial u'}{\partial x}\right) \quad (2.248)$$

$$\frac{\partial u_0}{\partial z}w' = \left[\frac{\partial^2}{\partial y^2}+\frac{\partial^2}{\partial z^2}-\frac{\partial u_0}{\partial x}-u_0\frac{\partial}{\partial x}-w_0\frac{\partial}{\partial z}\right]u' \quad (2.249)$$

Die folgende Stabilitätsanalyse würde sich wesentlich vereinfachen, wenn wir überdies voraussetzen dürften, die Koeffizienten des Störungsgleichungssystems hingen nicht von $x$ ab. Nach der Grenzschichttheorie hängen die Strömungsgrößen von der Stromabrichtung wesentlich schwächer als von der Wandnormalenrichtung ab. Der mit der Vernachlässigung der $x$–Abhängigkeit der Koeffizienten begangene Fehler ist von der Größenordnung $\frac{1}{Re_d}$, also klein, vereinfacht das Stabilitätsproblem aber wesentlich, da es homogen in $x$ wird. Für die weiteren Betrachtungen wollen wir von dieser Vereinfachung ausgehen. Wir werten dazu die Koeffizienten an einer festen Stelle $x = L_x$ aus und nehmen ihre Werte als an dieser Stelle konstant (bezüglich $x$) an. Dieses kennzeichnen wir durch Überstreichen der Koeffizienten mit einem Querstrich, z.B. $\frac{\partial u_0}{\partial x}(x,z) \rightarrow \frac{\partial u_0}{\partial x}(x = L_x, z) =: \overline{\frac{\partial u_0}{\partial x}}(z)$ und $u_0(x,z) \rightarrow u_0(x = L_x, z) =: \overline{u_0}(z)$. Wir bemerken, daß die Stabilitätsanalyse nun nur einen lokalen Charakter besitzt, da sie jeweils für die unmittelbare Umgebung der vorgegebenen Stelle $x = L_x$ durchgeführt wird. Im Abschnitt 2.4 werden wir die sog. *Methode der multiplen Skalen* kennenlernen, mit der auch eine formale Ableitung der Gleichungen der lokalen Stabilitätsanalyse möglich sein wird.

Für bestimmte Görtlerzahlen finden wir nichttriviale Lösungen $(u', w')$ des linearen Gleichungssystems (2.248,2.249). Diese Lösungen müssen zugleich die Haft- und kinematische Strömungsbedingung

$$u'(z=0) = w'(z=0) = 0 \ , \quad \frac{\partial w'}{\partial z}(z=0) = 0 \quad (2.250)$$

an der Wand erfüllen, und sie müssen weit weg von der Wand verschwinden :

$$u'(z\rightarrow\infty) = w'(z\rightarrow\infty) = 0 \quad , \quad \frac{\partial w'}{\partial z}(z\rightarrow\infty) = 0 \quad . \quad (2.251)$$

Ein Separationsansatz der Form

$$\begin{bmatrix} u' \\ w' \end{bmatrix} = \exp(i\,ax + i\,by)\cdot\begin{bmatrix} \hat{u}(z) \\ \hat{w}(z) \end{bmatrix} \quad (2.252)$$

führt das Problem (2.248,2.249) auf eine gewöhnliche Differentialgleichung in $z$ zurück :

$$\left[\frac{d^2}{dz^2}-b^2\right]^2\hat{w} - \frac{d}{dz}\left(\overline{w_0}\left[\frac{d^2}{dz^2}-b^2\right]\hat{w}\right) - i\,a\left(\overline{u_0}\left[\frac{d^2}{dz^2}-b^2\right]+\frac{d\overline{u_0}}{dz}\frac{d}{dz}\right)\hat{w} =$$
$$= -b^2\left(2G\ddot{o}^2\overline{u_0} + \overline{\frac{\partial w_0}{\partial x}}\right)\hat{u} + i\,a\frac{d}{dz}\left(\left[i\,a\overline{u_0}+\overline{w_0}\frac{d}{dz}-\frac{d^2}{dz^2}+b^2\right]\hat{u}\right) \quad (2.253)$$

$$\frac{d\overline{u_0}}{dz}\hat{w} = \left[\frac{d^2}{dz^2}-b^2-\overline{\frac{\partial u_0}{\partial x}}-i\,a\overline{u_0}-\overline{w_0}\frac{d}{dz}\right]\hat{u} \quad (2.254)$$

Da nach den experimentellen Beobachtungen die Achsen der Görtlerwirbel parallel zur $x$–Richtung verlaufen und bezüglich dieser Richtung auch unveränderlich sind, betrachten wir auch nur solche Störungen, d.h. $a = 0$ und unser Eigenwertproblem für die Görtlerzahl vereinfacht sich zu

$$\left[\frac{d^2}{dz^2} - b^2\right]^2 \hat{w} - \frac{d}{dz}\left(\overline{w_0}\left[\frac{d^2}{dz^2} - b^2\right]\hat{w}\right) = -b^2\left(2G\ddot{o}^2\overline{u_0} + \frac{\partial \overline{w_0}}{\partial x}\right)\hat{u} \quad (2.255)$$

$$\frac{d\overline{u_0}}{dz}\hat{w} = \left[\frac{d^2}{dz^2} - b^2 - \frac{\partial \overline{u_0}}{\partial x} - \overline{w_0}\frac{d}{dz}\right]\hat{u} \quad (2.256)$$

**2.3.4.6 Lösung des Eigenwertproblems** Zur Bestimmung der Eigenwerte $G\ddot{o}$ des Eigenwertproblems (2.255), (2.256) kann z.B. das im Abschnitt zur Taylorinstabilität beschriebene numerische Kollokationsverfahren eingesetzt werden. Um dabei im normierten Intervall $\eta \in [-1, 1]$ arbeiten zu können, wird eine Koordinatenverzerrung, z.B. $z = -C\ln(\eta)$ eingeführt. Dem halbunendlichen Intervall $z \in [0, \infty)$ entspricht dann $\eta \in (0, 1]$. An allen Kollokationsstellen im Intervall $\eta \in [-1, 0]$ werden die Funktionen ihrem Wert im Unendlichen gleichgesetzt. Alle Details einer solchen Eigenwertberechnung sind im Anhang A.3 ausführlich dargestellt.

Tragen wir für gegebene Wellenzahlen $b = 2\pi/\lambda$ den jeweils minimalen Wert der Görtlerzahl im ($G\ddot{o}$,$b$)–Diagramm auf, so erhalten wir wie früher die Indifferenzkurve 2.17, die für die Blasius'sche Plattengrenzschichtströmung ermittelt wurde.

Es fällt an dem Ergebnis der Stabilitätsanalyse auf, daß die Indifferenzkurve für endliche Wellenzahlen $b$ kein Minimum aufweist. Den vorgängig abgeleiteten Stabilitätsgleichungen (2.255), (2.256) zufolge wird die minimale Görtlerzahl bei der Wellenzahl $b = 0$, d.h. für Wirbel mit unendlich großer Wellenlänge, erreicht. Dieses Ergebnis ist physikalisch falsch. Gewöhnlich wird aber dennoch die Görtlerzahl für $b = 0$ als kritische Görtlerzahl betrachtet. Ihr Wert liegt bei $G\ddot{o}_c = 0.464$ für die Blasius'sche Plattengrenzschichtströmung. Wird eine räumliche Anfachung in der stromab weisenden Richtung $x$ zugelassen, d.h. $a = i\,a_i$ mit $a_i < 0$, so muß das allgemeinere Gleichungssystem (2.253), (2.254) gelöst werden. Für jeweils fest vorgegebene $a_i$ ergeben sich dann

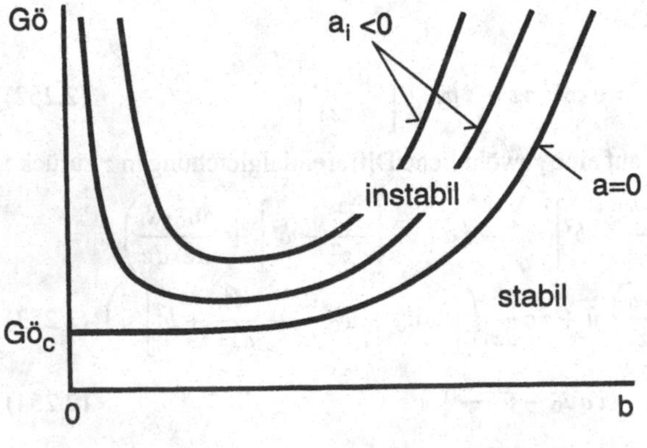


**Abb. 2.17**: Indifferenzkurven der Görtlerinstabilität.

Indifferenzkurven mit lokalem Minimum (vgl. Stabilitätsdiagramm 2.17), was darauf hindeutet, daß die räumliche Anfachung in diesem Eigenwertproblem mit berücksichtigt werden muß. Es bleibt aber die Unbestimmtheit der zu wählenden räumlichen Anfachungsrate $a_i$. P. HALL 1983 hat darauf hingewiesen, daß das Görtlerproblem nicht in der Form einer lokalen Stabiliätsanalyse behandelt werden darf. Die Veränderung der Grenzschichtdicke mit $x$ darf danach nicht vernachlässigt werden. Ein Separationsansatz so wie durch (2.252) eingeführt, ist mithin unzulässig, und es müssen sog. *Parabolisierte Störungsdifferentialgleichungen* numerisch gelöst werden. Auf diese Erweiterung der Stabilitätstheorie kommen wir im Abschnitt 4.2 zurück.

**2.3.4.7 Weiterführende Literatur** Aus der Fülle der Veröffentlichungen zum Görtler-Problem weisen wir auf die Darstellungen von H. BIPPES 1972, P. HALL 1983, J. FLORYAN 1991, H. BIPPES, H. DEYLE 1992 und W. SARIC 1994 hin.

## 2.4 Scherströmungsinstabilitäten

Von besonderer technischer Bedeutung ist die Beschreibung des laminar- turbulenten Übergangs in Scherströmungen wie etwa der Grenzschicht eines Tragflügels oder in der Kanalströmung. Wir werden unsere Diskussion wegen der Vielfalt auftretender Instabilitäten allgemein halten, aber zur Einführung ein konkretes Beispiel angeben. Wir betrachten nach Skizze 2.18 die ebene Plattengrenzschichtströmung. Die in der Aufsicht und Seitenansicht skizzierte Platte wird von links laminar von einem Medium der Zähigkeit $\nu$ und der Dichte $\rho$ mit der Geschwindigkeit $U_\infty$ angeströmt (0). Ab einer bestimmten Lauflänge $x^c$, dem sog. *Indifferenzpunkt*, werden stromablaufende, wellenförmige, sog. *primäre* Störungen (*Tollmien-Schlichting Wellen*) beobachtet, deren Störamplituden stromab anwachsen. In Abbildung 2.18 sind die Integrallinien des Drehungsfeldes (bzw. die Wirbellinien, oder die Wirbelfäden als der Grenzfall von Wirbelröhren) dargestellt (1), die mit den Wellenfronten übereinstimmen. In der Folge wachsen die primären Störungsamplituden an, wodurch die Strömung in diesem Bereich instabil gegenüber dreidimensionalen, sog. *Sekundären Störungen* (2) wird. Die Wirbellinien verformen sich wellenförmig. Weiter stromab werden die sich mit den Wirbellinien mitverformenden Wirbelröhren gestreckt und bilden die sog. *Lambda-Strukturen* (3). Ein darauf folgender Zerfall dieser Strukturen und das räumlich und zeitlich unregelmäßige Auftreten von rasch anwachsenden *Turbulenzflecken* (4) beenden schließlich den Transitionsvorgang an der Stelle $x^{trans}$, die wir als den *Punkt abgeschlossener Transition* bezeichnen wollen. Daran schließt sich der vollturbulente Zustand (5) an. Auch die vollentwickelte Turbulenz ist nicht strukturlos, denn es werden längsstreifenförmige Gebiete mit stark verminderter Stromabkomponente der Geschwindigkeit beobachtet (sog. *streaks*).

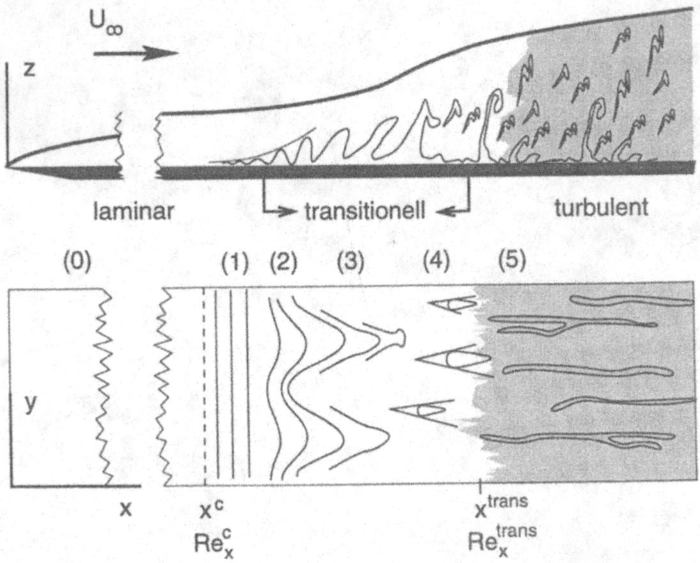


**Abb. 2.18**: Transition auf der Platte, inkompressibel

Während des gesamten Transitionsprozesses (1)–(4) findet eine starke Aufdickung der Grenzschicht statt, weil infolge der immer weiter anwachsenden Störamplituden, insbesondere der Vertikalschwankungen, der Stromabimpuls im zeitlichen Mittel innerhalb der Grenzschicht gleichmäßiger verteilt wird. Die stärkste Schwankungsintensität findet dabei zunächst in unmittelbarer Nähe der Plattenoberfläche statt, was dazu führt, daß die zeitlich gemittelte Wandschubspannung im Transitionsgebiet sogar einen höheren Wert als in der ausgebildeten Turbulenz annimmt. Grundlegend ist, daß der ganze beschriebene Übergang nicht an einem Ort stattfindet, sondern sich über eine stromab ausgedehnte Strecke $x^c < x < x^{trans}$ vollzieht. Die instabile Primärstörung (1) der Laminarströmung verändert nachhaltig das Strömungsfeld nur stromab der kritischen Position $x^c$. Stromauf dieser Stelle bleibt die Strömung dauerhaft laminar. Würde an einem Punkt $x > x^c$ kurzfristig eine kleine, lokale Störung angestoßen, so enthielte sie instabile Wellenanteile. Das sich bildende Störwellenpaket würde sich nicht nur mit einer charakteristischen Geschwindigkeit ausbreiten, sondern gleichzeitig auseinanderfließen, also sich vergrößern, während seine Störintensität infolge der Instabilität anwüchse. Erfaßt ein solches instabiles Wellenpaket dabei auf Dauer den ganzen Raum, so spricht man von einer absoluten Instabilität, anderenfalls von einer konvektiven Instabilität. Wir kommen auf die Details einer solchen Unterscheidung im Kapitel 2.5 zurück. Die Primärstörung der Plattengrenzschicht ist konvektiv instabil. Daher setzt die Turbulenz nicht schlagartig ein, sondern entwickelt sich über die oben skizzierten Phasen innerhalb eines stromab ausgedehnten Transitionsbereichs.

Schon kurz nach der Jahrhundertwende hatten Orr und Sommerfeld eine Gleichung formuliert, die das primäre Stabilitätsverhalten von Scherströmungen bezüglich kleiner Störungen wiedergibt. Damit kann der in der Abbildung 2.18 bei (1) skizzierte Bereich der sich entwickelnden anfänglichen Wellenstörungen beschrieben werden. Die Lösung dieser sog. *Orr–Sommerfeld Gleichung* stellte sich mit den seinerzeit verfügbaren rechentechnischen Mitteln aber als derart schwierig dar, daß eine Lösung erst viel später durch Tollmien und Schlichting angegeben werden konnte. Im Gegensatz zu den vorher behandelten Problemen werden hier meistens instationäre instabile Störungen angetroffen, die als Wellen stromab oder schräg stromab laufen.

### 2.4.1 Grundströmung

Wie üblich beginnt die Stabilitätsanalyse mit dem Bestimmen der Grundströmung. Dieses war im Falle der Taylor–Couette Strömung und dem Rayleigh–Bénard Problem sehr einfach gewesen. Die Berechnung der laminaren Grundströmung stellt aber als solche, außer in Fällen einfachster geometrischer Anordnungen bereits ein schwieriges Problem dar. Zur Berechnung der Stabilität in der Grenzschicht eines Profils muß zunächst mit Hilfe eines numerischen Verfahrens die entsprechende Lösung der Navier–Stokes Gleichungen berechnet werden. In der Mehrzahl der Fälle werden auch nur die Grenzschichtgleichungen gelöst. Warum das erlaubt ist, und im Rahmen welcher Approximation, wird weiter unten ausgeführt.

Dazu kommt eine prinzipielle Schwierigkeit bei der Stabilitätsanalyse von Grenz– bzw. Scherschichtströmungen. Sie hängt mit dem Anwachsen der Grenz– bzw. Scherschichtdicke $\delta$ in der Stromabrichtung $x$ und/oder der Spannweitenrichtung $y$, also den Schichtparallelrichtungen zusammen. Die Strömungsgrößen sind demnach nicht nur von der Position $z$ in der Normalenrichtung auf der Scher– bzw. Grenzschicht abhängig, sondern auch von $x$ und $y$. Dadurch treten neben $z$ jetzt auch $x$ und $y$ als nicht homogene Richtungen auf. Die Lösung des damit entstehenden Stabilitätsproblems wird dadurch außerordentlich aufwendig.

Werden jedoch, so wie bei den uns interessierenden Problemen, Grenz– oder Scherschichtströmungen im Bereich großer Reynoldszahlen betrachtet, so verändert sich die Grenz/Scherschichtdicke $\delta(x,y)$ typischerweise nur wenig (z.B. im Fall der Platte $\delta \sim \frac{x}{\sqrt{Re_x}}$, wobei $Re_x$ mit dem Abstand $x$ von der Plattenvorderkante gebildet ist). Damit ist die Strömungsgeschwindigkeit von $x, y$ wesentlich schwächer als von $z$ abhängig. Dazu betrachten wir beispielhaft die Grenzschichtströmung von Skizze 2.19. Wir geben gedanklich eine Geschwindigkeitsänderung $\Delta U_0$ vor. Diese Änderung kann einerseits beobachtet werden durch Fortschreiten in $x$-Richtung (konstantes $z$). Andererseits kann eine Geschwindigkeitsänderung vom selben Betrage durch ein Fortschreiten in $z$-Richtung (konstantes $x$) festgestellt werden. Aus der Skizze 2.19 geht hervor, daß die dazu in $z$-Richtung benötigte Strecke $d$ wesentlich kürzer ist, als in $x$-Richtung die Strecke $\overline{d}$. Diese charakteristischen Strecken wollen wir als Längenskalen bezeichnen. Wir führen als Verhältnis dieser zwei Längenskalen den Parameter $\epsilon = d/\overline{d}$ ein. Er besitzt nach dem vorher gesagten einen kleinen Wert. Der Parameter $\epsilon$ ist nicht zu verwechseln mit der bei der Definition der Stabilität (1.3) verwendeten Größe.

Der schwachen Abhängigkeit der Grundströmung von den Parallelrichtungen werden wir nun formal durch die folgende Schreibweise gerecht :

$$\begin{aligned} U_0 &= U_0\,(\epsilon X, \epsilon Y, Z) \\ V_0 &= V_0\,(\epsilon X, \epsilon Y, Z) \\ W_0 &= W_0\,(\epsilon X, \epsilon Y, Z) \\ P_0 &= P_0\,(\epsilon X, \epsilon Y, Z)\,, \end{aligned} \tag{2.257}$$

wobei die Großbuchstaben dimensionsbehaftete Größen andeuten sollen. Die obige Schreibweise wurde gerade so gewählt, daß vergleichbare Veränderungen in den Koordinaten $Z$ und $\epsilon X$ zu vergleichbaren Änderungen der Strömungsgrößen, z.B. $U_0$, führen.

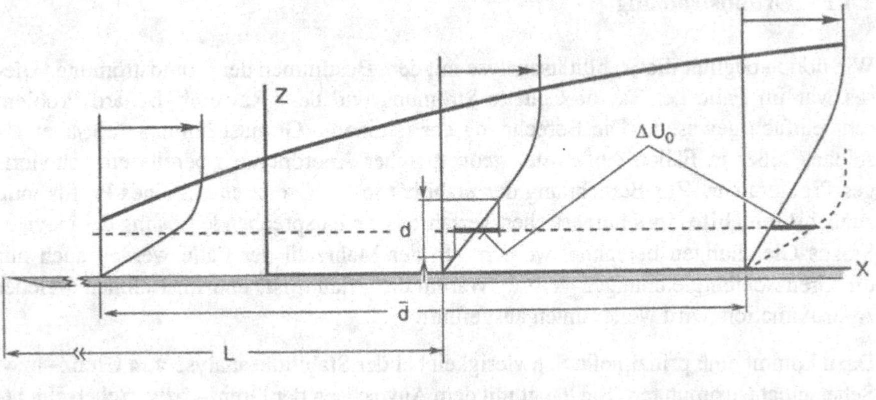


**Abb. 2.19**: Unterschiedliche Längenskalen in einer Grenzschichtströmung

Wir werden weiter unten diese Zahl den physikalischen Parametern des Problems zuordnen. Zur formalen Kennzeichnung führen wir nun die "langskaligen Koordinaten"

$$\overline{X} = \epsilon X \quad , \quad \overline{Y} = \epsilon Y \tag{2.258}$$

ein. Die Kontinuitätsgleichung liefert uns mit der so vereinbarten Beschreibung eine Aussage zur Größenordnung der vertikalen Geschwindigkeitskomponente $W_0$ :

$$\frac{\partial U_0}{\partial X} + \frac{\partial V_0}{\partial Y} + \frac{\partial W_0}{\partial Z} = \frac{\partial U_0}{\partial \overline{X}}\frac{\partial \overline{X}}{\partial X} + \frac{\partial V_0}{\partial \overline{Y}}\frac{\partial \overline{Y}}{\partial Y} + \frac{\partial W_0}{\partial Z} = \epsilon\left(\frac{\partial U_0}{\partial \overline{X}} + \frac{\partial V_0}{\partial \overline{Y}}\right) + \frac{\partial W_0}{\partial Z} = 0 \tag{2.259}$$

Die Gleichung zeigt, daß die Normalenkomponente der Geschwindigkeit im Vergleich zu den Parallelkomponenten um die Größenordnung $\epsilon$ kleiner ist. Um die spätere Diskussion der auftretenden Größenordnungen zu erleichtern, wollen wir außer den Koordinaten jetzt auch alle Geschwindigkeitskomponenten so skalieren, daß sie von gleicher Größenordnung erscheinen. Dieser Größenordnungsabgleich gelingt nach (2.259) durch die folgende Entdimensionierung :

$$\begin{aligned}
(U_0, V_0, W_0) &= U_\infty \cdot (u_0, v_0, \epsilon w_0) \\
P_0 &= \rho U_\infty^2 \cdot p_0 \\
(\overline{X}, \overline{Y}, Z) &= d \cdot (\overline{x}, \overline{y}, z)
\end{aligned}$$

Die Festlegung der erst einmal frei gewählten Bezugslänge $d$ wird weiter unten vorgenommen. Zunächst sei festgehalten, daß sie ein charakteristisches Maß für die Grenzschichtdicke sein soll. Hiermit erscheinen die Bewegungsgleichungen für die Grundströmung folgendermaßen :

$$\begin{aligned}
\frac{\partial u_0}{\partial \overline{x}} + \frac{\partial v_0}{\partial \overline{y}} + \frac{\partial w_0}{\partial z} &= 0 \\
u_0\frac{\partial u_0}{\partial \overline{x}} + v_0\frac{\partial u_0}{\partial \overline{y}} + w_0\frac{\partial u_0}{\partial z} &= -\frac{\partial p_0}{\partial \overline{x}} + \frac{1}{\epsilon Re_d}\left(\epsilon^2\left[\frac{\partial^2 u_0}{\partial \overline{x}^2} + \frac{\partial^2 u_0}{\partial \overline{y}^2}\right] + \frac{\partial^2 u_0}{\partial z^2}\right) \\
u_0\frac{\partial v_0}{\partial \overline{x}} + v_0\frac{\partial v_0}{\partial \overline{y}} + w_0\frac{\partial v_0}{\partial z} &= -\frac{\partial p_0}{\partial \overline{y}} + \frac{1}{\epsilon Re_d}\left(\epsilon^2\left[\frac{\partial^2 v_0}{\partial \overline{x}^2} + \frac{\partial^2 v_0}{\partial \overline{y}^2}\right] + \frac{\partial^2 v_0}{\partial z^2}\right) \\
\epsilon^2\left[u_0\frac{\partial w_0}{\partial \overline{x}} + v_0\frac{\partial w_0}{\partial \overline{y}} + w_0\frac{\partial w_0}{\partial z}\right] &= -\frac{\partial p_0}{\partial z} + \frac{\epsilon}{Re_d}\left(\epsilon^2\left[\frac{\partial^2 w_0}{\partial \overline{x}^2} + \frac{\partial^2 w_0}{\partial \overline{y}^2}\right] + \frac{\partial^2 w_0}{\partial z^2}\right)
\end{aligned} \tag{2.260}$$

Wir merken an, daß wir aus der Impulsgleichung für die Normalenrichtung sofort entnehmen können, daß der Druckgradient in dieser Richtung $\frac{\partial p_0}{\partial z}$ von maximal der Größenordung $\frac{\epsilon}{Re_d}$ sein kann. Der Druck $p_0$ variiert daher in der Normalenrichtung um den Faktor $Re_d^{-1}$ schwächer als in den Parallelrichtungen.

### 2.4.2 Störungsdifferentialgleichungen

Aus dem Experiment wissen wir, daß die Abhängigkeit der Störungen von den Parallelrichtungen $x, y$ im Gegensatz zur Grundströmung keineswegs schwach ist. Wir beziehen daher alle Störgeschwindigkeiten in gleicher Weise auf $U_\infty$ und wie vorher die Längen auf $d$ sowie den Stördruck auf $\rho U_\infty^2$. Und somit setzen wir den gestörten Strömungszustand in der folgenden Form an :

$$\begin{aligned} u &= U_\infty \cdot \; (u_0(\overline{x},\overline{y},z) + \varepsilon\, u') \\ v &= U_\infty \cdot \; (v_0(\overline{x},\overline{y},z) + \varepsilon\, v') \\ w &= U_\infty \cdot (\epsilon w_0(\overline{x},\overline{y},z) + \varepsilon\, w') \\ p &= \rho U_\infty^2 \cdot \; (p_0(\overline{x},\overline{y},z) + \varepsilon\, p') \end{aligned} \tag{2.261}$$

Es sei betont, daß mit $\varepsilon$ wie üblich der Störgrößenparameter gemeint ist, der eine ganz andere Bedeutung besitzt als der Skalenparameter $\epsilon$. Wir wissen, daß das vorliegende Problem von zwei extrem unterschiedlichen Längenskalen, nämlich einer langen Skala $\overline{d} = d/\epsilon$ und einer sehr viel kürzeren Skala $d$ abhängt. Da diese Skalen so weit auseinanderliegen, liegt es nahe, dieser physikalischen Gegebenheit auch mathematisch Rechnung zu tragen, und die allgemeine Abhängigkeit der Lösung von $x$ (bzw. $y$) als separate Abhängigkeiten von sowohl einer großskaligen Variablen $\overline{x}$ (bzw. $\overline{y}$) als auch einer kleinskaligen Variablen $\tilde{x}$ (bzw. $\tilde{y}$) zu formulieren. Dieses Vorgehen ist eine vielfach in der mathematischen Physik eingesetzte Technik und wird als *Methode der multiplen Skalen* bezeichnet (engl. *multiple scale analysis*). Aus unseren vorangehenden Überlegungen definiert sich die Verbindung zur Originalvariable $x$ (bzw. $y$) in der folgenden Weise :

$$\begin{aligned} \tilde{x} := x\,, \quad \overline{x} = \epsilon x \\ \tilde{y} := y\,, \quad \overline{y} = \epsilon y \end{aligned} \tag{2.262}$$

mit dem Verständnis, daß sämtliche Störgrößen nun Funktionen jeweils beider Variablen sind, also z.B. $u' = u'(t,x,y,z) = u'(t,\tilde{x},\overline{x},\tilde{y},\overline{y},z)$. Ableitungen nach $x$ schreiben sich dadurch in der Form $\frac{\partial u'}{\partial x} = \frac{\partial u'}{\partial \tilde{x}}\frac{d\tilde{x}}{dx} + \frac{\partial u'}{\partial \overline{x}}\frac{d\overline{x}}{dx} = \frac{\partial u'}{\partial \tilde{x}} + \epsilon\frac{\partial u'}{\partial \overline{x}}$.

Wir erhalten nach dem Einsetzen des Störungsansatzes (2.261) in die Navier–Stokes Gleichungen, dem Differenzieren nach $\varepsilon$ und dem nachträglichen Nullsetzen von $\varepsilon$ unter Einführung von (2.262) das Störungsdifferentialgleichungssystem

$$\frac{\partial u'}{\partial \tilde{x}} + \frac{\partial v'}{\partial \tilde{y}} + \frac{\partial w'}{\partial z} = \epsilon K_1 \tag{2.263}$$

$$\frac{\partial u'}{\partial t} + u_0\frac{\partial u'}{\partial \tilde{x}} + v_0\frac{\partial u'}{\partial \tilde{y}} + \frac{du_0}{dz}w' + \frac{\partial p'}{\partial \tilde{x}} - Re_d^{-1}\left(\frac{\partial^2 u'}{\partial \tilde{x}^2} + \frac{\partial^2 u'}{\partial \tilde{y}^2} + \frac{\partial^2 u'}{\partial z^2}\right) = \epsilon K_2 \tag{2.264}$$

$$\frac{\partial v'}{\partial t} + u_0\frac{\partial v'}{\partial \tilde{x}} + v_0\frac{\partial v'}{\partial \tilde{y}} + \frac{dv_0}{dz}w' + \frac{\partial p'}{\partial \tilde{y}} - Re_d^{-1}\left(\frac{\partial^2 v'}{\partial \tilde{x}^2} + \frac{\partial^2 v'}{\partial \tilde{y}^2} + \frac{\partial^2 v'}{\partial z^2}\right) = \epsilon K_3 \tag{2.265}$$

$$\frac{\partial w'}{\partial t} + u_0\frac{\partial w'}{\partial \tilde{x}} + v_0\frac{\partial w'}{\partial \tilde{y}} + \frac{\partial p'}{\partial z} - Re_d^{-1}\left(\frac{\partial^2 w'}{\partial \tilde{x}^2} + \frac{\partial^2 w'}{\partial \tilde{y}^2} + \frac{\partial^2 w'}{\partial z^2}\right) = \epsilon K_4 \tag{2.266}$$

Wir haben die Terme so angeordnet, daß genau die Beiträge, die mit dem kleinen Faktor $\epsilon$ versehen sind, auf der rechten Seite erscheinen. Diese sind im einzelnen :

$$K_1 = -\left(\frac{\partial u'}{\partial \overline{x}} + \frac{\partial v'}{\partial \overline{y}}\right) \tag{2.267}$$

$$\begin{aligned} K_2 = {} & -u_0\frac{\partial u'}{\partial \overline{x}} - v_0\frac{\partial u'}{\partial \overline{y}} - w_0\frac{\partial u'}{\partial z} - \frac{\partial u_0}{\partial \overline{x}}u' - \frac{\partial u_0}{\partial \overline{y}}v' - \frac{\partial p'}{\partial \overline{x}} + \\ & + Re_d^{-1}\left(\epsilon\left[\frac{\partial^2 u'}{\partial \overline{x}^2} + \frac{\partial^2 u'}{\partial \overline{y}^2}\right] + \frac{\partial^2 u'}{\partial \overline{x}\partial \tilde{x}} + \frac{\partial^2 u'}{\partial \tilde{x}\partial \overline{x}} + \frac{\partial^2 u'}{\partial \overline{y}\partial \tilde{y}} + \frac{\partial^2 u'}{\partial \tilde{y}\partial \overline{y}}\right) \end{aligned} \tag{2.268}$$

$$\begin{aligned} K_3 &= -u_0\frac{\partial v'}{\partial \overline{x}} - v_0\frac{\partial v'}{\partial \overline{y}} - w_0\frac{\partial v'}{\partial z} - \frac{\partial v_0}{\partial \overline{x}}u' - \frac{\partial v_0}{\partial \overline{y}}v' - \frac{\partial p'}{\partial \overline{y}} + \\ &\quad + Re_d^{-1}\left(\epsilon\left[\frac{\partial^2 v'}{\partial \overline{x}^2} + \frac{\partial^2 v'}{\partial \overline{y}^2}\right] + \frac{\partial^2 v'}{\partial \overline{x}\partial \tilde{x}} + \frac{\partial^2 v'}{\partial \tilde{x}\partial \overline{x}} + \frac{\partial^2 v'}{\partial \overline{y}\partial \tilde{y}} + \frac{\partial^2 v'}{\partial \tilde{y}\partial \overline{y}}\right) \end{aligned} \qquad (2.269)$$

$$\begin{aligned} K_4 &= -u_0\frac{\partial w'}{\partial \overline{x}} - v_0\frac{\partial w'}{\partial \overline{y}} - w_0\frac{\partial w'}{\partial z} - \epsilon\left[\frac{\partial w_0}{\partial \overline{x}}u' - \frac{\partial w_0}{\partial \overline{y}}v'\right] - \frac{\partial w_0}{\partial z}w' + \\ &\quad + Re_d^{-1}\left(\epsilon\left[\frac{\partial^2 w'}{\partial \overline{x}^2} + \frac{\partial^2 w'}{\partial \overline{y}^2}\right] + \frac{\partial^2 w'}{\partial \overline{x}\partial \tilde{x}} + \frac{\partial^2 w'}{\partial \tilde{x}\partial \overline{x}} + \frac{\partial^2 w'}{\partial \overline{y}\partial \tilde{y}} + \frac{\partial^2 w'}{\partial \tilde{y}\partial \overline{y}}\right) \end{aligned} \qquad (2.270)$$

Man beachte, daß die $K_i$ tatsächlich von der gleichen Größenordnung sind wie die Störgrößen, so daß die $\epsilon K_i$ klein gegenüber den Störgrößen sind. Es liegt daher nahe, diese kleinen Terme zunächst zu vernachlässigen, wohlwissend, daß wir damit eine nur bis auf einen Fehler der Größenordnung $\epsilon$ genaue Lösung des Systems (2.263–2.266) erhalten können. Wir wollen diese Näherungslösung deshalb durch eine Schlange und deren Abweichungen der Größenordnung $O(\epsilon)$ von der exakten Lösung mit einem Querstrich kennzeichnen :

$$\begin{aligned} u' &:= \tilde{u}' + \epsilon\overline{u}' + O(\epsilon^2) \\ v' &:= \tilde{v}' + \epsilon\overline{v}' + O(\epsilon^2) \\ w' &:= \tilde{w}' + \epsilon\overline{w}' + O(\epsilon^2) \\ p' &:= \tilde{p}' + \epsilon\overline{p}' + O(\epsilon^2) \end{aligned} \qquad (2.271)$$

Diesen Ansatz in (2.263–2.266) eingesetzt, ergeben sich schließlich für die Störungen $\tilde{u}', \tilde{v}', \tilde{w}', \tilde{p}'$ die folgenden Bestimmungsgleichungen (auch "0. Näherung bezgl. $\epsilon$") :

$$\frac{\partial \tilde{u}'}{\partial \tilde{x}} + \frac{\partial \tilde{v}'}{\partial \tilde{y}} + \frac{\partial \tilde{w}'}{\partial z} = 0 \qquad (2.272)$$

$$\frac{\partial \tilde{u}'}{\partial t} + u_0\frac{\partial \tilde{u}'}{\partial \tilde{x}} + v_0\frac{\partial \tilde{u}'}{\partial \tilde{y}} + \frac{du_0}{dz}\tilde{w}' + \frac{\partial \tilde{p}'}{\partial \tilde{x}} - Re_d^{-1}\left(\frac{\partial^2 \tilde{u}'}{\partial \tilde{x}^2} + \frac{\partial^2 \tilde{u}'}{\partial \tilde{y}^2} + \frac{\partial^2 \tilde{u}'}{\partial z^2}\right) = 0 \qquad (2.273)$$

$$\frac{\partial \tilde{v}'}{\partial t} + u_0\frac{\partial \tilde{v}'}{\partial \tilde{x}} + v_0\frac{\partial \tilde{v}'}{\partial \tilde{y}} + \frac{dv_0}{dz}\tilde{w}' + \frac{\partial \tilde{p}'}{\partial \tilde{y}} - Re_d^{-1}\left(\frac{\partial^2 \tilde{v}'}{\partial \tilde{x}^2} + \frac{\partial^2 \tilde{v}'}{\partial \tilde{y}^2} + \frac{\partial^2 \tilde{v}'}{\partial z^2}\right) = 0 \qquad (2.274)$$

$$\frac{\partial \tilde{w}'}{\partial t} + u_0\frac{\partial \tilde{w}'}{\partial \tilde{x}} + v_0\frac{\partial \tilde{w}'}{\partial \tilde{y}} + \frac{\partial \tilde{p}'}{\partial z} - Re_d^{-1}\left(\frac{\partial^2 \tilde{w}'}{\partial \tilde{x}^2} + \frac{\partial^2 \tilde{w}'}{\partial \tilde{y}^2} + \frac{\partial^2 \tilde{w}'}{\partial z^2}\right) = 0 \qquad (2.275)$$

Es ist ganz wesentlich, daß die Koeffizienten, z.B. $u_0(\overline{x}, \overline{y}, z)$, dieses homogenen linearen partiellen Differentialgleichungssystems in den Variablen $t, \tilde{x}, \tilde{y}, z$ nur von den Variablen $\overline{x}, \overline{y}, z$ abhängen und nicht von den Kleinskalenvariablen $\tilde{x}, \tilde{y}$. Wir erkennen dann, daß in (2.272–2.275) keine expliziten Ableitungen nach $\overline{x}$ oder $\overline{y}$ auftreten. Im Rahmen der vorliegenden Approximation ist also auch die Lösung des Differentialgleichungssystems nur algebraisch und nicht differentiell von den Ortsvariablen $\overline{x}, \overline{y}$ abhängig. Wir sprechen in diesem Zusammenhang von einer *lokalen Stabilitätsanalyse*. Denn wir geben die bzgl. der kurzskaligen Parallelkoordinaten $\tilde{x}, \tilde{y}$ konstante Grundlösung am gewählten und festgehaltenen Ort $\overline{x}, \overline{y}$ vor und führen hier lokal unsere Stabilitätsanalyse durch. Man beachte außerdem, daß unsere Störungsdifferentialgleichung homogen in $t, \tilde{x}$ und $\tilde{y}$ ist.

**2.4.2.1 Parallelströmungsannahme** Bei der obigen Ableitung der Störungsdifferentialgleichungen 0.ter Ordnung in dem kleinen Parameter $\epsilon$ ist die Abhängigkeit von der Normalenkomponente $w_0$ der Grundströmung herausgefallen. Wir hätten diese also von Anfang an vernachlässigen können. Diese vielfach angewandte Manipulation des Geschwindigkeitsprofils wird als *Parallelströmungsannahme* bezeichnet. Mit unserer formalen Ableitung der Gleichungen sind wir aber überdies in die Lage versetzt, die Größenordnung des aufgrund der Parallelströmungsannahme begangenen Fehlers anzugeben. Dazu müssen wir $\epsilon$ noch eine physikalische Bedeutung geben. Schon jetzt können wir aber das folgende feststellen: Wenn wir, so wie in den Stabilitätsgleichungen (2.272–2.275), Terme der Größenordnung $\epsilon$ und kleiner vernachlässigen, so braucht auch unsere Grundströmung nicht genauer als bis auf einen Fehler der Größenordnung $\epsilon$ vorzuliegen. Wir dürfen also die Terme mit der Größenordnung $\epsilon$ und kleiner ebenfalls in den Bestimmungsgleichungen der Grundströmung (2.260) vernachlässigen. Die Gleichungen (2.260) reduzieren sich damit auf die Grenzschichtgleichungen, wobei vorausgesetzt ist, daß der Term $\epsilon Re_d$ nicht klein ist. Damit haben wir gezeigt, daß infolge der im Rahmen der Stabilitätsanalyse getroffenen Parallelströmungsannahme eine als Lösung der Grenzschichtgleichungen berechnete Grundströmung das Stabilitätsproblem hinreichend genau beschreibt.

**2.4.2.2 Skalenverhältnis $\epsilon$** Wir wollen an dieser Stelle die Verbindung des Skalenverhältnisses $\epsilon$ zu den physikalischen Parametern des Problems schaffen. Man beachte aber, daß im Rahmen der vorliegenden Approximation das Stabilitätsproblem nicht explizit von $\epsilon$ abhängt. Wir erinnern uns daran, daß $\epsilon$ das Verhältnis aus einem Grenzschichtmaß $d$ und einem Längsmaß $\overline{d}$ war. Wir wählen die Impulsverlustdicke $\delta_2 := \int_0^\infty (1 - u/U_\infty) u/U_\infty dz$ unserer Scherströmung an der Stelle der lokalen Stabilitätsanalyse als Grenzschichtmaß $d$. Der einfachen Darstellung wegen beschränken wir uns hier auf den zweidimensionalen Fall. Nach Skizze 2.20 errichten wir ein wandtangentiales Koordinatensystem. Wir multiplizieren die Kontinuitätsgleichung (2.3) mit dem Wert der $x$–Komponente der Anströmung $U_\infty$ und $\rho$, ziehen davon die stationäre

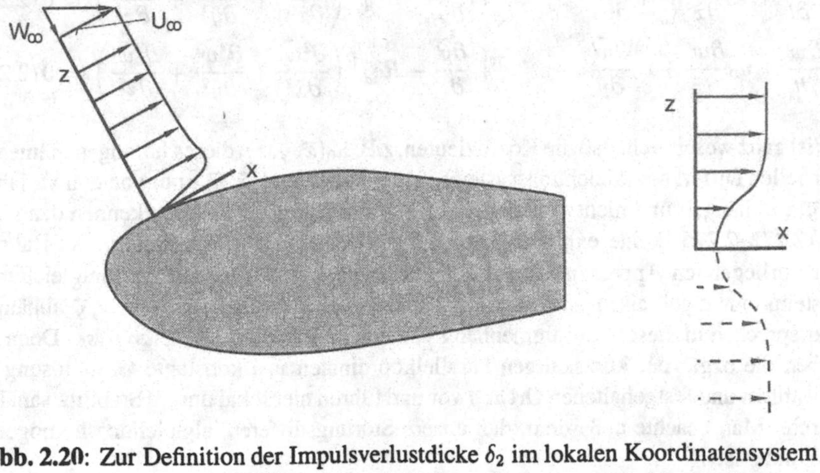


**Abb. 2.20**: Zur Definition der Impulsverlustdicke $\delta_2$ im lokalen Koordinatensystem

$x$–Impulsgleichung ab und integrieren nach $z$ von der Wand bis ins Unendliche :

$$\rho \int\limits_0^\infty \frac{\partial u_0(U_\infty - u_0)}{\partial x} dz + \rho \int\limits_0^\infty \frac{\partial w_0(U_\infty - u_0)}{\partial z} dz = \int\limits_0^\infty \frac{\partial p_0}{\partial x} dz - \mu \int\limits_0^\infty \frac{\partial^2 u_0}{\partial x^2} dz - \mu \int\limits_0^\infty \frac{\partial^2 u_0}{\partial z^2} dz$$

Danach ersetzen wir entsprechend der Kontinuitätsgleichung noch $\frac{\partial^2 u_0}{\partial x^2} = -\frac{\partial^2 w_0}{\partial z \partial x}$ und können jetzt das zweite Integral der linken Seite und die beiden letzten Integrale der rechten Seite ausrechnen :

$$\rho U_\infty^2 \frac{d\delta_2}{dx} - \rho w_0|_{(z=0)} [U_\infty - u_0|_{(z=0)}] = \frac{d}{dx} \int\limits_0^\infty (p_0 - p_\infty) dz - \mu \frac{\partial w_0}{\partial x}_{(z=0)} + \mu \frac{\partial u_0}{\partial z}_{(z=0)}$$

Für die Grenzschicht oder ein symmetrisches Nachlaufprofil ist $w_0|_{(x,z=0)} = 0$. Der Term $\frac{\partial w_0}{\partial x}_{(z=0)}$ ist, ausgenommen bei extrem starken Wandkrümmungen, sehr klein (bei ungekrümmter Wand Null) und wir vernachlässigen ihn. Wir erhalten in dimensionsloser Schreibweise, bei der die Koordinate $z$ auf $\delta_2$ bezogen werde, als Änderung der Impulsverlustdicke in der Parallelrichtung schließlich

$$\frac{d\delta_2}{dx} = \frac{d}{dx} \int\limits_0^\infty (p_0 - p_\infty) dz + \frac{1}{Re_{\delta_2}} \frac{\partial u_0}{\partial z}_{(z=0)}$$

Offenbar stellt der obige Ausdruck gerade das gesuchte Skalenverhältnis $\epsilon$ in der Umgebung der betrachteten Stelle $x, y$ dar : $\epsilon = \frac{d\delta_2}{dx}$. Wir erinnern uns daran, daß der Druck in Normalenrichtung nur sehr schwach variiert. Die Größenordnung des Druckgradienten kann daher abgeschätzt werden, indem wir die $x$–Impulsgleichung an $z = 0$ auswerten. Dann ergibt sich mit der Haftbedingung bei der Grenzschicht

$$\frac{\partial p_0}{\partial x}_{(z=0)} = \frac{1}{Re_{\delta_2}} \left( \frac{\partial^2 u_0}{\partial x^2} + \frac{\partial^2 u_0}{\partial z^2} \right)_{(z=0)}$$

Wegen des Bezugs der Abstände in Normalenrichtung $z$ auf $\delta_2$, ist der zweite Summand der rechten Seite von der Größenordnung eins. Der erste Summand hängt von der Wandkrümmung ab. Bei nicht extrem starken Wandkrümmungen, wie sie etwa im Falle von Ecken (mit entsprechend geometrisch bedingten starken Druckgradienten) auftreten würden, ist er klein und werde vernachlässigt. Der Druckgradient in der Parallelrichtung ist also von der Größenordnung $\frac{1}{Re_{\delta_2}}$. Damit haben wir gezeigt, daß auch $\frac{d\delta_2}{dx} \sim \frac{1}{Re_{\delta_2}}$. Wir finden hiermit schließlich, daß $\epsilon$ der Kehrwert der Reynoldszahl ist, die mit dem charakteristischen Maß für die Grenzschichtdicke gebildet sein muß. Dabei muß nicht speziell die Verdrängungsdicke $\delta_2$ verwendet werden, sondern eine charakteristische Länge $d$ in ihrer Größenordnung. Wir schreiben daher

$$\epsilon = \frac{1}{Re_d} \tag{2.276}$$

Im Falle der ebenen Plattengrenzschicht nach Blasius gilt bekannterweise für die auf den Vorderkantenabstand $x$ bezogene Grenzschichtdicke $\delta/x = 5/\sqrt{Re_x}$, bzw. nach Erweiterung $Re_\delta = 5\sqrt{Re_x}$. Üblicherweise benutzt man daher die sog. Blasiuslänge $d = \sqrt{\nu x / U_\infty}$ als charakteristisches Grenzschichtmaß. Hiermit ist $Re_d = \sqrt{Re_x}$.

**2.4.2.3 Randbedingungen** Die Störungen haben die Randbedingungen zu erfüllen. Im Falle eines festen Randes bei $z = z_r$ sind dieses die Haft- und kinematische Strömungsbedingung

$$u'(x,y,z=z_r,t) = v'(x,y,z=z_r,t) = 0 \quad , \quad w'(x,y,z=z_r,t) = 0 \tag{2.277}$$

und zusätzlich bei einer Grenzschichtströmung die Fernfeldbedingung, daß die Störung nicht bis ins Unendliche wirkt

$$\boldsymbol{v}'(x,y,z\to\infty,t) = 0 \quad , \quad p'(x,y,z\to\infty,t) = 0 \quad , \tag{2.278}$$

welche ebenfalls die Randbedingung für eine freie Scherschicht oder z.B. den Nachlauf eines umströmten Körpers darstellt.

**2.4.2.4 Separationsansatz** Unser Störungsdifferentialgleichungssystem (2.272–2.275) ist homogen in $\tilde{x}$, $\tilde{y}$, und $t$. Wir dürfen daher einen Separationsansatz (auch Wellenansatz)

$$\begin{pmatrix} \tilde{u}'(\tilde{x},\tilde{y},z,t;\overline{x},\overline{y}) \\ \tilde{v}'(\tilde{x},\tilde{y},z,t;\overline{x},\overline{y}) \\ \tilde{w}'(\tilde{x},\tilde{y},z,t;\overline{x},\overline{y}) \\ \tilde{p}'(\tilde{x},\tilde{y},z,t;\overline{x},\overline{y}) \end{pmatrix} = F_x(\tilde{x};\overline{x},\overline{y}) \cdot F_y(\tilde{y};\overline{x},\overline{y}) \cdot F_t(t;\overline{x},\overline{y}) \begin{pmatrix} \hat{u}(z;\overline{x},\overline{y}) \\ \hat{v}(z;\overline{x},\overline{y}) \\ \hat{w}(z;\overline{x},\overline{y}) \\ \hat{p}(z;\overline{x},\overline{y}) \end{pmatrix} \tag{2.279}$$

machen, da die Randbedingungen nur von $z$ abhängen. Setzen wir (2.279) in die Kontinuitätsgleichung (2.272) ein, so folgt

$$\left(\frac{1}{F_x}\frac{dF_x}{d\tilde{x}}\right)\hat{u} + \frac{d\hat{w}}{dz} + \left(\frac{1}{F_y}\frac{dF_y}{d\tilde{y}}\right)\hat{v} = 0 \quad ,$$

woraus wir sofort entnehmen, daß die zwei rechten Summanden unabhängig von $\tilde{x}$ und die zwei linken Summanden unabhängig von $\tilde{y}$ sind, so daß die geklammerten Ausdrücke jeweils bezügl. $\tilde{x}$ und $\tilde{y}$ Konstanten darstellen müssen. In gleicher Weise können wir für die Funktion $F_t$ verfahren, wenn wir unseren Separationsansatz in die Impulsgleichung (2.275) einsetzen. Wir erhalten damit schließlich

$$\frac{1}{F_x}\frac{dF_x}{d\tilde{x}} \stackrel{!}{=} i\,a(\overline{x},\overline{y}) \;, \quad \frac{1}{F_y}\frac{dF_y}{d\tilde{y}} \stackrel{!}{=} i\,b(\overline{x},\overline{y}) \;, \quad \frac{1}{F_t}\frac{dF_t}{dt} \stackrel{!}{=} -i\,\omega(\overline{x},\overline{y}) \;,$$

wo wir die drei Separationsparameter $a$, $b$ und $\omega$ eingeführt haben, die natürlich noch Funktionen der Langskalenvariablen sind. Aus den obigen Gleichungen für die $F_x$, $F_y$ und $F_t$ folgt schließlich

$$\begin{pmatrix} \tilde{u}'(\tilde{x},\tilde{y},z,t) \\ \tilde{v}'(\tilde{x},\tilde{y},z,t) \\ \tilde{w}'(\tilde{x},\tilde{y},z,t) \\ \tilde{p}'(\tilde{x},\tilde{y},z,t) \end{pmatrix} = \exp(ia\tilde{x} + ib\tilde{y} - i\omega t) \begin{pmatrix} \hat{u}(z) \\ \hat{v}(z) \\ \hat{w}(z) \\ \hat{p}(z) \end{pmatrix} \tag{2.280}$$

wo wir die Abhängigkeit der Funktionen von $\overline{x}$ und $\overline{y}$ nicht gekennzeichnet haben. Der Exponent $\theta := a(\overline{x},\overline{y}) \cdot \tilde{x} + b(\overline{x},\overline{y}) \cdot \tilde{y} - \omega(\overline{x},\overline{y}) \cdot t$ wird auch als *Phase* bezeichnet. Die Separationsparameter $a$, $b$ und $\omega$ sind zunächst irgendwelche, i.d.R. komplexe Zahlen, deren physikalische Bedeutung im folgenden klar werden wird.

Unterstellen wir nämlich für den Moment den Spezialfall reeller Zahlen $a$, $b$ und $\omega$, so ist jede Störgröße als eine mit $z$–abhängiger Amplitudenverteilung versehene ebene Welle interpretierbar, z.B. $u = \hat{u}(z) \cdot \exp[ia_\varphi(\tilde{x}\sin\varphi + \tilde{y}\cos\varphi - ct)]$. Hierin bezeichnet $a_\varphi = \sqrt{a^2+b^2}$ die Wellenzahl, bzw. $\lambda := 2\pi/a_\varphi$ die Wellenlänge, $\varphi$ den Wellenausbreitungswinkel gegenüber der $x$–Achse und $c := \omega/a_\varphi$ die Phasengeschwindigkeit, wobei $\omega$ die Kreisfrequenz der Welle darstellt. Wir werden aber im folgenden keine weiteren Bedingungen an $a$, $b$ und $\omega$ stellen, sie also i.d.R. als komplexe Zahlen betrachten.

Wir setzen den Wellenansatz (2.280) in das Gleichungssystem (2.272)–(2.275) ein und dividieren danach den Exponentialfaktor $\exp(i\,\theta)$ heraus. Danach verbleibt zunächst

$$a\hat{u} + b\hat{v} = i\,\frac{d\hat{w}}{dz} \tag{2.281}$$

$$(au_0 + bv_0 - \omega)\hat{u} - i\,\frac{du_0}{dz}\hat{w} = -a\hat{p} + \frac{i}{Re_d}\left(a^2+b^2-\frac{d^2}{dz^2}\right)\hat{u} \tag{2.282}$$

$$(au_0 + bv_0 - \omega)\hat{v} - i\,\frac{dv_0}{dz}\hat{w} = -b\hat{p} + \frac{i}{Re_d}\left(a^2+b^2-\frac{d^2}{dz^2}\right)\hat{v} \tag{2.283}$$

$$(au_0 + bv_0 - \omega)\hat{w} = i\,\frac{d\hat{p}}{dz} + \frac{i}{Re_d}\left(a^2+b^2-\frac{d^2}{dz^2}\right)\hat{w} \tag{2.284}$$

Gemeinsam mit den Randbedingungen entsprechend (2.277) und (2.278)

$$\hat{u}(z=z_w) = \hat{v}(z=z_w) = 0 \quad , \quad \hat{w}(z=z_w) = 0 \tag{2.285}$$

und

$$\hat{v}(z\to\infty) = 0 \quad , \quad \hat{p}(z\to\infty) = 0 \quad . \tag{2.286}$$

ist hiermit das vollständige Störungsdifferentialgleichungssystem angegeben. Es ist ein lineares homogenes gewöhnliches Differentialgleichungssystem, welches die vier Parameter $Re_d$, $a$, $b$ und $\omega$ enthält. Darunter muß die Reynoldszahl als reelle Zahl gemeinsam mit der i.d.R. von ihr abhängigen Grundlösung vorgegeben werden. Von der trivialen Lösung abgesehen, ist das Gleichungssystem nur für bestimmte $a$, $b$ und $\omega$ lösbar. Es definiert damit eine wechselseitige Beziehung zwischen diesen drei Größen, die wir als *Dispersionsrelation* bezeichnen wollen und formal implizit

$$D(a,b,\omega) = 0 \tag{2.287}$$

schreiben wollen. Anders gesagt, können wir das Gleichungssystem (2.281)–(2.286) als *Eigenwertproblem* betrachten, in dem jeweils zwei der drei Größen $a$, $b$ und $\omega$ vorgegeben werden, und die fehlende als Eigenwert aus den Gleichungen berechnet wird.

### 2.4.3 Zeitliche und räumliche Stabilitätsanalyse

Die Stabilitätsanalyse befasst sich mit der Änderungstendenz der Störamplitude $|\boldsymbol{U}'|$ einer in eine Strömung $\boldsymbol{U}_0$ eingebrachten Störung $\boldsymbol{U}'$. Nach unserer Einführung definieren wir die Stabilität strenggenommen nur anhand der zeitlichen Änderung der Störamplituden. Wir haben oben gesehen, daß die Störungen in Scherströmungen als Wellen darstellbar sind, die entlang der Parallelrichtungen $x$ und $y$ laufen, d.h.

$$\boldsymbol{U}'(x,y,z,t) = \hat{\boldsymbol{U}}(z)\exp(iax + iby - i\omega t) \tag{2.288}$$

Wir haben hier die tilde–Symbole über $x$ und $y$ der Übersichtlichkeit wegen wieder fortgelassen. Im Sinne unserer eingeführten Definition von Instabilität geben wir eine "Eigenform" vor, die durch die Wellenzahlkomponenten $a$ und $b$ repräsentiert ist, und berechnen aus dem Eigenwertproblem den zugehörigen komplexen Wert $\omega = \omega_r + i\,\omega_i$, vgl. (2.44).

**2.4.3.1 Zeitliche Anfachung** Werden räumlich periodische Wellen (d.h. reelle $a = a_r$ und $b = b_r$) vorgegeben, sprechen wir von einer sog. *zeitlichen Stabilitätsanalyse*. Da das System sich nur in der positiven Zeitrichtung weiterentwickeln kann, können wir sofort definieren, daß eine aufgebrachte Wellenstörung mit vorgegebenem $a = a_r$ und $b = b_r$ zeitlich genau dann instabil ist, wenn ihre Amplitude zeitlich aufklingt, d.h. $\omega_i > 0$ ist. Wir nennen $\omega_i$ die *zeitliche Anfachungsrate*. Eine Störung, für die $\omega_i = 0$ gilt, wird auch indifferente oder neutrale Störung genannt.

**2.4.3.2 Räumliche Anfachung** Eine Welle ist als ein Vorgang gekennzeichnet, dessen räumliches und zeitliches Verhalten "ähnlich" ist. Wir könnten, umgekehrt zu vorher, im Störungsdifferentialgleichungssystem (2.281)–(2.286) auch $\omega$ vorgeben und die dazugehörige Eigenform (repräsentiert durch $a$ und $b$) berechnen. Wir sprechen von einer *räumlichen Stabilitätsanalyse*, wenn $\omega = \omega_r$ als reeller Wert vorgegeben wird (d.h. Betrachtung aller möglicher Wellen mit gegebener Frequenz) und z.B. $a$ bei gegebenem $b$ berechnet wird. Der Realteil $a_r$ der berechneten Zahl $a$ stellt dann die Wellenzahl dar und der Imaginärteil $a_i$ ist das Maß für die räumliche Amplitudenänderung in $x$. In Analogie zur zeitlichen Anfachung $\omega_i$ einer Störung wird auch eine räumliche Anfachung definiert. Die Einführung dieses Begriffs erfordert einige Vorüberlegungen. Eine Störwelle etwa, für die das Eigenwertproblem ein $a_i < 0$ ergeben hat, erscheint bezüglich anwachsender $x$ als aufklingende Welle. Blicken wir jedoch in die negative $x$–Richtung, dann erscheint dieselbe Welle räumlich abklingend. Eine eindeutige Definition für räumliche Anfachung erhalten wir offenbar erst durch Vorgabe einer Betrachtungsrichtung. Sie sei repräsentiert durch den Einheitsvektor $\boldsymbol{e}_\phi := \boldsymbol{e}_x \cos\phi + \boldsymbol{e}_y \sin\phi$ (vgl. Abbildung 2.21). Wir bestimmen die Änderung der Amplitude $|\boldsymbol{U}'| = |\hat{\boldsymbol{U}}| \exp(-a_i x - b_i y + \omega_i t)$ unserer Welle nach (2.288) entlang der vorgegebenen Richtung $\phi$ zu $\dfrac{d|\boldsymbol{U}'|}{dx_\phi} := \boldsymbol{e}_\phi \cdot \boldsymbol{\nabla}|\boldsymbol{U}'|$ und finden $\dfrac{d|\boldsymbol{U}'|}{dx_\phi} = -(a_i \cos\phi + b_i \sin\phi)|\boldsymbol{U}'|$. Die Amplitude wächst entlang $\boldsymbol{e}_\phi$ an, wenn

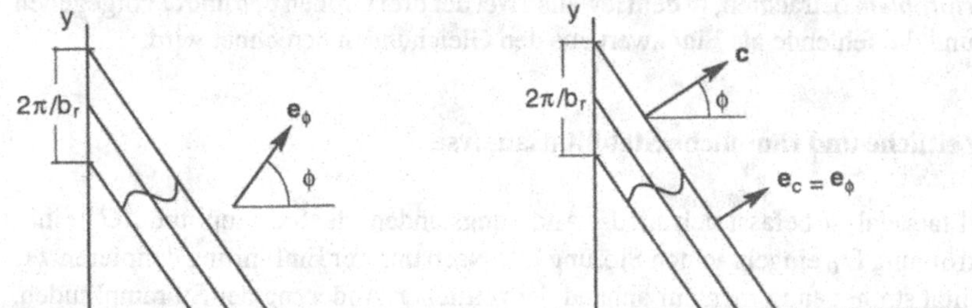


**Abb. 2.21**: Zur Ausbreitung einer Wellenstörung

$\dfrac{d|\boldsymbol{U}'|}{dx_\phi}$ positiv ist. Wir nennen die Welle bezüglich der Richtung $\phi$ räumlich angefacht, wenn

$$a_i \cos\phi + b_i \sin\phi < 0$$

gilt. Die Größen $a_i$ und $b_i$ werden auch als *räumliche Anfachungsraten* bezeichnet. Wir erkennen aus der Notwendigkeit der Vorgabe einer Richtung $\phi$ eine gewisse Willkür in dem Begriff der räumlichen Anfachung (Im Gegensatz zum Begriff einer "zeitlich angefachten" Welle können wir an dieser Stelle nicht einfach von einer "räumlich angefachten" Welle sprechen). Es stellt sich hier nämlich die Frage, ob es sinnvoll ist, eine Welle, deren Phasengeschwindigkeitsvektor $\boldsymbol{c} = {}^t(c_x, c_y, 0) = \dfrac{\omega_r}{a_r^2 + b_r^2}{}^t(a_r, b_r, 0)$ in einer Richtung abnehmender Amplitude zeigt, als räumlich aufklingend in der Gegenrichtung zu bezeichnen ! Wir können dieses Interpretationsproblem für laufende Wellen ($\omega_r \neq 0$) umgehen, indem wir überprüfen, ob sich unsere Welle auch in der Richtung wachsender Amplitude bewegt. Dazu lassen wir die Betrachtungsrichtung $\boldsymbol{e}_\phi$ mit der Bewegungsrichtung der Welle $\boldsymbol{e}_c = {}^t(a_r, b_r, 0) sgn(\omega_r)/\sqrt{a_r^2 + b_r^2}$ zusammenfallen ($sgn(\omega_r) = \omega_r/|\omega_r|$), vgl. Abbildung 2.21. Unter Verwendung der obigen Beziehung finden wir, daß eine zeitlich periodische Welle entlang ihrer Bewegungsrichtung dann eine Amplitudenvergrößerung erfährt, wenn

$$\omega_r(a_r a_i + b_r b_i) < 0$$

gilt. Eine zweidimensionale Welle ($b = 0$) können wir hiermit als räumlich angefacht bezeichnen, wenn für $\omega_r > 0$ der Imaginärteil $a_i < 0$ ist. Welche Wellen tatsächlich zur räumlichen Anfachung von Störungen beitragen, kann jedoch nur im Rahmen des Konzepts der konvektiven Instabilitäten (vgl. 2.5.4, 2.5.2.4) eindeutig beantwortet werden.

Das Eigenwertproblem kann uns natürlich entweder nur $a$ bei vorgegebenem $b = b_r + i\, b_r$ und $\omega = \omega_r$, oder $b$ bei vorgegebenem $a = a_r + i\, a_r$ und $\omega = \omega_r$ liefern. Anschaulicher als das Vorgeben einer komplexen Wellenzahl ist es, bei der räumlichen Analyse z.B. die Anfachungsrichtung $\phi = \tan^{-1}(b_i/a_i)$ festzulegen. Das entspricht einer Festlegung des Verhältnisses der Imaginärteile $a_i$ und $b_i$ von $a$ und $b$. Dann wird das Koordinatensystem um den Winkel $\phi$ um die $z$–Achse gedreht ($x \to x_\phi$, $y \to y_\phi$). Die Abhängigkeit $\exp(i\, b_\phi y_\phi)$ der Störung bezüglich der neuen Querrichtung $y_\phi$ wird durch die Größe $b_\phi$ repräsentiert. Wir setzen ihren Imaginärteil $b_{\phi i} = 0$, das bedeutet, wir geben noch die Wellenzahlkomponente $b_\phi = b_{\phi r}$ vor.

Eine allgemeiner gefaßte Bestimmung der räumlichen Instabilität müssen wir auf die Diskussion der absoluten und konvektiven Instabilitäten im Abschnitt 2.5 verschieben.

**2.4.3.3 Umrechnung zeitlicher zu räumlicher Anfachung** Es sei darauf hingewiesen, daß die zeitliche Stabilitätsanalyse wesentlich einfacher durchzuführen ist, als die räumliche Stabilitätsanalyse. Um dieses erkennen zu können, betrachten wir nochmals unser Eigenwertproblem (2.281)–(2.286). Wir erkennen, daß $\omega$ linear vorkommt, während $a$, bzw. $b$ quadratisch erscheinen. Die Lösung eines quadratischen Eigenwertproblems erfordert wesentlich größeren Rechenaufwand als die eines linearen. Daher ist nach einer Möglichkeit gesucht worden, um zeitliche Anfachungen in räumliche Anfachungen umzurechnen. Solch eine Beziehung ist von M. GASTER 1962 für $b = 0$

angegeben worden. Die Umrechnung der zeitlichen Anfachung $\omega_i$ einer räumlich periodischen Welle mit gegebener reeller Wellenzahl $a_r$ und zugehöriger Frequenz $\omega_r$ auf eine zeitlich periodische Welle (d.h. $\omega_i = 0$) mit der gleichen Wellenzahl $a_r$ und Frequenz $\omega_r$ erfolgt nach :

$$a_i \approx -\left(\frac{\partial \omega_r}{\partial a_r}\right)^{-1} \omega_i$$

Wir erhalten hiernach die räumliche Anfachung der Welle aus der zeitlichen Anfachung der zugeordneten Welle mit Hilfe der *Gruppengeschwindigkeit* $\dfrac{\partial \omega_r}{\partial a_r}$. Die obige Beziehung wird häufig *Gaster–Transformation* genannt, obwohl Gaster sie selbst als "Umrechnungsformel" bezeichnet hat, da sie keine wirkliche Transformation darstellt. Sie ist nur für kleine Anfachungsraten $a_i$, $\omega_i$ gültig, da sie auf einer Taylorentwicklung der Dispersionsrelation $D(a, \omega) = 0$ um den Indifferenzzustand $a_i = 0, \omega_i = 0$ beruht.

### 2.4.4 Orr–Sommerfeld Gleichung

Das Störungsdifferentialgleichungssystem (2.281)–(2.284) hat eine bemerkenswerte Eigenschaft. Es läßt sich zu einer einzigen Differentialgleichung vierter Ordnung zusammenfassen. Dieses wollen wir im folgenden skizzieren. Wir eliminieren zuerst $\hat{u}$ und $\hat{v}$. Dazu multiplizieren wir (2.282) mit $a$, (2.283) mit $b$ und addieren beide. In der verbleibenden Gleichung lassen sich $\hat{u}$ und $\hat{v}$ zum Ausdruck $(a\hat{u} + b\hat{v})$ zusammenfassen, der sich mittels der Kontinuitätsgleichung (2.281) durch $i\,\frac{d\hat{w}}{dz}$ ersetzen läßt. Es ergibt sich dann :

$$i\left[\left(au_0 + bv_0 - \omega\right)\frac{d}{dz} - \frac{d}{dz}\left(au_0 + bv_0\right)\right]\hat{w} = -(a^2+b^2)\hat{p} - Re_d^{-1}\left(a^2 + b^2 - \frac{d^2}{dz^2}\right)\frac{d\hat{w}}{dz} \tag{2.289}$$

Hiermit ist ein Gleichungssystem aus den zwei Gleichungen (2.284) und (2.289) für die Störgrößen $\hat{w}$ und $\hat{p}$ abgeleitet. In diesen beiden Gleichungen tritt die Grundströmung nur in der Kombination $(au_0 + bv_0)$ auf. Darüberhinaus erscheinen die (komplexen) Wellenzahlen $a$ und $b$ nur in der Form $(a^2 + b^2)$. Dieses motiviert uns, die folgenden Abkürzungen einzuführen :

$$a_\varphi u_{0\varphi} := au_0 + bv_0 \quad , \quad a_\varphi^2 := a^2 + b^2 \tag{2.290}$$

Um schließlich die Druckstörung $\hat{p}$ aus den verbliebenen beiden Gleichungen zu eliminieren, differenzieren wir (2.289) nach $z$, multiplizieren (2.284) mit $-i\,a_\varphi^2$ und addieren beide zu

$$\left[(a_\varphi u_{0\varphi} - \omega)\left[\frac{d^2}{dz^2} - a_\varphi^2\right] - a_\varphi\,\frac{d^2 u_{0\varphi}}{dz^2} + i\,Re_d^{-1}\left[\frac{d^2}{dz^2} - a_\varphi^2\right]^2\right]\hat{w} = 0 \tag{2.291}$$

Werten wir die Kontinuitätsgleichung an einem festen Rand aus, so erhalten wir als zusätzliche Randbedingung für $\hat{w}$ dort $\frac{d\hat{w}}{dz}(z = z_r) = 0$. Zusammenfassend ergeben sich als Randbedingungen für $\hat{w}$ :

$$\hat{w} = 0 \quad , \quad \frac{d\hat{w}}{dz} = 0 \quad \text{für} \quad z = z_r \tag{2.292}$$

$$\hat{w} = 0 \quad , \quad \frac{d\hat{w}}{dz} = 0 \quad \text{für} \quad z \to \infty \tag{2.293}$$

Wir bezeichnen hier die Gleichung (2.291) als Orr–Sommerfeld Gleichung, wenngleich Orr und Sommerfeld sie nur für den zweidimensionalen Fall angegeben haben, in dem $v_0 = 0$ und $b = 0$ gilt. Wird in der Gleichung (2.291) $a_\varphi$ gegen $a$ und $a_\varphi u_{0\varphi}$ gegen $au_0$ ersetzt, so entspricht dieses nach der Transformation (2.290), die sich *Squiretransformation* nennt, genau dem zweidimensionalen Fall. Die Squiretransformation läßt sich für reelle $a$ und $b$ wie oben als Koordinatendrehung verstehen.

Die Orr-Sommerfeld Gleichung muß i.d.R. numerisch gelöst werden. Im Anhang A.3 wird dazu ein einfaches, sog. *Kollokationsverfahren* erläutert.

**2.4.4.1 Squire–Theorem** Wir hatten schon bemerkt, daß die allgemein formulierte Orr-Sommerfeld Gleichung (2.291), die das Stabilitätsverhalten einer schräglaufenden ebenen Welle (gekennzeichnet durch die Wellenzahlenkomponenten $a$ und $b$ in der $x$ und $y$–Richtung) in einer dreidimensionalen Grenzschicht $(u_0, v_0)$ beschreibt, die gleiche Form besitzt wie im zweidimensionalen Fall, in dem $v_0 \equiv 0$ ist. Wir erkennen zunächst aus (2.290), daß für die zweidimensionale Grenzschicht

$$u_{0\varphi} = \frac{a}{a_\varphi}\, u_0 \tag{2.294}$$

gilt. Wir wollen nun räumlich periodische Wellen (d.h. reelle $a$ und $b$) betrachten, die die alle die gleiche Wellenlänge $\lambda = 2\pi/a_\varphi = const$ mit $a_\varphi = (a^2 + b^2)^{1/2}$ besitzen, aber unter verschiedenen Winkeln $\varphi = \tan^{-1}(b/a)$ bezüglich der $x$–Achse laufen. Wir erkennen dann an der Beziehung (2.294) sofort, daß das untersuchte Geschwindigkeitsprofil $u_{0\varphi}$ für schräglaufende Wellen $\varphi \neq 0$ bei konstanter Wellenzahl $a_\varphi$ immer kleinere Werte besitzt, als für $\varphi = 0$, denn es stellt einfach die Projektion von $u_0$ auf die betrachtete Ausbreitungsrichtung $\varphi$ dar. Da alle anderen Parameter in der Stabilitätsgleichung die gleichen sind, lösen wir im Prinzip für alle Richtungen $\varphi$ immer wieder das gleiche Stabilitätsproblem. Für schräglaufende Wellen, verglichen mit dem Fall der genau stromablaufenden Welle, untersuchen wir mithin jeweils eine um den Skalierungsfaktor $\frac{a}{a_\varphi}$ verkleinerte Grundströmungsgeschwindigkeit.

Das Squire-Theorem überführt die Stabilitätsanalyse von dreidimensionalen Wellenstörungen in einer zweidimensionalen Grundströmung auf eine Untersuchung von zweidimensionalen Wellenstörungen. Damit hätten wir unter Einführung einer neuen Skalierung, auch mit der projizierten Geschwindigkeit am Grenzschichtrand $\frac{a}{a_\varphi} U_\infty = U_\infty \cos\varphi$ dimensionslos machen können. Mithin hätte unsere Reynoldszahl $Re_\varphi := \cos\varphi\, Re$, mit $Re = Re_\varphi(\varphi = 0)$, geheißen. Würden wir dann unser Stabilitätseigenwertproblem für ein gegebenes $Re_\varphi(\varphi)$ lösen, so wäre das dem Fall zugeordnete $Re(\varphi = 0) > Re_\varphi$. Insbesondere der Wert der kritischen Reynoldszahl $Re^c$ wird natürlich zuerst von $Re_\varphi(\varphi = 0)$ erreicht.

Hiermit ist das berühmte *Squire–Theorem* erläutert, das aussagt, daß für inkompressible, zweidimensionale Strömungen $u_0(z)$ die kritische Reynoldszahl $Re^c$ von zweidimensionalen Wellenstörungen $(b = 0)$ definiert wird. Die zuerst instabil werdende Störwelle läuft entsprechend unseres Prinzipbildes 2.18 genau stromab. Sie wird *Tollmien–Schlichting Welle* genannt. Die Situation ändert sich drastisch bei kompressiblen Strömungen. Die kritischen Störungen in Überschallströmungen sind schräglaufende Wellen.

**2.4.4.2 Grenzschichtströmungen** Die Orr–Sommerfeldgleichung (2.291) wird i.d.R. numerisch gelöst, z.B. mit dem in Anhang A.3 besprochenen Verfahren. Eine Suche der zeitlich neutralen Störungen ($\omega_i = 0$) in Abhängigkeit der Reynoldszahl $Re_d$ ergibt, ähnlich wie beim Taylor–Couette Problem, eine Stabilitätskurve im Stabilitätsdiagramm (vgl. Skizze 2.22 links). Im Gegensatz zum Taylor–Couette Problem ist $\omega_r \neq 0$ auf der Indifferenzkurve. Die indifferenten Störungen sind demnach bewegte, also instationäre Wellenvorgänge. Um sie mathematisch erfassen zu können, mußten wir für Scherströmungsinstabilitäten die zeitabhängigen Störungsdifferentialgleichungen lösen. Die Indifferenzkurve definiert insbesondere die sog. *kritische Reynoldszahl* $Re_d^c$. Das ist die kleinste Reynoldszahl, bei der indifferente Störungen auftreten (Beginn der Instabilität). Mit $Re_d^c$ ist zugleich der anfangs erwähnte Indifferenzpunkt $x^c$ bestimmt (vgl. Abbildung 2.18).

Den Verlauf der Störamplitude einer Tollmien–Schlichting Welle in der Blasius'schen Plattengrenzschichtströmung zeigt die Abbildung 2.22 rechts. Es sei darauf hingewiesen, daß der Amplitudenverlauf der Vertikalkomponente $|\hat{w}|$ der Störgeschwindigkeit zehnfach vergrößert dargestellt ist. Sie ist im Vergleich zur Amplitude der Stromabkomponente $|\hat{u}|$ klein. Die größten Störamplituden werden für $\hat{u}$ in unmittelbarer Wandnähe (vgl. 2.22) angenommen. Es sei hervorgehoben, daß die Störungen beim Erreichen der Grenzschichtdicke keineswegs bereits abgeklungen sind. Sie ragen weit aus der Grenzschicht heraus. Das scharfe Minimum von $|\hat{u}|$ bei einem Wandabstand von etwa $2/3$ der Grenzschichtdicke $\delta$ ist nur eine Folge der Betragsbildung. Tatsächlich besitzt die Funktion $\hat{u}$ hier einen Nulldurchgang, der mit einem Phasenwechsel der Welle um $180^o$ verbunden ist, der auch experimentell sehr deutlich nachweisbar ist.

**2.4.4.3 Wendepunktkriterium** Mit dem Ziel, die Lösung der Orr–Sommerfeld Gleichung zu vereinfachen, könnten wir versuchen, zunächst den Reibungseinfluß auf die Störungen, d.h. den Term $i\, Re_d^{-1} \left[\frac{d^2}{dz^2} - a_\varphi^2\right]^2 \hat{w}$ zu vernachlässigen. Denn es erscheint

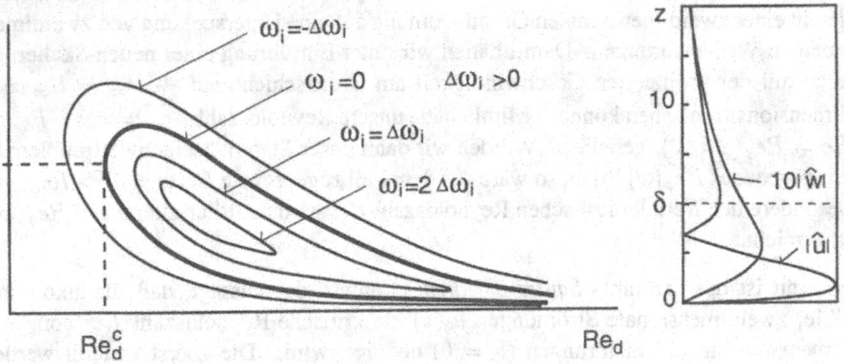


**Abb. 2.22**: Stabilitätsdiagramm für reelle $a$, $b = 0$ für die ebene Platte ohne Druckgradient, inkompressibel, rechts : typische Eigenfunktion für $a = 0.16, b = 0, Re_d = 580$, $\delta$ Grenzschichtdicke

zunächst plausibel, daß der Reibungseinfluß, wie z.B. beim Taylor–Couette Problem, dem Entstehen einer Instabilität entgegenwirkt. Es könnte vermutet werden, daß somit das Stabilitätsverhalten einer vorgegebenen Laminarströmung $u_{0\varphi}$ abgeschätzt werden dürfte. Dabei zeigt sich, daß unter dieser Reibungsfreiheitsannahme ein instabiles Geschwindigkeitsprofil $u_{0\varphi}$ immer einen Wendepunkt $z_w$ bezügl. $z$ hat (*Wendepunktkriterium*) :

$$\frac{d^2 u_{0\varphi}}{dz^2}(z = z_w) = 0 \quad \Longleftarrow \quad \text{reibungsfreie Instabilität} \qquad (2.295)$$

Das heißt zwar nicht, daß jedes Geschwindigkeitsprofil mit einem Wendepunkt instabil ist, aber die Praxis zeigt, daß bei der Stabilitätsanalyse unter Vernachlässigung der Reibung sich der größte Teil der technischen Strömungen mit Wendepunkt als instabil erweist. Daher wird i.d.R. eher diese, technisch wichtigere Aussage als Wendepunktkriterium bezeichnet. Obwohl es keine reibungfreien Instabilitäten gibt, ist dieses Kriterium sehr hilfreich bei der Beurteilung der Stabilität von Strömungen bei hohen Reynoldszahlen, zumal für $Re_d \rightarrow \infty$ der Reibungsterm in der Orr–Sommerfeldgleichung verschwindet. Beispiele für Strömungen, in denen Geschwindigkeitsprofile mit Wendepunkt auftreten, sind Grenzschichten mit postitivem Druckgradient $\frac{dp_0}{dx} > 0$, Nachlaufströmungen oder Trennungsschichten, bzw. freie Scherschichten.

Bei genauem Hinsehen, ergibt sich dennoch ein Widerspruch zur experimentellen Erfahrung. Das Wendepunktkriterium (2.295) besagt nämlich, daß alle Strömungen mit monotonem Verlauf von $\frac{du_{0\varphi}}{dz}$, wie z.B. die Grenzschicht der längsangeströmten ebenen Platte mit negativem Druckgradient $\frac{dp_0}{dx} < 0$, an keiner Stromabposition $x$ instabil werden können, und unter dem Einfluß kleiner Störungen immer laminar bleiben.

Wir erkennen aber anhand unseres in der Abbildung 2.22 betrachteten Beispiels der ebenen Platte ohne Druckgradient, daß es einen instabilen Bereich gibt. Es ist in diesem Falle danach gerade der Reibungseinfluß auf die Störungen, der die Instabilität antreibt ! Diesen Umstand zeigt ebenfalls unmittelbar das Stabilitätsdiagramm 2.22. Denn für $Re_d \rightarrow \infty$, also für verschwindende Reibung, verschwindet auch der Bereich instabiler Wellenzahlen (der obere und der untere Ast der Neutralkurve gehen beide asymptotisch gegen Null). Wir vergrößern den Reibungseinfluß nach Skizze 2.23 für ein vorgegebenes

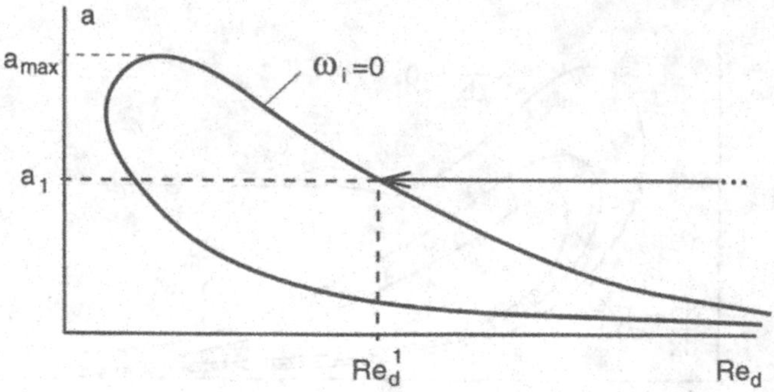


**Abb. 2.23**: Prinzip der viskosen Instabilität für die ebene Platte ohne Druckgradient, inkompressibel

$a = a_1 < a_{max}$, beginnend bei $Re_d = \infty$ durch Absenken der Reynoldszahl $Re_d$. An der Stelle $Re_d^1$ wird der obere Ast der Indifferenzkurve geschnitten. Dementsprechend wird diese Art der Instabilität auch als *viskose Instabilität* bezeichnet.

**2.4.4.4 Druckgradient** Trotz der eingeschränkten Gültigkeit des Wendepunktkriteriums, ist dieses dennoch wertvoll. Es sagt uns, daß Instabilitäten sehr häufig mit dem Vorhandensein von wendepunktbehafteten Geschwindigkeitsprofilen zusammenhängen. In der Mehrzahl der Fälle ist mit solchen Geschwindigkeitsprofilen ein reibungsfreier Instabilitätsmechanismus verbunden. Eine technisch besonders wichtige Klasse von Strömungen, in denen Geschwindigkeitsprofile mit Wendepunkt auftreten, ist die der Grenzschichtströmungen mit positivem Druckgradient $\frac{dp_0}{dx} > 0$. Ein Druckabfall in der Grundströmung $\frac{dp_0}{dx} < 0$ führt hingegen zu fülligeren (stärker ausgebauchten) Geschwindigkeitsprofilen. Je bauchiger ein Profil ist, desto weniger besteht die Neigung zur Ausbildung eines Wendepunkts und damit zur Instabilität. Die Anfachungsraten $\omega_i$ werden kleiner und die kritische Reynoldszahl größer.

Die Wirkung eines Druckgradienten $\frac{dp_0}{dx} < 0$ zeigt sich nach Abbildung 2.24 im Zusammenschrumpfen des Instabilitätsbereichs. Dieser Bereich wird im Gegensatz zu $\frac{dp_0}{dx} \geq 0$ sogar bei ansteigender Reynoldszahl endlich. Das bedeutet, daß eine solche Strömung bei genügend hoher Reynoldszahl stabil ist gegenüber kleinen Störungen!

**2.4.4.5 Wandtemperatur** Es wird experimentell beobachtet, daß bei gekühlter Wand, d.h. Entzug von Wärme, die kritische Reynoldszahl $Re_d^c$ zunimmt und die Anfachungsraten $\omega_i$ gegenüber dem adiabaten Fall abnehmen, sofern das strömende Fluid ein Gas ist. Der genau entgegengesetzte Effekt stellt sich bei Flüssigkeiten ein. Offenbar handelt es sich dabei um einen Einfluß der Zähigkeit $\mu$. Denn diese nimmt bei Gasen mit der Temperatur zu, während sie bei Flüssigkeiten sinkt. Wir können das Phänomen unter Berücksichtigung des oben diskutierten Wendepunktkriteriums erklären. Wir betrachten ein Fluid mit temperaturabhängiger Zähigkeit $\mu(T)$. Die Impulsgleichung für die

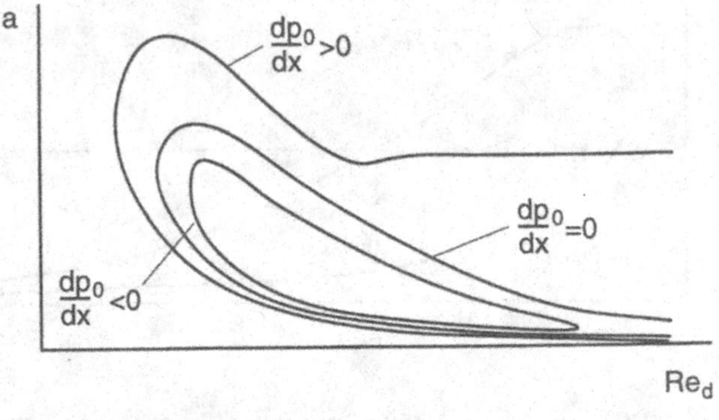


**Abb. 2.24**: Einfluß des Druckgradienten auf die Indifferenzkurve, inkompressibel

stromabweisende Wandparallelrichtung lautet auf der Wand

$$0 = -\frac{\partial p_0}{\partial x} + \frac{\partial}{\partial z}\left(\mu \frac{\partial u_0}{\partial z}\right)_{(z=0)} \tag{2.296}$$

Wir können daraus sofort die zweite Ableitung des Geschwindigkeitsprofils an der Wand zu

$$\frac{\partial^2 u_0}{\partial z^2}_{(z=0)} = \left[\frac{1}{\mu}\frac{\partial p_0}{\partial x} - \frac{1}{\mu}\frac{d\mu}{dT}\frac{\partial T_0}{\partial z}\frac{\partial u_0}{\partial z}\right]_{(z=0)} \tag{2.297}$$

bestimmen. Für die ebene, adiabate Plattengrenzschichtströmung mit $\frac{\partial p_0}{\partial x} = 0$ und $\frac{\partial T_0}{\partial z} = 0$ verschwindet die zweite Ableitung genau auf der Wand ($z = 0$). Das Geschwindigkeitsprofil besitzt einen für die Stabililät so bedeutsamen "echten" Wendepunkt an einer Stelle $z > 0$ bei Wandkühlung $\frac{\partial T_0}{\partial z} > 0$ für eine Flüssigkeit (d.h. $\frac{d\mu}{dT} < 0$). Denn wegen $\frac{\partial u_0}{\partial z}_{(z=0)} > 0$ ist nach (2.297) die zweite Ableitung von $u_0$ auf der Wand jetzt positiv. Andererseits schmiegt sich ein Grenzschichtprofil der Außenströmung asymptotisch an, so daß in der Nähe des Grenzschichtrandes $\delta$ gilt $\frac{\partial^2 u_0}{\partial z^2}_{(z\approx\delta)} < 0$. Dazwischen muß demnach eine Stelle liegen, für die die zweite Ableitung des Geschwindigkeitsprofils verschwindet. Bei Wandheizung ist $\frac{\partial T_0}{\partial z} < 0$ und das Geschwindigkeitsprofil besitzt schon auf der Wand eine negative zweite Ableitung. Alle diese Verhältnisse kehren sich um für Gase, die durch $\frac{d\mu}{dT} > 0$ gekennzeichnet sind.

**2.4.4.6 Kritische Schicht** Wir wollen noch einmal auf die Störungsdifferentialgleichungen (2.291) unter Vernachlässigung der Reibungsglieder zurückkommen. Teilen wir diese Gleichung noch durch $a_\varphi$, so erhalten wir die sog. *Rayleighgleichung*

$$\left[(u_{0\varphi} - c)\left[\frac{d^2}{dz^2} - a_\varphi^2\right] - \frac{d^2 u_{0\varphi}}{dz^2}\right]\hat{w} = 0 \tag{2.298}$$

wo $c = \omega/a_\varphi$ die Phasengeschwindigkeit der betrachteten Störwelle bezeichnet. Mit einfachen Mitteln läßt sich zeigen, daß für die Phasengeschwindigkeit $c$ einer indifferenten Störwelle ($Im(\omega) = \omega_i = 0$) gilt $0 < c < U_\infty$, wo $U_\infty$ die Geschwindigkeit der Grundströmung am Grenzschichtrand darstellt. Der Phasengeschwindigkeit $c$ kann ein bestimmter Wandabstand $z_k$ zugeordnet werden, bei dem die Welle gerade dieselbe Geschwindigkeit wie die Strömung besitzt : $u_0(z_k) - c = 0$. Die diesem Wandabstand entsprechende Schicht wird als *kritische Schicht* bezeichnet. Wir stellen fest, daß an dieser Stelle unsere reibungsfreie Störungsdifferentialgleichung (2.298) singulär ist. Wenn wir voraussetzen daß $\frac{\partial^2 u_0}{\partial z^2}_{z_k} \neq 0$, muß entweder $\hat{w}(z_k) = 0$ gelten, oder $\frac{d^2}{dz^2}\hat{w}$ gegen unendlich streben, damit (2.298) erfüllt werden kann. Ersteres führt unter Berücksichtigung der Gleichungen (2.281–2.284) sofort auf die triviale Lösung $\hat{u} \equiv \hat{v} \equiv \hat{w} \equiv 0$, $\hat{p} \equiv 0$. Die Bedingung $\frac{d^2}{dz^2}\hat{w} \to \infty$ ist ebenso physikalisch sinnlos. Wir schließen daraus, daß in der kritischen Schicht der Reibungseinfluß besonders deutlich zutage tritt. Die Vernachlässigung der Reibung in den Stabilitätsgleichungen für Scherschichten kann offenbar ganz erhebliche Probleme nach sich ziehen.

**2.4.4.7 Querströmungsinstabilität** Wir kommen auf die in Abbildung 1.12 skizzierte Grenzschichtströmung in der Nähe der Vorderkante eines gepfeilten Flügels zurück.

Betrachten wir für den Moment die Squire Transformation (2.290) bei reinen Längswirbelstörungen, die durch $a = 0$ gekennzeichnet sind, so erscheint in der Orr–Sommerfeld Gleichung allein die Geschwindigkeit $u_{0\phi} = v_0$. Da die Querströmungskomponente $v_0(z)$ notwendigerweise Wendepunkte enthält (Haftbedingung an der Wand und Verschwinden am Grenzschichtrand sowie mit Maximum innerhalb der Grenzschicht, vgl. Abbildung 2.25 links), können wir nach dem Wendepunktkriterium eine starke Instabilität vermuten. Dieses ist in der Tat der Fall und das entsprechende Phänomen wird als *Querströmungsinstabilität* bezeichnet. Man beachte, daß die Instabilität dieser Längswirbelstörungen nicht direkt von der Form des Grenzschichtprofils $u_0(z)$ abhängt. Auch Störungen mit kleiner Komponente $a$ der Wellenzahl in $x$-Richtung sind dementsprechend nur sehr schwach von $u_0$ beeinflußt.

Welche Wellen Querströmungsinstabilität aufweisen, ist schematisch mit Hilfe des Instabilitätsgebiets für feste Reynoldszahl im Wellenzahlendiagramm 2.25 dargestellt. Es zeigt sich dabei, daß genau stromab laufende Instabilitätswellen in der dreidimensionalen Grenzschicht in Vorderkantennähe des Pfeilflügels nicht vorkommen. Entsprechend der Ergebnisse zur zweidimensionalen Plattengrenzschichtströmung treten solche Instabilitäten erst bei Überschreiten einer relativ hohen, kritischen Reynoldszahl auf. Man beachte, daß die Reynoldszahl in diesem Bereich aber sehr klein ist und damit ein starker, in diesem Fall dämpfender Reibungseinfluß vorliegt. Zum Vergleich ist auch ein Instabilitätsgebiet für ein zweidimensionales Geschwindigkeitsprofil $u_0(z)$, so wie es z.B. bei der ebenen Plattengrenzschicht auftritt, eingezeichnet. Es ist typisch, daß in zweidimensionalen Grenzschichten Instabilitätswellen mit wesentlich größeren Schräglaufwinkeln $\varphi = \tan^{-1}(b/a)$ als in der dreidimensionalen Grenzschicht existieren. Der charakteristischen Form wegen wird die Indifferenzkurve $\omega_i = 0$ im Wellenzahldiagramm für zweidimensionale Grenzschichten auch als *kidney–curve* (Nieren–Kurve) bezeichnet.

Typisch für Querströmungsinstabilitäten ist ebenfalls das Auftreten von stehenden Störwir-

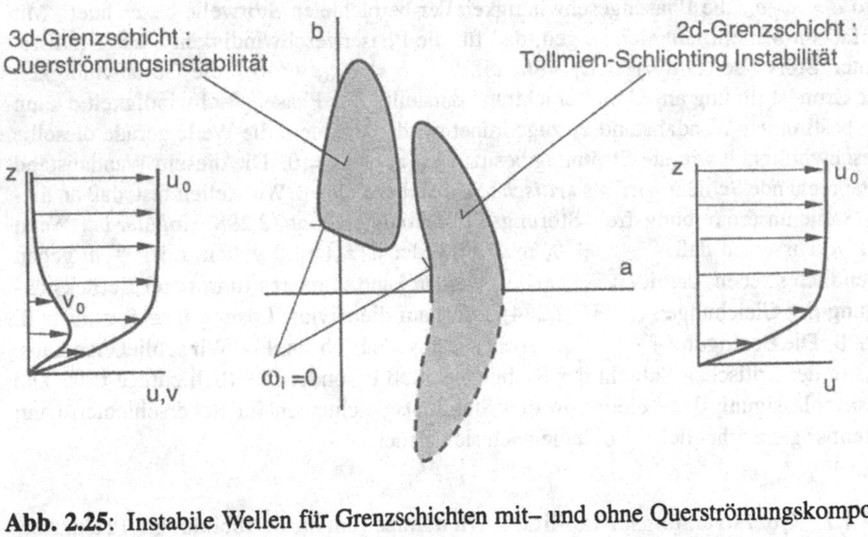


**Abb. 2.25**: Instabile Wellen für Grenzschichten mit– und ohne Querströmungskomponente $v_0(z)$

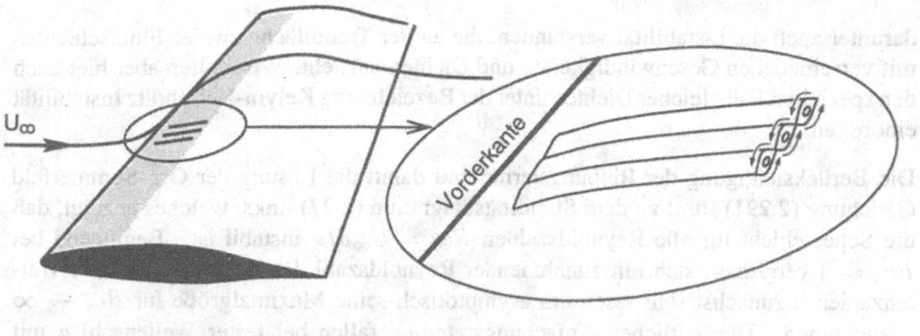


**Abb. 2.26**: Instabile Querströmungswirbel in dreidimensionaler Grenzschicht

beln. Da die Kreisfrequenz dieser (stehenden) Störwellen $\omega_r = 0$ ist, werden sie auch als *0-Hertz-Moden* bezeichnet. Ihre Wellennormalen stehen fast senkrecht auf der Stromabrichtung am Grenzschichtrand. Im Gegensatz zu den Görtlerlängswirbeln rotieren sie nach Skizze 2.26 gleichsinning. Diese stehenden Wellen können im Experiment sehr günstig sichtbar gemacht werden und hinterlassen z.B. bei einer Visualisierung mit in die Strömung eingebrachtem Rauch eine deutliche Struktur in der Stromabrichtung. Die am stärksten angefachten Störwellen sind jedoch i.d.R. instationär, laufen aber auch unter großem Winkel $\varphi$, d.h. quer zur Stromabrichtung $x$.

**2.4.4.8 Freie Scherschicht** Als approximatives Geschwindigkeitsprofil für eine Scherschicht können wir die Funktion $u_0(z) = \mathtt{tanh}(z)$ verwenden, wobei $z$ wie üblich auf ein Grenzschichtmaß $d$ und die Geschwindigkeit auf die Geschwindigkeit der Außenströmung $U_\infty$ in großem Abstand zur Scherschicht bezogen sind. Als Randbedingung im Rahmen der Stabilitätsanalyse ist zu fordern, daß die Störungen für große $|z|$ auf Null abklingen. Bereits die reibungsfreie Stabilitätsanalyse mit Hilfe der Rayleighgleichung (2.298) zeigt Instabilität, was in diesem Fall auf das Vorhandensein eines Wendepunkts in $u_0(z)$ zurückzuführen ist (vgl. Abbildung 2.27 rechts). Die Welleninstabilität der freien Scherschicht wird auch als *Kelvin–Helmholtz Instabilität* bezeichnet. Öfters wird

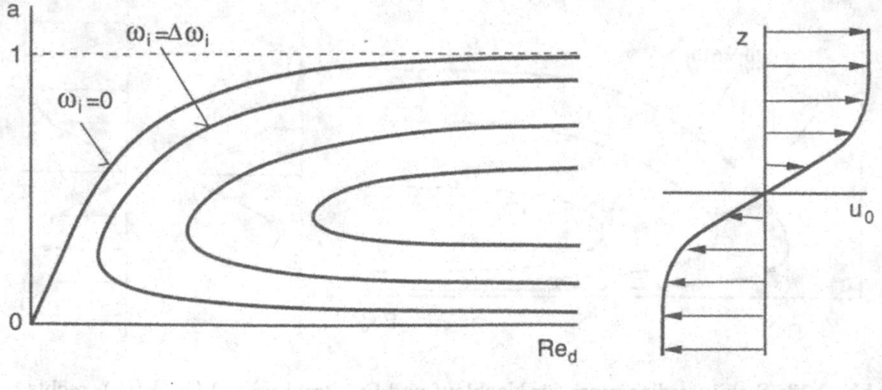


**Abb. 2.27**: Stabilitätsdiagramm für Scherschicht $u_0 = \mathtt{tanh}(z)$

darunter auch die Instabilität verstanden, die an der Trennfläche zweier Fluidschichten mit verschiedenen Geschwindigkeiten und Dichten entsteht. Wir wollen aber hier auch den speziellen Fall gleicher Dichten unter der Bezeichnung Kelvin-Helmholtz Instabilität einordnen.

Die Berücksichtigung der Reibungsterme und damit die Lösung der Orr–Sommerfeld Gleichung (2.291) führt zu dem Stabilitätsdiagramm (2.27) links, welches anzeigt, daß die Scherschicht für alle Reynoldszahlen $Re_d = U_\infty d/\nu$ instabil ist. Beginnend bei $Re_d = 0$ vergrößert sich mit zunehmender Reynoldszahl das Intervall instabiler Wellenzahlen $a$ zunächst sehr rasch um asymptotisch seine Maximalgröße für $Re_d \to \infty$ anzunehmen. Die zeitlichen Anfachungsraten $\omega_i$ fallen bei fester Wellenzahl $a$ mit abnehmender Reynoldszahl, d.h. zunehmendem Reibungseinfluß grundsätzlich ab. Im Gegensatz zur Grenzschichtströmung steigt der obere Ast der Indifferenzkurve mit größer werdender Reynoldszahl stets an. Der abfallende Rücken der Indifferenzkurve bei der Grenzschicht nach Abbildung 2.23 war als Charakteristikum für eine viskose Instabilität interpretiert worden. Demzufolge ist die Instabilität der freien Scherschicht keine viskose. Die viskose Reibung wirkt bei der Scherschicht der Instabilität entgegen. Interessant ist ferner, daß oberhalb $a = 1$ keine instabilen Störwellen auftreten. Für sehr kleine Wellenlängen $\lambda = 2\pi/a$ ist die Strömung danach grundsätzlich stabil.

**2.4.4.9 Nachlaufströmung, Freistrahl** Der ebene Freistrahl kann als Lösung der Grenzschichtgleichungen zu $u_0 = 1/\cosh^2(z)$ berechnet werden (vgl. Abbildung 2.28). Ziehen wir $u_0$ von 1 ab, so wird daraus ein Modell für eine Nachlaufströmung (vgl. Abbildung 2.28 rechts). Ersetzen wir zunächst in der Orr–Sommerfeld Gleichung (2.291) für $b = 0$ und $v_0 = 0$ das Geschwindigkeitsprofil $u_0$ gegen $-u_0$, so erhalten wir für negative $a$ die selben Ergebnisse wie mit dem Originalprofil $u_0(z)$. Ferner führt eine Addition von 1 zum Geschwindigkeitsprofil (bei reellen $a$) lediglich zu einer Frequenzverschiebung. Die zeitliche Anfachungsrate bleibt davon unberührt. Daraus schließen wir, daß der Freistrahl und der Nachlauf mit entsprechendem Defektprofil das gleiche Stabilitätsdiagramm $(a, Re_d)$ besitzen. Im Gegensatz zur Scherschicht ergibt sich für den Nachlauf und den Freistrahl eine kritische Reynoldszahl $Re_d^c = 4$. Auch

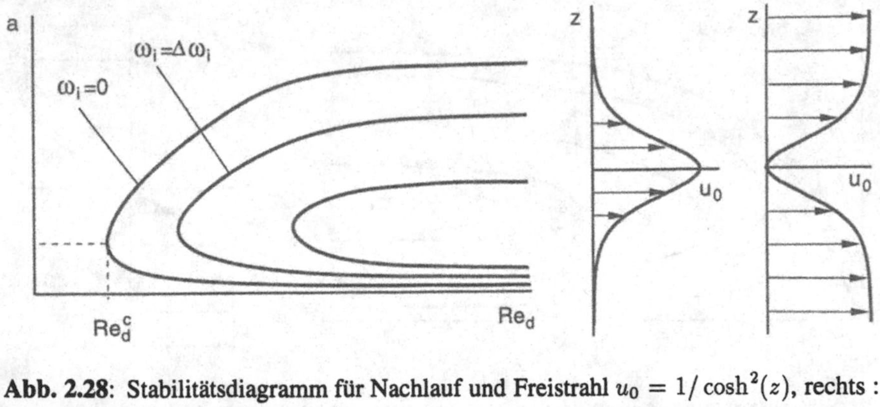


**Abb. 2.28**: Stabilitätsdiagramm für Nachlauf und Freistrahl $u_0 = 1/\cosh^2(z)$, rechts : Freistrahlprofil und Nachlaufprofil.

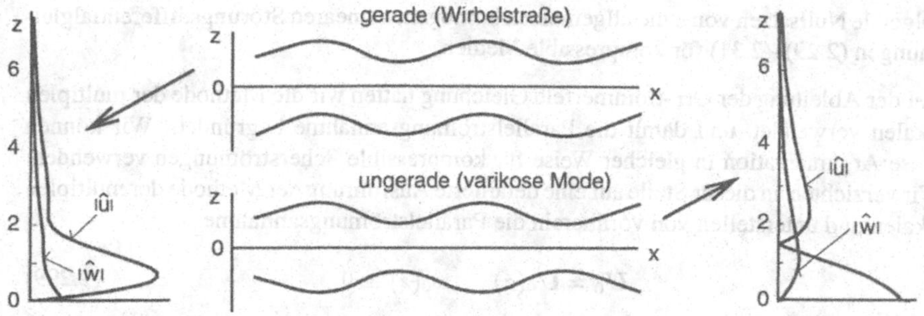


**Abb. 2.29**: Gerade (stark instabil) und ungerade (schwach instabil) Eigenfunktionen $|\hat{w}|$ (und $|\hat{u}|$) bei $Re_d = 100, a = 0.45$

hier gilt, daß der Reibungseinfluß dämpfend wirkt. Der Einfluß der Reynoldszahl ist nur für kleine $Re_d$, d.h. in der Größenordnung der kritischen Reynoldszahl wesentlich. Da $u_0$ symmetrisch in $z$ ist, wird auch die Orr–Sommerfeldgleichung symmetrisch. Daher können wir gerade und ungerade (bezogen auf $\hat{w}(z)$) Eigenfunktionen separat bestimmen. Beide Fälle sind in Abbildung 2.29 als Amplitudenverlauf der Eigenfunktionen $|\hat{u}|$, $|\hat{w}|$ und der jeweils dazugehörigen Schwingungsform gezeigt. Die gerade Eigenlösung entspricht der Ausbildung einer von Kármán'schen Wirbelstraße (Diagramm links) und besitzt wesentlich höhere Anfachungsraten als die ungerade, die auch *varikose Mode* genannt wird (Diagramm rechts). Die gerade Eigenlösung ist dementsprechend schon bei kleineren Reynoldszahlen instabil und bestimmt die kritische Reynoldszahl.

**2.4.4.10 Ergänzende Literatur** Scherströmungsinstabilitäten sind ausführlich im Buch von R. Betchov, W. Criminale jr. 1967 behandelt worden. P. Drazin, W. Reid 1982 geben auch umfassende mathematische Untersuchungen zu den Störungsdifferentialgleichungen von Scherströmungen an. Eine Darstellung der Stabilitätsanalyse mit ausgeführten Anwendungen für Grenzschichtströmungen sind sowohl in H. Schlichting 1982 als auch F. White 1974 zu finden. Eine Beschreibung der Stabilitätsanalyse mit besonderem Bezug zur Drehung hat F. Sherman 1990 vorgenommen.

### 2.4.5 Kompressibilität

Aus Gründen der einfachen Darstellung haben wir uns bislang auf die Stabilitätsanalyse inkompressibler Strömungen beschränkt. Tatsächlich muß bei zahlreichen technischen Strömungen, wie etwa der Tragflügelumströmung an Verkehrsflugzeugen die Kompressibilität der Luft berücksichtigt werden. Die Vorgehensweise bei der Ableitung der Störungsdifferentialgleichungen ändert sich auch hier nicht im Vergleich zu vorher. Die auf Stabilität zu untersuchende stationäre Grundströmung $\boldsymbol{U}_0 = {}^t(\rho_0, u_0, v_0, w_0, T_0)$ enthält jetzt lediglich die Dichte $\rho$ und die Temperatur $T$ als zusätzliche Variablen. Die Grundströmung wird mit einer kleinen Störung $\varepsilon\boldsymbol{U}' = \varepsilon{}^t(\rho', u', v', w', T')$ überlagert und $\boldsymbol{U} = \boldsymbol{U}_0 + \varepsilon\boldsymbol{U}'$ in die Erhaltungsgleichungen (2.16)–(2.18) eingesetzt. Entsprechend des unter 2.1.3 abgeleiteten Vorgehens ergibt das Differenzieren nach $\varepsilon$ und das darauf folgende Nullsetzen von $\varepsilon$ die allgemeinen homogenen linearen Störungsdifferentialgleichungen (2.29)–(2.31) für kompressible Medien.

Bei der Ableitung der Orr–Sommerfeld Gleichung hatten wir die Methode der multiplen Skalen verwendet, und damit die Parallelströmungsannahme begründet. Wir können diese Argumentation in gleicher Weise für kompressible Scherströmungen verwenden. Wir verzichten an dieser Stelle auf eine detailierte Ausführung der Methode der multiplen Skalen und unterstellen von vornherein die Parallelströmungsannahme

$$\boldsymbol{U}_0 = \boldsymbol{U}_0(z)\,, \quad w_0(z) \equiv 0 \tag{2.299}$$

Es sei darauf hingewiesen, daß infolge der Parallelströmungsannahme der Druck $p_0$ als über die Grenzschicht/Scherschicht konstant betrachtet werden kann, so daß nach (2.19) $\rho_0 = 1/T_0$ wird. Unsere Stabilitätsanalyse hat damit wie früher einen lokalen Charakter. Die räumlichen Koordinaten sind, so wie im inkompressiblen Fall besprochen, dann hier als kurzskalige Koordinaten zu verstehen. Auf eine spezielle Kennzeichnung durch das Tilde–Symbol wollen wir hier aber verzichten. Wir erhalten nach einigem elementaren Rechnen am Ende unser Störungsdifferentialgleichungssystem

$$\boldsymbol{L}[\boldsymbol{U}'] = \boldsymbol{0} \tag{2.300}$$

Der Differentialausdruck $\boldsymbol{L}[\boldsymbol{U}'] := {}^t(L_\rho, L_u, L_v, L_w, L_T)[\boldsymbol{U}']$ lautet dabei im einzelnen

$$\begin{aligned}
L_\rho[\boldsymbol{U}'] &= L_{\rho\rho}[\rho'] + L_{\rho u}[u'] + L_{\rho v}[v'] + L_{\rho w}[w'] + L_{\rho T}[T'] \\
L_{\rho\rho} &= \tfrac{\partial}{\partial t} + u_0\tfrac{\partial}{\partial x} + v_0\tfrac{\partial}{\partial y} \\
L_{\rho u} &= \rho_0\tfrac{\partial}{\partial x} \\
L_{\rho v} &= \rho_0\tfrac{\partial}{\partial y} \\
L_{\rho w} &= \rho_0\tfrac{\partial}{\partial z} + \tfrac{d\rho_0}{dz} \\
L_{\rho T} &= 0
\end{aligned} \tag{2.301}$$

$$\begin{aligned}
L_u[\boldsymbol{U}'] &= L_{u\rho}[\rho'] + L_{uu}[u'] + L_{uv}[v'] + L_{uw}[w'] + L_{uT}[T'] \\
L_{u\rho} &= (\kappa M_\infty^2)^{-1}T_0\tfrac{\partial}{\partial x} \\
L_{uu} &= \rho_0\left[\tfrac{\partial}{\partial t} + u_0\tfrac{\partial}{\partial x} + v_0\tfrac{\partial}{\partial y}\right] - Re_d^{-1}\left[\mu_0(\tfrac{1}{3}\tfrac{\partial^2}{\partial x^2} + \Delta) + (\tfrac{d\mu}{dT})_0\tfrac{dT_0}{dz}\tfrac{\partial}{\partial z}\right] \\
L_{uv} &= -Re_d^{-1}\tfrac{1}{3}\mu_0\tfrac{\partial^2}{\partial x\partial y} \\
L_{uw} &= \rho_0\tfrac{du_0}{dz} - Re_d^{-1}\left[\tfrac{1}{3}\mu_0\tfrac{\partial^2}{\partial x\partial z} + (\tfrac{d\mu}{dT})_0\tfrac{dT_0}{dz}\tfrac{\partial}{\partial x}\right] \\
L_{uT} &= (\kappa M_\infty^2)^{-1}\rho_0\tfrac{\partial}{\partial x} - Re_d^{-1}\left[(\tfrac{d\mu}{dT})_0(\tfrac{d^2u_0}{dz^2} + \tfrac{du_0}{dz}\tfrac{\partial}{\partial z}) + (\tfrac{d^2\mu}{dT^2})_0\tfrac{dT_0}{dz}\tfrac{du_0}{dz}\right]
\end{aligned} \tag{2.302}$$

$$\begin{aligned}
L_v[\boldsymbol{U}'] &= L_{v\rho}[\rho'] + L_{vu}[u'] + L_{vv}[v'] + L_{vw}[w'] + L_{vT}[T'] \\
L_{v\rho} &= (\kappa M_\infty^2)^{-1}T_0\tfrac{\partial}{\partial y} \\
L_{vu} &= -Re_d^{-1}\tfrac{1}{3}\mu_0\tfrac{\partial^2}{\partial x\partial y} \\
L_{vv} &= \rho_0\left[\tfrac{\partial}{\partial t} + u_0\tfrac{\partial}{\partial x} + v_0\tfrac{\partial}{\partial y}\right] - Re_d^{-1}\left[\mu_0(\tfrac{1}{3}\tfrac{\partial^2}{\partial y^2} + \Delta) + (\tfrac{d\mu}{dT})_0\tfrac{dT_0}{dz}\tfrac{\partial}{\partial z}\right] \\
L_{vw} &= \rho_0\tfrac{dv_0}{dz} - Re_d^{-1}\left[\tfrac{1}{3}\mu_0\tfrac{\partial^2}{\partial y\partial z} + (\tfrac{d\mu}{dT})_0\tfrac{dT_0}{dz}\tfrac{\partial}{\partial y}\right] \\
L_{vT} &= (\kappa M_\infty^2)^{-1}\rho_0\tfrac{\partial}{\partial y} - Re_d^{-1}\left[(\tfrac{d\mu}{dT})_0(\tfrac{d^2v_0}{dz^2} + \tfrac{dv_0}{dz}\tfrac{\partial}{\partial z}) + (\tfrac{d^2\mu}{dT^2})_0\tfrac{dT_0}{dz}\tfrac{dv_0}{dz}\right]
\end{aligned} \tag{2.303}$$

$$L_w[\boldsymbol{U}'] = L_{w\rho}[\rho'] + L_{wu}[u'] + L_{wv}[v'] + L_{ww}[w'] + L_{wT}[T'] \tag{2.304}$$

$$
\begin{aligned}
L_{w\rho} &= (\kappa M_\infty^2)^{-1}\left[T_0\frac{\partial}{\partial z}+\frac{dT_0}{dz}\right]\\
L_{wu} &= Re_d^{-1}\left[\frac{2}{3}\left(\frac{d\mu}{dT}\right)_0\frac{dT_0}{dz}\frac{\partial}{\partial x}-\frac{1}{3}\mu_0\frac{\partial^2}{\partial x\partial z}\right]\\
L_{wv} &= Re_d^{-1}\left[\frac{2}{3}\left(\frac{d\mu}{dT}\right)_0\frac{dT_0}{dz}\frac{\partial}{\partial y}-\frac{1}{3}\mu_0\frac{\partial^2}{\partial y\partial z}\right]\\
L_{ww} &= \rho_0\left[\frac{\partial}{\partial t}+u_0\frac{\partial}{\partial x}+v_0\frac{\partial}{\partial y}\right]-Re_d^{-1}\left[\mu_0\left(\frac{1}{3}\frac{\partial^2}{\partial z^2}+\Delta\right)+\frac{4}{3}\left(\frac{d\mu}{dT}\right)_0\frac{dT_0}{dz}\frac{\partial}{\partial z}\right]\\
L_{wT} &= (\kappa M_\infty^2)^{-1}\left[\rho_0\frac{\partial}{\partial z}+\frac{d\rho_0}{dz}\right]-Re_d^{-1}\left(\frac{d\mu}{dT}\right)_0\left[\frac{du_0}{dz}\frac{\partial}{\partial x}+\frac{dv_0}{dz}\frac{\partial}{\partial y}\right]
\end{aligned}
$$

$$
\begin{aligned}
L_T[\boldsymbol{U}'] &= L_{T\rho}[\rho']+L_{Tu}[u']+L_{Tv}[v']+L_{Tw}[w']+L_{TT}[T'] \qquad (2.305)\\
L_{T\rho} &= 0\\
L_{Tu} &= (\kappa-1)\left[\frac{\partial}{\partial x}-2\kappa M_\infty^2 Re_d^{-1}\mu_0\frac{du_0}{dz}\frac{\partial}{\partial z}\right]\\
L_{Tv} &= (\kappa-1)\left[\frac{\partial}{\partial y}-2\kappa M_\infty^2 Re_d^{-1}\mu_0\frac{dv_0}{dz}\frac{\partial}{\partial z}\right]\\
L_{Tw} &= \rho_0\frac{dT_0}{dz}+(\kappa-1)\left[\frac{\partial}{\partial z}-2\kappa M_\infty^2 Re_d^{-1}\mu_0\left(\frac{du_0}{dz}\frac{\partial}{\partial x}+\frac{dv_0}{dz}\frac{\partial}{\partial y}\right)\right]\\
L_{TT} &= \rho_0\left[\frac{\partial}{\partial t}+u_0\frac{\partial}{\partial x}+v_0\frac{\partial}{\partial y}\right]-\kappa(\kappa-1)M_\infty^2 Re_d^{-1}\left(\frac{d\mu}{dT}\right)_0\left[\left(\frac{du_0}{dz}\right)^2+\left(\frac{dv_0}{dz}\right)^2\right]-\\
&\quad \kappa(Pr Re_d)^{-1}\left[\lambda_0\Delta+\left(\frac{d\lambda}{dT}\right)_0\left[\frac{d^2T_0}{dz^2}+2\frac{dT_0}{dz}\frac{\partial}{\partial z}\right]+\left(\frac{d^2\lambda}{dT^2}\right)_0\left(\frac{dT_0}{dz}\right)^2\right]
\end{aligned}
$$

worin $\Delta := \frac{\partial^2}{\partial x^2}+\frac{\partial^2}{\partial y^2}+\frac{\partial^2}{\partial z^2}$ den Laplace–Operator darstellt.

**2.4.5.1 Randbedingungen** Indem wir nun gegenüber dem inkompressiblen Fall eine zusätzliche Variable (z.B. Temperaturstörung $T'$) vorliegen haben, sind wir darauf angewiesen, weitere Randbedingungen zu formulieren. Wir setzen voraus, daß an Fernfeldrändern sämtliche Störungen auf Null abgeklungen sind.

$$
\rho'(z\to\infty)=0,\ u'(z\to\infty)=0,\ v'(z\to\infty)=0,\ w'(z\to\infty)=0,\ T'(z\to\infty)=0 \qquad (2.306)
$$

An festen Rändern $z_r$ fordern wir neben der Haft– und kinematischen Strömungsbedingung das Verschwinden der Temperaturstörung $T'(z_r)=0$. Diese Bedingung fordern wir sogar, wenn die Wand wärmeundurchlässig (adiabat) ist. Wir unterstellen damit, daß die Wand thermisch so "träge" ist, daß sie die störungsinduzierten Temperaturschwankungen nicht mitmacht. Für die Dichtestörung darf keine explizite Randbedingung gefordert werden, da sie nur in erster Ableitung nach $z$ in den Gleichungen vorkommt. Stattdessen wird die Dichtestörung an der Position $z = z_r$ aus der Kontinuitätsgleichung (2.301) berechnet.

**2.4.5.2 Allgemeine Bemerkungen** Im kompressiblen Fall können die Variablen nicht so wie im inkompressiblen Fall in eine Gleichung (Orr–Sommerfeld Gleichung) für eine Unbekannte eliminiert werden. Auch eine Squire-Transformation, die es bei den inkompressiblen Strömungen ermöglichte, den dreidimensionalen Fall in einen äquivalenten zweidimensionalen Fall umzurechen, gibt es für die kompressiblen Gleichungen nicht. Wir bleiben daher darauf angewiesen, das obige Gleichungssystem in der vorliegenden Form (i.d.R. numerisch) zu lösen. Überdies ist auch das Squire Theorem im vorliegenden Fall nicht gültig, so daß bei kompressiblen Strömungen nicht davon ausgegangen werden kann, daß bei zweidimensionalen Grundströmungen $u_0, v_0 = 0$ die kritische Reynoldszahl durch eine genau stromablaufende Welle bestimmt wird.

Da die Koeffizienten des Gleichungssystems (2.300) keine explizite Abhängigkeit von $x$, $y$, oder $t$ aufweisen, darf ein entsprechender Separationsansatz gemacht werden:

$$\begin{pmatrix} \rho'(x,y,z,t) \\ u'(x,y,z,t) \\ v'(x,y,z,t) \\ w'(x,y,z,t) \\ T'(x,y,z,t) \end{pmatrix} = \exp(iax + iby - i\omega t) \begin{pmatrix} \hat{\rho}(z) \\ \hat{u}(z) \\ \hat{v}(z) \\ \hat{w}(z) \\ \hat{T}(z) \end{pmatrix} \tag{2.307}$$

Wird dieser in (2.301)–(2.305) eingeführt, so verbleibt ein homogenes gewöhnliches Differentialgleichungssystem in $z$, daß i.d.R. numerisch gelöst werden muß. Die einzelnen Gleichungen des vorliegenden Systems können nicht so ineinander eingesetzt werden, daß (wie im inkompressiblen Fall) sich das Problem auf eine Gleichung für eine Unbekannte reduziert. Wir haben daher ein System von homogenen Differentialgleichungen numerisch zu lösen. Das in Anhang A.3 zur Lösung der Orr–Sommerfeld Gleichung besprochene numerische Verfahren kann dazu in gleicher Form verwendet werden.

**2.4.5.3 Wendepunktkriterium** Ähnlich wie bei der Stabilitätsanalyse inkompressibler Strömungen (vgl. 2.4.4.3) kann für kompressible Strömungen ein hinreichendes Kriterium zur reibungsfreien Instabilität angegeben werden. Danach hat ein instabiles Geschwindigkeitsprofil einen sog. *verallgemeinerten Wendepunkt* $z_w$:

$$\frac{d}{dz}\left(\rho_0 \frac{du_0}{dz}\right)(z = z_w) = 0 \quad \Longleftarrow \quad \text{reibungsfreie Instabilität} \tag{2.308}$$

Dabei ist vorausgesetzt, daß für die Phasengeschwindigkeit $c = \omega_r/a_r$ der betreffenden instabilen Störwelle die Einschränkung $c > 1 - 1/M_\infty$ gilt, und $u_0(z_w) > 1 - 1/M_\infty$ ist. Außerdem ist dabei unterstellt, daß die relative Machzahl

$$\hat{M}(z) := |M_0(z) - c| \tag{2.309}$$

mit $M_0(z) = u_0(z)/a_0(z)$ und $a_0(z)^2 = \kappa RT_0(z)$ in der ganzen Strömung die Bedingung $\hat{M}(z) < 1$ erfüllt. Viele numerische Berechnungen haben aber überdies gezeigt, daß (2.308) auch für Fälle gilt, in denen $\hat{M} > 1$ auftritt.

**2.4.5.4 Kriterium von Mack** Für Grundströmungen $u_0$ mit hinreichend hoher Machzahl $M_\infty$ treten neben den aus dem Inkompressiblen bekannten Instabilitäten (Tollmien–Schlichting Wellen) zusätzliche Instabilitäten auf, die ihre Ursache ausschließlich in der Kompressiblität der Strömung haben. Diese Instabilitäten werden auch *Störungen zweiter Ordnung* oder *Mack–Moden* genannt. Es kann gezeigt werden, daß unter Vernachlässigung des Reibungseinflusses auf die Störungen die Mack'schen Instabilitäten dann auftreten, wenn ein Gebiet $\hat{z} \in [z_1, z_2]$ im Strömungsfeld existiert, in dem gilt :

$$\hat{M}(\hat{z}) \overset{!}{>} 1 \tag{2.310}$$

Wir wollen kurz abschätzen, ab welcher Machzahl $M_\infty$ sichergestellt ist, daß Mack'sche Moden in der ebenen Grenzschichtströmung entlang der wärmeisolierten (adiabaten)

Platte auftreten. Eine Abschätzung nach oben dieser Machzahl ist offenbar gegeben, wenn wir sicherstellen, daß die Bedingung (2.310) für eine Störwelle mit beliebiger Phasengeschwindigkeit $c$ erfüllt ist. Betrachten wir zuerst die Relativgeschwindigkeit $|u_0(z) - c|$ zwischen der Grundströmung und einer Störwelle, so erkennen wir, daß oberhalb der Grenzschichtdicke $z > \delta$ diese sich nicht mehr ändert. Wir interessieren uns weiterhin also nur noch für die Verhältnisse innerhalb der Grenzschicht. Unsere Grenzschichtströmung innerhalb der Grenzschicht $\delta$ nehmen wir vereinfachend linear an : $u_0(z \leq \delta) \approx z/\delta$, $u_0(z > \delta) = 1$; das Temperaturprofil bei adiabater Wand beschreiben wir approximativ als Parabelprofil $T_0(z \leq \delta) \approx 1 + [1 - (z/\delta)^2](T_{ad} - 1)$, $T_0(z > \delta) = 1$ und die adiabate Wandtemperatur $T_{ad}$ berechnet sich mit Hilfe des recovery Faktors bei laminarer Strömung $r \approx \sqrt{Pr}$ zu $T_{ad} = 1 + r(\kappa - 1)M_\infty^2/2$. Mit diesen Voraussetzungen ist der Verlauf der relativen Machzahl in der Grenzschicht

$$\hat{M}^2 \approx \frac{(z/\delta - c)^2 M_\infty^2}{1 + r(\kappa - 1)M_\infty^2\,[1 - (z/\delta)^2]\,/2}$$

Es läßt sich sofort einsehen, daß der so abgeschätzte Verlauf nur eine einzige Nullstelle in $z$ besitzt und diese gleichfalls das einzige lokale Minimum in der Grenzschicht darstellt. Damit entstehen die größten Werte von $\hat{M}^2$ offenbar an den Rändern $z/\delta = 0$ und $z/\delta = 1$. Daher werden die kleinsten relativen Machzahlen erreicht, wenn $\hat{M}^2(z/\delta = 0) \stackrel{!}{=} \hat{M}^2(z/\delta = 1)$. Daraus entnehmen wir $c = [2 + r(\kappa - 1)M_\infty^2 - \sqrt{4 + 2r(\kappa - 1)M_\infty^2}\,]/[r(\kappa-1)M_\infty^2]$ und aus der Bedingung $\hat{M}^2(z/\delta = 0) = \hat{M}^2(z/\delta = 1) \stackrel{!}{=} 1$ finden wir schließlich die minimale Machzahl $M_\infty$, bei der für jede beliebige Störwelle ein Gebiet mit $\hat{M} \geq 1$ existiert. Diese Machzahl ist $M_\infty = 4/[2 - r(\kappa - 1)] \approx 2.4$ für $Pr = 0.71$ und $\kappa = 1.4$, also Luft. Die exakte Lösung des Problems liefert Mack–Moden bereits für Machzahlen ab etwa $M_\infty \approx 2.2$ bei der adiabaten Plattengrenzschicht, so daß unsere Abschätzung offenbar gut funktioniert hat.

Man beachte, daß analoge, aber einfachere Überlegungen für die freie Scherschicht $u_0 \approx \tanh(z)$ ergeben, daß hier bereits für $M_\infty = |M(z \to \pm\infty)| > 1$ das Mack'sche Kriterium (2.310) erfüllt ist. Die freie Scherschicht erweist sich also nicht nur gegenüber inkompressiblen Störungen (vgl. Abbildung 2.27), sondern auch gegenüber den kompressiblen Instabilitätswellen als besonders empfindlich.

**2.4.5.5 Machzahleinfluß** Uns wird vornehmlich der Einfluß der Machzahl $M_\infty$ auf die Stabilität einer Strömung interessieren. Dieser Einfluß ist vielschichtig und kann nicht auf einfache Weise angegeben werden. Wir zeichnen ein prinzipielles Bild der Veränderung der Indifferenzkurven im Wellenzahl–Reynoldszahl Diagramm bei sukzessiver Erhöhung der Machzahl für die adiabate Plattengrenzschicht ohne Druckgradient. Das verallgemeinerte Wendepunktkriterium 2.4.5.3 zeigt sich nach Abbildung 2.30 oben durch einen für große Reynoldszahlen gegen eine feste Wellenzahl $\tilde{\alpha}_\infty \neq 0$ strebenden oberen Ast der Indifferenzkurve. Zur Erinnerung strebten beide Äste der Indifferenzkurve bei der inkompressiblen Plattengrenzschicht ohne Druckgradient gegen Null (vgl. Abbildung 2.22). Ab einer Machzahl von etwa $M_\infty = 2,2$ erscheinen zusätzlich Mack-Moden, so wie in 2.30 links angedeutet.

Die Rechnungen von Mack ergaben, daß ab einer Machzahl $M_\infty \approx 4$ bei gegebener Reynoldszahl die Mack–Mode die am stärksten angefachte Instabilität darstellt. Es sei angemerkt, daß bei weiterer Erhöhung der Machzahl sukzessive immer neue zusätzliche Mack–Moden entstehen. Die Reibung wirkt grundsätzlich dämpfend auf die Mack-Moden; daher steigen ihre Anfachungsraten $\omega_i$ mit der Reynoldszahl. Die Mack–Moden zeichnen sich gegenüber den Tollmien–Schlichting Wellen (Störungen des Drehungsfeldes) neben ihrer Kurzwelligkeit durch hohe Frequenz $\omega_r$ und Phasengeschwindigkeit $c$ aus. Eine Erhöhung der Machzahl verkleinert i.d.R. die Anfachungsraten der Tollmien–Schlichting Welle. Dieses gilt im Falle sehr großer Machzahlen ($M_\infty > 5$) ebenfalls für die Mack–Moden.

Die kritische Reynoldszahl $Re_d^c$ wird für Machzahlen $M_\infty < 4.5$ durch Tollmien–Schlichting Wellen bestimmt (Abbildung 2.30). Bei supersonischen Machzahlen ist die entsprechende kritische Störung eine schräglaufende Welle. Hieran ist ersichtlich, daß das im Inkompressiblen gültige Squire Theorem, nach dem die kritische Störung immer zweidimensional ist, hier nicht gilt. Im hohen Machzahlbereich legen die Mack–Moden die kritische Reynoldszahl fest. Sie sinkt mit steigender Machzahl, unabhängig davon, ob sie durch Tollmien–Schlichting Wellen oder Mack–Moden bestimmt ist. Somit stellen wir fest, daß bei erhöhten Machzahlen Störungen schon bei kleineren kritischen

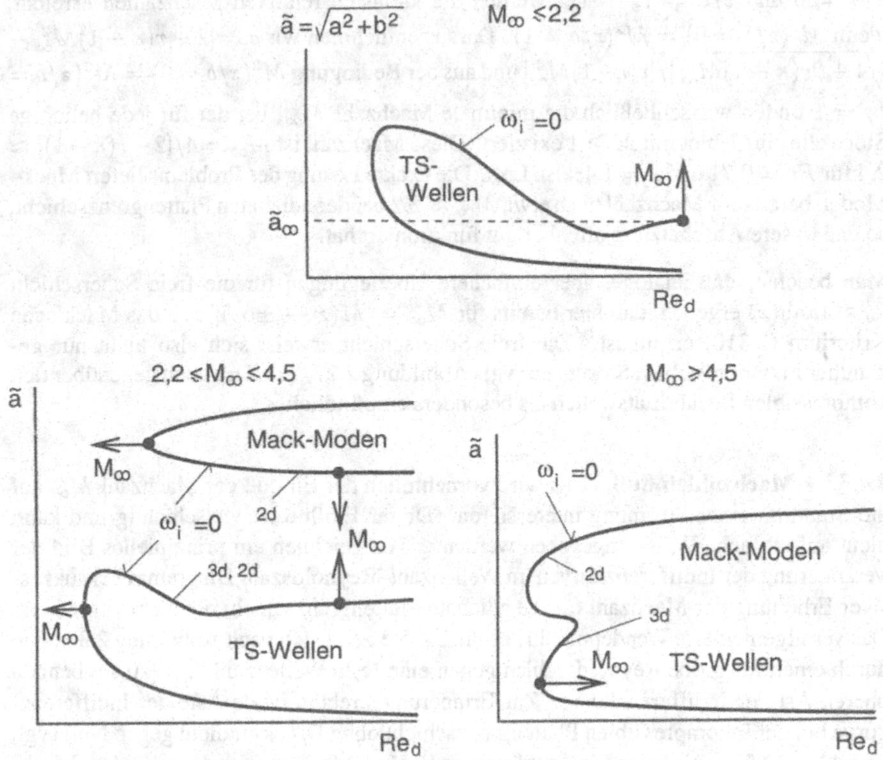


**Abb. 2.30**: Stabilitätsdiagramme für kompressible Plattengrenzschicht, adiabate Wand bei verschiedenen Machzahlen. Die Pfeile deuten die Bewegung der Indifferenzkurven für ansteigende Machzahl an.

Reynoldszahlen instabil werden, in der Folge aber schwächer aufklingen.

**2.4.5.6 Wandtemperatur** Die Bedeutung der Wandtemperatur für die Grenzschichtinstabilitäten ist in 2.4.4.5 besprochen worden. Danach wirkt eine Wandkühlung stabilisierend auf Tollmien–Schlichting Wellen. Ganz anders verhält es sich mit den Mack–Moden, deren Anfachungsraten bei Wandkühlung eher anwachsen. Dieser Einfluß ist dann verständlich, wenn wir uns daran erinnern, daß das Erscheinen der Mack–Moden mit der Existenz von Gebieten mit einer Relativmachzahl $\hat{M} > 1$ (2.309) einhergeht. Die Wandkühlung verringert die lokale Schallgeschwindigkeit und sorgt somit für eine Vergrößerung von $\hat{M}$.

**2.4.5.7 Ergänzende Literatur** Die ersten umfangreichen Betrachtungen zur Stabilität kompressibler Strömungen sind von L. Lees, C. Lin 1946, vgl. auch C. Lin 1955, vorgestellt worden. Die Arbeit von L. Mack 1969 hat das heutige Verständnis zum Stabilitätsverhalten kompressibler Strömungen wesentlich geprägt. Diese Untersuchungen sind ebenfalls in L. Mack 1984 zusammengefasst.

## 2.5 Anregung und Ausbreitung von Störungen

Wir haben uns bisher entweder mit der zeitlichen *oder* räumlichen Entwicklung von kleinen Störungen beschäftigt. Wir haben uns dabei auch nicht dafür interessiert, wie die Störungen zustande kamen, sondern sie als vorhandene, physikalisch mögliche vorausgesetzt. Das hatte uns mathematisch zu Eigenwertproblemen geführt. Tatsächlich aber entsteht eine Störung an einem physikalischen Ort zu einer bestimmten Zeit und entwickelt sich dann *zeitlich und räumlich.*

Bei dem Vorhaben etwa, eine Strömung gezielt aktiv zu beeinflussen, wird die Information über das räumliche Einflußgebiet einer an bestimmter Stelle aufgebrachten instabilen Störung (bzw. Beeinflussung) große Bedeutung haben. Wir hatten unter 1.3, vgl. auch Abbildung 1.17, diese Fragestellung bereits phänomenologisch eingeführt. Es interessieren hauptsächlich zwei prinzipiell unterschiedliche Formen der Störanregung. Ihnen gemeinsam ist zunächst, daß die Störanregung in einem räumlich begrenzten Gebiet stattfindet. Denn jede physikalisch realistische Störanregung findet lokal statt. Darüberhinaus werde die Anregung erst ab einem bestimmten Zeitpunkt $t = 0$ eingeschaltet.

Einerseits könnte die Störanregung am Ort ihrer Einleitung für $t > 0$ andauern, also z.B. sinusoidal in der Zeit $t$ bei fester gewählter Frequenz $\omega_G$ sein. Nach einem entsprechenden Einschwingvorgang könnten wir dann unter Umständen, die im folgenden abgeleitet werden, einen quasistationären, eingeschwungenen Zustand erwarten. Solche Untersuchungen sind wichtig im Zusammenhang mit der Berechnung einer aktiven Störungsbeeinflussung in instabilen Strömungen. Als Beispiel eines solchen Anregungsfalls betrachten wir nach Abbildung 2.31 das berühmte Experiment von G. SCHUBAUER UND H. SKRAMSTAD 1947, in dem erstmals Tollmien–Schlichting Wellen in der Grenzschicht der ebenen Platte nachgewiesen wurden. Schubauer und Skramstad benutzten ein in spannweitenrichtung plattenparallel gespanntes, mit fester Frequenz $\omega_G$ vertikal schwingendes dünnes Band zur Anregung der Störwellen. Sie beobachteten an verschiedenen

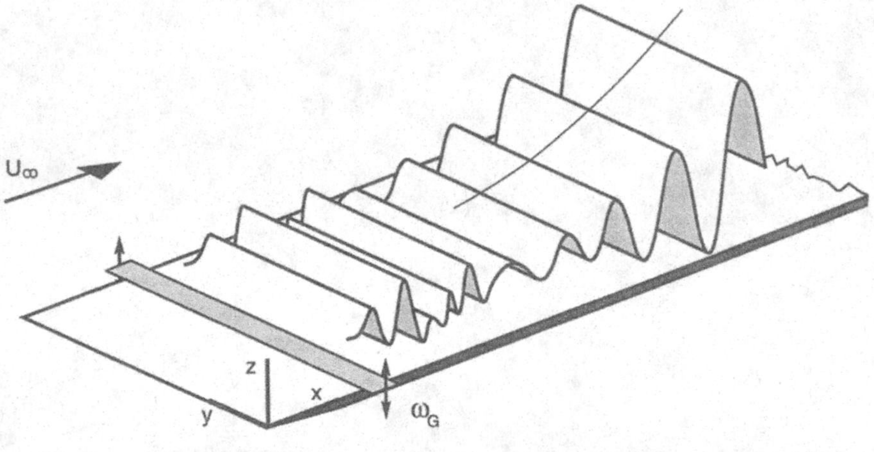


**Abb. 2.31**: Lokale Störung der Grundströmung durch mit konstanter Frequenz $\omega_G$ schwingendes Band.

Positionen stromab der Störungseinleitung stromablaufende Wellen mit räumlich anwachsender Amplitude. Es ist offensichtlich, daß diese Wellen, nicht so wie im Rahmen der zeitlichen Stabilitätstheorie unterstellt, räumlich periodisch, auch *monochromatisch* waren, denn sie zeigten sich nur stromab des schwingenden Bandes und besaßen keine konstante Amplitude. Die Stabilitätsanalyse hatte zeitliche Anfachungsraten $\omega_i$ ergeben, während Schubauer und Skramstad es offenbar mit räumlichen Anfachungsraten $a_i$ zu tun hatten. Mit Hilfe einer näherungsweise gültigen Transformation, die weiter unten besprochen wird, gelang es zwar, die zeitliche in die räumliche Anfachung mit Erfolg umzurechnen. Die Mittel zur einer theoretisch exakten Beschreibung des Experiments reichen indes mit der bisher abgeleiteten Theorie der Welleninstabilitäten noch nicht aus. Diese Theorie gab uns lediglich die möglichen Eigenformen des Systems, ohne danach zu fragen, wie diese angeregt werden. Wir müssen nunmehr die Anfangsbedingung und die tatsächliche Form der Anregung berücksichtigen. Wir werden aber weiter unten sehen, daß ein enger Zusammenhang zwischen der klassischen Analyse von monochromatischen Welleninstabilitäten und dem vorliegenen Anfangs–Randwertproblem besteht.

Die räumlich lokale Störanregung könnte andererseits ebenfalls zeitlich lokal sein. Die Grundströmung wird in diesem Fall lokal "angestoßen" und danach sich selbst überlassen. Bei diesem Fall der Störanregung interessieren wir uns dafür, ob entsprechend der Abbildung 1.17 das hiermit eingebrachte Gebiet, in dem die zeitlich anwachsende Störenergie lokalisiert ist, fortgeschwemmt wird oder den Ort der Störungseinleitung auf Dauer weiter beeinflußt. Die erstere Situation ist in der Abbildung 2.32 bei pulsförmiger Anregung durch ein Plättchen (dreidimensionales Wellenpaket) und in 2.33 bei pulsförmiger Anregung durch ein Band (zweidimensionales Wellenpaket) skizziert. Speziell im Falle der Anregung und Ausbreitung von dreidimensionalen Wellenpaketen interessiert der Winkelbereich, der von der instabilen Störung erfasst wird. Dieser "Spreizungswinkel" ist ein Charakteristikum der Grundströmung an der betrachteten Stelle. Es soll zunächst

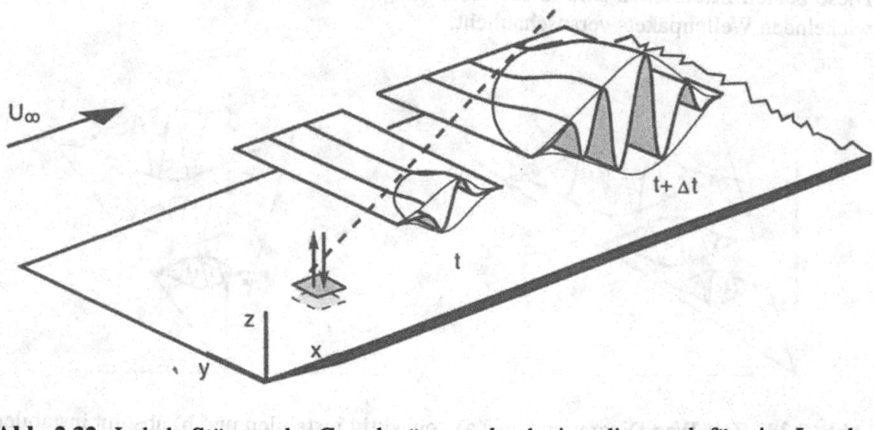


**Abb. 2.32**: Lokale Störung der Grundströmung durch einmalige punktförmige Impulsanregung (3–d Wellenpaket).

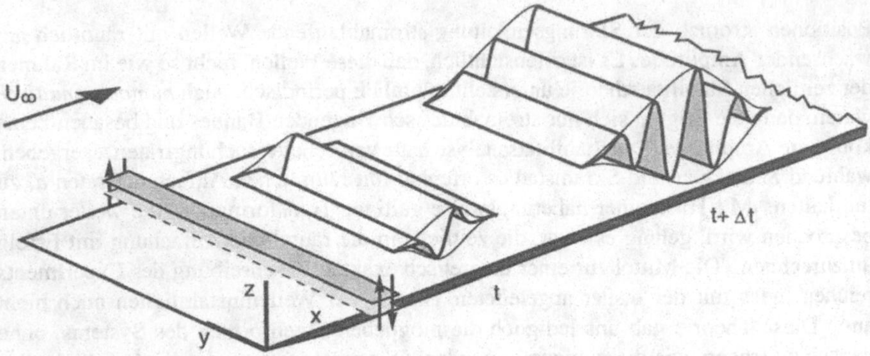


**Abb. 2.33**: Lokale Störung der Grundströmung durch einmalige Impulsanregung mit Band (2–d Wellenpaket).

reichen, nach dem Aufbringen einer solchen lokalen Störung ihr Aussehen nach langer Zeit zu betrachten. Denn aus diesem *zeitasymptotischen* Verhalten der Störung gewinnen wir die Information darüber, welche Orte sie auf Dauer erfaßt. Wir führen Begriffe für die zwei prinzipiell verschiedenen räumlich-zeitlichen Entwicklungen der aufgebrachten Störung ein :

- Die aufklingende Störung verläßt den Ort ihrer Entstehung auf Dauer. Wir nennen dieses Verhalten *lokal konvektiv instabil*
- Die aufklingende Störung verläßt den Ort ihrer Entstehung nicht und wächst dort auf Dauer immer weiter an. Dieses Verhalten bezeichnen wir mit *lokal absolut instabil.*

Diese beiden Situationen sind in der Abbildung 2.34 in Form eines sich zeitlich entwickelnden Wellenpakets veranschaulicht.

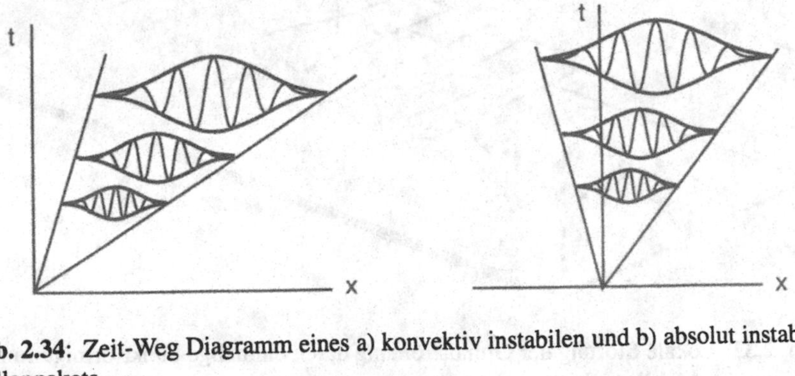


**Abb. 2.34**: Zeit-Weg Diagramm eines a) konvektiv instabilen und b) absolut instabilen Wellenpakets.

### 2.5.1 Mathematische Beschreibung

Die mathematische Beschreibung von konvektivem und absolutem Instabilitätsverhalten ist von erstmals von R. BRIGGS 1964 im Zusammenhang mit Plasma-Elektronenstrahl Wechselwirkungen vollständig formuliert worden. Die vorliegende Darstellung ist an die Briggs'sche angelehnt.

**2.5.1.1 Ableitung der Störungsdifferentialgleichungen** Zunächst müssen wir uns die das lineare Störverhalten räumlich und zeitlich beschreibenden Differentialgleichungen beschaffen. Genau wie bei der Herleitung der Orr-Sommerfeld Gleichung legen wir uns eine stationäre, Grundlösung $\boldsymbol{v}_0$, $\boldsymbol{\nabla} p_0$ der Navier-Stokesgleichungen mit der Form

$$\boldsymbol{v}_0(z) = {}^t(u_0, v_0, 0) \quad ; \quad p_0 = p_{0c} + p_{0x} \cdot x + p_{0y} \cdot y \quad ; \quad \boldsymbol{\nabla} p_0 = \text{const} \tag{2.311}$$

vor. Wir gehen also wieder davon aus, wir hätten es lokal mit einer Parallelströmung zu tun. Da wir hier nur den inkompressiblen Fall behandeln wollen, tritt der Druck $p_0$ nur als Gradient in den Navier-Stokes Gleichungen auf. Wir dürfen daher sagen, unsere Grundlösung sei $\boldsymbol{v}_0$, $\boldsymbol{\nabla} p_0$ und damit unabhängig von $t, x, y$. Diese Richtungen sind deshalb homogen.

Ohne Störungen würde unsere Grundströmung für alle Zeiten in ihrem Zustand verbleiben. Gleichwohl wollen wir annehmen, sie sei zeitlich instabil (Ergebnis einer zeitlichen Stabilitätsanalyse). Zum Zeitpunkt $t = 0$ beginnen wir, diesen Grundzustand durch Anbringen einer lokalen Störquelle mit kleiner Amplitude (mathematisch infinitesimal) zu stören. Diese Störquelle besteht aus einem Störvolumenstrom $G_\rho$ (zur Beschreibung lokalen Ausblasens oder Absaugens), und dem Störkraftvektor $\boldsymbol{G} = {}^t(G_u, G_v, G_w)$ :

$$\begin{aligned} &\boldsymbol{\nabla} \cdot (\boldsymbol{v}_0 + \varepsilon \boldsymbol{v}') = \varepsilon G_\rho \\ &\frac{\partial(\boldsymbol{v}_0 + \varepsilon \boldsymbol{v}')}{\partial t} + (\boldsymbol{v}_0 + \varepsilon \boldsymbol{v}') \cdot \boldsymbol{\nabla}(\boldsymbol{v}_0 + \varepsilon \boldsymbol{v}') + \boldsymbol{\nabla}(p_0 + \varepsilon p') - Re_d^{-1} \boldsymbol{\Delta}(\boldsymbol{v}_0 + \varepsilon \boldsymbol{v}') = \varepsilon \boldsymbol{G} , \end{aligned} \tag{2.312}$$

wo wir, wie früher, einen Störansatz $\boldsymbol{v} = \boldsymbol{v}_0 + \varepsilon \boldsymbol{v}'$, $p = p_0 + \varepsilon p'$ in die Navier-Stokes Gleichungen eingesetzt haben. Die Störvektorfunktionen $G_\rho(t, x, y, z)$, $\boldsymbol{G}(t, x, y, z)$ seien, nur auf einem räumlich begrenzten Gebiet von Null verschieden, z.B. $(G_\rho, \boldsymbol{G}) = g_t(t)\ \delta(x)\ \delta(y)\ (f_{z\rho}(z), \boldsymbol{f}_z(z))$ ($x, y$-räumlicher Störimpuls). Nach dem Ableiten von (2.312) nach $\varepsilon$ und anschließendem Nullsetzen $\varepsilon \to 0$ erhalten wir das nunmehr *inhomogene Störungsdifferentialgleichungssystem*

$$\begin{aligned} &\boldsymbol{\nabla} \cdot \boldsymbol{v}' = G_\rho \\ &\frac{\partial \boldsymbol{v}'}{\partial t} + \boldsymbol{v}_0 \cdot \boldsymbol{\nabla} \boldsymbol{v}' + \boldsymbol{v}' \cdot \boldsymbol{\nabla} \boldsymbol{v}_0 + \boldsymbol{\nabla} p' - Re_d^{-1} \boldsymbol{\Delta} \boldsymbol{v}' = \boldsymbol{G} \quad . \end{aligned} \tag{2.313}$$

Entsprechend des gleichen Vorgehens wie bei der Ableitung der Orr–Sommerfeld Gleichung können wir auch hier nach Eliminationen eine Differentialgleichung vierter Ordnung für die Wandnormalenkomponente $w'(t, x, y, z)$ der Störantwort angeben :

$$L[w'] = G \tag{2.314}$$

wo $L := \left(\frac{\partial}{\partial t} + u_0 \frac{\partial}{\partial x} + v_0 \frac{\partial}{\partial y} - Re_d^{-1}\boldsymbol{\Delta}\right)\boldsymbol{\Delta} - \left(\frac{d^2 u_0}{dz^2}\frac{\partial}{\partial x} + \frac{d^2 v_0}{dz^2}\frac{\partial}{\partial y}\right)$ derjenige lineare Differentialausdruck ist, der die linke Seite der Orr–Sommerfeld Gleichung repräsentiert und auf $w'$ wirkt. Der Anregungsterm $G$ ergibt sich als Folge der Umformungen aus $G_\rho$ und den Komponenten von $\boldsymbol{G}$ zu $G = \left(\frac{\partial}{\partial t} + u_0 \frac{\partial}{\partial x} + v_0 \frac{\partial}{\partial y} - Re_d^{-1}\boldsymbol{\Delta}\right)\frac{\partial G_\rho}{\partial z} + \left(\frac{du_0}{dz}\frac{\partial}{\partial x} + \frac{dv_0}{dz}\frac{\partial}{\partial y}\right) G_\rho + \boldsymbol{\Delta} G_w - \boldsymbol{\nabla}\cdot\boldsymbol{G}$. Für $G = 0$, also ohne Störanregung im Feld, geht (2.314) mithin in die Orr–Sommerfeld Gleichung über. Dazu treten selbstverständlich problemspezifische (lineare) Randbedingungen und eine mit diesen verträgliche Anfangsbedingung $w_0'(x,y,z) = w'(t=0,x,y,z)$. Typischerweise betrachten wir nur solche Fälle, bei denen die Strömung für Zeiten $t < 0$ störungsfrei ist, also $w_0'(x,y,z) = 0$. Unser Ziel wird es sein, die zeitasymptotische Lösung dieses *Anfangs-Randwertproblems* zu berechnen.

**2.5.1.2 Transformation in den Spektralbereich** Um die Diskussion übersichtlicher zu gestalten, wollen wir uns von jetzt an auf zweidimensionale Probleme beschränken, d.h. $v_0 \equiv 0$, $v' \equiv 0$, $\frac{\partial}{\partial y} \equiv 0$, so daß zwei nichttriviale homogene Richtungen verbleiben : $t, x$. Wir hatten schon früher bemerkt, daß periodische Lösungen in einer homogenen Richtung mit beliebiger Periode existieren müssen (da jede Stelle einer homogenen Koordinate "gleichberechtigt" ist). Da unsere Störungsdifferentialgleichungen und Randbedingungen linear sind, dürfen wir alle diese periodischen Lösungen summieren, bzw. der Beliebigkeit ihrer Periode wegen integrieren. Dieses entspricht aber gerade der Fouriersynthese. Da die Darstellung der Ableitungen im Spektralraum der Fourierkoeffizienten sehr einfach (und vor allem durch $\frac{\partial f(x)}{\partial x} \to ia \cdot f(a)$ explizit) wird, werden wir unsere Differentialgleichung bezüglich der homogenen Richtungen Fouriertransformieren. Die Funktion $w'(x,t)$ wird dann durch ihre Fourierkoeffizienten $w'(a,\omega)$ repräsentiert :

$$w'(a,\omega) = \int_{-\infty}^{\infty}\left[\int_{-\infty}^{\infty} w'(x,t)\, e^{-iax} dx\right] e^{i\omega t}\, dt$$

Nach Voraussetzung (bzw. Anfangsbedingungen) ist aber $w'(x, t<0) \equiv 0$, so daß das obige Integral über die Zeit $t$ tatsächlich nur von $t = 0$ bis $t \to \infty$ genommen wird. Wir haben es in der Zeit also vielmehr mit einer Laplace Transformation zu tun, denn nur diese kann die später angestrebte Rücktransformation vom Frequenz- in den Zeitbereich unter der Bedingung $w'(x, t<0) \equiv 0$ gewährleisten :

$$w'(a,\omega) = \int_{0}^{\infty}\left[\int_{-\infty}^{\infty} w'(x,t)\, e^{-iax} dx\right] e^{i\omega t}\, dt \quad . \tag{2.315}$$

Die entsprechenden Rücktransformationen in den homogenen Richtungen werden wir definitionsgemäß über

$$w'(x,t) = \frac{1}{(2\pi)^2}\int_{-\infty+i\sigma}^{\infty+i\sigma}\left[\int_{-\infty}^{\infty} w'(a,\omega)\, e^{iax} da\right] e^{-i\omega t}\, d\omega \tag{2.316}$$

berechnen und dabei voraussetzen, daß diese existieren.

Nach den Fourier-Laplace Transformationen haben wir aus der partiellen Störungsdifferentialgleichung (2.314) eine gewöhnliche Differentialgleichung vierter Ordnung in $z$

gemacht :

$$L[w'(z;a,\omega)] = G(z;a,\omega) \quad . \tag{2.317}$$

Hier treten $a$ und $\omega$, wie erwähnt, nur noch als Parameter auf. Der Differentialausdruck $L$ ist hier wie in der Orr–Sommerfeld Gleichung (2.291)

$$L(\tfrac{d}{dz};a,\omega) = (au_0-\omega)\left[\frac{d^2}{dz^2}-a^2\right] - a\,\frac{d^2u_0}{dz^2} + i\,Re_d^{-1}\left[\frac{d^2}{dz^2}-a^2\right]^2 \tag{2.318}$$

Selbstverständlich müssen die Randbedingungen ebenfalls Fourier-Laplace transformiert werden. Gleichung (2.317) ist ein *Randwertproblem* vierter Ordnung, dessen Lösung $w'(z;a,\omega)$ vier linear unabhängigen Randbedingungen zu genügen hat. Weil es für die Entwicklung des Konzepts der konvektiven und absoluten Instabilitäten unerheblich und eher verwirrend ist, spezielle Fälle zu diskutieren, werden wir zunächst die Randbedingungen allgemein formulieren. Typischerweise sind je zwei Bedingungen an den zwei Rändern $z_a$ und $z_e$ des $z$-Intervalls zu erfüllen :

$$\begin{aligned} R_1[w']_{z_a} &= r_1 \quad ; \quad R_3[w']_{z_e} = r_3 \\ R_2[w']_{z_a} &= r_2 \quad ; \quad R_4[w']_{z_e} = r_4 \quad . \end{aligned} \tag{2.319}$$

Dabei sind die $R_i = R_i(\frac{d}{dz},a,\omega)$ auf $w'$ wirkende, lineare, homogene Differentialausdrücke maximal 3. Ordnung in $z$, die an einem Randpunkt auszuwerten sind. Sie hängen, ebenso wie die Konstanten $r_i$ i.a. von $a$ und $\omega$ ab. Die Randbedingungen an einer passiven Wand bei $z = z_a$ wären in dieser Formulierung z.B.

$$R_1[w']_{z_a} = w'(z_a) \stackrel{!}{=} 0 \quad , \quad R_2[w']_{z_a} = \frac{dw'}{dz}(z_a) \stackrel{!}{=} 0 \quad .$$

**2.5.1.3 Lösung des inhomogenen Randwertproblems in $z$** Der in diesem Abschnitt vorgestellte Weg zur Lösung des Problems (2.317) ist stark an die von L. Brevdo 1992 angegebene Darstellung angelehnt. Mit Hilfe der Laplace- und Fouriertransformation hatten wir es geschafft, die $x$ und $t$-Anteile der Differentialausdrücke in $L$ explizit mit den nur noch als Parametern erscheinenden Größen $a$ und $\omega$ anzuschreiben. Unser Ziel, Gleichung 2.317 nach $w'(a,\omega;z)$ aufzulösen, ist indes noch nicht erreicht. Wir betrachten nochmals den zu invertierenden Ausdruck $L$ in seiner nunmehr "halb-expliziten Form"

$$L(\tfrac{d}{dz},a,\omega) = P_4(z;a,\omega)\frac{d^4}{dz^4} + P_2(z;a,\omega)\frac{d^2}{dz^2} + P_0(z;a,\omega) \quad , \tag{2.320}$$

wobei die $P_i$ Polynome in $a$ und $\omega$ sind und sich durch Umschreiben der Form (2.318) für $L$ ergeben. Wenn wir uns für den Moment vorstellen, das Problem hinge gar nicht von $z$ ab, so wären $P_2 = P_4 = 0$ und wir wüßten sofort, wie $L$ zu invertieren wäre : schlicht durch Division durch $P_0(a,\omega)$, also $w'(a,\omega) = L^{-1}[G] = G(a,\omega)/P_0(a,\omega)$. Tatsächlich müssen wir etwas mehr Aufwand treiben, nämlich die gewöhnliche Differentialgleichung $L[w'] = G$ lösen. Dazu lösen wir zunächst das homogene Problem $G = 0$, erzeugen danach eine partikuläre Lösung von (2.317) und passen deren Summe an die Randbedingungen an. Alle Einzelheiten hierzu sind im Anhang A.2 erklärt. Dort wird gezeigt, daß die Lösung immer die folgende Gestalt annimmt :

$$w'(a,\omega,z) = \frac{Z(a,\omega,z)}{D(a,\omega)} \quad , \tag{2.321}$$

wobei nur die Zählerfunktion $Z(a, \omega, z)$ von der aufgezwungenen Störung $G$ und den Randbedingungen abhängt, während die sog. *Dispersionsrelationsfunktion* $D(a, \omega)$ im Nenner nicht einmal von $z$ abhängig ist (vgl. Anhang A.2). Die Untersuchung der Nullstellen $(a_0, \omega_0)$ dieser Dispersionsrelationsfunktion stellt das Kernstück bei der Identifikation von absoluten/konvektiven Instabilitäten dar. Die sog. *Dispersionsrelation* $D(a, \omega) = 0$ beeinhaltet überdies die Verbindung zur Stabilitätsanalyse von monochromatischen Wellenstörungen (Orr-Sommerfeldsche Stabilitätsanalyse). Denn jedes Eigenwertpaar $(a, \omega)$, das mit Hilfe der Orr-Sommerfeldschen Stabilitätsanalyse ermittelt wird, erfüllt die Dispersionsrelation und darf als "Resonanzfall" betrachtet werden. Darüberhinaus werden aber nunmehr allgemeine Lösungen (d.h. sowohl komplexe Wellenzahlen $a_0$, als auch komplexe Frequenzen $\omega_0$) der Dispersionsrelation betrachtet.

**2.5.1.4 Lösung im physikalischen Bereich** Unsere Lösung haben wir oben nur im Spektalraum angegeben. Wir gelangen zu ihrer Darstellung im physikalischen Raum $w'(x, t, z)$, indem wir Fourier- und Laplace-rücktransformieren :

$$w'(x,t,z) = \frac{1}{(2\pi)^2} \int\limits_{-\infty+i\sigma}^{\infty+i\sigma} \int\limits_{-\infty}^{\infty} \frac{Z(a,\omega,z)}{D(a,\omega)} e^{i(ax-\omega t)} \, da \, d\omega \quad . \tag{2.322}$$

**2.5.1.5 Kleiner mathematischer Exkurs : Residuensatz** Wir haben zur Berechnung der Störantwort $w'(t, x, z)$ zwei *uneigentliche Integrale* (unendliche Integrationsintervalle) in (2.322) hintereinander zu bestimmen. Die Funktionentheorie liefert mit dem sog. *Residuensatz* ein außerordentlich leistungsfähiges und einfach handhabbares mathematisches Werkzeug, um diese Integrale bestimmen zu können. Die Integration wird dabei auf eine Betrachtung der *Unendlichkeitsstellen* $c_p$ des Integranden zurückgeführt. Solche sind zum einen sog. *Polstellen* (der Ordnung $m$) die dadurch gekennzeichnet sind, daß der Integrand $f(c)$ in der Nähe von $c_p$ die Form

$$f(c)|_{c=c_p+\epsilon} \sim \frac{1}{(c-c_p)^m}$$

besitzt. Die Zahl $m > 0$ bezeichnet dabei die Vielfachheit der Nullstelle $c_p$ von $f^{-1}(c)$. Es sind aber auch solche Unendlichkeitsstellen denkbar, die nicht die obige Form besitzen (z.B. $e^{1/(c-c_p)}$). Diese nennt man *wesentliche Singularitäten*.

Nach dem *Residuensatz* ist das Integral einer komplexwertigen Funktion $f(c)$ entlang einer geschlossenen, sich nicht selbst schneidenden Kurve $\gamma$ (sog. *Jordankurve*), die stückweise glatt ist und in der komplexen Ebene $c = c_r + i\ c_i$ mathematisch positiv durchlaufen wird, gleich der Summe aller $n$ Residuen der Funktion, die in dem Gebiet $\Gamma$ liegen, das von $\gamma$ umschlossen wird. Diese Aussage ist an die Voraussetzung geknüpft, daß $f(c)$ in $\Gamma$ komplex differenzierbar (d.h. *analytisch*) außer an endlich vielen Unendlichkeitsstellen $c_{pk}$ ist.

$$\oint\limits_{\gamma} f(c)dc = 2\pi i \sum_{k=1}^{n} \mathrm{Res}_{c_{pk}}[f(c)] \tag{2.323}$$

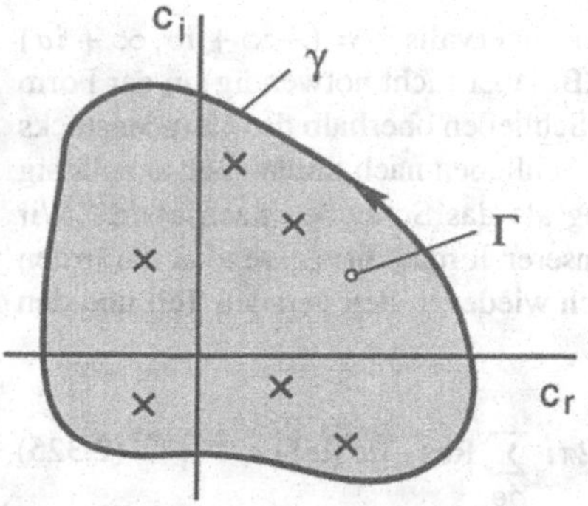


**Abb. 2.35**: Jordankurve $\gamma$ und Polstellen ($\times$) einer komplexwertigen Funktion $f(c)$, $\gamma \cap \Gamma = \emptyset$.

Dabei ist mit der Bezeichnung $\mathrm{Res}_{c_p}[f(c)]$ das *Residuum* der Funktion $f$ an der Unendlichkeitsstelle $c_p$ gemeint. Dieses berechnet sich als ein Koeffizient der sog. *Laurentreihenentwicklung* von $f$ um $c_{pk}$. Sind die die Singularitäten $c_{pk}$ ($m$-fache) ausschließlich Pole von $f$, so gilt einfacher

$$\mathrm{Res}_{c_p}[f(c)] = \frac{1}{(m-1)!} \lim_{c \to c_p} \frac{d^{(m-1)}}{dc^{(m-1)}} \Big[ (c - c_p)^m f(c) \Big] \tag{2.324}$$

### 2.5.2 Identifikation von absoluten/konvektiven Instabilitäten (Briggs–Methode)

Nachdem wir uns das mathematische Hilfsmittel des Residuensatzes vergegenwärtigt haben, wollen wir dieses nun auf unsere Integrale (2.322) anwenden. Wir beschränken uns im folgenden der Einfachheit halber auf Fälle, in denen mögliche Nullstellen $(a_0, \omega_0)$ des Zählers $Z(a, \omega, z)$ in (2.322) nicht gleichzeitig Nullstellen der Dispersionsrelation $D(a, \omega)$ sind. Wir wollen ferner davon ausgehen, daß $Z$ keine Polstellen besitzt, was dann der Fall ist, wenn das Störsignal nur über ein endliches Zeitintervall $t \in (0, T]$ wirkt. Diese Annahmen sind insofern sinnvoll, als $Z$ (die Anregung) frei wählbar ist, $D$ hingegen nicht. Es sei aber angemerkt, daß wir den Fall eines andauernd schwingenden Bandes, so wie anfänglich skizziert, damit zunächst ausschließen, denn damit besäße $Z(\omega)$ eine Polstelle bei der anregenden Frequenz $\omega = \omega_G$. Weiter wollen wir annehmen, daß die Unendlichkeitsstellen von $D^{-1}(a, \omega)$ Pole seien.

Unser Augenmerk müssen wir nach dem vorangegangenen offensichtlich auf die Nullstellen der Nennerfunktion $D(a, \omega)$ (Polstellen des Integranden) richten. Diese Vorgehensweise ist vollkommen identisch mit derjenigen der Regelungstechnik bei der Untersuchung offener Regelkreise. Dort wird das Eigenverhalten des Systems ebenfalls durch die Lage der Nullstellen der Nennerfunktion der Störantwort charakterisiert.

Die Anwendung des Residuensatzes auf unsere uneigentlichen Integrale sei am Beispiel der Laplace Rücktransformation erläutert. Zur Abkürzung schreiben wir $w'(a, \omega, z) = D^{-1}(a, \omega) \cdot Z(a, \omega, z)$.

**2.5.2.1 Rücktransformation ins Reelle mit Hilfe des Residuensatzes** Wir bilden nach Abbildung 2.36 eine Jordankurve $\tilde{\gamma}_\Theta$, bestehend aus einem geraden Teilstück $\omega \in$

$[-R+i\sigma, R+i\sigma]$ unseres eigentlichen Integrationsintervalls $L = (-\infty + i\sigma, \infty + i\sigma)$ und einem schließenden Ergänzungsbogen $\tilde{E}_\omega$, z.B. (aber nicht notwendig) in der Form eines Halbkreises. Beispielhaft haben wir dieses Schließen oberhalb des Geradenstücks vorgenommen. Wie später erläutert wird, ist das Schließen nach unten ebenso zulässig und besitzt eine andere physikalische Bedeutung als das Schließen nach oben. Wir integrieren die Störantwort $w'(\omega)$ nun entlang unserer Jordankurve, wenden dafür den Residuensatz an und spalten die Integration gleich wieder in den geraden Teil und den Ergänzungsbogen auf :

$$\int_{-R+i\sigma}^{R+i\sigma} w'(\omega) \cdot e^{-i\omega t} d\omega + \int_{\tilde{E}_\omega} w'(\omega) e^{-i\omega t} d\omega = 2\pi i \sum_{\tilde{\gamma}_\Theta} \mathrm{Res}_{\omega_p}[w'(\omega) \cdot e^{-i\omega t}] \tag{2.325}$$

Mit $\sum_{\tilde{\gamma}_\Theta}$ ist die Summe über alle Polstellen im Innern $\tilde{\Gamma}_\Theta$ der Jordankurve $\tilde{\gamma}_\Theta$ gemeint. Jetzt lassen wir $R$ und gleichzeitig den Abstand jedes Punktes des Ergänzungsbogens vom Ursprung (sofern möglich) ebenfalls gegen unendlich gehen, also

$$\int_{-\infty+i\sigma}^{\infty+i\sigma} w'(\omega) \cdot e^{-i\omega t} d\omega = 2\pi i \sum_{\gamma_\Theta} \mathrm{Res}_\omega[w'(\omega) \cdot e^{-i\omega_p t}] - E \tag{2.326}$$

wo $\gamma_\Theta$ die Jordankurve für $R \to \infty$ und $E$ den Anteil des Integrals entlang des Ergänzungsbogens für $R \to \infty$ darstellt. Solche Anteile könnten einerseits entstehen, wenn $w'(\omega)$ selbst für große $\omega$ nicht hinreichend schnell abklänge was aber unphysikalisch und somit auszuschließen ist. Andererseits kann es an sog. *Verzweigungspunkten* beginnende Linien in der $\omega$-Ebene geben, entlang derer $w'(\omega)$ unstetig (und damit nicht analytisch !) ist. Damit unser Ergänzungsbogen von diesen Linien nicht geschnitten wird, wodurch die Voraussetzungen des Residuensatzes verletzt würden, muß er in Abweichung von der ursprünglich angesetzten Halbkreisform um sie herumgeführt werden. Solche Unstetigkeitslinien werden üblicherweise als *kontinuierliche Spektren* bezeichnet und treten i.a. bei der Analyse halbunendlicher oder unendlicher Ausdehnung des

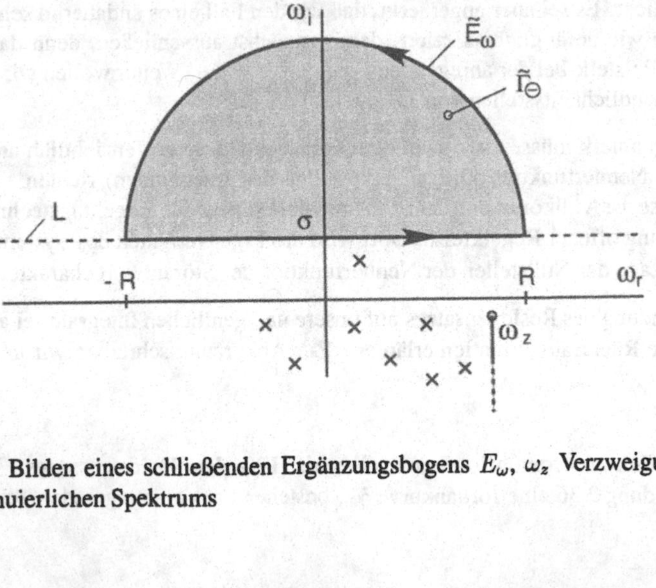


**Abb. 2.36**: Bilden eines schließenden Ergänzungsbogens $E_\omega$, $\omega_z$ Verzweigungspunkt eines kontinuierlichen Spektrums

$z$-Intervalls auf (z.B. Grenzschicht, Nachläufe). Das Integral $E$ verschwindet auch in solchen Fällen i.a. nicht, wo während des beschriebenen Ausdehnvorgangs des Gebiets $\tilde{\Gamma}_\ominus$ (vgl. Abbildung 2.36) auf die gesamte Halbebene fortwährend neue Polstellen angetroffen werden.

Wir bemerken, daß die Wichtungsfunktion $e^{-i\omega t}$ im Integral (2.326) auf dem oberen Halbkreis-Ergänzungsbogen (vgl. Abbildung 2.37) mit $\omega = R\, e^{i\phi} + i\sigma$ den Betrag $|e^{-i\omega t}| = e^{\omega_i t} = e^{(\sigma + R \sin\phi)t}$ hat. Da wir beim oben beschriebenen Ausdehnungsvorgang der Jordankurve $R \to \infty$ betrachten müssen, kann das Integral (2.326) nur für $t < 0$ konvergieren. Die Integration über den oberen Halbkreisbogen liefert uns demnach die Lösung $w'(t<0)$. Daraus schließen wir sofort, daß die Integration zur Berechnung von $w'(t>0)$ über den entsprechenden unteren Ergänzungsbogen (vgl. Abbildung 2.37) vorgenommen werden muß.

**2.5.2.2 Die physikalische Bedeutung von $\sigma$ im Laplace-Integral (Kausalitätsbedingung)** Die Integration über unsere nach oben geschlossene Jordankurve $\gamma_\ominus$ stellt, wie oben erläutert, die Lösung im Zeitbereich $w'(t<0)$ dar. Entsprechend der Anfangsbedingungen sollte aber $w'(t<0) \equiv 0$ gelten :

$$w'(t<0) = 2\pi i \sum_{\gamma_\ominus} \mathrm{Res}_{\omega_p}[w'(\omega)e^{-i\omega t}] - E \stackrel{!}{\equiv} 0 \quad . \tag{2.327}$$

Diese sog. *Kausalitätsbedingung* muß für alle $t < 0$ erfüllt werden, woraus wir schließen, daß in der Halbebene oberhalb $\sigma$

- ein kontinuierliches Spektrum nicht vorhanden ist und
- keine Polstelle von $w'(\omega)$ liegt.

Andererseits können wir sagen, daß die Wahl des Abstandes $\sigma$ der Laplace–Integrationskontur $L$ (auch *Bromwich Kontur*) von der reellen $\omega$-Achse der Einschränkung unterliegt, oberhalb jedweder Pole von $w'(\omega)$ zu liegen. Anderenfalls ist die Kausalitätsbedingung $w'(t<0) \equiv 0$ verletzt; Ursache und Wirkung würden vermischt.

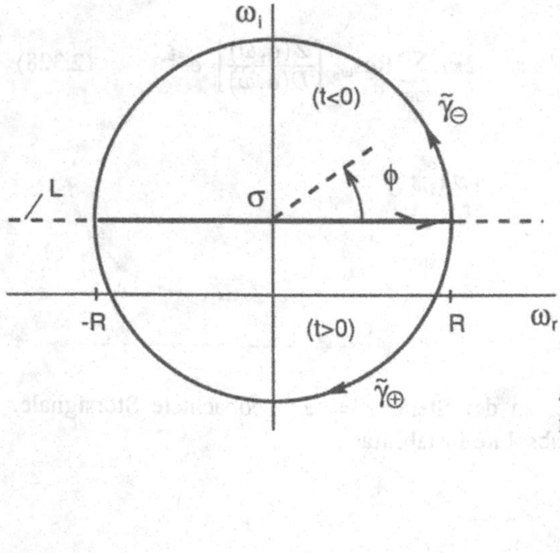


**Abb. 2.37**: Integrationskonturen für $t > 0$ und $t < 0$

**2.5.2.3 Berechnung der zeit-asymptotischen Lösung (Konturdeformation)** Wir wollen uns hier kurz noch einmal unser Ziel vor Augen führen. Um entscheiden zu können, ob die zu untersuchende Strömung konvektiv oder absolut instabil ist, untersuchen wir die räumlich-zeitliche Entwicklung einer zum Zeitpunkt $t = 0$ für eine begrenzte Dauer $T$ bei $x = 0$ über eine begrenzte Länge aufgebrachten Störung. Diese Unterscheidung macht natürlich nur Sinn, wenn bereits (durch eine zeitliche Stabilitätsanalyse) sichergestellt wurde, daß die Strömung instabile Wellen unterstützt.

Wir stellen uns an eine beliebige Stelle $x_s$ und lassen $t \to \infty$ gehen. Gehen alle Störungen gegen Null, so ist die Strömung konvektiv instabil, anderenfalls absolut instabil (vgl. Abbildung 2.38). Ohne den Wert des Doppelintegrals (2.322), also unserer Lösung $w'(t, x, z)$ zu verändern, werden wir unsere Integrationskonturen $L$ (Laplace-Rücktransformation) und $F$ (Fourier-Rücktransformation) so *deformieren*, daß die Grenzwertbildung $t \to \infty$ möglichst einfach wird.

Um die Diskussion nicht unnötig zu komplizieren, wollen wir zunächst annehmen, daß kontinuierliche Spektren nicht vorhanden sind. Wir haben bereits bemerkt, daß unsere Lösung $w'(x, t, z)$ von den Nullstellen von $D(a, \omega)$ in den komplexen $a$- und $\omega$-Ebenen (vgl. Abbildung 2.39) bestimmt wird. Der rechte Teil der Abbildung 2.39 erläutert, wie der Ergänzungsbogen $E_a$ bei der Anwendung des Residuensatzes auf die Fourier-Rücktransformation zu platzieren ist. Dazu werden die gleichen Konvergenzüberlegungen für das Integral entlang $E_a$ wie bei der oben unter 2.5.2.1 diskutierten Laplace-Rücktransformation angestellt. Wir entnehmen Abbildung 2.39 rechts, daß für die Fourier-Rücktransformation im Bereich stromab der Initialstörung ($x > 0$) ausschließlich die Polstellen in der oberen komplexen $a$-Halbebene einen Beitrag leisten. Für $x < 0$ ist nur die untere Halbebene ausschlaggebend.

Die Identifizierung nach konvektiver und absoluter Instabilität beginnen wir, indem wir unsere Strömung nach einer konvektiven Instabilität "absuchen". Sollte es uns irgendwie gelingen, die Laplace-Kontur $L$ (vgl. Abbildung 2.39 links) vollständig in die untere $\omega$-Halbebene zu schieben, ohne die Kausalitätsbedingung zu verletzen (das erfordert eine gleichzeitige Deformation der Fourier-Kontur $F$ in 2.39 rechts), so haben wir es mit einer konvektiven Instabilität zu tun. Denn entsprechend der Laplace-Rücktransformation (einfache Pole $\omega_p$ von $w'(\omega, a) = Z(\omega, a)/D(\omega, a)$ unterstellt)

$$w'(a,t) = \int\limits_{-\infty - i|\epsilon|}^{\infty - i|\epsilon|} w'(a,\omega) e^{-i\omega t} d\omega = -2\pi i \sum_{\gamma\oplus} \mathrm{Res}_{\omega_p} \left[\frac{Z(a,\omega)}{D(a,\omega)}\right] e^{-i\omega_p t} \qquad (2.328)$$

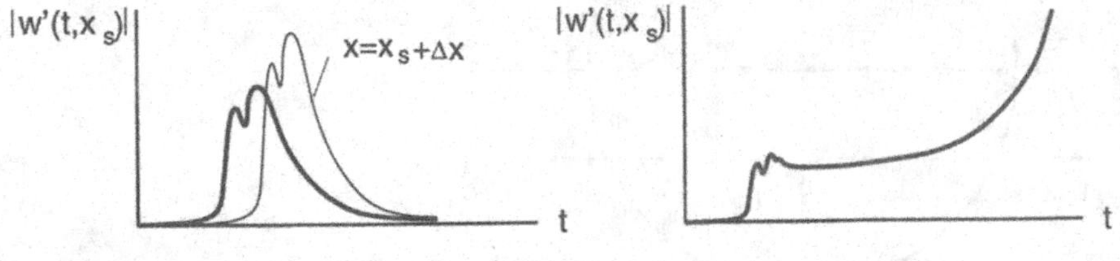


**Abb. 2.38**: Von einem Beobachter an der Stelle $x = x_s$ beobachtete Störsignale. links konvektive Instabilität, rechts absolute Instabilität

hätten dann alle $\omega_p$ negative Imaginärteile $Im(\omega_p) < -|\epsilon|$ und die das Zeitverhalten angebenden Exponentialfunktionen $e^{-i\omega_p t}$ klängen unabhängig vom Ort alle für $t \to \infty$ auf Null ab.

Wir wollen jetzt diesen offenbar so wichtigen Verschiebungsvorgang von $L$ gedanklich "durchspielen". Wir nehmen an, wir hätten mit Hilfe einer zeitlichen Stabilitätsanalyse bei festgehaltenen Parametern die Welle mit der maximalen zeitlichen Anfachungsrate $(\omega_{\mathbf{max}})_i = \max\limits_{D(a,\omega)=0}[Im(\omega)]$, $a$ reell bestimmt. Diese Welle besitzt eine bestimmte (reelle) Wellenzahl $a_F$. Der zu $a_F$ gehörige zeitliche Eigenwert $\omega_{\mathbf{max}}(a_F)$ mit maximalem Imaginärteil $(\omega_{\mathbf{max}})_i$ stellt nicht die einzige Nullstelle der Dispersionsrelation $D(a_F, \omega)$ dar. Diese hat für das vorgegebene $a_F$ i.d.R. viele weitere Nullstellen, die in der $\omega$–Ebene nach Abbildung 2.39 links als Kreuze angedeutet sind. Es sei daran erinnert, daß die Nullstellen von $D$ nach (2.321) eine ganz wesentliche Rolle bei der Berechnung der Störantwort $w'$ spielen. In unserer Darstellung nehmen wir ohne Beschränkung der Allgemeinheit an, es gäbe für ein gegebenes, reelles $a$ immer maximal einen Eigenwert $\omega$ mit positivem Imaginärteil. Das wird bei den meisten inkompressiblen Grenzschichtströmungen tatsächlich so beobachtet.

Die Diskussion der Kausalitätsbedingung in 2.5.2.2 hatte bereits ergeben, daß wir die Lage von $L$ frei wählen dürfen, solange $L$ oberhalb aller Polstellen bleibt, vgl. Abbildung 2.39 links. Indem wir mit unserem Absenkvorgang von $L$ den Pol bei $\omega_{max}(a_F)$ oberhalb der reellen Achse erreicht haben, müssen wir zunächst anhalten. Offenbar muß gleichzeitig einer der Eigenwerte in der $a$-Ebene (siehe Abbildung 2.39 rechts) die reelle Achse bei $a_F$ treffen. Wir beachten, daß uns die am stärksten angefachte Störwelle, die ja gerade durch den Punkt $(\omega_{max}, a_F)$ repräsentiert ist, am weiteren Absenken von $L$ gehindert hat. Wir überlegen nun, ob es dennoch "Auswege" gibt, um die Laplace–Kontur weiter bis in die untere $\omega$–Halbebene abzusenken.

Die Fourier-Kontur $F$ war gerade die reelle $a$-Achse gewesen. Nach dem Residuensatz

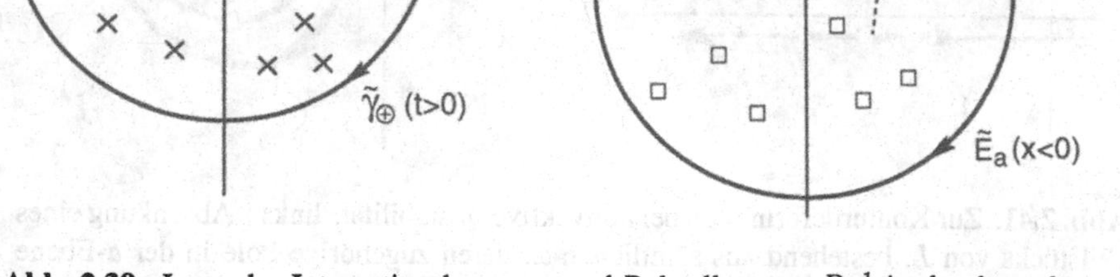

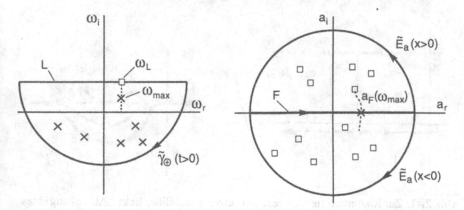

**Abb. 2.39**: Lage der Integrationskonturen und Polstellen von $D^{-1}$ in den komplexen Ebenen. links : Laplace-Kontur, ($\times$) Pole für festes, reelles $a_F$ der Fourier-Kontur (siehe rechts) rechts : Fourier-Kontur, ($\square$) Pole für festes $\omega_L$ der Laplace-Kontur; einer der Pole wandert für $\omega_L \to \omega_{max}$ auf die reelle Achse.

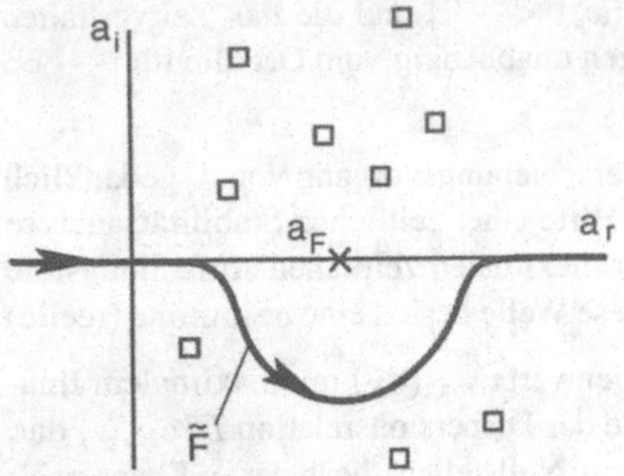


**Abb. 2.40**: Deformation der Fourier-Kontur

kommt es aber bei der Integration nicht auf die Form der Kontur an, sondern nur auf die Lage der durch sie umschlossenen Pole. Wir dürfen die Fourier-Kontur also nach Belieben zu einer neuen Kontur $\tilde{F}$ deformieren, solange wir mit ihr keine Pole überqueren (mathematisch gesprochen haben wir eine *analytische Fortsetzung* des Integranden vorgenommen). Unter dieser Voraussetzung hätten wir die Fourier-Rücktransformation beispielsweise auch entlang der in Abbildung 2.40 gezeigten Kontur $\tilde{F}$ machen können.

Unsere Konturdeformation auf $\tilde{F}$ hat eine entscheidende Konsequenz für den angestrebten Absenkvorgang von $L$. Da die Stelle $a_F$ bei der Integration entlang der neuen Fourier-Kontur gar nicht mehr vorkommt, tritt die ursprüngliche Verschiebungsgrenze für $L$ bei $\omega_{max}(a_F)$ (vgl. Abbildung 2.39 links) nicht mehr auf. Entscheidend ist nunmehr der $\omega$-Pol mit größtem Imaginärteil von allen, die zum Deformationsstück der neuen Fourier-Kontur gehören.

Wir wollen uns nun überlegen, wie die Konturdeformation von $F \rightarrow \tilde{F}$ konkret auszusehen hat. Bei einer Betrachtung der Abbildung 2.39 wurde deutlich, daß beim Absenken des Imaginärteils von $\omega_L$ über $\omega_{max}(a_F)$ hinaus einer der Pole in der $a$-Ebene

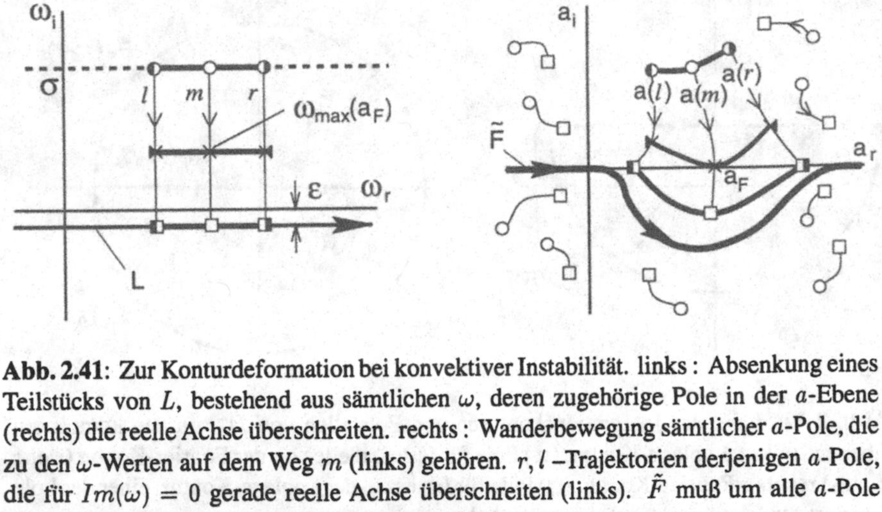


**Abb. 2.41**: Zur Konturdeformation bei konvektiver Instabilität. links : Absenkung eines Teilstücks von $L$, bestehend aus sämtlichen $\omega$, deren zugehörige Pole in der $a$-Ebene (rechts) die reelle Achse überschreiten. rechts : Wanderbewegung sämtlicher $a$-Pole, die zu den $\omega$-Werten auf dem Weg $m$ (links) gehören. $r, l$ –Trajektorien derjenigen $a$-Pole, die für $Im(\omega) = 0$ gerade reelle Achse überschreiten (links). $\tilde{F}$ muß um alle $a$-Pole herumgeführt werden, die die Halbebene wechseln.

bei $a_F$ über die reelle Achse wanderte. Die Trajektorie der Wanderbewegung $a(m)$, $m(\sigma) = (\omega_{max})_r + i\sigma$, $\sigma = (Im(\omega_L) \to 0)$, dieses Pols, die demnach für $\sigma = (\omega_{max})_i$ durch den Punkt $a(m) = a_F$ führt, gibt uns Auskunft über die notwendige Deformation von $F$. Können wir die Konturdeformation von $F$ (vgl. Abbildung 2.41) so gestalten, daß kein Pol in der oberen $\omega$ Ebene mehr angetroffen wird, so ist unser Ziel erreicht : Die Laplace-Kontur kann vollständig in die untere Halbebene verschoben werden und es liegt eine konvektive Instabilität vor.

Wir erwähnen der Vollständigkeit halber, daß die Integration entlang $\tilde{F}$ im deformierten Teil über Wellenzahlen $a$ mit negativem Imaginärteil stattfindet. Das sind für $x > 0$ (stromab) räumlich angefachte Wellen. Genauso sind natürlich Konturdeformationen nach oben im Gebiet negativer $a_r$ denkbar, die in der Integration für $x < 0$ (stromauf) in $-x$-Richtung räumlich angefachte Wellen darstellen. Solche werden bei konvektiven Instabilitäten aber i.d.R. nicht beobachtet.

Nachdem wir uns die Charakterisierung der konvektiven Instabilität in den komplexen Ebenen klar gemacht haben, wollen wir uns der absoluten Instabilität zuwenden. Sie liegt dann vor, wenn die konvektive Instabilität nicht vorliegt. Dazu sei kurz wiederholt, wie unsere Charakterisierungsmethode funktionierte : Da wir die Laplace-Konturverschiebung bei dem Abstand $\sigma = Im(\omega_{max}(a_F))$ nicht weiterführen konnten, leiteten wir hier ein "Ausweichmanöver" zu komplexen $a$ ein, in der Hoffnung, die Laplace-Kontur weiter nach unten verschieben zu können. Gelang dieses Ausweichmanöver bis $L$ vollständig in der unteren Halbebene lag, so hatten wir eine konvektive, ansonsten eine absolute Instabilität.

Wir haben also zu untersuchen, unter welchen Umständen unser Ausweichmanöver mißlingt – wann demnach eine absolute Instabilität vorliegt. Das ist aber doch offenbar

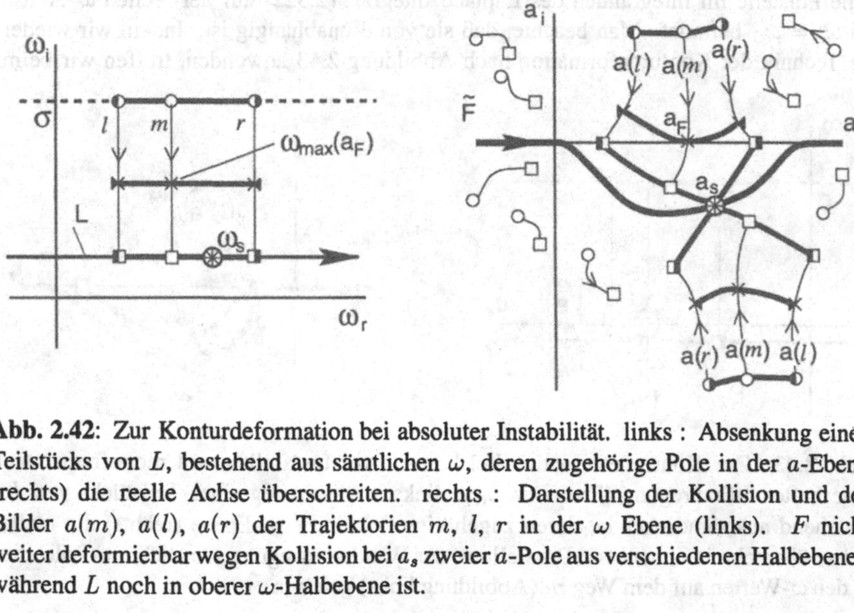


**Abb. 2.42**: Zur Konturdeformation bei absoluter Instabilität. links : Absenkung eines Teilstücks von $L$, bestehend aus sämtlichen $\omega$, deren zugehörige Pole in der $a$-Ebene (rechts) die reelle Achse überschreiten. rechts : Darstellung der Kollision und der Bilder $a(m)$, $a(l)$, $a(r)$ der Trajektorien $m$, $l$, $r$ in der $\omega$ Ebene (links). $F$ nicht weiter deformierbar wegen Kollision bei $a_s$ zweier $a$-Pole aus verschiedenen Halbebenen während $L$ noch in oberer $\omega$-Halbebene ist.

dann der Fall, wenn wir unsere Fourier-Kontur nicht mehr um einen der die reelle $a$-Achse überquerenden $a$-Pole herumführen können. Es ist geometrisch leicht einzusehen, daß dies geschieht, wenn einer dieser Pole mit einem "Fremdpol" von der anderen $a$-Halbebene zusammenstößt, bevor der dazugehörige $\omega$-Pol das "rettende Ufer", nämlich die reelle $\omega$-Achse erreicht (vgl. Abbildung 2.42). Die kollidierenden $a$-Pole bilden bei $a_s(\omega_s)$ offensichtlich eine *doppelte Nullstelle* der Dispersionsrelation $D$.

Wir haben damit die Bedingung für eine absolute Instabilität gefunden. Es ist die *Briggs'sche Kollisionsbedingung* zweier, von unterschiedlichen Halbebenen stammenden $a$-Nullstellen der Dispersionsrelation $D(a, \omega)$ für ein $\omega$ mit positivem Imaginärteil.

**2.5.2.4 Andauernde Störanregung** Wir haben durch Interpretation der Störantwort auf eine pulsartige Anregung entsprechend der Skizze 2.33 den Charakter der Instabilität feststellen können (konvektiv/absolut). Die Bestimmung der Antwort des Systems auf eine fortwährende, z.B. sinusförmige Anregung wie in Abbildung 2.31 dargestellt, ist sehr einfach möglich. Wir unterstellen, unsere Strömung sei konvektiv instabil. Im Gegensatz zu vorher enthält jetzt auch die Zählerfunktion $Z$ in (2.322) eine Polstelle. Das wollen wir kurz erläutern.

Wir betrachten eine sinusoidale, punktförmige Störquelle $G$ mit der Kreisfrequenz $\omega_G$, die zum Zeitpunkt $t = 0$ eingeschaltet wird, also $G(t, x, z) = \exp(-i\omega_G t)H(t)g_{xz}(x, z)$. Darin ist $H(t)$ die Heaviside Funktion $H(t > 0) = 1$ und $H(t \leq 0) = 0$. Die Laplace–Transformierte des Zeitfaktors $g_t(t) = \exp(-i\omega_G t)H(t)$ von $G$ ist $g_\omega = \dfrac{i}{\omega - \omega_G}$. Wie bei der Herleitung der Zählerfunktion $Z$ von $w'(a, \omega)$ nach (2.321) gezeigt (vgl. Anhang A.2, (A.12) ff.), ist $Z$ proportional zu $G(a, \omega)$, d.h. auch zu $g_\omega$.

Hieraus erkennen wir sofort, daß sich die aus der Zwangsrerregung ergebende, zusätzliche Polstelle im Integranden des Laplace Integrals (2.322) auf der reellen $\omega$–Achse bei $\omega_r = \omega_G$ befindet. Man beachte, daß sie von $a$ unabhängig ist. Indem wir wieder die Technik der Konturdeformation nach Abbildung 2.43 anwenden, treffen wir beim

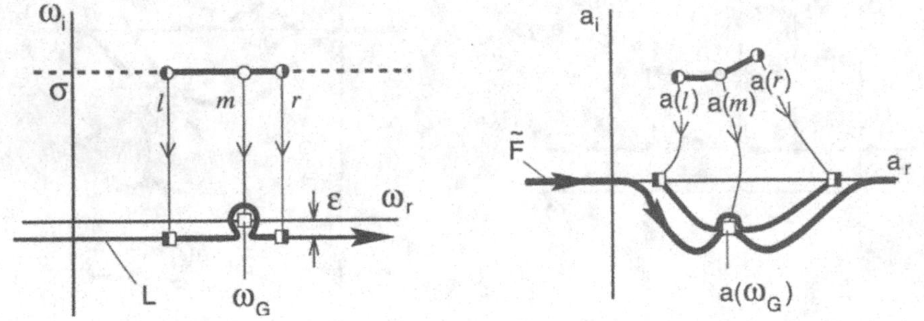


**Abb. 2.43**: Zur Konturdeformation bei konvektiver Instabilität und monofrequenter, dauerhafter Störanregung (Frequenz $\omega_G$). links : Absenkung eines Teilstücks von $L$, bestehend aus sämtlichen $\omega$, deren zugehörige Pole in der $a$-Ebene (rechts) die reelle Achse überschreiten. rechts : Darstellung der Wanderbewegung sämtlicher $a$-Pole, die zu den $\omega$-Werten auf dem Weg $m$ (Abbildung links) gehören.

Absenken der Laplace–Kontur im Moment des Erreichens der reellen Achse auf diesen Pol. Dieser bestimmt als einziger nichtabklingender, also zeitdominanter Faktor die asymptotische Lösung $w'(t) \simeq \exp(-i\omega_G t)$.

Es sei darauf hingewiesen, daß die Störwelle räumlich für $x > 0$ aufklingt (negativer Imaginärteil $a_i$), sofern die Anregungsfrequenz $\omega_G$ in dem in Abbildung 2.41 skizzierten, $\omega$–Intervall liegt, daß zur konvektiven Instabilität beiträgt. Ein solcher Fall ist in der Abbildung 2.43 gezeigt. Entsprechend des rechten Teils der Abbildung überquert unter anderem der zur Absenkbewegung $m(\sigma) = \omega_G + i\sigma$, $0 < \sigma \to 0$ gehörende Pol $a(m)$ von oben nach unten die reelle $a$–Achse (Abbildung 2.43 rechts). Die Integration entlang der gezeigten deformierten Fourierkontur $\tilde{F}$ führt über zeitlich abklingende Wellenanteile mit Ausnahme der Stelle $a(\omega_G)$. Die räumlich aufklingende Welle $(a(\omega_G), \omega_G)$ mit der Anregungsfrequenz $\omega_G$ stellt nach dem Einschwingvorgang für große $x$ den dominanten Anteil der Störung dar. Die weiteren Pole in der $a$–Ebene, die zu $\omega = \omega_G$ gehören (nicht gezeigt), repräsentieren räumlich (in positive $x$ Richtung) abklingende Störwellen mit der Frequenz $\omega_G$ und spielen somit weit stromab der Störquelle keine Rolle mehr. Wir haben damit genau die Situation von Abbildung 2.31 vorliegen.

### 2.5.3 Bemerkungen zu absoluten Instabilitäten

Wir hatten erwähnt, daß eine absolute Instabilität das Auftreten einer doppelten Nullstelle $a_s$ der Dispersionsrelation $D(a, \omega)$ bedingt. Ein solcher Punkt heißt *Sattelpunkt*. Wir weisen darauf hin, daß der Umkehrschluß, nach dem ein Sattelpunkt gleichbedeutend mit einer absoluten Instabilität wäre, nicht immer zutrifft. Denn beim Auffinden eines Sattelpunktes der Dispersionsrelation $D$ ist noch nicht festgestellt, ob er von zwei Nullstellen von $D$ in $a$ gebildet wird, die zu Beginn des Absenkvorgangs der Laplace–Kontur aus unterschiedlichen Hälften der $a$–Ebene stammten (Briggs'sches Kollisionskriterium). Er könnte auch von zwei Nullstellen aus derselben $a$–Halbebene gebildet worden sein und hätte damit keine Bedeutung bei der Bestimmung des Charakters der Instabilität (absolut/konvektiv). In der Nähe des Sattelpunkts kann $D$ in die Form

$$D(a,\omega) \simeq \left.\frac{\partial D}{\partial \omega}\right|_{a_s,\omega_s} (\omega - \omega_s) + \frac{1}{2} \left.\frac{\partial^2 D}{\partial a^2}\right|_{a_s,\omega_s} (a - a_s)^2 + \ldots \tag{2.329}$$

entwickelt werden. Wir wollen diese Information nutzen, um die Fourier-Rücktransformation auf $w'(x, \omega, z)$ zunächst für $x > 0$ explizit auszuführen :

$$w'(x,\omega,z) = \frac{1}{2\pi} \oint_{\gamma(x>0)} w'(a,\omega,z) e^{iax} da = i \sum_{\gamma(x>0)} \mathrm{Res}_{a_p}[w'(a,\omega,z)\, e^{iax}] \quad . \tag{2.330}$$

Wir hatten angenommen, daß die einzigen Polstellen durch die Nullstellen der Nennerfunktion $D$ in $w'(a, \omega, z) = Z(a, \omega, z)/D(a, \omega)$ nach (2.321) zustande kommen. Diese nun können wir nach (2.329) explizit auswerten. Die doppelte Nullstelle in $a$ am Sattelpunkt ersetzen wir durch die entsprechende Nullstelle in $\omega$ am selben Punkt.

Wir betrachten aber zunächst eine einfache Nullstelle $(a_p, \omega_p)$ von $D(a, \omega)$, in deren infinitesimaler Umgebung $D$ definitionsgemäß die folgende Form besitzt :

$$D(a,\omega) \simeq \left.\frac{\partial D}{\partial \omega}\right|_{a_p,\omega_p} (\omega - \omega_p) + \left.\frac{\partial D}{\partial a}\right|_{a_p,\omega_p} (a - a_s) + \ldots$$

Nach (2.324) können wir das in (2.330) benötigte Residuum an einfachen Nullstellen in $a$ von $D(\omega, a)$, in deren infinitesimaler Umgebung $D(a, \omega_p) = \frac{\partial D}{\partial a}|_{(a_p,\omega_p)}(a - a_p)$ gilt, zu $Res_{a_p}[Z(a, \omega, z)e^{iax}/D] = Z(a_p, \omega_p, z)e^{ia_px}/\frac{\partial D}{\partial a}(a_p, \omega_p)$ bestimmen. Wir wissen aber, daß bei Annäherung an eine bestimmte Nullstelle, nämlich den Sattelpunkt $(a_s, \omega_s)$, auch $\frac{\partial D}{\partial a}$ gegen Null geht, und wir wollen versuchen, das Verschwinden von $\frac{\partial D}{\partial a}$ explizit zu formulieren. Wir setzen dazu die linke Seite von Gleichung (2.329) gleich Null (eine an der zu betrachtenden Nullstelle ohnehin erfüllte Bedingung) und definieren hiermit eine Beziehung zwischen der Annäherung von $a$ und $\omega$ an den Sattelpunkt. Das ergibt sich, wenn (2.329) mit $D = 0$ nach der Wellenzahl $a$ aufgelöst wird, d.h. $(a - a_s) = \pm i\sqrt{2(\omega - \omega_s)D_\omega/D_{aa}}$, worin die Abkürzungen $D_\omega = \frac{\partial D}{\partial \omega}\Big|_{a_s,\omega_s}$, $D_{aa} = \frac{\partial^2 D}{\partial a^2}\Big|_{a_s,\omega_s}$ verwendet wurden. Andererseits gilt für die Ableitung von $D$ nach $a$ in Sattelpunktnähe entsprechend (2.329) $\frac{\partial D}{\partial a} = D_{aa}(a - a_s)$. Hierin können wir nun $(a - a_s)$ aus der zuvor bestimmten Beziehung zwischen $(\omega - \omega_s)$ und $(a - a_s)$ ersetzen und erhalten schließlich den folgenden Ausdruck

$$\mathrm{Res}_{a_s}\left[\frac{Z}{D}e^{iax}\right] = \frac{Z(a_s, \omega_s, z)\; e^{ia_sx}}{\sqrt{2D_\omega D_{aa}} \cdot \sqrt{\omega - \omega_s}} \tag{2.331}$$

Offenbar entsteht nur am Sattelpunkt eine Unendlichkeitsstelle in $\omega$. Nur diese Singularität leistet bei der Auswertung des Laplace Integrals einen Beitrag zum zeitasymptotischen Wert der Lösung. Die Berechnung der Laplace-Rücktransformation ergibt (vgl. Transformationstabellen für Laplace Rücktransformation von $\sqrt{\omega - \omega_s}^{-1}$)

$$w'(x, t \to \infty, z) \simeq \frac{Z(a_s, \omega_s, z)}{\sqrt{2\pi i D_\omega D_{aa}}} \, \frac{\exp i(a_s x - \omega_s t)}{\sqrt{t}} \tag{2.332}$$

Aus dieser Formel entnehmen wir explizit, daß an jedem Ort $x > 0$ die Störamplitude $|w'(x, t, z)| \to \infty$, beliebig anwächst. Darüberhinaus gilt die obige Formel ebenso für $x < 0$, denn auch die in der unteren $a$-Ebene geschlossene Fourier-Kontur kann bei der erwähnten Kollision an der selben Stelle $(a_s, \omega_s)$ nicht mehr weitergeführt werden. Das heißt, daß die absolute Instabilität zeitasymptotisch wirklich jeden Ort $x$ erreicht.

### 2.5.4 Bemerkungen zu konvektiven Instabilitäten

Bewegen wir das die Entwicklung eines konvektiv instabilen Wellenpakets aufnehmende Meßgerät mit der Geschwindigkeit $U$ mit, was wir durch die Abbildung

$$\xi(t) = x_0 + Ut \tag{2.333}$$

darstellen können, so sehen wir, daß es nicht die Frequenz $\omega$, sondern

$$\omega' = \omega - a\,U \tag{2.334}$$

wahrnimmt. Denn wenn wir eine Welle $f(x, t) \sim e^{i(\omega t - ax)}$ in der Meßgerät-festen, unabhängigen Ortskoordinate $x' = x - \xi(t)$ darstellen, so erhalten wir

$$f(x, t) = f(x(x'), t) \sim e^{i\,[\omega t - a(x' + \xi)]} \sim e^{i\,[(\omega - aU)t - ax']} \quad . \tag{2.335}$$

In einer Nebenüberlegung betrachten wir nun eine Trajektorie $\Omega(a)$, die dadurch definiert ist, daß auf ihr $D(\omega = \Omega(a), a) \equiv 0$ gilt. Dann ist die totale Ableitung nach $a$

$$\frac{dD}{da} \equiv 0 = \frac{\partial D}{\partial a} + \frac{\partial D}{\partial \omega}\frac{d\Omega}{da} \quad , \quad \text{bzw.} \quad \frac{d\Omega}{da} = -\frac{\partial D}{\partial a} \Big/ \frac{\partial D}{\partial \omega} \; . \qquad (2.336)$$

Handelt es sich um eine Trajektorie, die durch einen Sattelpunkt (absolute Instabilität) führt, so erhalten wir dort definitionsgemäß $\frac{\partial D}{\partial a}\Big|_{a_s} = 0$, mithin $\frac{d\Omega}{da} = 0$. Anders gesagt finden wir auf einer $D \equiv 0$-Trajektorie dann einen Sattelpunkt, wenn an einer Stelle $\frac{d\Omega}{da} = 0$ wird.

Wir kommen nun auf unsere vom bewegten Meßgerät registrierte konvektive Instabilität zurück, betrachten, ähnlich wie oben, eine Trajektorie $D(\Omega'(a), a) \equiv 0$ mit $\Omega' = \Omega - aU$ und suchen nach einem Sattelpunkt. Dazu bilden wir

$$\frac{d\Omega'}{da} = \frac{d\Omega'}{da_r} = \frac{d\Omega_r}{da_r} - U + i\,\frac{d\Omega_i}{da_r} \stackrel{!}{=} 0 \qquad (2.337)$$

Wir sehen, daß wir immer einen Sattelpunkt finden, und zwar bei

$$\frac{d\Omega_i}{da_r}\Big|_s = 0 \quad , \quad U_s = \frac{d\Omega_r}{da_r}\Big|_s \qquad (2.338)$$

Die physikalische Aussage dahinter ist :
Bewegen wir das die konvektiv instabile Störwelle aufzeichnende Meßgerät mit der (Gruppen-) Geschwindigkeit $U_s = \frac{d\Omega_r}{da_r}\Big|_{\max(\omega_i)}$ mit, messen wir für $t \to \infty$ eine zeitlich aufklingende Instabilität und zwar unabhängig vom Startort $x_0$ (vgl. Abbildung 2.44) und $x'$. Die relative zeitliche Anfachungsrate $\omega_i' = \omega_i - a_i U_s$, die der mitbewegte Beobachter nach (2.334) wahrnimmt, ist dabei gerade gleich der maximalen Anfachungsrate $(\omega_{max})_i$, da hier $a_i = 0$ gilt. Wir können aber auch Sattelpunkte für komplexe Wellenzahlen $a$ suchen. Geben wir beginnend bei $a_i = 0$, also dem gerade besprochenen Fall,

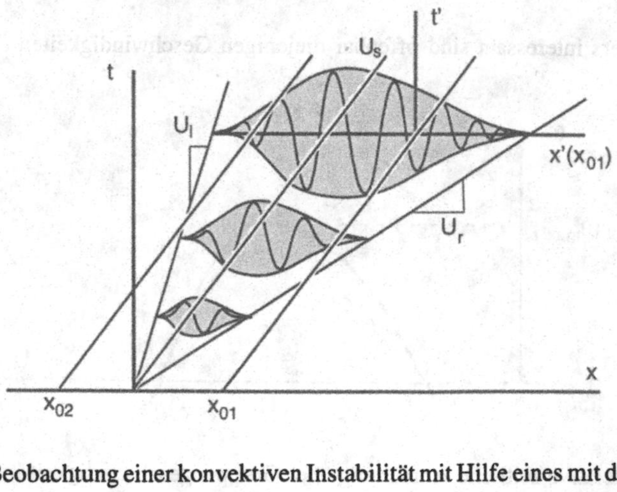


**Abb. 2.44**: Beobachtung einer konvektiven Instabilität mit Hilfe eines mit der Geschwindigkeit $U_s$ bewegten Meßinstruments.

den Imaginärteil $a_i$ vor, so führen uns die Bedingungen (2.337) auf die entsprechende Teilwelle am Sattelpunkt mit der reellen Gruppengeschwindigkeit $U$. Wir bemerken, daß am reellen Sattelpunkt nicht nur $\omega_i$ maximal ist, sondern auch $\omega_i'$ maximal bezüglich aller reellen Gruppengeschwindigkeiten ist. Denn die Ableitung $\frac{d\omega_i'}{dU}$ verschwindet gerade für $a_i = 0$ und zeigt ein lokales Extremum von $\omega'$ an. Mit zunehmendem Imaginärteil von $a$ schwindet also die relative zeitliche Anfachung $\omega_i'$ an den Sattelpunkten. In der Abbildung 2.45 ist dargestellt, wie sich qualitativ die Anfachung $\omega_i'$ mit der Gruppengeschwindigkeit verhält.

Ist eine Störung infolge einer räumlich und zeitlich begrenzten Störanregung entstanden, dann nennen wir diese Störung *Wellenpaket* (vgl. Abbildung 2.33). Es enthält zu Beginn Teilwellen mit allen Frequenzen und Wellenlängen, von denen jedoch zeitasymptotisch nur einige "überleben". Diese Teilwellen sind in der Abbildung 2.45 identifizierbar als diejenigen , die durch die Wertepaare $(U, \omega_i' > 0)$ auf der gezeigten Kurve repräsentiert sind. Die Berechnung dieser Kurve spielt danach eine ganz entscheidende Rolle bei der Beurteilung des zeit–asymptotischen Verhaltens eines Wellenpakets. Zu ihrer Ermittlung werden diejenigen Lösungen der Dispersionsrelation $D(a, \omega)$ gesucht, deren Gruppengeschwindigkeit $\frac{\partial \Omega}{\partial a}$ reell ist, und deren relative Anfachung $\omega_i' > 0$ ist. Die ermittelten Lösungen stellten im bewegten System Sattelpunkte dar und geben uns ja letztlich die zeitasymptotischen Beiträge zu den Integralen der Laplace–/Fourierrücktransformationen. Eine vielfach verwendete Methode zur Berechnung der zeitasymptotischen Lösung von Integralen wie z.B. (2.332) heißt daher auch *Sattelpunktmethode* und wird z.B. in H. Jeffreys und B. Swirles 1962 beschrieben.

Es ist leicht zu erkennen, daß bei einer absoluten Instabilität die Kurve $\omega_i'(U)$ soweit nach links verschoben ist, daß auch für $U = 0$ die Anfachung $\omega_i'(U = 0) = \omega_i > 0$ ist. Denn in einem solchen Fall nimmt der unbewegte Beobachter, so wie in Abbildung 2.38 skizziert, ein unbegrenztes zeitliches Aufklingen der Störamplituden wahr. Es sei darauf hingewiesen, daß die entsprechende Teilwelle mit $U = 0$ keineswegs eine stehende Welle zu sein hat.

Ganz besonders interessant sind offenbar diejenigen Geschwindigkeiten $U$, bei denen

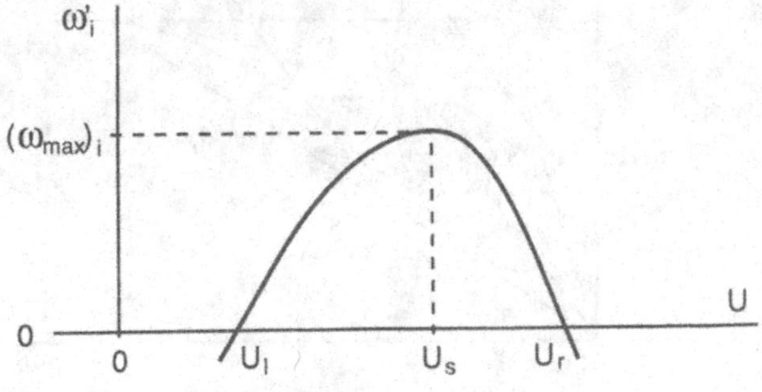


**Abb. 2.45**: Relative zeitliche Anfachung über Gruppengeschwindigkeit in einem instabilen Wellenpaket.

das bewegte Meßgerät ein zeitlich neutrales Störungsverhalten wahrnimmt, also

$$\omega_i' = \omega_i - a_i U = 0 \quad \text{während} \quad \frac{d\Omega_i'}{da_r} = 0 \tag{2.339}$$

Wir erhalten daraus zwei Lösungen $U_l, U_r$ mit $U_l \leq U_s \leq U_r$, die (vgl. Abbildung 2.44) als Begrenzungen des Wellenpaketes interpretiert werden können. Wir erkennen aus Abbildung 2.44, daß unabhängig vom Startort $x_0$ des mit einer Geschwindigkeit $U$ von $U_l \leq U \leq U_r$ bewegten Meßgeräts schließlich (bezüglich $x'$) eine absolute Instabilität registriert wird. Dadurch wird deutlich, daß die Definition von absoluter und konvektiver Instabilität von der Bewegung des Bezugssystems abhängt. Das heißt aber, daß wir den Ausdruck (2.332) für die asymptotische Entwicklung der absoluten Instabilität ebenfalls für unsere konvektiven Instabiltäten übernehmen können. Wir beschreiben $w'(x,t)$ hierzu im mit der Gruppengeschwindigkeit der jeweiligen beitragenden Teilwelle mitbewegten System $w'(x',t)$ und lassen dann $t \to \infty$ gehen.

Am Ende dieses Abschnittes wollen wir nochmals hervorheben, was die Untersuchung der Anregung und Ausbreitung von instabilen Störungen von der Stabilitätsanalyse einzelner Wellenstörungen unterschied. Das Vorgehen zur Ermittlung von zeitasymptotisch zu einer Störung beitragenden Anteilen aus einer Anregung unterscheidet sich fundamental gegenüber der einfachen zeitlichen und räumlichen Stabilitätsanalyse. Die Teilwellen der Störung werden weder anhand einer vorgegebenen reellen Wellenzahl $a$, noch anhand einer vorgegebenen reellen Frequenz $\omega$ identifiziert, sondern daran, daß sie eine reelle Gruppengeschwindigkeit $\frac{\partial\Omega}{\partial a}$ zu besitzen haben. Die Definition der relativen zeitlichen Anfachung als $\omega_i'$ aus (2.334) macht den Unterschied zur Analyse einzelner Welleninstabilitäten besonders deutlich. Denn hiernach können selbst zeitlich abklingende Teilwellen (mit $\omega_i < 0$) zeitasymptotisch zur Störung mit $\omega_i' > 0$ beitragen. Die entsprechenden Wellen haben i.d.R. sowohl komplexe $a$ als auch komplexe $\omega$. Mit Hilfe der Gruppengeschwindigkeit werden hier Aussagen zur Ausbreitung von Wellenpaketen gemacht. Wir werden im folgenden Abschnitt hierzu weiteres erläutern.

Wir tragen an dieser Stelle eine Interpretation zur relativen Anfachung $\omega_i'$ nach, die ja in enger Verbindung zur Gruppengeschwindigkeit steht. Wir nehmen an, wir wollten den Wert der Amplitude $|\boldsymbol{U}'| = |\hat{\boldsymbol{U}}(z)|\exp(-a_i x + \omega_i t)$ einer Störwelle $\boldsymbol{U}'$ verfolgen, während wir uns mit der Geschwindigkeit $U$ bewegen. Das heißt, wir haben die vollständige Ableitung $\frac{d|\boldsymbol{U}'|}{dt} = \frac{\partial|\boldsymbol{U}'|}{\partial t} + U\frac{\partial|\boldsymbol{U}'|}{\partial x}$ zu bilden. Wir finden hieraus mit $U = \frac{\partial\Omega}{\partial a}$ (Gruppengeschwindigkeit der Welle), daß sich die zeitliche Amplitudenänderung $\frac{d|\boldsymbol{U}'|}{dt} = \omega_i'|\boldsymbol{U}'|$ ergibt. Da das Meßgerät während des Registrierens dieser zeitlichen Amplitudenänderung ein Stück $ds = U \cdot dt$ vorangeschritten ist, ergibt sich hieraus in natürlicher Weise eine räumliche Amplitudenänderung $\frac{d|\boldsymbol{U}'|}{ds} = \frac{d|\boldsymbol{U}'|}{dt}\frac{dt}{ds} = \frac{\omega_i'}{U}|\boldsymbol{U}'|$. Hieraus entnehmen wir eine sinnvolle Definition für die *räumliche Wellenpaketanfachung*

$$g := |\boldsymbol{U}'|^{-1}\frac{d|\boldsymbol{U}'|}{ds} = \frac{\omega_i'}{U} \quad . \tag{2.340}$$

Die "Blickrichtung" entlang derer diese räumliche Anfachung zu verstehen ist, wird durch die Gruppengeschwindigkeit definiert, so daß es keine Interpretationsschwierigkeiten wie bei der räumlichen Anfachungsrate $-a_i$ (vgl. 2.4.3.2) geben kann. Man beachte, daß das Maximum der räumlichen Wellenpaketanfachung $g_{\max}$ i.d.R. nicht für die Teilwelle mit der maximalen zeitlichen Anfachung $(\omega_{\max})_i = (\omega_{\max})'_i$ auftritt ! Es sei ferner darauf hingewiesen, daß die Definition einer räumlichen Anfachungsrate $g$ beim Auftreten einer absoluten Instabilität nicht sinnvoll ist, denn das Störungswachstum findet für $U = 0$ an einem Fleck (also rein zeitlich) statt und erstreckt sich nicht räumlich.

### 2.5.5 Transport von Störenergie

Wir haben oben gesehen, daß die für absolute Instabilitäten berechnete zeitasymptotische Lösung (2.332) auch für konvektive Instabilitäten verwendbar ist, da eine konvektive Instabilität im geeignet bewegten System als absolute erscheint. Der entsprechende Sattelpunkt wird in diesem bewegten Bezugssystem gefunden. Im Gegensatz zu (2.332) bedeutet dabei "zeitasymptotisch", daß nicht nur $t$, sondern auch die Ortskoordinate $x$ im konstanten Verhältnis zu $t$ gegen Unendlich geführt wird. Dieses konstante Verhältnis war gerade die Geschwindigkeit des Beobachters, $U = x/t$, bzw. die (reelle) Gruppengeschwindigkeit $U = \frac{d\Omega}{da}$ einer asymptotisch zum instabilen Wellenpaket beitragenden Teilwelle gewesen.

Wir wollen an dieser Stelle die fundamentale physikalische Bedeutung der Gruppengeschwindigkeit nachtragen. Sie repräsentiert die Ausbreitungsgeschwindigkeit, mit der sich die durch die einzelnen Teilwellen des Wellenpakets repräsentierte Störenergie ausbreitet. Wir wollen, wie ursprünglich eingeführt, unter "Störenergie" nicht Energie im physikalischen Sinne verstehen, sondern jede Größe, die ein Maß für die Größe der Störung oder Störamplitude ist. Um zu zeigen, wie sich die Störenergie ausbreitet, berechnen wir zunächst die kinetische Energiedichte, die in der Störbewegung $w'$ vorliegt, die von einer Teilwelle $a, \omega$ beigetragen wird :

$$w' \cdot w'^{\dagger} = |w'|^2 = \frac{1}{2\pi} \frac{|Z|^2}{|D_\omega D_{aa}|} \frac{\exp(-2a_i x + 2\omega_i t)}{t} \tag{2.341}$$

Um von der Energiedichte zur Energie zu gelangen, integrieren wir nach Skizze 2.46 über ein zunächst beliebiges Intervall $x \in [x_1, x_2]$ (die Integration über die Wandnorma-

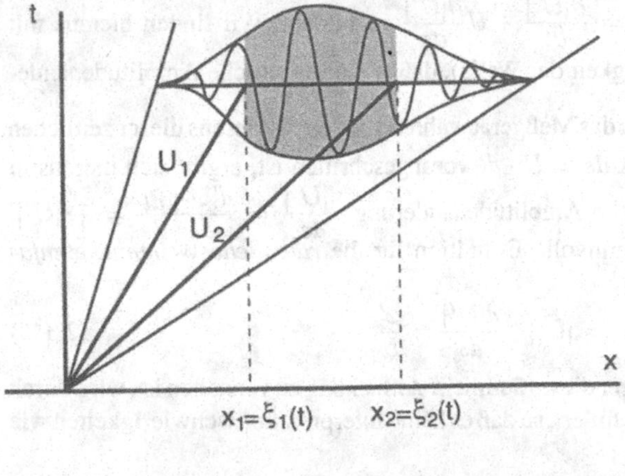


**Abb. 2.46**: Zur Bestimmung der Störenergie.

lenrichtung $z$ soll hier aus Übersichtsgründen fortgelassen werden) :

$$E = \int_{x_1}^{x_2} \frac{1}{2\pi} \frac{|Z|^2}{|D_\omega D_{aa}|} \frac{\exp(-2a_i x + 2\omega_i t)}{t} dx \qquad (2.342)$$

Wir wollen jetzt den Störenergieinhalt zwischen zwei Stellen $x_1 = \xi_1(t)$ und $x_2 = \xi_2(t)$ berechnen, die sich mit unterschiedlichen Geschwindigkeiten bewegen, und zwar mit den Gruppengeschwindigkeiten $U_1$, bzw. $U_2$. Dann ist die Zeit mit dem Ort durch $\xi = U \cdot t = \frac{d\Omega}{da} \cdot t$ verknüpft. Mithin gilt $dx = d\xi = \frac{d^2\Omega}{da^2} \cdot t\, da$. Eine Variablensubstitution von $x$ nach $a$ im Integral (2.342) ergibt dann

$$E = \int_{a_1(U_1)}^{a_2(U_2)} \frac{1}{2\pi} |Z|^2 \exp(\underbrace{-2a_i U t + 2\omega_i(a) t}_{= 2\omega_i' t}) \frac{\frac{d^2\Omega}{da^2}}{|D_\omega D_{aa}|} da \qquad (2.343)$$

Wir bemerken nun noch, daß entlang einer den Sattelpunkt $(a_s, \omega_s')$ enthaltenen Trajektorie mit $D(a, \Omega'(a)) \equiv 0 = D_\omega(\omega' - \omega_s') + \frac{1}{2} D_{aa}(a - a_s)^2$ auch $\frac{d^2 D}{da^2} \equiv 0 = D_\omega \frac{d^2\Omega'}{da^2} + D_{aa}$ gilt. Da $\frac{d^2\Omega'}{da^2} = \frac{d^2\Omega}{da^2}$ (vgl. Def. (2.334)) ist offenbar $D_\omega D_{aa} = -D_\omega^2 \frac{d^2\Omega}{da^2}$ und der Bruch in (2.343) kürzt sich unter Vernachlässigung des Vorzeichens zu

$$E = \int_{a_1(U_1)}^{a_2(U_2)} \frac{1}{2\pi} \frac{|Z|^2}{|D_\omega^2|} \exp(2\omega_i'(a) t)\, da \qquad (2.344)$$

Wir erkennen aus diesem Ausdruck, daß sich die Störenergie zwischen den beiden Strahlen $U = U_1$ und $U = U_2$ nur aufgrund der relativen Anfachungsrate $\omega_i'$, also der Aufnahme von Energie ändert. Die auf $\exp(2\omega_i'(a)t)$ bezogene Energie wäre zwischen den beiden Strahlen zeitlich konstant. Damit ist gezeigt, daß der eigentliche Transport der Störenergie mit der Gruppengeschwindigkeit vonstatten geht. Dieses hat eine sehr wesentliche physikalische Bedeutung, da der Störenergietransport z.B. eine wichtige Information zum Verständnis des laminar turbulenten Übergangs darstellt.

### 2.5.6 Physikalische Konsequenzen

Wir können mit Hilfe der Begriffe der konvektiv und absolut instabilen Strömungen ähnlich wie bei partiellen Differentialgleichungen (elliptisch, parabolisch, hyperbolisch) eine Bereichseinteilung für instabile Strömungen vornehmen.

Ähnlich wie bei durch elliptische partielle Differentialgleichungen bestimmten Systemen, beeinflussen kleine lokale Störungen den gesamten Raum im Falle absoluter Instabilitäten, und zwar so, daß sich die Strömungsform dauerhaft verändert. Ähnlich wie bei durch hyperbolische partielle Differentialgleichungen bestimmten Systemen beeinflussen kleine lokale Störungen nur ein Teilgebiet im Falle konvektiver Instabilitäten.

In Nachläufen hinter stumpfen Körpern sorgt die absolute Instabilität für die selbsterregten Schwingungen, die stromab die von Kármán'sche Wirbelstraße anregen. In jedem Fall können absolut instabile Strömungen $U_0$ an keinem Ort einen physikalisch realistischen Endzustand darstellen. Aus diesem Grund ist auch der experimentelle Nachweis einer absoluten Instabilität außerordentlich schwierig.

**2.5.6.1 Bedeutung für die aktive Strömungsbeeinflussung** Wir können aus dem soeben gesagten folgern, daß eine aktive Strömungsbeeinflussung (z.B. zur Minderung des Widerstandes eines umströmten Körpers) effizient nur in absolut instabilen Teilgebieten des Strömungsfeldes vorgenommen werden kann. Denn nur eine solche Beeinflussung verändert das globale Strömungsfeld.

**2.5.6.2 Bedeutung für den laminar-turbulenten Übergang** Für konvektive Instabilitäten erwarten wir immer eine *räumliche Störungsentwicklung*, also einen *Übergang*, beginnend beim Indifferenzpunkt (bekannt aus der Stabilitätsanalyse). Da sich absolute Instabilitäten hingegen räumlich und zeitlich gleichermaßen entwickeln, findet (zumindest im linearen Teil) der Transitionsvorgang am selben Fleck statt und wir können einen regelrechten *Umschlag* zur Turbulenz vermuten. Die natürliche Transition, d.h. der laminar–turbulente Übergang, der sich ohne Aufbringung definierter Wellenstörungen wie etwa im Laborexperiment vollzieht, ist durch lokale, zufällige Störanregung charakterisiert. Der Beginn des Übergangsprozesses wird daher realistisch nicht durch monochromatische Wellenstörungen, sondern durch Wellenpakete beschrieben. Der im Rahmen einer dreidimensionalen Wellenpaketanalyse ermittelbare Beeinflussungssektor der konvektiv instabilen Störungen (Gebiet, welches das sich bewegende und sich ausdehnende Wellenpaket überstreicht, vgl. gestrichelte Line in Abbildung 2.32) macht eine Aussage dazu, nach welcher Laufstrecke benachbarte Wellenpakete "zusammenwachsen" und zu Interaktionen führen.

### 2.5.7 Grenzen der Theorie

Die vorangegangenen Betrachtungen waren linear, galten somit für kleine Störungen. Obwohl mit den angeführten mathematischen Mitteln die lineare Störungsentwicklung zu jedem Zeitpunkt an jedem Ort vollständig beschrieben wird, liegen die Hauptaussagen beim asymptotischen Verhalten $t \rightarrow \infty$.

Daraus lassen sich zwei Begrenzungen der Gültigkeit der Theorie ableiten

1. Unter geeigneten Umständen ist nicht auszuschließen, daß die transienten Vorgänge direkt nach Aufbringen der Störung zwischenzeitlich so große Amplituden erreichen, daß die Lösung nichtlinear abzweigt.

2. Die Theorie gilt für homogene Richtungen $x, y$; das heißt, daß die Aussagen zur konvektiven, absoluten Instabilität i.a. nur für Systeme mit großer Ausdehnung in $x, y$ zutreffen. Die entscheidende Aussage zur absoluten Instabilität ist das *Rückwirkungsverhalten* ohne weitere Einflüsse. Störungsinteraktionen durch Rückwirkung, die durch Begrenzungen wie Hindernisse oder Wände, z.B. in Form von Wellenreflexionen entstehen, stellen ein davon vollkommen unabhängiges Problem dar.

3. Die vorgestellte Theorie gilt für Strömungen unter Parallelströmungsannahme, d.h. nur für stromab schwach veränderliche Strömungen, z.B. Grenzschicht– und

Scherschichtströmungen bei nicht allzu kleinen Reynoldszahlen. Auch eine relativ geringe Nichtparallelität der Grundströmung kann für den Fall eines über große Lauflängen verfolgten Wellenpakets signifikante Veränderungen bewirken. Aufgrund der Parallelströmungsannahme kann die Analyse an jeder Stelle $x$ unabhängig von der Stelle $x - \Delta x$, also der "Vorgeschichte" des Wellenpakets vorgenommen werden, was nicht eigentlich der physikalischen Gegebenheit entspricht. Im Kapitel 4 werden Erweiterungen zur Analyse nichtparalleler Grundströmungen besprochen.

### 2.5.8 Weiterführende Literatur

Lesenswert wegen ihrer klaren Darstellung der absoluten und konvektiven Instabilitäten ist die Originalarbeit von R. BRIGGS 1964. Lokale Störungen in freien Scherschichten werden von P. HUERRE UND P. MONKEWITZ 1985 und in Nachläufen von H. OERTEL JR. 1990 besprochen. Eine übersichtliche Darstellung der Methode von Briggs auf die Instabilität in der Poiseuille Strömung mit ausführlichen Ergebnisdiagrammen ist von L. BREVDO 1992 angegeben worden. Die Erweiterung der Theorie auf nichtparallele Strömungen ist in P. HUERRE UND P. MONKEWITZ 1990 und P. MONKEWITZ, P. HUERRE UND J. CHOMAZ 1993 dargestellt. M. GASTER 1968 hat bereits sehr früh dreidimensionale Wellenpakete in der Blasiusgrenzschicht berechnet und ausführlich mit Experimenten verglichen. Die Brigg'sche Theorie ist von L. BREVDO 1991 auf dreidimensionale Strömungen erweitert worden. Die Wellenpaketanalyse in dreidimensionalen kompressiblen Grenzschichten werden am Beispiel der transsonischen Pfeilflügelströmung von H. OERTEL JR. UND J. DELFS 1995 vorgestellt.

# 3 Sekundäre Instabilitäten

In den bisherigen Kapiteln haben wir uns mit sog. *primären Instabilitäten* beschäftigt. Sie initiierten ein strömungsmechanisches Phänomen, das beim Überschreiten eines kritischen Parameters den instabil gewordenen Strömungszustand $\boldsymbol{U}_0$ ablöste, und zu einer neuen Strömung führte, die wir jetzt mit $\boldsymbol{U}_1$ bezeichnen. Wir können $\boldsymbol{U}_1$ als neuen Grundzustand auffassen, der wiederum gegenüber Störungen instabil werden kann. In diesem Fall sprechen wir von sog. *sekundären Instabilitäten*.

Wir wollen das am Beispiel der primären Kelvin-Helmholtz'schen Instabilität in freien Scherschichten nach Skizze 3.1 erläutern. Sie bildet im Verlaufe ihrer Entwicklung periodisch angeordnete Wirbel (Konzentration von Drehung) mit der Wellenlänge $\lambda$ aus. Das stellt den Zustand $\boldsymbol{U}_1$ dar. In einer solchen Wirbelanordnung kommt es zur sog. *Wirbelverschmelzung*, bei der sich je zwei aufeinander folgende Wirbel jeweils zu einem größeren Wirbel mit etwa der doppelten ursprünglichen Ausdehnung, d.h. $2\lambda$ zusammenschließen.

Es werden auch dreidimensionale sekundäre Instabilitäten beobachtet. Wir betrachten hierzu den laminar–turbulenten Übergang nach Skizze 2.18. Erreicht die primäre Instabilität der Plattengrenzschicht, das heißt die stromab aufklingende Tollmien–Schlichting Welle, eine kritische Amplitude, dann setzt das sekundäre Instabilitätsphänomen ein (vgl. Position (2) in der Skizze 2.18). Diese sekundäre Instabilität sorgt dafür daß die Störströmung dreidimensional wird. Die Wirbellinien, die im Falle der Primärstörung noch geradlinig verliefen, verformen sich dabei wellenförmig in der Spannweitenrichtung $y$. Diese Krümmung der Wirbellinien ist die Ursache einer sofort einsetzenden wirbeldynamischen Induktion und Selbstinduktion, die die Wirbellinien noch weiter verformt und dabei streckt. Im Verlaufe dieses Vorgangs bilden sich charakteristische pfeilspitzenartige Strukturen aus, die ihrer Form wegen auch als Λ–*Strukturen* bezeichnet werden, Abbildung 3.2. Wir haben bereits weitere sekundäre Instabilitäten angesprochen. So werden die stationären Taylorwirbel nach Abbildung 1.9 bzw. Abbildung 3.3

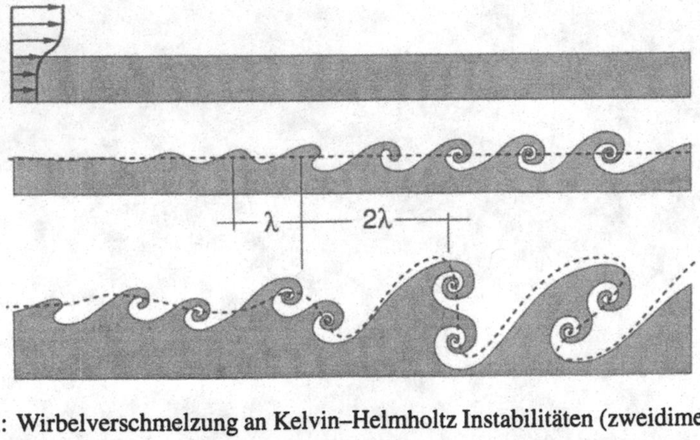


**Abb. 3.1**: Wirbelverschmelzung an Kelvin–Helmholtz Instabilitäten (zweidimensionale sekundäre Instabilität).

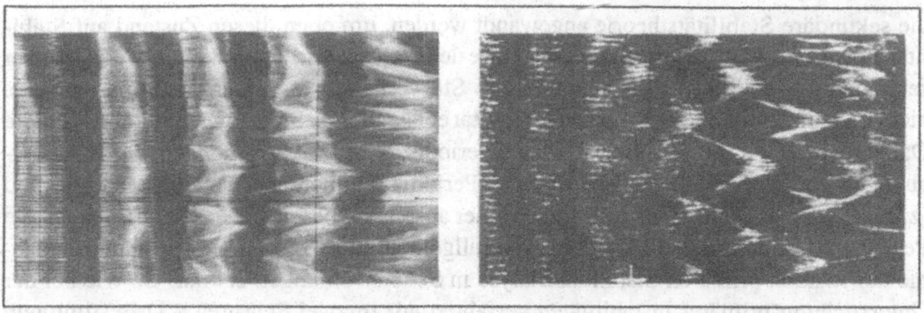

**Abb. 3.2**: Visualisierung der Strukturbildung in transitioneller Plattengrenzschicht (dreidimensionale sekundäre Instabilität). Draufsicht, Anströmung von links. links: fundamentaler Transitionstyp, Bild nach W.S. Saric (Rauch), rechts: subharmonischer Transitionstyp, Bild nach H. Bippes (Wasserstoffbläschen).

instabil gegenüber in Umfangsrichtung laufenden Querwellenstörungen, die zu einer Oszillation der Wirbel führen. Ferner können Bénard'sche Konvektionsrollen gegenüber wellenförmigen Störungen nach Abbildung 3.3 instabil werden. Es treten noch eine Vielzahl weiterer sekundärer Eigenformen im Konvektionsproblem auf, auf die wir hier nicht eingehen wollen. Sie sind jedoch alle, ebenso wie die zuvor genannten Beispiele, mit den gleichen mathematischen Mitteln, der sog. *Floquet-Analyse*, erfaßbar.

## 3.1 Grundgleichungen

Die Theorie der sekundären Instabilitäten beschränkt sich auf die Untersuchung des Verhaltens kleiner Störungen zeitlich und räumlich periodischer Grundströmungen. Die Analyse der primären Instabilitäten hatte uns häufig auf wellenförmige, d.h. im wesentlichen periodische Störungs(eigen)formen geführt. Vorausgesetzt, die sich entwickelnde primäre Instabilität führt zu einem "lokal periodischen" neuen Strömungszustand, kann

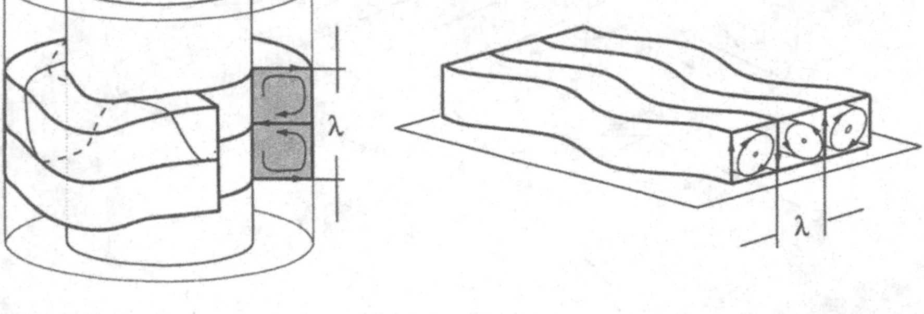


**Abb. 3.3**: Oszillationen von Taylorwirbeln und Konvektionsrollen als sekundäres Instabiltiätsphänomen.

die sekundäre Stabilitätstheorie angewandt werden, um eben diesen Zustand auf Stabilität zu untersuchen. Insofern kann mit Hilfe der nachstehend entwickelten Methoden der sekundären Stabilitätstheorie ebenfalls das Störverhalten für andere lokal periodische, nicht unbedingt aus einer primären Instabilität entstandenen Strömungen studiert werden. Dabei meinen wir mit dem Begriff "lokal periodisch" solche Strömungen, deren Abweichungen von einer mathematisch strengen Periodizität über eine Wellenlänge klein sind (z.B. schwaches räumliches Aufklingen einer ansonsten periodischen Welle). Die lokale Periodizitätsannahme stellt somit eine Verallgemeinerung der Parallelströmungsannahme der lokalen primären Stabilitätsanalyse in Scherströmungen 2.4 dar. So wie bei der Untersuchung primärer Instabilitäten verfahren wir in zwei Schritten : 1) Bestimmung des Grundströmungszustands und 2) Untersuchung des Störverhaltens.

### 3.1.1 Grundströmung

Der erste Schritt einer sekundären Stabilitätsanalyse besteht, in vollkommener Analogie zur primären Stabilitätsanalyse, in der Berechnung der zu untersuchenden Grundströmung $\boldsymbol{U}_1(x, y, t)$. Um einer sekundären Stabilitätsanalyse zugänglich zu sein, muß $\boldsymbol{U}_1$ bezüglich einer wand- bzw. scherschichtparallelen Raumrichtung $\boldsymbol{e}_\varphi = \boldsymbol{e}_x \cos\varphi + \boldsymbol{e}_y \sin\varphi =: \boldsymbol{e}_{\xi'}$ mit der Koordinate $\xi'$ periodisch und bezüglich der zweiten Parallelrichtung $\boldsymbol{e}_{\varphi+90°} = -\boldsymbol{e}_x \sin\varphi + \boldsymbol{e}_y \cos\varphi =: \boldsymbol{e}_\eta$ homogen sein : $\boldsymbol{U}(\xi', \eta, t) = \boldsymbol{U}(\xi' + \lambda, t)$. Unsere Grundströmung muß überdies in einem geeigneten Koordinatensystem $\xi = \xi' - ct$ als stationäre Strömung beschreibbar sein (vgl. Abbildung 3.4), d.h. $\boldsymbol{U}_1(\xi', t) = \boldsymbol{U}_1(\xi) = \boldsymbol{U}_1(\xi + \lambda)$. Wir können damit solche Grundströmungen $\boldsymbol{U}_1(z) = \langle \boldsymbol{U}_1 \rangle(z) + \boldsymbol{U}_1^p(\xi, z)$ auf sekundäre Instabilität untersuchen, die sich zusammensetzen aus einer räumlich bzgl. $\xi$ gemittelten parallelen (z.B. Grenzschicht–) Strömung

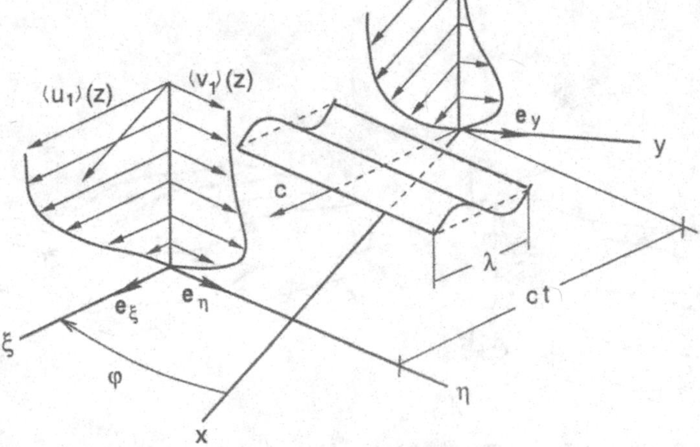


**Abb. 3.4**: Koordinatensystem zur Beschreibung der sekundären Instabilität.

$\langle \boldsymbol{U}_1\rangle(z) := \lambda^{-1}\int\limits_{\xi}^{\xi+\lambda} \boldsymbol{U}_1(\xi,z)d\xi$ und einem räumlich periodischen Anteil $\boldsymbol{U}_1^p(\xi,z)$. Dieser periodische Anteil besitzt keinen räumlichen Mittelwert, jedoch eine endliche Amplitude $A(z) = (\lambda^{-1}\int\limits_{\xi}^{\xi+\lambda} |\boldsymbol{U}_1^p(\xi,z)|^2 d\xi)^{1/2}$, d.h. wir nehmen nicht an, $A$ sei infinitesimal klein. Wir setzen voraus, unsere Grundströmung sei in einem Koordinatensystem $(x,y,z)$ gegeben, in dem wie üblich die $x$–Achse in die Richtung der Hauptströmung $\langle \boldsymbol{U}_1\rangle(z)$ (bei dreidimensionalen Grenzschichtströmungen typischerweise am Grenzschichtrand) weist und die $z$–Achse die Scherschichtnormalenrichtung bedeutet. Wir werden jedoch der Übersichtlichkeit der weiteren Ableitungen wegen, wie oben bereits angedeutet, in der Folge ein der periodischen Richtung $\boldsymbol{e}_\varphi = \boldsymbol{e}_\xi$ angepaßtes Koordinatensystem verwenden. Es ergibt sich aus der Transformation

$$\begin{pmatrix} \xi \\ \eta \\ z \end{pmatrix} = \begin{bmatrix} \cos\varphi & \sin\varphi & 0 \\ -\sin\varphi & \cos\varphi & 0 \\ 0 & 0 & 1 \end{bmatrix} \begin{pmatrix} x \\ y \\ z \end{pmatrix} - \underbrace{\begin{pmatrix} c\,t \\ 0 \\ 0 \end{pmatrix}}_{=:\,\boldsymbol{c}\,t} \tag{3.1}$$

Im $(\xi,\eta,z)$–Koordinatensystem erscheint damit $\boldsymbol{U}_1(x,y,z,t)$ also als stationäre Strömung $\boldsymbol{U}_1(\xi,z)$. Im Falle der Beschreibung stationärer, periodischer Konvektionsrollen, die sich beim Rayleigh–Bénard Problem in der ruhenden Flüssigkeitsschicht $\boldsymbol{U}_0(z) = \boldsymbol{0}$ ausbilden, gilt offenbar $\boldsymbol{c} = \boldsymbol{0}$. Auch die Taylorwirbel im Ringspalt zweier konzentrischer Zylinder sind von Natur aus stationär, so daß auch hier $\boldsymbol{c} = \boldsymbol{0}$ ist. Im Gegensatz dazu ist $\boldsymbol{c} = {}^t(c_{TS},0,0)$, und zwar im Falle einer mit der Phasengeschwindigkeit $c_{TS}$ stromablaufenden Wellenstörung in einer zweidimensionalen Grenzschicht $\boldsymbol{U}_0(z)$. Eine solche Wellenstörung könnte im Verlaufe des Amplitudenwachstums einer Tollmien–Schlichting Welle (vgl. Abbildung 2.18) entstanden sein. Obwohl die Grundströmung $\boldsymbol{U}_1$ hier nicht wirklich periodisch ist (schwaches Anwachsen der Grenzschichtdicke stromab, schwaches räumliches Amplitudenwachstum von Störwellen) nehmen wir Periodizität an. Wir werden später begründen, in welchen Fällen dieses gerechtfertigt ist.

#### 3.1.1.1 Periodische Lösung der Navier–Stokes Gleichungen

Eine stationäre $\xi$-periodische Strömung finden wir als Lösung der stationären Navier-Stokes Gleichungen. Auf die Details der Berechnung einer Grundströmung $\boldsymbol{U}_1$ wollen wir hier verzichten. Die Vorgehensweise soll nur angedeutet werden. Für inkompressible Strömungen $\boldsymbol{U}_1(\xi,z) = {}^t(u_1,v_1,w_1,p_1)$ erhalten wir die folgende Form der Navier-Stokes Gleichungen :

$$\frac{\partial u_1}{\partial \xi} + \frac{\partial w_1}{\partial z} = 0 \tag{3.2}$$

$$(u_1 - c)\frac{\partial u_1}{\partial \xi} + w_1\frac{\partial u_1}{\partial z} + \frac{\partial p_1}{\partial \xi} = Re_d^{-1}\left(\frac{\partial^2 u_1}{\partial \xi^2} + \frac{\partial^2 u_1}{\partial z^2}\right) \tag{3.3}$$

$$\left[(u_1 - c)\frac{\partial v_1}{\partial \xi} + w_1\frac{\partial v_1}{\partial z} + \frac{\partial p_1}{\partial \eta} = Re_d^{-1}\left(\frac{\partial^2 v_1}{\partial \xi^2} + \frac{\partial^2 v_1}{\partial z^2}\right)\right] \tag{3.4}$$

$$(u_1 - c)\frac{\partial w_1}{\partial \xi} + w_1\frac{\partial w_1}{\partial z} + \frac{\partial p_1}{\partial z} = Re_d^{-1}\left(\frac{\partial^2 w_1}{\partial \xi^2} + \frac{\partial^2 w_1}{\partial z^2}\right) \tag{3.5}$$

Hierin sind $u, v, w$ die Geschwindigkeitskomponenten in den Koordinatenrichtungen $\xi$, $\eta$, $z$. Dazu treten die Haft- und kinematische Strömungsbedingung $u_1(z = z_r, \xi_r) = v_1(z = z_r, \xi_r) = w_1(z = z_r, \xi_r) = 0$ an allen Wandpunkten $\xi_r, z_r$ und geeignete Fernfeldbedingungen (Anströmung) oder integrale Bedingungen. Außerdem gilt die Periodizitätsannahme in $\xi$, d.h. $\boldsymbol{U}_1(\xi, z) = \boldsymbol{U}_1(\xi + \lambda, z)$. Die Variablen werden als Fourierreihe in $\xi$ mit der Grundwellenzahl $a_r = 2\pi/\lambda$ dargestellt und in (3.2)–(3.5) eingesetzt, woraus ein System nichtlinearer gekoppelter gewöhnlicher Differentialgleichungen in $z$ für die Fourierkoeffizienten (auch Moden) folgt.

**3.1.1.2 Shape assumption** Die Berechnung einer periodischen Lösung der Navier-Stokes Gleichungen ist i.d.R. bereits ein schwieriges Unterfangen. Eine ganz erhebliche Vereinfachung bringt die sog. *shape assumption* mit sich, die in vielen Fällen hinreichend genau ist. Danach wird angenommen,

1. die mittlere Strömung entspreche der laminaren Grundströmung $\boldsymbol{U}_0$, die vor dem Auftreten jeglicher Störung vorhanden war, d.h. $\langle \boldsymbol{U}_1 \rangle(z) \approx \boldsymbol{U}_0(z)$

2. die periodische Störströmung endlicher Amplitude $\boldsymbol{U}_1^p$ werde approximiert durch eine normierte Eigenfunktion der primären Stabilitätsanalyse, skaliert mit endlicher Amplitude $A$, d.h. $\boldsymbol{U}_1^p \approx A\,\boldsymbol{U}'_r = A\,[\hat{\boldsymbol{U}} \exp(ia + ib - i\omega t)]_r$

Nach 1. ist die störungsfreie Grundströmung $\boldsymbol{U}_0$ z.B. die laminare Blasius'sche Plattengrenzschichtströmung oder die ungestörte Laminarströmung zwischen zwei konzentrischen Zylindern vor dem Einsetzen der Taylorwirbel.

Unter 2. haben wir nur den Realteil $\boldsymbol{U}'_r$ der komplexwertigen Funktion der primären Störwelle genommen, da die Grundströmung $\boldsymbol{U}_1$ natürlich nur aus reellwertigen Strömungsgrößen bestehen kann. Wir können den Realteil auch als $\boldsymbol{U}'_r = (\boldsymbol{U}' + \boldsymbol{U}'^{\dagger})/2$ bestimmen, wobei $\boldsymbol{U}'^{\dagger}$ das konjugiert Komplexe zu $\boldsymbol{U}'$ bedeutet. Es ist notwendig, die verwendete Eigenfunktion $\hat{\boldsymbol{U}}(z)$ zu normieren, damit die Amplitude $A$, die als Parameter vorgegeben wird, physikalisch interpretierbar ist. Es ist üblich, die Eigenfunktion mit einem Faktor zu multiplizieren, so daß sich das Maximum der Geschwindigkeitsstörung in Stromabrichtung $\hat{u}$ gerade zu $\sqrt{1/2}$ ergibt, weil damit $A$ gerade die Bedeutung des rms–Wertes (root–mean–square) der Schwankung besitzt :

$$\hat{\boldsymbol{U}}(z) = {}^t(\hat{u}, \hat{v}, \hat{w}, \hat{p}) \;:\; \max_z |\hat{u}| = \sqrt{1/2} \tag{3.6}$$

Wir wollen nochmals darauf hinweisen, daß $\boldsymbol{U}_1^p$ nach der zweiten Teilannahme der shape assumption eine stationäre, periodische Funktion in $\xi$ zu sein hat. Wir wollen uns dazu die Primärstörung $\boldsymbol{U}' = \boldsymbol{U}'(x, y, z, t) = \hat{\boldsymbol{U}}(z) e^{iax + iby - i\omega t}$ in den neu eingeführten Koordinaten nach (3.1) ansehen. Wir finden

$$\boldsymbol{U}' \;=\; \hat{\boldsymbol{U}}(z)\,\exp(\overbrace{ia_r x + ib_r y - i\omega_r t}^{=:\,i\theta_r})\,\exp(\overbrace{-a_i x - b_i y + \omega_i t}^{=:\,\theta_i})$$

$$\theta_r = (a_r \cos\varphi + b_r \sin\varphi)\,\xi + \overbrace{(-a_r \sin\varphi + b_r \cos\varphi)}^{\overset{!}{=}\,0 \text{ (homog. in } \eta\text{)}}\,\eta\;-$$

$$-\underbrace{(\omega_r - (a_r \cos\varphi + b_r \sin\varphi)\, c)\, t}_{\stackrel{!}{=}\, 0 \text{ (stationär)}} \qquad (3.7)$$

$$\theta_i = (a_i \cos\varphi + b_i \sin\varphi)\, \xi + (-a_i \sin\varphi + b_i \cos\varphi)\, \eta -$$
$$-(\omega_i - (a_i \cos\varphi + b_i \sin\varphi)\, c)\, t \;\; \stackrel{!}{\approx} \;\; 0 \qquad \text{(Periodizität)}$$

Der Drehwinkel $\varphi$ folgt aus der obigen Beziehung zu $\varphi = \tan^{-1}(b_r/a_r)$. Die Geschwindigkeit $c$, mit der wir das $(\xi, \eta, z)$–Koordinatensystem mitbewegen, ergibt sich aus (3.7) als die Phasengeschwindigkeit der primären Störwelle $c = \omega_r/\sqrt{a_r^2 + b_r^2}$. Ihre Wellenlänge ist $\lambda = 2\pi/\sqrt{a_r^2 + b_r^2}$. Wie bereits angemerkt, nehmen wir kleine Anfachungsraten $a_i$, $b_i$ und $\omega_i$ der Primärinstabilität an, um uns nicht auf den speziellen Fall von Neutralwellen einschränken zu müssen. Wenn wir von "kleinen Anfachungsraten" sprechen, beziehen wir uns auf die sich am Ende ergebenden Anfachungsraten der sekundären Instabilität, die für viele Scherströmungen wesentlich größere Werte als die primären Anfachungsraten haben. Naturgemäß können wir dieses aber erst nachträglich durch Nachrechnung zeigen. Wir können hier nur sagen, daß wenn die primäre Instabilität viskosen Charakters ist, wie z.B. die Tollmien–Schlichting Wellen, dann sind die primären zeitlichen Anfachungsraten sehr klein. Sie skalieren sich mit $\sim 1/Re_d$. Dagegen sind Anfachungsraten der sekundären Instabilität ihrer wirbeldynamischen Natur wegen durch Konvektion bestimmt und damit wesentlich größer. Die für solche Vorgänge zutreffende Zeitskala entsteht erst in Verbindung mit der durch die Wellenlänge der periodischen Grundströmung eingeführten Längenskala $\lambda$.

Die shape assumption führt mit der Bezeichnung $a_\varphi = 2\pi/\lambda = \sqrt{a_r^2 + b_r^2}$ und unter Beachtung der Normierung (3.6) am Ende auf die folgende Formulierung der Grundströmung

$$\boldsymbol{U}_1(\xi, z) \approx \boldsymbol{U}_0(z) + A/2\, [\hat{\boldsymbol{U}}(z) \exp(a_\varphi \xi) + \hat{\boldsymbol{U}}^\dagger(z) \exp(-a_\varphi \xi)] \qquad (3.8)$$

Die so approximierte periodische Grundströmung ist also nach einer vorangegangenen primären Stabilitätsanalyse bekannt.

### 3.1.2 Störungsdifferentialgleichungen

Wir überlagern der zu untersuchenden periodischen Grundströmung $\boldsymbol{U}_1$ eine kleine Störung $\varepsilon \boldsymbol{U}''$. In vollkommener Analogie zum Vorgehen bei der Ableitung der primären Störungsdifferentialgleichungen 2.1 setzen wir die gestörte Strömung $\boldsymbol{U} = \boldsymbol{U}_1 + \varepsilon \boldsymbol{U}''$ in die Navier–Stokes Gleichungen ein, differenzieren nach $\varepsilon$ und lassen danach $\varepsilon \to 0$ gehen. Wir erhalten dann Gleichungen die mit allen denjenigen übereinstimmen, die unter 2.1 abgeleitet wurden, mit dem Unterschied, daß $\boldsymbol{U}_0$ durch $\boldsymbol{U}_1$, $\boldsymbol{U}'$ durch $\boldsymbol{U}''$, $x$ durch $\xi$ und $y$ durch $\eta$ ersetzt ist. Außerdem ist zu beachten, daß wir das Koordinatensystem mit der Phasengeschwindigkeit $\boldsymbol{c} = {}^t(c, 0, 0)$ in der Richtung $\xi$ mitbewegen, um eine stationäre Grundströmung $\boldsymbol{U}_1(\xi, z)$ betrachten zu können. Das heißt, daß $\boldsymbol{v} = {}^t(u, v, w)$ durch $\boldsymbol{v} - \boldsymbol{c} = {}^t(u - c, v, w)$ zu ersetzen ist.

Wir wollen dieses nun für inkompressible Strömungen beispielhaft durchführen. Unter Beachtung der oben genannten Ersetzungen schreiben sich die linearisierten Störungsdifferentialgleichungen (2.13), (2.14) für die Störungen $\boldsymbol{U}'' = {}^t(\boldsymbol{v}'', p'')$ mit $\boldsymbol{v}'' = {}^t(u'', v'', w'')$ der periodischen Grundströmung $\boldsymbol{U}_1 = {}^t(u_1, v_1, w_1, p_1)$

$$\boldsymbol{\nabla}\cdot\boldsymbol{v}'' = 0 \tag{3.9}$$

$$\tfrac{\partial}{\partial t}\boldsymbol{v}'' + (\boldsymbol{v}_1 - \boldsymbol{c})\cdot\boldsymbol{\nabla}\boldsymbol{v}'' + \boldsymbol{v}''\cdot\boldsymbol{\nabla}\boldsymbol{v}_1 = -\boldsymbol{\nabla}p'' + Re^{-1}\,\boldsymbol{\Delta}\boldsymbol{v}'' \tag{3.10}$$

Dazu kommen die Haftbedingung und kinematische Strömungsbedingung an festen Berandungen $\boldsymbol{x}_r$

$$\boldsymbol{v}''(\boldsymbol{x}_r) = 0 \tag{3.11}$$

An Fernfeldrändern fordern wir wie üblich das Abklingen aller Störungen auf Null. Es ist möglich, aus dem Gleichungssystem (3.9)–(3.10) den Druck und die wandparallele Geschwindigkeitskomponente $v''$ zu eliminieren und damit ein System von zwei Gleichungen für die zwei Unbekannten $u''$ und $w''$ abzuleiten. Zunächst eliminieren wir den Druck aus (3.10), indem wir die Rotation $\boldsymbol{\nabla}\times$ bilden. Wir erhalten dann die sog. Wirbeltransportgleichung

$$\tfrac{\partial}{\partial t}\boldsymbol{\omega}'' + (\boldsymbol{v}_1 - \boldsymbol{c})\cdot\boldsymbol{\nabla}\boldsymbol{\omega}'' + \boldsymbol{v}''\cdot\boldsymbol{\nabla}\boldsymbol{\omega}_1 - \boldsymbol{\omega}_1\cdot\boldsymbol{\nabla}\boldsymbol{v}'' - \boldsymbol{\omega}''\cdot\boldsymbol{\nabla}\boldsymbol{v}_1 = Re^{-1}\,\boldsymbol{\Delta}\boldsymbol{\omega}'' \tag{3.12}$$

mit der Drehung $\boldsymbol{\omega} = \boldsymbol{\nabla}\times\boldsymbol{v} = {}^t(\frac{\partial w}{\partial \eta} - \frac{\partial v}{\partial z}, \frac{\partial u}{\partial z} - \frac{\partial w}{\partial \xi}, \frac{\partial v}{\partial \xi} - \frac{\partial u}{\partial \eta})$. Man beachte, daß die Grundströmung nicht von $\eta$ abhängt. Wir differenzieren nun die $z$–Komponente der Vektorgleichung (3.12) nach $\eta$. Die darin erscheinenden Ableitungen $\dfrac{\partial v''}{\partial \eta}$ eliminieren wir mit Hilfe der Kontinuitätsgleichung (3.9) und erhalten unsere erste Differentialgleichung für $u''$ und $w''$ :

$$\begin{aligned}
&\left[\frac{\partial}{\partial t} + (u_1 - c)\frac{\partial}{\partial \xi} + v_1\frac{\partial}{\partial \eta} + w_1\frac{\partial}{\partial z} - Re_d^{-1}\boldsymbol{\Delta} + \frac{\partial u_1}{\partial \xi}\right]\left(\frac{\partial^2 u''}{\partial \xi^2} + \frac{\partial^2 u''}{\partial \eta^2} + \frac{\partial^2 w''}{\partial \xi \partial z}\right) + \\
&\qquad + \left(\frac{\partial w_1}{\partial \xi}\frac{\partial^2}{\partial \xi \partial z} - \frac{\partial^2 v_1}{\partial \xi^2}\frac{\partial}{\partial \eta}\right)u'' + \\
&\qquad + \left[\frac{\partial w_1}{\partial \xi}\frac{\partial^2}{\partial z^2} + \left(\frac{\partial u_1}{\partial z}\frac{\partial}{\partial \eta} + \frac{\partial v_1}{\partial \xi}\frac{\partial}{\partial z} - \frac{\partial^2 v_1}{\partial \xi \partial z} - \frac{\partial v_1}{\partial z}\frac{\partial}{\partial \xi}\right)\frac{\partial}{\partial \eta}\right]w'' = 0
\end{aligned} \tag{3.13}$$

Die zweite Störungsdifferentialgleichung leiten wir ab, indem wir die $\eta$–Komponente der Vektorgleichung (3.12) nach $\xi$ ableiten, und von ihr die nach $\eta$ differenzierte $\xi$–Komponente von (3.12) abziehen. Die dann verbleibenden Ableitungen $\dfrac{\partial v''}{\partial \eta}$ eliminieren wir auch hier mit Hilfe der Kontinuitätsgleichung. Die Ableitung erfordert einige Mühe und ergibt am Ende

$$\begin{aligned}
&\left[\frac{\partial}{\partial t} + (u_1 - c)\frac{\partial}{\partial \xi} + v_1\frac{\partial}{\partial \eta} + w_1\frac{\partial}{\partial z} - Re_d^{-1}\boldsymbol{\Delta}\right]\boldsymbol{\Delta}w'' - \\
&\frac{\partial}{\partial \xi}\left[\left(u''\frac{\partial}{\partial \xi} + w''\frac{\partial}{\partial z}\right)\left(\frac{\partial u_1}{\partial z} - \frac{\partial w_1}{\partial \xi}\right)\right] - \frac{\partial u_1}{\partial \xi}\boldsymbol{\Delta}w'' + \frac{\partial w_1}{\partial \xi}\boldsymbol{\Delta}u'' - \\
&\quad -2\frac{\partial \boldsymbol{v}_1}{\partial \xi}\cdot\boldsymbol{\nabla}\left(\frac{\partial u''}{\partial z} - \frac{\partial w''}{\partial \xi}\right) - \left(\frac{\partial u''}{\partial \eta}\frac{\partial}{\partial \xi} + \frac{\partial w''}{\partial \eta}\frac{\partial}{\partial z}\right)\frac{\partial v_1}{\partial z} - \\
&-\left(\frac{\partial u''}{\partial \xi} + \frac{\partial w''}{\partial z}\right)\frac{\partial}{\partial \xi}\left(\frac{\partial u_1}{\partial z} - \frac{\partial w_1}{\partial \xi}\right) - \left(\frac{\partial u''}{\partial \eta}\frac{\partial}{\partial z} - \frac{\partial w''}{\partial \eta}\frac{\partial}{\partial \xi}\right)\frac{\partial v_1}{\partial \xi} = 0
\end{aligned} \tag{3.14}$$

Mit (3.13), (3.14) liegt nun ein homogenes, lineares, partielles Differentialgleichungssystem mit nichtkonstanten Koeffizienten in $z$, periodischen Koeffizienten in $\xi$ und konstanten Koeffizienten in $\eta$ zur Bestimmung der Störströmung $u''$, $w''$ vor. Die feste Wand bei der Untersuchung einer Grenzschichtströmung liege bei $z = z_r, \xi$. Danach liege $\xi$ parallel zur Wand. Es gilt die Randbedingung (3.11) dann unabhängig von $\xi$. Wir erkennen, daß $u''$ maximal zweimal nach $z$ und $w''$ maximal viermal nach $z$ differenziert wird, d.h. wir benötigen an jedem Rand $z_r$ eine Bedingung für $u''$ und zwei Bedingungen für $w''$. An der festen Wand sind diese

$$u''(z_r) = 0\,,\; w''(z_r) = 0\,,\; \frac{\partial w''}{\partial z}(z_r) = 0 \tag{3.15}$$

Die ersten beiden Bedingungen stellen einfach die Haft– und kinematische Strömungsbedingung aus (3.11) dar, während die dritte der Bedingungen (3.15) aus der Kontinuitätsgleichung (3.9) in Verbindung mit (3.11) folgt.

Wir wollen nun zusätzlich die Grundströmung $\boldsymbol{U}_1 = \boldsymbol{U}_0 + A\,\boldsymbol{U}'_r$ nach der shape assumption (3.8) in das Störungsdifferentialgleichungssystem (3.13), (3.14) einsetzen. Man beachte wieder, daß die primärstörungsfreie Grundströmung $\boldsymbol{U}_0 = \boldsymbol{U}_0(z)$ und die überlagerte Primärstörung $\boldsymbol{U}' = \boldsymbol{U}'(\xi, z)$ sind :

$$\begin{aligned}
&\left[\frac{\partial}{\partial t} + (u_0 - c)\frac{\partial}{\partial \xi} + v_0 \frac{\partial}{\partial \eta} - Re_d^{-1}\boldsymbol{\Delta}\right]\left(\frac{\partial^2 u''}{\partial \xi^2} + \frac{\partial^2 u''}{\partial \eta^2} + \frac{\partial^2 w''}{\partial \xi \partial z}\right) + \\
&\qquad + \left(\frac{du_0}{dz}\frac{\partial}{\partial \eta} - \frac{dv_0}{dz}\frac{\partial}{\partial \xi}\right) w'' = \\
&= A\left\{ - \left[\boldsymbol{v}'_r \cdot \boldsymbol{\nabla} + \frac{\partial u'_r}{\partial \xi}\right]\left(\frac{\partial^2 u''}{\partial \xi^2} + \frac{\partial^2 u''}{\partial \eta^2} + \frac{\partial^2 w''}{\partial \xi \partial z}\right) - \left(\frac{\partial w'_r}{\partial \xi}\frac{\partial^2}{\partial \xi \partial z} - \frac{\partial^2 v'_r}{\partial \xi^2}\frac{\partial}{\partial \eta}\right) u'' - \right. \\
&\qquad \left. \left[\frac{\partial w'_r}{\partial \xi}\frac{\partial^2}{\partial z^2} + \left(\frac{\partial u'_r}{\partial z}\frac{\partial}{\partial \eta} + \frac{\partial v'_r}{\partial \xi}\frac{\partial}{\partial z} - \frac{\partial^2 v'_r}{\partial \xi \partial z} - \frac{\partial v'_r}{\partial z}\frac{\partial}{\partial \xi}\right)\frac{\partial}{\partial \eta}\right] w'' \right\}
\end{aligned} \tag{3.16}$$

$$\begin{aligned}
&\left[\frac{\partial}{\partial t} + (u_0 - c)\frac{\partial}{\partial \xi} + v_0 \frac{\partial}{\partial \eta} - Re_d^{-1}\boldsymbol{\Delta}\right] \boldsymbol{\Delta} w'' + \frac{d^2 u_0}{dz^2}\frac{\partial w''}{\partial \xi} + \frac{d^2 v_0}{dz^2}\frac{\partial w''}{\partial \eta} = \\
&= A\left\{ - \boldsymbol{v}'_r \cdot \boldsymbol{\nabla}\boldsymbol{\Delta} w'' - \frac{\partial}{\partial \xi}\left[\left(u''\frac{\partial}{\partial \xi} + w''\frac{\partial}{\partial z}\right)\left(\frac{\partial u'_r}{\partial z} - \frac{\partial w'_r}{\partial \xi}\right)\right] - \frac{\partial u'_r}{\partial \xi}\boldsymbol{\Delta} w'' + \right. \\
&\quad + \frac{\partial w'_r}{\partial \xi}\boldsymbol{\Delta} u'' - 2\frac{\partial \boldsymbol{v}_1}{\partial \xi}\cdot\boldsymbol{\nabla}\left(\frac{\partial u''}{\partial z} - \frac{\partial w''}{\partial \xi}\right) - \left(\frac{\partial u''}{\partial \eta}\frac{\partial}{\partial \xi} + \frac{\partial w''}{\partial \eta}\frac{\partial}{\partial z}\right)\frac{\partial v'_r}{\partial z} - \\
&\quad \left. - \left(\frac{\partial u''}{\partial \xi} + \frac{\partial w''}{\partial z}\right)\frac{\partial}{\partial \xi}\left(\frac{\partial u'_r}{\partial z} - \frac{\partial w'_r}{\partial \xi}\right) - \left(\frac{\partial u''}{\partial \eta}\frac{\partial}{\partial z} - \frac{\partial w''}{\partial \eta}\frac{\partial}{\partial \xi}\right)\frac{\partial v'_r}{\partial \xi} \right\}
\end{aligned} \tag{3.17}$$

Hierin ist $\boldsymbol{v}'_r \cdot \boldsymbol{\nabla} = u'_r \frac{\partial}{\partial \xi} + v'_r \frac{\partial}{\partial \eta} + w'_r \frac{\partial}{\partial z}$. Wir haben die Terme, die mit der Amplitude $A$ der Primärstörung $\boldsymbol{U}'$ versehen sind, jeweils auf der rechten Seite zusammengefaßt. Es sei auf ein sehr wesentliches Merkmal der obigen Gleichungen hingewiesen. Für verschwindende Amplitude $A \to 0$ entkoppeln sich die beiden Gleichungen voneinander und es entsteht aus (3.17) die Orr–Sommerfeld Gleichung der primären Stabilitätstheorie. Die erste Gleichung (3.16) wird in diesem Fall auch *Squiregleichung* genannt. Man beachte, daß für $w'' = 0$ diese Gleichung für $A \to 0$, nichttriviale Eigenlösungen besitzt, die von der Orr–Sommerfeldgleichung nicht beschrieben werden können. Diese Eigenlösungen werden auch als *Squiremoden* bezeichnet. Sie sind jedoch immer stabil und deshalb im Rahmen der primären Analyse nicht von Bedeutung.

Wir erkennen damit schon hier, daß das Wesen der sekundären Instabilität im Vorhandensein einer endlichen Störamplitude $A$ liegt. Erst mit ihr kommt die für die Instabilität so wichtige, periodisch verteilte Konzentration von Drehung im Grundzustand (in Form der periodischen Koeffizienten) ins Spiel.

## 3.2 Lösung der Störungsdifferentialgleichungen

Unser Störungsdifferentialgleichungssystem (3.16), (3.17) ist homogen in $t$ und $\eta$. Daher dürfen wir in diesen Richtungen Exponentialansätze für die Lösung machen :

$$\boldsymbol{U}'' = \boldsymbol{V}(\xi, z) \exp(i\beta\eta) \exp(\sigma t) \tag{3.18}$$

Dabei wollen wir $\beta = \beta_r$ als reelle Zahl vorgeben. Wir legen damit die Periodenlänge der zu berechnenden Störung bezüglich $\eta$, d.h. senkrecht zur Wellennormalen der primären Instabilität fest (vgl. Skizze 3.5). Für den Wert $\beta = 0$ liegt der Sonderfall zweidimensionaler sekundärer Instabilität vor. Die zu Anfang des Abschnitts erwähnte Wirbelverschmelzung in der freien Scherschicht ist ein Beispiel dafür. Die Konstante $\sigma := \sigma_r + i\sigma_i$ ist i.a. komplex. Der Realteil $\sigma_r$ hat in Analogie zur primären Stabilitätsanalyse die Bedeutung einer zeitlichen Anfachungsrate.

Die Abhängigkeit der Funktion $\boldsymbol{V}(\xi, z)$ von der Normalenrichtung $z$ wird in vollkommener Analogie zu allen behandelten primären Stabilitätsproblemen numerisch behandelt. Die auftretenden Ableitungen nach $z$ können mit dem in Anhang A.3 angegebenen Kollokationsverfahren explizit in Matrixform dargestellt werden, und die Randbedingungen werden durch explizites Setzen der Strömungsgrößen am Randkollokationspunkt berücksichtigt.

Das Charakteristische der Störungsdifferentialgleichungen der sekundären Instabilität ist die $\xi$–Periodizität der auftretenden Koeffizenten. Wir erinnern uns, daß die Periodenlänge $\lambda = 2\pi/a_\varphi$ mit $a_\varphi = \sqrt{a_r^2 + b_r^2}$ war. Lineare Differentialgleichungen mit periodischen Koeffizienten können, ähnlich wie lineare Differentialgleichungen mit konstanten Koeffizienten, mit Hilfe eines allgemeinen Ansatzes gelöst werden. Der Lösungsansatz für lineare Differentialgleichungen mit periodischen Koeffizienten wird *Floquet–Ansatz* genannt, entsprechend der sog. *Floquet Theorie* der Lösung periodischer Differentialgleichungen (vgl. z.B. CODDINGTON UND LEVINSON 1955). Nach dieser Theorie löst ein Ansatz der Form

$$\boldsymbol{V}(\xi, z) = \exp(i\alpha\xi)\tilde{\boldsymbol{V}}(\xi, z) \quad , \quad \text{mit} \quad \tilde{\boldsymbol{V}}(\xi, z) = \tilde{\boldsymbol{V}}(\xi + \lambda, z) \tag{3.19}$$

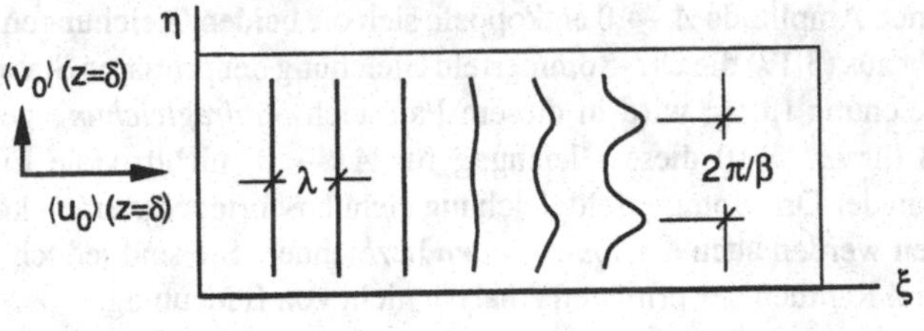


**Abb. 3.5**: Zur Bedeutung des Parameters $\beta$ bei der Beschreibung der sekundären Instabilität der Grenzschicht.

die Differentialgleichung. Die Lösung besteht offenbar aus einer (noch zu bestimmenden) Funktion $\tilde{\boldsymbol{V}}(\xi, z)$ mit derselben Periode wie die Koeffizienten der Differentialgleichung, multipliziert mit einem "Exponentialansatz" $\exp(i\alpha\xi)$, in dem eine (i.a. komplexe) Konstante $\alpha$ auftritt. Wir entwickeln die Funktion $\tilde{\boldsymbol{V}}(\xi, z)$ in ihre Fourierreihe und schreiben unsere Störströmung nun

$$\boldsymbol{U}'' = \exp(i\alpha\xi + i\beta\eta)\exp(\sigma t) \sum_{j=-\infty}^{\infty} \hat{\boldsymbol{V}}_j(z)\exp(i\,j\alpha_\varphi\xi) \tag{3.20}$$

Setzen wir die Komponenten $(u'', w'')$ aus $\boldsymbol{U}''$ in unser Störungsdifferentialgleichungssystem ein und ordnen nach den einzelnen Exponentialtermen $\exp(i\,(j\alpha_\varphi + \alpha)\xi)$, so entsteht ein System aus unendlich vielen homogenen gewöhnlichen Differentialgleichungen in $z$ für die Fourierkoeffizienten $\hat{\boldsymbol{V}}_j(z)$. Dieses Gleichungssystem hat wiederum nur für bestimmte Kombinationen $(\alpha, \beta, \sigma)$ nichttriviale Lösungen, die wir wieder als Eigenfunktionen der sekundären Stabilitätstheorie bezeichnen wollen.

Zur konkreten Berechnung dieses Eigenwertproblems der sekundären Stabilitätstheorie wird die Fourierreihe in (3.20) nach endlich vielen Gliedern $N$ abgebrochen. Numerische Untersuchungen haben gezeigt, daß für $\varphi = 0$ nur zwei Glieder $j = 0, 1$ hinreichend genaue Ergebnisse liefern. In Fällen schräglaufender Primärwellen, insbesondere bei Querströmungswellen, müssen mehrere Moden verwendet werden.

In Analogie zur primären Stabilitätstheorie unterscheiden wir zwischen zeitlicher und räumlicher Analyse. Eine zeitliche Stabilitätsrechnung führen wir durch, indem wir $\alpha, \beta$ reell vorgeben und $\sigma$ als i.d.R. komplexe Zahl aus dem Eigenwertproblem bestimmen. Der Realteil $\sigma_r$ des zeitlichen Eigenwerts $\sigma$ hat die Bedeutung der zeitliche Anfachungsrate. Die Grundströmung $\boldsymbol{U}_1$ ist instabil gegenüber Sekundärstörungen, wenn uns das Eigenwertproblem der sekundären Stabilitätsanalyse einen Wert $\sigma_r > 0$ liefert. Der Imaginärteil ist die gemeinsame Kreisfrequenz aller Moden der sekundären Eigenfunktion $\boldsymbol{U}''$ im mitbewegten System $(\xi, \eta, z)$. Für $\sigma_i = 0$ stellen alle Moden der sekundären Eigenfunktion bezüglich $(\xi, \eta, z)$ stehende Wellen dar. Sie bewegen sich dann relativ zur Primärwelle nicht.

Wir sprechen von einer räumlichen Stabilitätsanalyse, wenn wir im unbewegten System $(\xi + ct, \eta, z)$ keine zeitliche Anfachung zulassen, sondern einen zeitlich periodischen Vorgang voraussetzen. Im bewegten System setzen wir dazu $\sigma_r$ nicht gleich Null, sondern $\sigma_r = \alpha_i c$. Die im stehenden Koordinatensystem angesetzte Frequenz $\Omega$ erscheint im bewegten als $\sigma_i = \Omega - \alpha_r c$ und wird als solche in die Gleichungen eingesetzt.

### 3.2.1 Lösungstypen

Bevor wir konkrete Lösungen bestimmen, wollen wir nochmals den Lösungsansatz näher betrachten und die möglichen Lösungen in drei Klassen einteilen. Wir beginnen damit, zu verdeutlichen, daß es sinnvoll ist, nur bestimmte Werte für den Realteil $\alpha_r$ der im Floquetansatz (3.19) vorkommenden Konstanten $\alpha$ zuzulassen. Zunächst wird der gemeinsame Faktor $\exp(i\alpha_r\xi)$ in (3.20) mit den einzelnen Fouriermoden $\exp(i\,j\alpha_\varphi\xi)$ zu $\exp[i\,(j\alpha_\varphi + \alpha)\xi]$ zusammengefaßt. Mit Hilfe des Diagramms 3.6 überlegen wir,

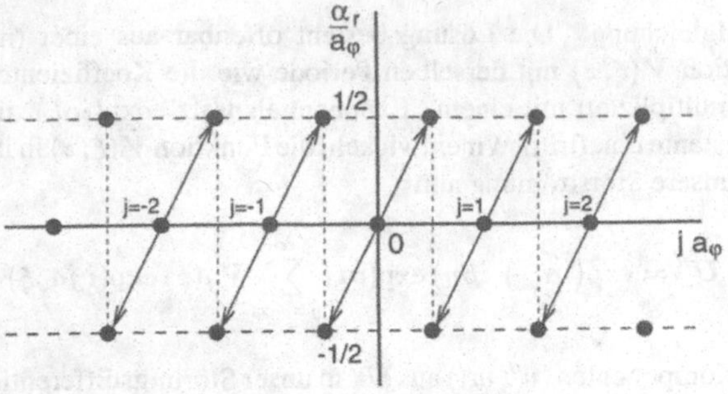


**Abb. 3.6**: Lage der Moden $(j)$ als Funktion von $\alpha_r$

wie sich die Position der einzelnen Moden $(j)$ auf der Achse $ja_\varphi$ mit $\alpha_r$ ändert. Erreicht $\alpha_r = 1/2a_\varphi$, dann nehmen die Moden offenbar dieselben Plätze ein, wie bei $\alpha_r = -1/2a_\varphi$. Alle möglichen Positionen der Moden können offenbar beschrieben werden, indem $\alpha_r$ aus $-1/2 \leq \alpha_r/a_\varphi \leq 1/2$ gewählt wird. Würden wir beispielsweise $\alpha_r = 3/4a_\varphi$ einsetzen, so entspräche dieses dem Fall $\alpha_r = (3/4-1)a_\varphi = -1/4a_\varphi$. Denn wir dürfen immer ganzzahlige Vielfache von $a_\varphi$ abziehen oder addieren, ohne den Wert der Fourierreihe (3.20) zu ändern. Eine solche Manipulation würde lediglich zu einer Umnumerierung der Moden innerhalb der Formulierung der ansonsten selben Reihe führen. Da eine Veränderung von $|\alpha_r|$ über $1/2$ hinaus nicht sinnvoll ist, führen wir einen neuen Parameter $\varepsilon = 2\alpha_r/a_\varphi$ ein. Dieser sog. Verstimmungsparameter nimmt Werte $-1 \leq \varepsilon \leq 1$ an. Es werden mit Hilfe der Werte von $\varepsilon$ drei wesentlich unterschiedliche Lösungstypen unterschieden, deren Auftreten auch in Experimenten z.B. zum laminar-turbulenten Übergang in der ebenen Plattengrenzschichtströmung beobachtet wurden. Der Ablauf des Übergang hängt stark von der tatsächlich auftretenden Erscheinungsform sekundärer Instabilität ab. Die verschiedenen Transitionsszenarien sind über diese sekundären Instabilitätstypen charakterisierbar.

1. Für $\varepsilon = 0$ sprechen wir von sog. *fundamentalen Moden*.

$$\boldsymbol{U}_f'' = \exp(-\alpha_i\xi + i\beta\eta)\exp(\sigma t)\sum_{j=-\infty}^{\infty}\hat{\boldsymbol{V}}_j(z)\exp(i\,ja_\varphi\xi) \tag{3.21}$$

   Typisch für diese Instabilitätsform ist, daß sie dieselbe Periode bezüglich $\xi$ wie die Grundströmung besitzt. Wird der durch Tollmien–Schlichting Wellen initiierte Transitionsvorgang durch die fundamentalen Moden bestimmt, sprechen wir auch vom *fundamentalen Transitionstyp* (vgl. Abbildung 3.1). Andere Bezeichnungen dieses Transitionstyp sind *peak–valley splitting* oder *K–Typ* (nach P. KLEBANOFF).

2. Für $\varepsilon = \pm 1$ treten die sog. *subharmonischen Moden* auf.

$$\boldsymbol{U}_s'' = \exp(-\alpha_i\xi + i\beta\eta)\exp(\sigma t)\sum_{j=-\infty}^{\infty}\hat{\boldsymbol{V}}_j(z)\exp(i\,(j+1/2)a_\varphi\xi) \tag{3.22}$$

   Diese sekundäre Instabilität besitzt die doppelte Periodenlänge wie die Grundströmung. Wird der Transitionsvorgang durch diese Instabilitätsform bestimmt, spricht man auch von *subharmonischem Transitionstyp* (vgl. Abbildung 3.1) oder *H–Typ* (nach T. HERBERT), in Sonderfällen auch *C–Typ* (nach A. CRAIK).

3. Für $|\varepsilon| < 1$ werden sekundäre Instabilitäten als *verstimmte Moden* (engl. *detuned modes*) bezeichnet.

$$\boldsymbol{U}''_d = \exp(-\alpha_i \xi + i\beta\eta) \exp(\sigma t) \sum_{j=-\infty}^{\infty} \hat{\boldsymbol{V}}_j(z) \exp(i\,(j+\varepsilon/2) a_\varphi \xi) \tag{3.23}$$

Die beiden zuvor genannten Formen sind Grenzfälle der allgemeineren verstimmten Moden.

Aus der Einteilung der Lösungen in diese drei Typen können wir Schlüsse ziehen. Wir berechnen unsere Lösung $\boldsymbol{U}''$ als komplexwertige Funktion, interessieren uns jedoch letztlich nur für reelle Lösungen, da nur solche eine tatsächliche physikalische Störung repräsentieren. Nehmen wir an, wir führen eine zeitliche Stabilitätsanalyse durch, dann ist $\alpha = \varepsilon a_\varphi/2$ eine gegebene reelle Zahl. Wir wollen untersuchen, für welche Werte von $\varepsilon$ unser Floquetansatz (3.20) eine physikalische Lösung darstellen kann. Dazu schreiben wir unsere Störung in reeller Schreibweise auf :

$$\boldsymbol{U}''_r = F(t,\eta) \cdot \underbrace{\sum_{j=-\infty}^{\infty} \hat{\boldsymbol{V}}_j(z) \exp(i\,(j+\varepsilon/2) a_\varphi \xi)}_{:=\, \boldsymbol{G}(\xi,z)} \tag{3.24}$$

Wir haben hier die Abhängigkeit von $t$ und $\eta$ als reelle Funktion $F$ geschrieben, die gemeinsam mit der reell angenommenen Funktion $\boldsymbol{G}$ den Produktansatz für die Störung darstellt. Wir betrachten nun, unter welchen Umständen $\boldsymbol{G}(\xi)$ überhaupt nur eine reelle Funktion sein kann. Das ist einfach zu erkennen, wenn wir $\boldsymbol{G}(\xi)$ folgendermaßen anschreiben

$$\boldsymbol{G}(\xi,z) = \frac{1}{2}\left\{ \sum_{j=-\infty}^{\infty} \hat{\boldsymbol{V}}_j \exp(i\,(j+\varepsilon/2) a_\varphi \xi) + \sum_{k=-\infty}^{\infty} \hat{\boldsymbol{V}}_k \exp(i\,(k+\varepsilon/2) a_\varphi \xi) \right\}$$

Finden wir eine solche Numerierung $k$, daß jeweils ein Glied der Summe über $j$ konjugiert komplex zu einem Glied der Summe über $k$ wird, dann ist $\boldsymbol{G}(\xi)$ reell, weil dann ausschließlich über konjugiert komplexe Paare summiert wird. Wir fordern also

$$\hat{\boldsymbol{V}}_j \stackrel{!}{=} \hat{\boldsymbol{V}}_k^\dagger \quad , \quad \underbrace{j + \frac{\varepsilon}{2} \stackrel{!}{=} -(k + \frac{\varepsilon}{2})}_{k = -(j+\varepsilon)}$$

An der zweiten Bedingung erkennen wir sofort, daß nur für $\varepsilon = 0$ (fundamentale Resonanz) und $\varepsilon = \pm 1$ (subharmonische Resonanz) reelle Lösungen möglich sind, denn nur für diese $\varepsilon$ ist $k$ eine ganze Zahl. Damit haben wir gezeigt, daß $\boldsymbol{G}(\xi, z)$ für den Fall der verstimmten Moden keine reelle Lösung darstellt, was jedoch nicht heißt, daß die verstimmten Moden unphysikalisch sind. Wir haben hier lediglich gezeigt, daß eine verstimmte Mode $|\varepsilon| < 1$ nicht alleine auftreten kann, sondern nur in der Kombination mit ihrer konjugiert Komplexen. Deswegen wird der Fall $|\varepsilon| < 1$ auch als

*Kombinationsresonanz* bezeichnet. Wir wissen also, daß $U''_r(|\varepsilon| < 1|)$ nach (3.24) keine reelle, sondern eine komplexe Funktion ist. Sie soll Lösung des Eigenwertproblems der sekundären Stabilitätsanalyse sein, das wir in Analogie zur primären Stabilitätsanalyse (vgl. 2.2) in die folgende Form fassen können

$$\boldsymbol{L}_I^{(2)}[\frac{\partial \boldsymbol{U}''}{\partial t}] + \boldsymbol{L}_N^{(2)}[\boldsymbol{U}''] = 0$$

Hierin ist $\boldsymbol{L}_N^{(2)} = \boldsymbol{L}_N^{(2)}\left(\boldsymbol{U}_0(z), A\,\boldsymbol{U}'(z,\xi), \frac{\partial}{\partial\xi}, \frac{\partial}{\partial\eta}\right)$ jetzt periodisch in $\xi$. Wir formulieren unsere verstimmte Mode um in $\boldsymbol{U}''(\varepsilon) = F_\eta(\eta)\exp(\sigma t)\boldsymbol{G}(\xi, z; \varepsilon)$, wobei ohne Beschränkung der Allgemeinheit $F_\eta$ eine reelle Funktion sei. Unser Eigenwertproblem ist damit

$$\sigma \boldsymbol{L}_I^{(2)}[F_\eta(\eta)\boldsymbol{G}(\xi, z, \varepsilon)] + \boldsymbol{L}_N^{(2)}[F_\eta(\eta)\boldsymbol{G}(\xi, z, \varepsilon)] = 0$$

Nehmen wir das konjugiert Komplexe der Gleichung (man beachte, daß die Differentialausdrücke $\boldsymbol{L}_I^{(2)}$ und $\boldsymbol{L}_N^{(2)}$ reell sind), dann wird daraus

$$\sigma^\dagger \boldsymbol{L}_I^{(2)}[F_\eta(\eta)\boldsymbol{G}^\dagger(\xi, z, \varepsilon)] + \boldsymbol{L}_N^{(2)}[F_\eta(\eta)\boldsymbol{G}^\dagger(\xi, z, \varepsilon)] = 0$$

Hieraus erkennen wir, daß zu $F_\eta \boldsymbol{G}(\xi, z, |\varepsilon| < 1)$ immer eine Funktion $F_\eta \boldsymbol{G}^\dagger(\xi, z, |\varepsilon| < 1)$ exisitiert die ebenfalls das Eigenwertproblem der sekundären Instabilität löst. Es gilt

$$\boldsymbol{G}^\dagger(\xi, z) = \sum_{j=-\infty}^{\infty} \hat{\boldsymbol{V}}^\dagger_{-j} \exp(i\,(j - \varepsilon/2)a_\varphi \xi)$$

Die Funktion $\boldsymbol{G}^\dagger(\xi, z)$ ist also nichts anderes als ein Floquetansatz mit der vorgegebenen Verstimmung $-\varepsilon$ anstatt $\varepsilon$. Die physikalische (also reelle) Lösung ergibt sich aus der Kombination der verstimmten Mode $\varepsilon$ und $-\varepsilon$. Wir stellen folgendes fest : 1) Unsere kombinierte Störung $\boldsymbol{U}''(\pm\varepsilon)$ enthält die Wellenzahlen $(j \pm \varepsilon/2)a_\varphi$, die im Wellenzahlspektrum der Abbildung 3.7 links gezeigt sind. Die fundamentale und subharmonische Resonanz sind zum Vergleich rechts daneben skizziert. Die Kombinationsstörung ist für rationale Zahlen $\varepsilon$ periodisch in $\xi$ , andernfalls quasiperiodisch. Für sehr kleine rationale Werte von $\varepsilon$ sind die Periodenlängen der Kombinationsmoden groß, z.B. bei $\varepsilon = 1/10$ haben diese Strukturen bereits eine Ausdehnung von $10\lambda$ in $\xi$. 2) Bei Kombinationsresonanz haben jeweils zwei einander zugehörige Moden dieselbe Amplitude.

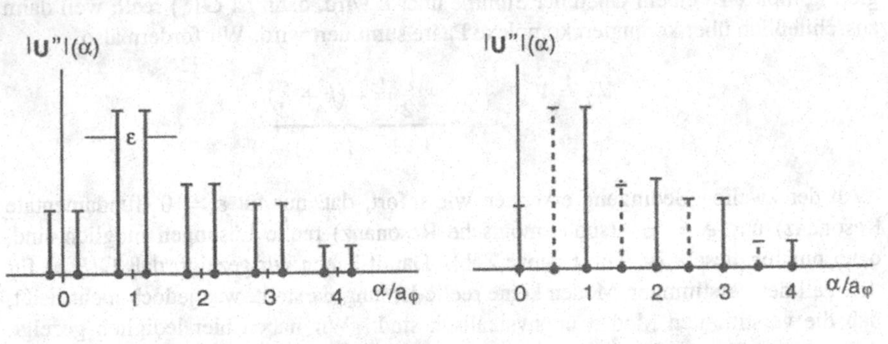


**Abb. 3.7**: Auftretende Moden bei links : Kombinationsresonanz, rechts : fundamentaler (durchgezogen) und subharmonischer (gestrichelt) Resonanz.

3) Da die Lösungsanteile $(+\varepsilon, -\varepsilon)$ konjugiert komplexe zeitliche Eigenwerte $(\sigma, \sigma^\dagger)$ besitzen, erscheint das Frequenzspektrum im stehenden Koordinatensystem in gleicher Weise wie das Wellenzahlspektrum 3.7, d.h. im festen Bezugssystem werden Frequenzen $ca_\varphi \pm \sigma_i$ gemessen. Diese Erscheinungen sind auch experimentell in verblüffender Übereinstimmung mit der sekundären Stabilitätstheorie nachgewiesen worden.

## 3.3 Ergebnisse der sekundären Stabilitätstheorie

Wir haben die sekundäre Stabilitäsanalyse für den allgemeinen Fall einer instationären Grundströmung $\boldsymbol{U}_1$ dargestellt. Die Behandlung stationärer Strömungen ist darin natürlich enthalten. Aus der Vielzahl der Anwendungen der sekundären Stabilitätstheorie greifen wir zwei heraus. Zum einen stellen wir Ergebnisse zu den hauptsächlich von F. Busse mit Hilfe der Floquet–Analyse sehr eingehend erforschten Rayleigh–Bénard'schen Konvektionsrollen vor. Im zweiten Teil gehen wir auf die sekundären Instabilitäten ein, die beim laminar–turbulenten Übergang in der Plattengrenzschichtströmung beobachtet werden und deren theoretische Untersuchung auf T. Herbert zurückgeht.

### 3.3.1 Thermische Zellularkonvektion

Die Formen der in der thermischen Zellularkonvektion auftretenden Sekundärinstabilitäten sind vielfältig. Wir hatten in Abbildung 3.3 rechts eine dieser Formen skizziert. Sie ist instationär und wird als *oszillatorische Instabilität* bezeichnet. Umfangreiche Parametervariationen haben ergeben, daß zu gegebener Rayleigh– und Prandtlzahl $Ra$, $Pr$ und derselben Grundwellenlänge $\lambda$ der Bénardzellen mehrere verschiedene instabile sekundäre Eigenformen $\boldsymbol{U}''$ existieren können. Die Erscheinungsformen der sekundären Instabilitäten sind je nach Kombination $Pr, Ra, a = 2\pi/\lambda$ unterschiedlich. Nur im Bereich sehr kleiner Prandtlzahlen werden die Konvektionsrollen z.B. gegenüber der angesprochenen instationären, oszillatorischen Störungsform instabil. Dafür gibt es eine plausible Erklärung. Denn die lokale Beschleunigung $\frac{\partial}{\partial t}\boldsymbol{v}$ wird in den zugrundeliegenden Boussinesqgleichungen (2.60) durch die Prandtlzahl dividiert. Je kleiner die Prandtlzahl, desto stärker ist der Einfluß der instationären Glieder.

Die Zustände, bei denen diese oszillatorische Instabilität an den Konvektionsrollen einsetzt, sind u.a. im Diagramm 3.8 dargestellt, das für die unendlich ausgedehnte Fluidschicht gilt. Es zeigt das dreidimensionale Gebiet im $(a, Pr, Ra)$–Raum, für das alle Sekundärstörungen zeitlich abklingen. Die durch die Parameter innerhalb des Stabilitätsgebiets gekennzeichneten Konvektionsrollen sind demnach gegenüber kleinen Störungen stabil. Die Gestalt dieses Gebiets ist anhand von fünf Schnitten bei jeweils konstanter Prandtlzahl verdeutlicht. Je nachdem, wo das Stabilitätsgebiet verlassen wird, werden die Konvektionsrollen gegenüber verschiedenen Störformen instabil. Das gesamte Instabilitätsgebiet berührt die Linie $Ra = Ra_c, a = a_c, Pr$, die den kritischen Zustand $Ra_c = 1708$, $a_c = 3.12$ der primären Instabilität darstellt. Wir erinnern uns daran, daß sich dieser Zustand (d.h. die kritische Rayleighzahl $Ra_c$) unabhängig von der Prandtlzahl $Pr$ ergeben hatte. Wir haben im Schnitt für $Pr = 300$ das Instabilitätsgebiet der primären Stabilitätsuntersuchung (vgl. Abbildung 2.7) ebenfalls in das Diagramm 3.8 eingetragen, um anzudeuten, daß das gezeigte Stabilitätsgebiet für sekundäre Störungen

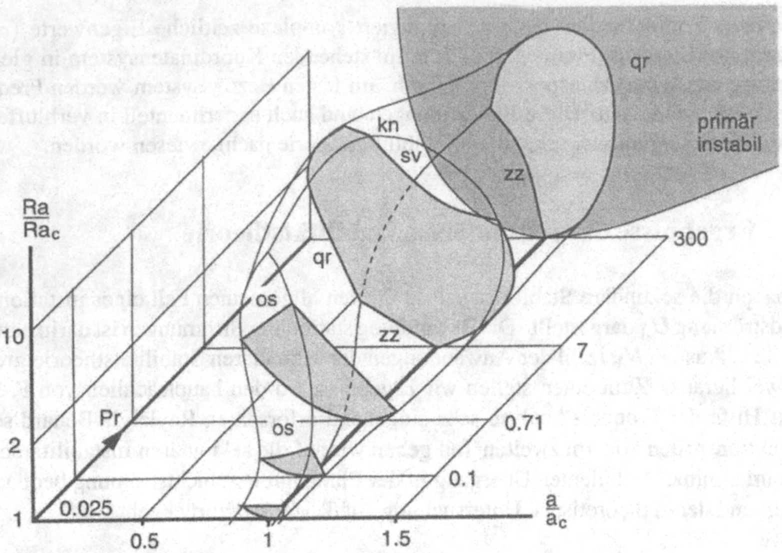


**Abb. 3.8**: Stabilitätsgebiet für Konvektionsrollen zwischen zwei festen horizontalen Berandungen und unendlich ausgedehnter Fluidschicht. Abkürzungen für die auftretenden sekundären Eigenformen : os : oszillatorisch, sv : schief-varikos, zz : zick–zack, qr : quer–rollen, kn : knoten. Die kritische Rayleighzahl der primären Instabilität ist $Ra_c$.

darin eingebettet ist. Wir erinnern an dieser Stelle nochmals an die Bedeutung eines Stabilitätsdiagrammes wie 3.8. Es macht keine Aussage dazu, ob eine auftretende sekundäre Instabilität im Verlaufe einer Störungsentwicklung am Ende zu einem Strömungszustand führt, der der Eigenform dieser Instabilität "ähnlich" ist. Das Stabilitätsdiagramm sagt uns, *daß* die Konvektionsrollen beim Überschreiten der das Stabilitätsgebiet begrenzenden kritischen Fläche instabil gegenüber infinitesimal kleinen Störungen werden. Die Floquetanalyse macht zudem eine Aussage dazu, welchen räumlich–zeitlichen Charakter die für die Rollen "gefährlichen", d.h. zeitlich aufklingenden Störformen haben, solange sie noch infinitesimal kleine Amplitude besitzen.

### 3.3.2 Grenzschichtströmung

Die Untersuchung der ebenen Plattengrenzschicht auf sekundäre Instabilitäten hat wesentlich zum Verständnis der Ergebnisse zahlreicher Experimente zum laminar–turbulenten Übergang beigetragen. Die Primärstörung ist durch die Überlagerung einer stromab laufenden ($\varphi = 0$) Tollmien–Schlichting Welle mit der Blasius'schen Plattengrenzschichtströmung gegeben. Die verschiedenen, hier beobachteten Transitionstypen (fundamental, subharmonisch, verstimmt) konnten erstmals mit Hilfe einer umfassenden Theorie erfaßt werden. Insbesondere kann mit ihrer Hilfe die $\Lambda$–Strukturbildung beim fundamentalen und subharmonischen Transitionsszenario erklärt werden. Denn gemäß einer zeitlichen sekundären Eigenwertanalyse tritt die größte Anfachungsrate (und damit die dominante Eigenform) in beiden Fällen für $\sigma_i = 0$ auf. Das gesamte, durch die

Moden $\hat{\boldsymbol{V}}_j$ der sekundären Eigenfunktion dargestellte System von Wellen ist stationär bezüglich der "tragenden" primären Tollmien–Schlichting Welle endlicher Amplitude. Die Sekundärmoden koppeln sich in die Bewegung der Primärwelle ein, wodurch sie offenbar die meiste Störenenergie aufnehmen können. Man bezeichnet diesen Zustand auch als *phasengekoppelt* oder engl. *phase locked*. Es ist leicht einsehbar, daß ein solches System von Teilwellen, die sich alle mit derselben Geschwindigkeit stromab bewegen, und deren Amplituden gleichzeitig anwachsen, eine Strömungsstruktur bilden, die nicht fortwährend "zerfließt".

Welche der Eigenformen tatsächlich am Beginn des Transitionsvorgangs angenommen wird, hängt stark vom anfänglichen Störspektrum ab. Für kleine Amplituden $A <\sim 2\%$ der Tollmien–Schlichting Welle sind die Anfachungsraten der subharmonischen sekundären Instabilität am größten und die des fundamentalen Typs am kleinsten (vgl. Abbildung 3.9). Die Verhältnisse ändern sich, sobald große Amplituden der Primärstörung $A >\sim 2\%$ vorliegen. Bei hohen Werten der Amplitude der Primärstörung in der zweidimensionalen Grenzschicht dominiert die fundamentale Resonanz leicht gegenüber den anderen Formen.

Die typischen maximalen Anfachungsraten der sekundären Instabilitäten selbst bei kleinen Amplituden $A \approx 1\%$ sind wesentlich größer als primäre Anfachungsraten. Es ist insofern gerechtfertigt, die Primärstörung als lokal periodisch mit "eingefrorener Amplitude" $A$ zu betrachten, denn $A$ ändert sich nur wenig während die sekundären Moden starke Anfachung erfahren. Entscheidend ist die Größe der Primäramplitude, nicht so sehr ihre Änderung.

Die sekundäre Instabilität existiert nach Abbildung 3.10 für ein ganzes Band von Querwellenzahlen $\beta$, dessen Breite mit größer werdender Primäramplitude $A$ wächst. Die durch $\beta$ bestimmte Breite der transitionellen Strömungsstrukturen ist daher keineswegs eindeutig festgelegt, sondern kann, je nach Anregung, höchst unterschiedlich ausfallen. Es ist auffällig, daß zu kleinen $\beta$ die sekundären Anfachungsraten für die Blasius'sche Plattengrenzschichtströmung drastisch auf Null abfallen. Eine zweidimensionale sekundäre Instabilität, wie sie für die freie Scherschicht bei großen Amplituden der Primärstörung vorkommt (Wirbelverschmelzung) wird hier nicht beobachtet.

Die fundamentalen Moden nach (3.21) enthalten im Gegensatz zu den anderen Moden einen aperiodischen Anteil, d.i. das Glied $\hat{\boldsymbol{V}}_0(z)$ der Fourierreihe in (3.21). Diese Teil-

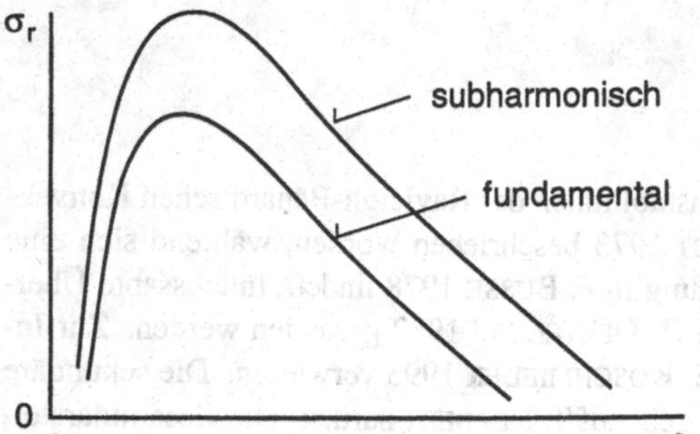


**Abb. 3.9**: Anfachungsrate bei fundamentaler und subharmonischer Resonanz in 2-d Grenzschicht (bei kleinen und moderaten Amplituden $A$ der Primärwelle).

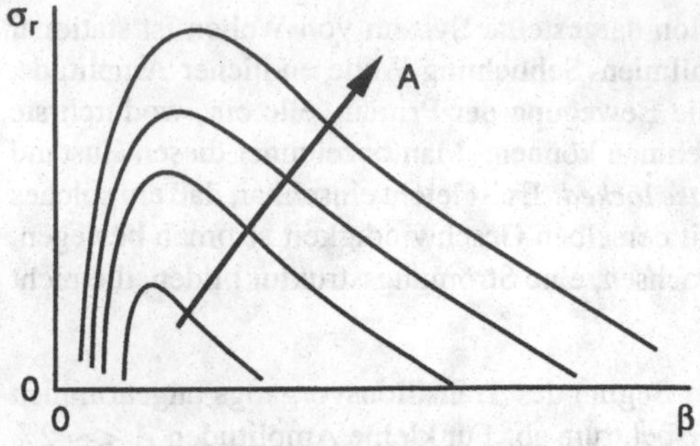


**Abb. 3.10**: Wachstum der sekundären Anfachungsraten mit der Primäramplitude.

welle ist von $\xi$ unabhängig, und ihre Wellennormale weist in Richtung der $\eta$–Koordinate. Das heißt, sie repräsentiert in $\eta$ periodische Längswirbel. Diese Wirbel rotieren paarweise gegensinnig, was aus der Symmetrie des Strömungsfeldes $\boldsymbol{U}_1$ bezüglich der $\xi, z$–Ebene folgt, und strukturieren das gesamte transitionelle Strömungsfeld sehr stark. Diese übergeordnete Struktur wir auch als *peak–valley splitting* bezeichnet. In den Ebenen $\eta = \eta_p$, in denen die Wirbel Aufwärtsgeschwindigkeiten induzieren, wird langsames, wandnahes Fluid in hohe Schichten $z$ mit relativ großer mittlerer Geschwindigkeit transportiert. Dadurch kommt es zu starker Scherung, die die Störungsentwicklung begünstigt. Ein hier plaziertes Messgerät registriert starke Störsignale. Daher heißt $\eta = \eta_p$ *peak–Ebene*. Die gegenüber der peak–Ebene um eine halbe Strukturbreite $\pi/\beta$ verschobenen Ebenen, d.h. bei $\eta = \eta_v = \eta_p \pm \pi/\beta$, werden als *valley–Ebenen* bezeichnet, um anzudeuten, daß die Störungsentwicklung hier sehr viel schwächer ist als in der peak–Ebene.

Es sind auch sekundäre Stabilitätsanalysen in dreidimensionalen Grenzschichten durchgeführt worden. Daraus hat sich ergeben, daß im Falle der Untersuchung von Querströmungswirbeln (stationäre Querströmungsinstabilität) in der Grenzschicht eines schiebenden Flügels die zeitliche sekundäre Anfachung $\sigma_r$ von der gleichen Größenordnung ist wie die primären Anfachungsraten. Überdies haben Grenzschichtaufdickung und Wandkrümmung einen starken Einfluß auf die Stabilitätseigenschaften dieser Strömung in Vorderkantennähe, so daß die entsprechenden Ergebnisse hauptsächlich qualitativen Charakter haben. Im Gegensatz zur zweidimensionalen Grenzschicht sind hier die verstimmten sekundären Eigenformen am stärksten angefacht. Die sekundäre Instabilität sorgt hier für das Instationärwerden der Querströmungslängswirbel, denn die Kombinationsresonanz war ja nicht phasengekoppelt an die Primärstörung.

## Weiterführende Literatur

Experimentelle Untersuchungen von Instabilitäten der Rayleigh-Bénard'schen Konvektionsrollen sind von R. Krishnamurti 1973 beschrieben worden, während sich eine Darstellung der theoretischen Behandlung in F. Busse 1978 findet. Interessante Übersichtsartikel können auch in J. Zierep, H. Oertel jr. 1982 gefunden werden. Zur Instabilität von Taylor–Wirbeln sei auf E. Koschmieder 1993 verwiesen. Die sekundäre Stabilitätstheorie für Scherströmungen geht auf T. Herbert zurück. Die Gesamtdarstellung der Theorie ist sehr übersichtlich in T. Herbert 1988 und detailliert in T. Herbert

1984 dargestellt. Die sekundäre Stabilitätstheorie für kompressible Strömungen mitsamt der Störungsdifferentialgleichungen ist in J. MASAD UND A. NAYFEH 1991 beschrieben. Einen recht ausführlichen Überblick über Kompressibilitätseffekte geben L. NG UND G. ERLEBACHER 1992.

# 4 Stabilität nichtparalleler Strömungen

Wir haben uns bislang mit der lokalen Stabilitätsanalyse befaßt. Im Rahmen der Ableitung der lokalen Theorie in Abschnitt 2.4.2 wurde die Veränderung der Grenz-/Scherschicht in Richtung der Strömung vernachlässigt. Diese Manipulation der Grundströmung (Parallelströmungsannahme) hatten wir mit Hilfe der Methode der multiplen Skalen gerechtfertigt. Wir hatten zur Ableitung der Grundgleichungen der linearen lokalen Theorie (2.272)–(2.275) Terme der Größenordnung $\epsilon \sim 1/Re_d$ vernachlässigt, wobei vorausgesetzt war, daß $\epsilon$ einen kleinen Wert besitzt. Diese Vernachlässigung, nach der wir die Grundströmung $\boldsymbol{U}_0 \approx \boldsymbol{U}_0(z)$ als ausschließlich von der Normalenrichtung $z$ auf der Scher-/Grenzschicht abhängig betrachten durften, erlaubte es uns, analytische (Exponential-) Ansätze der Störgrößen $\boldsymbol{U}'$ bezüglich der Wandparallelrichtungen zu machen, Gl. (2.280). Am Ende hatten wir es nur mit einem gewöhnlichen linearen Differentialgleichungssystem in $z$ zu tun.

Wir wollen in diesem Abschnitt die Stabilitätsanalyse auf nichtparallele Strömungen ausdehnen. Das Ziel ist es, festzustellen, welchen Effekt die Nichtparallelität auf die Stabilitätseigenschaften einer Scherströmung hat. Dabei sei angemerkt, daß der Einfluß der sich in den Schichtparallelrichtungen ändernden Strömungsverhältnisse auf die Störungsentwicklung sehr stark von der Art der Störung abhängt. Entscheidend bei der Wirkung der Grundströmungsänderung auf die Störung ist offenbar, wie stark diese Änderung im Verlaufe einer Störwellenlänge ist. Wir betrachten dazu beispielsweise die Blasius'sche Plattengrenzschichtströmung nach Abbildung 4.1, deren Grenzschicht $\delta(x)$ in Stromrichtung $x$ aufdickt. Bei gegebener Wellenlänge $\lambda = 2\pi/\sqrt{a_r^2 + b_r^2}$ ($a_r, b_r$ Wellenzahlkomponenten in $x$ und $y$) wird die Grenzschichtaufdickung eine je stärkere

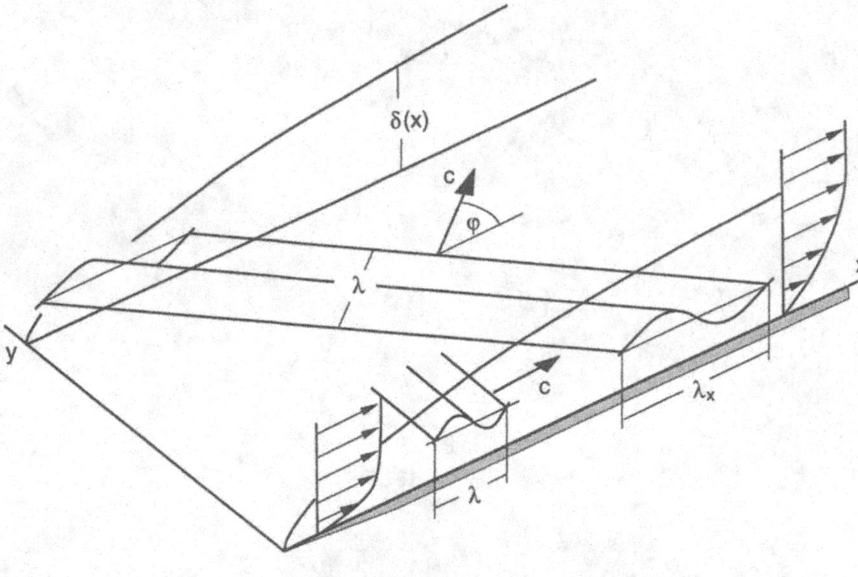


**Abb. 4.1**: Aufdickungseffekt bei schräglaufenden Wellen.

Wirkung auf die Störwelle haben, je größer der Schräglaufwinkel $\varphi = \tan^{-1}(b_r/a_r)$ der Welle bezüglich $x$ ist. Denn der Wellenlängenabschnitt $\lambda_x = 2\pi/a_r = \lambda/\cos\varphi$ in der Strömungsrichtung $x$ nimmt mit $\varphi$ stark zu. Besonders im Grenzfall querlaufender Störwellen, d.h. $\varphi = 90°$, stellt die Parallelströmungsannahme der lokalen Analyse einen ganz erheblichen Eingriff in die tatsächlichen physikalischen Gegebenheiten dar. Die Probleme bei der stabilitätstheoretischen Beschreibung der in 2.3.4 besprochenen Görtlerwirbel, die gerade Störungen mit $\varphi = 90°$ sind, werden zum Teil auf die Parallelströmungsannahme zurückgeführt.

Zwei prinzipiell unterschiedliche Vorgehensweisen zur Stabilität nichtparalleler Strömungen sind entwickelt worden. Einer dieser Ansätze stellt eine direkte Erweiterung der lokalen Stabilitätsanalyse mit analytischen Mitteln dar. Er führt die in 2.4.2 eingeführte Methode der multiplen Skalen weiter und ergibt Korrekturterme aus der Berücksichtigung der Nichtparallelitätseffekte ausschließlich am betrachteten Ort. Das vollkommen analytische Vorgehen dieses Ansatzes erfordert die Aufspaltung des Problems in zwei Teile. Diese Trennung geschieht mit Hilfe der separaten Betrachtung der einzelnen, im Rahmen der Methode der multiplen Skalen eingeführten Näherungsordnungen. Danach wird zunächst eine lokale Analyse durchgeführt. Im zweiten Schritt werden die Korrekturen aus der Nichtparallelität der Grundströmung bestimmt.

Im Rahmen des zweiten der zu besprechenden Ansätze (Parabolisierung) wird eine Eigenschaft der in 2.4.2 abgeleiteten allgemeinen linearen Störungsdifferentialgleichungen ausgenutzt, um die Nichtparallelität der Grundströmung mit Hilfe eines effizienten numerischen Vorgehens zu berücksichtigen. Dieser Ansatz hat den entscheidenden physikalischen Vorteil, die Historie der Störungsentwicklung stromauf vom betrachteten Ort zu berücksichtigen. Überdies ist eine relativ einfache Erweiterung der Analyse auch auf nichtlineares Störverhalten möglich.

Beide Vorgehensweisen beinhalten für vollkommen parallele Grundströmungen den Spezialfall der lokalen Analyse.

## 4.1 Analytische Erweiterung der lokalen Analyse

Die Erweiterung der Stabilitätsanalyse auf schwach nichtparallele Strömungen erfordert einige Zusatzüberlegungen, die aber nahtlos an die Ableitung der für inkompressible Strömungen noch vollkommen allgemein formulierten linearen Störungsdifferentialgleichungen (2.263)–(2.266) anknüpfen. Obwohl diese Gleichungen für inkompressible Strömungen gelten, wollen wir die Diskussion zunächst allgemein halten, da sich die Vorgehensweise auch für kompressible Strömungen nicht ändert. Im Rahmen der Erweiterung der lokalen Stabilitätsanalyse geht es offensichtlich um den Einfluß der Nichtparallelität der Grundströmung auf die räumliche Entwicklung der Störungen. Bei der Besprechung der lokalen Stabilitätstheorie hatten wir die Untersuchung der räumlichen Amplitudenentwicklung von Störwellen als "räumliche Stabilitätsanalyse" bezeichnet. Die Störwelle war z.B. als bezüglich der Richtung $\boldsymbol{e}_\phi = \boldsymbol{e}_x \cos\phi + \boldsymbol{e}_y \sin\phi$ (mit $\boldsymbol{e}_x$, $\boldsymbol{e}_y$ Einheitsvektoren stromab und spannweitig) räumlich instabil bezeichnet worden, wenn bei der Vorgabe einer (reellen) Frequenz $\omega = \omega_r > 0$ das zugeordnete Eigenwertproblem eine komplexe Wellenzahl $a_\phi = (a_\phi)_r + i(a_\phi)_i$ mit $(a_\phi)_i < 0$ (und $(a_\phi)_r > 0$)

ergab. Denn die räumliche Einhüllende der Störwelle klingt damit in der Richtung $\boldsymbol{e}_\phi$ (entlang anwachsender Koordinatenwerte $x_\phi = x\cos\phi + y\sin\phi$) gemäß $\exp(-(a_\phi)_i x_\phi)$ auf, und die Welle besitzt eine Bewegungskomponente entlang $\boldsymbol{e}_\phi$. Wir wollen uns an dieser Stelle nochmals vor Augen führen, was eine solche "räumliche Anfachungsrate" darstellt.

### 4.1.1 Verallgemeinerte Wellenzahl

Die räumliche Änderung einer Störwelle $\boldsymbol{U}'$ entlang der Richtung $\boldsymbol{e}_\phi$ ist sehr einfach beschrieben durch

$$\frac{\partial \boldsymbol{U}'}{\partial x_\phi} = \frac{\partial \boldsymbol{U}'}{\partial x}\cos\phi + \frac{\partial \boldsymbol{U}'}{\partial y}\sin\phi \tag{4.1}$$

Entsprechend (2.271) kann die Störwelle $\boldsymbol{U}' = \tilde{\boldsymbol{U}}' + \epsilon\,\overline{\boldsymbol{U}}' + \boldsymbol{O}(\epsilon^2)$ als nullte Näherung $\tilde{\boldsymbol{U}}'$ bezüglich $\epsilon$ (Lösung des lokalen Stabilitätsproblems, d.h. bei Parallelströmungsannahme) dargestellt werden, korrigiert um die Abweichungen $\epsilon\,\overline{\boldsymbol{U}}' + \boldsymbol{O}(\epsilon^2)$, die aufgrund der tatsächlichen Nichtparallelität der Grundströmung entstehen. Wir wollen wie in (2.280) unsere Störwelle als Welle mit bezüglich der Schichtparallelrichtungen $x, y$ schwach veränderlicher Amplitudenfunktion beschreiben:

$$\boldsymbol{U}' = \tilde{\boldsymbol{U}}' + \epsilon\,\overline{\boldsymbol{U}}' = \left[\hat{\boldsymbol{U}}(z,\overline{x},\overline{y}) + \epsilon\,\hat{\boldsymbol{U}}_\epsilon(z,\overline{x},\overline{y})\right]\cdot\exp(i\,\theta) \tag{4.2}$$

wo wir wie vorher die Langskalenvariablen durch Überstreichen und die Kurzskalenvariablen mit dem tilde-Symbol gekennzeichnet haben und Terme der Größenordnung $\boldsymbol{O}(\epsilon^2)$ fortgelassen haben. Das Formulieren der Störwelle als Produkt aus einer schwach veränderlichen Amplitudenfunktion und einer stark veränderlichen Phasenfunktion wird häufig auch als *WKB Ansatz* (nach Wentzel/Kramers/Brillouin) bezeichnet. Die Phasenfunktion $\theta$ der Störwelle ändert sich kurzskalig $(\tilde{x}, \tilde{y})$, während ihre räumlichen Änderungsraten (das sind per Definition die Wellenzahlkomponenten) nur langskalig $(\overline{x}, \overline{y})$ variieren :

$$\theta = \theta(\tilde{x},\tilde{y},t) \;\;:\;\; \frac{\partial\theta}{\partial\tilde{x}} = a(\overline{x},\overline{y}), \quad \frac{\partial\theta}{\partial\tilde{y}} = b(\overline{x},\overline{y}), \quad \frac{\partial\theta}{\partial t} = -\omega \tag{4.3}$$

Wir bestimmen nun die räumliche Störwellenänderung nach (4.1) zu

$$\frac{\partial \boldsymbol{U}'}{\partial x_\phi} = \Bigg(\underbrace{\frac{\partial \boldsymbol{U}'}{\partial \tilde{x}}\frac{d\tilde{x}}{dx}}_{i\,a\,\boldsymbol{U}'} + \frac{\partial \tilde{\boldsymbol{U}}'}{\partial \overline{x}}\underbrace{\frac{d\overline{x}}{dx}}_{\epsilon}\Bigg)\cos\phi + \Bigg(\underbrace{\frac{\partial \boldsymbol{U}'}{\partial \tilde{y}}\frac{d\tilde{y}}{dy}}_{i\,b\,\boldsymbol{U}'} + \frac{\partial \tilde{\boldsymbol{U}}'}{\partial \overline{y}}\underbrace{\frac{d\overline{y}}{dy}}_{\epsilon}\Bigg)\sin\phi \tag{4.4}$$

worin wir abermals Terme der Größenordnung $\boldsymbol{O}(\epsilon^2)$ vernachlässigt haben. Schreiben wir diese Gleichung komponentenweise mit $\boldsymbol{U}' = {}^t(U_1', U_2', \ldots, U_n')$ und $U_j' = \tilde{U}_j' + \epsilon\overline{U}_j'$ dann können wir (bezüglich der gewählten Richtung $\phi$) eine verallgemeinerte räumliche Anfachungsrate $(\gamma_\phi^j)_i$ und eine verallgemeinerte Wellenzahl $(\gamma_\phi^j)_r$ definieren. Die Anfachungsrate ergibt sich offenbar als bezogene Amplitudenänderung $(\gamma_\phi^j)_i := -|U_j'|^{-1}\frac{\partial|U_j'|}{\partial x_\phi}$. Die Wellenzahl stellt definitionsgemäß die räumliche Ableitung der Wellenphase $\psi = \tan^{-1}[(U_j')_i/(U_j')_r]$ dar, wobei wie immer der Index $i$ den Imaginär- und der Index $r$ den

Realteil darstellt. Die verallgemeinerte Wellenzahl ist damit $(\gamma_\phi^j)_r = \frac{\partial\psi}{\partial x_\phi}$. Man mache sich klar, daß

$$\gamma_\phi^j = (\gamma_\phi^j)_r + i\,(\gamma_\phi^j)_i = -i(U_j')^{-1}\frac{\partial U_j'}{\partial x_\phi} \quad . \tag{4.5}$$

Da wir uns nur für die Effekte der Größenordnung $\boldsymbol{O}(\epsilon)$ interessieren, können wir (4.5) noch vereinfachen. Mit (4.4) erhalten wir

$$\gamma_\phi^j = \Big(a - i\,\epsilon\,\underbrace{(U_j')^{-1}}_{= (\tilde{U}_j')^{-1} - \epsilon(\tilde{U}_j')^{-2}\,\overline{U}_j' + \dots \nearrow}\frac{\partial \tilde{U}_j'}{\partial \overline{x}}\Big)\cos\phi \;+\; \Big(b - i\,\epsilon\,(U_j')^{-1}\frac{\partial \tilde{U}_j'}{\partial \overline{y}}\Big)\sin\phi$$

Damit ergibt sich die verallgemeinerte räumliche Anfachungsrate in der Richtung $\phi$ folgendermaßen :

$$(\gamma_\phi^j)_i := -\left(\frac{1}{U_j'}\frac{\partial U_j'}{\partial x_\phi}\right)_r = \left(a_i - \epsilon\left\{\frac{1}{\tilde{U}_j'}\frac{\partial \tilde{U}_j'}{\partial \overline{x}}\right\}_r\right)\cos\phi + \left(b_i - \epsilon\left\{\frac{1}{\tilde{U}_j'}\frac{\partial \tilde{U}_j'}{\partial \overline{y}}\right\}_r\right)\sin\phi \tag{4.6}$$

Die verallgemeinerte reelle Wellenzahl in der Richtung $\phi$ berechnet sich analog zu

$$(\gamma_\phi^j)_r := \left(\frac{1}{U_j'}\frac{\partial U_j'}{\partial x_\phi}\right)_i = \left(a_r + \epsilon\left\{\frac{1}{\tilde{U}_j'}\frac{\partial \tilde{U}_j'}{\partial \overline{x}}\right\}_i\right)\cos\phi + \left(b_r + \epsilon\left\{\frac{1}{\tilde{U}_j'}\frac{\partial \tilde{U}_j'}{\partial \overline{y}}\right\}_i\right)\sin\phi \tag{4.7}$$

Aus (4.6) erkennen wir, daß neben den aus der lokalen Theorie bekannten Anfachungsraten $a_i$ und $b_i$ auch zusätzliche Anteile erscheinen, die aus der Nichtparallelität der Grundströmung stammen. Es sei darauf hingewiesen, daß diese Anteile i.d.R. sowohl von der Normalenrichtung $z$ abhängen als auch der Strömungsgröße $U_j'$. Es ist danach zu erwarten, daß z.B. in verschiedenen Wandabständen einer Grenzschicht leicht unterschiedliche räumliche Anfachungsraten gemessen werden, was in der Tat der Fall ist. Überdies ist bei einem Vergleich von theoretischen mit gemessenen Anfachungsraten wesentlich, welche Strömungsgröße dazu herangezogen wird. Wir erkennen aus (4.6) ebenfalls, daß die Abweichung von der lokalen Theorie umso größer sein wird, je größer $\epsilon \sim 1/Re_d$, d.h. je kleiner die Reynoldszahl ist.

### 4.1.2 Berechnung der Nichtparallelitätseffekte

Wir müssen im folgenden zeigen, wie die Korrekturterme, z.B. $(\tilde{U}_j')^{-1}\frac{\partial \tilde{U}_j'}{\partial \overline{x}}$ in (4.6) berechnet werden können, die den Einfluß der Nichtparallelität der Grundströmung ausdrücken. Zunächst erinnern wir uns, welche Größen bereits mit Hilfe der lokalen Analyse berechnet und somit gegeben sind. Wir erkennen, daß $\hat{\boldsymbol{U}}(z)$ in (4.2) nichts anderes ist als eine aus dem Eigenwertproblem (2.281)–(2.286) der lokalen Stabilitätsanalyse bestimmte Eigenfunktion. Interessanterweise geht die Störgröße erster Ordnung in $\epsilon$, d.h. $\overline{\boldsymbol{U}}'$ bzw. $\hat{\boldsymbol{U}}_\epsilon$ aus (4.2) nicht in die Bestimmung der verallgemeinerten Wellenzahl ein, wenn wir Einflüsse der Größenordnung $O(\epsilon^2)$ vernachlässigen.

An dieser Stelle machen wir den ersten entscheidenden Schritt zur Berücksichtigung der Nichtparallelität der Grundströmung. Entsprechend des angesprochenen Eigenwertproblems der lokalen Analyse ist die Eigenfunktion $\hat{\boldsymbol{U}}(z;\overline{x},\overline{y})$ nur bis auf einen beliebigen

Faktor bestimmt (d.h. z.B. $10 \cdot \hat{\boldsymbol{U}}(z; \overline{x}, \overline{y})$ ist ebenfalls Eigenfunktion). Wir interessieren uns hier nun für die Änderung der Störwelle (d.h. auch der Eigenfunktionen) beim Fortschreiten in den Wandparallelrichtungen $\overline{x}$ und $\overline{y}$. Wir könnten mit Hilfe der lokalen Stabilitätsanalyse an der Stelle $\overline{x} + \Delta\overline{x}, \overline{y}$ und an der Stelle $\overline{x}, \overline{y}$ die Eigenfunktionen $\hat{\boldsymbol{U}}(z; \overline{x} + \Delta\overline{x}, \overline{y})$ und $\hat{\boldsymbol{U}}(z; \overline{x}, \overline{y})$ bestimmen und deren Differenz durch $\Delta\overline{x}$ teilen, um für kleine $\Delta\overline{x}$ die Ableitung $\dfrac{\partial \tilde{\boldsymbol{U}}'}{\partial \overline{x}}$ in (4.4) zu approximieren. Dieses Vorgehen führt jedoch nach dem vorher gesagten nicht zu einem eindeutigen Ergebnis, da wir $\hat{\boldsymbol{U}}(z; \overline{x} + \Delta\overline{x}, \overline{y})$ und $\hat{\boldsymbol{U}}(z; \overline{x}, \overline{y})$ ja nach Belieben, d.h. vollkommen unterschiedlich, skalieren dürfen. Diese Freiheit müssen wir offenbar aufgeben und einen Amplitudenfaktor $A(\overline{x}, \overline{y})$ einführen, dessen Änderung in den Wandparallelrichtungen sich aus geeigneten Gleichungen ergeben muß. Wir schreiben die Eigenfunktionen nun in der folgenden Form an

$$\hat{\boldsymbol{U}}(z, \overline{x}, \overline{y}) = A(\overline{x}, \overline{y}) \boldsymbol{V}(z; \overline{x}, \overline{y}) \tag{4.8}$$

Danach bestimmt sich der in (4.6) benötigte Ausdruck $\left\{\frac{1}{\tilde{U}'_j} \frac{\partial \tilde{U}'_j}{\partial \overline{x}}\right\}$ zunächst (man beachte nach (4.3), daß $\dfrac{\partial \theta}{\partial \overline{x}} = \dfrac{\partial \theta}{\partial \overline{y}} = 0$ ist) zu

$$\frac{1}{\tilde{U}'_j} \frac{\partial \tilde{U}'_j}{\partial \overline{x}} = \frac{1}{A\, V_j} \frac{\partial A\, V_j}{\partial \overline{x}} = \frac{1}{V_j} \frac{\partial V_j}{\partial \overline{x}} + \frac{1}{A} \frac{\partial A}{\partial \overline{x}} \tag{4.9}$$

Der Einfluß der Nichtparallelität setzt sich also zusammen aus der Verzerrung der Eigenfunktionen $V_j$ und der relativen Änderung des Amplitudenfaktors $A$ beim Fortschreiten in den Wandparallelrichtungen.

Wir haben als nächstes die Ableitungen der Eigenfunktion $\boldsymbol{V}$ und des Amplitudenfaktors $A$ nach den Langskalenvariablen $\overline{x}$ und $\overline{y}$ zu bestimmen. Dazu erinnern wir uns, daß $\hat{\boldsymbol{U}}$, bzw. $\boldsymbol{V}$ aus dem Eigenwertproblem der lokalen räumlichen Stabilitätsanalyse (vorgegebene Frequenz $\omega$) an einer gegebenen Stelle $\overline{x}, \overline{y}$ bestimmt wurde. Das entsprechende Eigenwertproblem stellte ein homogenes gewöhnliches lineares Differentialgleichungssystem (Randwertproblem) in $z$ dar. Es ist immer möglich, dieses Gleichungssystem als ein System erster Ordnung in $z$ anzuschreiben. Um die folgende Diskussion übersichtlich zu gestalten, wollen wir diese Schreibweise jetzt einführen:

$$\frac{\partial}{\partial z} \tilde{\boldsymbol{\zeta}} - \boldsymbol{M} \tilde{\boldsymbol{\zeta}} = 0 \quad . \tag{4.10}$$

Der Matrixausdruck $\boldsymbol{M} = \boldsymbol{M}(a, b, \omega, \boldsymbol{U}_0)$ hängt von $a, b, \omega, \boldsymbol{U}_0$ ab. Wir haben hier die neuen Variablen $\tilde{\boldsymbol{\zeta}}$ eingeführt, die aus den Eigenfunktionen $\boldsymbol{V}$, bzw. $\tilde{\boldsymbol{U}}' = (Ae^{i\theta})\boldsymbol{V}$ gebildet werden. Für den Fall inkompressibler Strömungen wählen wir $\tilde{\boldsymbol{\zeta}} = {}^t(\tilde{\zeta}_1, \tilde{\zeta}_2, \ldots, \tilde{\zeta}_6) := (Ae^{i\theta})^{-1} \cdot {}^t(\tilde{u}', \frac{\partial \tilde{u}'}{\partial z}, \tilde{v}', \frac{\partial \tilde{v}'}{\partial z}, \tilde{w}', \tilde{p}')$. Für kompressible Strömungen können wir $\tilde{\boldsymbol{\zeta}} = {}^t(\tilde{\zeta}_1, \tilde{\zeta}_2, \ldots, \tilde{\zeta}_8) := (Ae^{i\theta})^{-1} \cdot {}^t(\tilde{u}', \frac{\partial \tilde{u}'}{\partial z}, \tilde{v}', \frac{\partial \tilde{v}'}{\partial z}, \tilde{w}', \tilde{p}', \tilde{T}', \frac{\partial \tilde{T}'}{\partial z})$ bilden, um das Eigenwertproblem der lokalen Stabilitätsanalyse in der Form (4.10) zu schreiben. Wir wollen die Matrix $\boldsymbol{M}$ hier konkret für inkompressible Strömungen bestimmen. Unter Einführung der neuen Variablen $\tilde{\boldsymbol{\zeta}}$ schreiben wir dazu (2.281)–(2.281) nochmals an:

$$\frac{\partial \tilde{\zeta}_5}{\partial z} + ia\,\tilde{\zeta}_1 + ib\,\tilde{\zeta}_3 = 0 \quad (4.11)$$

$$(au_0 + bv_0 - \omega)\tilde{\zeta}_1 - i\frac{\partial u_0}{\partial z}\tilde{\zeta}_5 + a\,\tilde{\zeta}_6 - \frac{i}{Re_d}\left[(a^2+b^2)\tilde{\zeta}_1 - \frac{\partial \tilde{\zeta}_2}{\partial z}\right] = 0 \quad (4.12)$$

$$(au_0 + bv_0 - \omega)\tilde{\zeta}_3 - i\frac{\partial v_0}{\partial z}\tilde{\zeta}_5 + b\,\tilde{\zeta}_6 - \frac{i}{Re_d}\left[(a^2+b^2)\tilde{\zeta}_3 - \frac{\partial \tilde{\zeta}_4}{\partial z}\right] = 0 \quad (4.13)$$

$$(au_0 + bv_0 - \omega)\tilde{\zeta}_5 - i\frac{\partial \tilde{\zeta}_6}{\partial z} - \frac{i}{Re_d}\left[(a^2+b^2)\tilde{\zeta}_5 - \frac{\partial^2 \tilde{\zeta}_5}{\partial z^2}\right] = 0 \quad (4.14)$$

Hinzu treten die Definitionen $\frac{\partial \tilde{\zeta}_1}{\partial z} - \tilde{\zeta}_2 = 0$ und $\frac{\partial \tilde{\zeta}_3}{\partial z} - \tilde{\zeta}_4 = 0$. Damit ist die Matrix $\boldsymbol{M}$ in (4.10) bei inkompressiblen Strömungen

$$\boldsymbol{M} = \begin{bmatrix} 0 & 1 & 0 & 0 & 0 & 0 \\ k & 0 & 0 & 0 & Re_d\frac{\partial u_0}{\partial z} & iaRe_d \\ 0 & 0 & 0 & 1 & 0 & 0 \\ 0 & 0 & k & 0 & Re_d\frac{\partial v_0}{\partial z} & ibRe_d \\ -ia & 0 & -ib & 0 & 0 & 0 \\ 0 & -ia/Re_d & 0 & -ib/Re_d & -k/Re_d & 0 \end{bmatrix} \quad (4.15)$$

mit der Abkürzung $k = iRe_d(au_0 + bv_0 - \omega) + a^2 + b^2$. Bei der Bestimmung der Matrix $\boldsymbol{M}$ aus (4.11)–(4.14) haben wir die Kontinuitätsgleichung (4.11) genutzt, um die zweite Ableitung $\frac{\partial^2 \tilde{\zeta}_5}{\partial z^2}$ in (4.14) zu eliminieren.

Wir schreiben der Übersichtlichkeit wegen die verallgemeinerte Wellenzahl nach (4.5) mit Hilfe der hier neu eingeführten Größen $\tilde{\boldsymbol{\zeta}}$ und $A$ an :

$$\gamma_\phi^k = \left(a - i\,\epsilon\frac{1}{\tilde{\zeta}_k}\frac{\partial \tilde{\zeta}_k}{\partial \overline{x}} - i\,\epsilon\frac{1}{A}\frac{\partial A}{\partial \overline{x}}\right)\cos\phi + \left(b - i\,\epsilon\frac{1}{\tilde{\zeta}_k}\frac{\partial \tilde{\zeta}_k}{\partial \overline{y}} - i\,\epsilon\frac{1}{A}\frac{\partial A}{\partial \overline{y}}\right)\sin\phi \quad (4.16)$$

**4.1.2.1 Einfluß der Eigenfunktionverzerrung** Die Veränderung der Eigenfunktionen mit $\overline{x}$, bzw. $\overline{y}$ berechnen wir durch Differenzieren des Eigenwertproblems (4.10) nach $\overline{x}$, bzw. $\overline{y}$ :

$$\frac{\partial}{\partial z}\frac{\partial \tilde{\boldsymbol{\zeta}}}{\partial \overline{x}} - \boldsymbol{M}\frac{\partial \tilde{\boldsymbol{\zeta}}}{\partial \overline{x}} = \frac{\partial \boldsymbol{M}}{\partial \overline{x}}\tilde{\boldsymbol{\zeta}} \quad . \quad (4.17)$$

$$\frac{\partial}{\partial z}\frac{\partial \tilde{\boldsymbol{\zeta}}}{\partial \overline{y}} - \boldsymbol{M}\frac{\partial \tilde{\boldsymbol{\zeta}}}{\partial \overline{y}} = \frac{\partial \boldsymbol{M}}{\partial \overline{y}}\tilde{\boldsymbol{\zeta}} \quad . \quad (4.18)$$

Es sei nochmals erwähnt, daß $\tilde{\boldsymbol{\zeta}}$ mit den in (4.9) benötigten $V_j$ sehr einfach über $\tilde{\boldsymbol{\zeta}} = {}^t(V_1, \frac{\partial V_1}{\partial z}, V_2, \frac{\partial V_2}{\partial z}, V_3, V_4)$ im inkompressiblen, und über $\tilde{\boldsymbol{\zeta}} = {}^t(V_1, \frac{\partial V_1}{\partial z}, V_2, \frac{\partial V_2}{\partial z}, V_3, V_4, V_5, \frac{\partial V_5}{\partial z})$ im kompressiblen Fall zusammenhängen. Wir merken an, daß die aus dem Eigenwertproblem (4.10) bestimmte Funktion $\tilde{\boldsymbol{\zeta}}$ gerade die homogene Lösung der inhomogenen, linearen Differentialgleichungssysteme (4.17) und (4.18) für $\frac{\partial \tilde{\boldsymbol{\zeta}}}{\partial \overline{x}}$ und $\frac{\partial \tilde{\boldsymbol{\zeta}}}{\partial \overline{y}}$ darstellt. Denn der die linke Seite der Gleichungen definierende Matrixausdruck $\boldsymbol{M}$ ist in jedem Fall der gleiche. Die Matrix $\frac{\partial \boldsymbol{M}}{\partial \overline{x}}$, bzw. $\frac{\partial \boldsymbol{M}}{\partial \overline{y}}$ auf der rechten Seite von (4.17), bzw. (4.18) ist indes noch nicht bekannt. Beim Differenzieren von $\boldsymbol{M}$ entsprechend (4.15) treten Ableitungen der Wellenzahlen $a$ und $b$ nach $\overline{x}$, $\overline{y}$ auf, die noch unbekannt sind. Zusätzliche Gleichungen zur Bestimmung dieser Ableitungen erhalten wir durch die Anwendung eines Satzes aus der Funktionalanalysis zur Lösbarkeit von Gleichungssystemen. Nach dem sog. ***Fredholm'schen Alternativsatz*** ist nämlich die rechte Seite unseres linearen Gleichungssystems (4.17), bzw. (4.18) orthogonal zu den Lösungen des dem jeweiligen Gleichungssystem zugeordneten homogenen *adjungierten* Gleichungssystems. Was das heißt, soll hier kurz erläutert werden.

Wir haben bereits angemerkt, daß das (4.17), bzw. (4.18) zugeordnete homogene Gleichungssystem gerade das Eigenwertproblem (4.10) ist. Zur Anwendung des Fredholm'schen Alternativsatzes benötigen wir die Lösung des adjungierten homogenen Problems. Um diese zu erhalten, haben wir zunächst aus dem homogenen Problem (4.10) das adjungierte Problem zu bilden. Das geschieht definitionsgemäß durch Multiplizieren mit einer Funktion $\tilde{\zeta}^*$ und dem anschließenden Integrieren über den gesamten physikalischen Bereich der Schichtnormalenrichtung $z$. Bei einer Grenzschichtströmung integrieren wir typischerweise von $z = z_r^u = 0$ bis $z = z_r^o \to \infty$, während wir bei einer freien Scherschicht oder einem Freistrahl von $z = z_r^u \to -\infty$ bis $z = z_r^o \to \infty$ integrieren müssen :

$$\int_{z_r^u}^{z_r^o} {}^t\tilde{\zeta}^* \frac{\partial}{\partial z}\tilde{\zeta} - {}^t\tilde{\zeta}^* \boldsymbol{M} \tilde{\zeta} \, dz = 0 \tag{4.19}$$

Wir wenden nun die partielle Integration an, um $\tilde{\zeta}^*$ und $\tilde{\zeta}$ "gegeneinander auszutauschen":

$$\underbrace{[{}^t\tilde{\zeta}^* \tilde{\zeta}]_{z_r^u}^{z_r^o}}_{\stackrel{!}{=} 0} - \int_{z_r^u}^{z_r^o} {}^t\tilde{\zeta} \frac{\partial}{\partial z}\tilde{\zeta}^* - \underbrace{{}^t\tilde{\zeta}\, {}^t\boldsymbol{M} \tilde{\zeta}^*}_{= {}^t({}^t\tilde{\zeta}^* \boldsymbol{M} \tilde{\zeta}) = {}^t\tilde{\zeta}^* \boldsymbol{M} \tilde{\zeta}} \, dz = 0 \tag{4.20}$$

Wir haben die Randbedingungen für $\tilde{\zeta}^*$ hierin so gewählt, daß der Klammerausdruck in (4.20) gerade verschwindet. Das gesuchte adjungierte Problem entsteht definitionsgemäß, indem wir nun vom Integranden in (4.20) den Faktor ${}^t\tilde{\zeta}$ abspalten und den verbleibenden Ausdruck Null setzen :

$$\frac{\partial}{\partial z}\tilde{\zeta}^* + {}^t\boldsymbol{M}\tilde{\zeta}^* = 0 \tag{4.21}$$

Wir erkennen hieran, daß das adjungierte Problem aus dem ursprünglichen Eigenwertproblem (4.10) einfach durch Transponieren und Multiplizieren der Matrix $\boldsymbol{M}$ mit $-1$ entsteht. Die $\tilde{\zeta}^*$ werden in gleicher Weise berechnet wie die $\tilde{\zeta}$. Wir erwähnen der Vollständigkeit halber, daß wir einer Eigenfunktion $\tilde{\zeta}(a, b, \omega)$ des Originalproblems, immer eine Funktion des adjungierten Problems $\tilde{\zeta}^*(a, b, \omega)$ zuordnen können. Denn es läßt sich zeigen, daß zu einer berechneten Kombination von Eigenwerten $(a, b, \omega)$, die ja definitionsgemäß die Dispersionsrelation $D(a, b, \omega) = 0$ nach (2.287) erfüllt, ebenfalls eine nichttriviale Lösung $\tilde{\zeta}^*(a, b, \omega)$ des adjungierten Problems gefunden werden kann. Die Eigenwerte beider Probleme entsprechen einander, während die Eigenfunktionen unterschiedlich sind.

Wir kommen nun zur Anwendung des Fredholm'schen Alternativsatzes zurück, mit Hilfe dessen wir ja Bestimmungsgleichungen für die in den rechten Seiten der Gleichung

(4.17) auftretenden Ableitungen $\frac{\partial a}{\partial \overline{x}}$ aufstellen wollten. Wir betrachten dazu nochmals das adjungierte Problem (4.21) und machen in Gedanken alle Schritte, die von (4.19) auf (4.21) geführt hatten, rückwärts. Wir multiplizieren (4.21) jetzt allerdings nicht mit $\tilde{\zeta}$, sondern mit $\frac{\partial \tilde{\zeta}}{\partial \overline{x}}$ und integrieren wieder über $z$. Partielle Integration führt nun auf

$$\int_{z_r^u}^{z_r^o} {}^t\tilde{\zeta}^* \left[ \frac{\partial}{\partial z}\frac{\partial \tilde{\zeta}}{\partial \overline{x}} - \boldsymbol{M}\frac{\partial \tilde{\zeta}}{\partial \overline{x}} \right] dz = 0 \tag{4.22}$$

Wir haben dabei verwendet, daß die Randbedingungen für $\tilde{\zeta}^*$ und $\tilde{\zeta}$, die sich durch das Nullsetzen das Klammerausdrucks in (4.20) ergeben hatten, unabhängig von $\overline{x}$ oder $\overline{y}$ sein sollen. Die bei der Integration aufretenden Randwerte $\left[{}^t\tilde{\zeta}^* \frac{\partial \tilde{\zeta}}{\partial \overline{x}}\right]_{z_r^u}^{z_r^o}$ ergeben sich damit zu Null. Der Klammerausdruck in (4.22) entspricht gerade der linken Seite unserer Bestimmungsgleichung (4.17) für die $\frac{\partial \tilde{\zeta}}{\partial \overline{x}}$. Eliminieren wir ihn unter Verwendung von (4.17), dann erhalten wir die folgende Beziehung

$$\int_{z_r^u}^{z_r^o} {}^t\tilde{\zeta}^* \frac{\partial \boldsymbol{M}}{\partial \overline{x}} \tilde{\zeta}\, dz = 0 \tag{4.23}$$

und in analoger Weise

$$\int_{z_r^u}^{z_r^o} {}^t\tilde{\zeta}^* \frac{\partial \boldsymbol{M}}{\partial \overline{y}} \tilde{\zeta}\, dz = 0 \tag{4.24}$$

Diese Gleichungen geben offenbar gerade die Aussage des Fredholm'schen Alternativsatzes wieder, wonach ja die rechte Seite der inhomogenen Gleichung orthogonal auf der Lösung des zugeordneten homogenen adjungierten Problems ist. Die zwei Beziehungen (4.23) und (4.24) können immer in der Form

$$\overline{u}\,\frac{\partial a}{\partial \overline{x}} + \overline{v}\,\frac{\partial b}{\partial \overline{x}} = s_a \tag{4.25}$$

$$\overline{u}\,\frac{\partial a}{\partial \overline{y}} + \overline{v}\,\frac{\partial b}{\partial \overline{y}} = s_b \tag{4.26}$$

geschrieben werden. Wir wollen unser Beispiel der inkompressiblen Strömungen weiter verfolgen und die Terme $\overline{u}$, $\overline{v}$, $s_a$ und $s_b$ unter Verwendung von (4.15) auswerten :

$$\overline{u} = \int_{z_r^u}^{z_r^o} i(Re_d\tilde{\zeta}_6\tilde{\zeta}_2^* - \tilde{\zeta}_1\tilde{\zeta}_5^* - Re_d^{-1}\tilde{\zeta}_2\tilde{\zeta}_6^*) + (iRe_d u_0 + 2a)(\tilde{\zeta}_1\tilde{\zeta}_2^* + \tilde{\zeta}_3\tilde{\zeta}_4^* - Re_d^{-1}\tilde{\zeta}_5\tilde{\zeta}_6^*)\, dz \tag{4.27}$$

$$\overline{v} = \int_{z_r^u}^{z_r^o} i(Re_d\tilde{\zeta}_6\tilde{\zeta}_4^* - \tilde{\zeta}_3\tilde{\zeta}_5^* - Re_d^{-1}\tilde{\zeta}_4\tilde{\zeta}_6^*) + (iRe_d v_0 + 2b)(\tilde{\zeta}_1\tilde{\zeta}_2^* + \tilde{\zeta}_3\tilde{\zeta}_4^* - Re_d^{-1}\tilde{\zeta}_5\tilde{\zeta}_6^*)\, dz \tag{4.28}$$

$$s_a = -Re_d \int_{z_r^u}^{z_r^o} \frac{\partial}{\partial z}\left(\frac{\partial u_0}{\partial \overline{x}}\right)\tilde{\zeta}_5\tilde{\zeta}_2^* + \frac{\partial}{\partial z}\left(\frac{\partial v_0}{\partial \overline{x}}\right)\tilde{\zeta}_5\tilde{\zeta}_4^* +$$

$$i\left(a\frac{\partial u_0}{\partial \overline{x}} + b\frac{\partial v_0}{\partial \overline{x}}\right)(\tilde{\zeta}_1\tilde{\zeta}_2^* + \tilde{\zeta}_3\tilde{\zeta}_4^* - Re_d^{-1}\tilde{\zeta}_5\tilde{\zeta}_6^*)\,dz \qquad (4.29)$$

$$s_b = -Re_d \int_{z_r^u}^{z_r^o} \frac{\partial}{\partial z}\left(\frac{\partial u_0}{\partial \overline{y}}\right)\tilde{\zeta}_5\tilde{\zeta}_2^* + \frac{\partial}{\partial z}\left(\frac{\partial v_0}{\partial \overline{y}}\right)\tilde{\zeta}_5\tilde{\zeta}_4^* + i\left(a\frac{\partial u_0}{\partial \overline{y}} + b\frac{\partial v_0}{\partial \overline{y}}\right)(\tilde{\zeta}_1\tilde{\zeta}_2^* + \tilde{\zeta}_3\tilde{\zeta}_4^* - Re_d^{-1}\tilde{\zeta}_5\tilde{\zeta}_6^*)\,dz \qquad (4.30)$$

Es sei nochmals darauf hingewiesen, daß die $\overline{u}$, $\overline{v}$, $s_a$ und $s_b$ gegebene Größen sind, in die nur die Ergebnisse der vorab für die Stelle $\overline{x}, \overline{y}$ durchgeführten lokalen Stabilitätsanalyse eingehen (d.h., daß die Kombination $a, b, \omega$ ebenfalls bekannt ist). Wir betonen außerdem, daß für eine von den Richtungen $x, y$ vollkommen unabhängige Strömung die rechten Seiten in (4.25) und (4.26), die wir als "Quellterme" der Wellenzahländerung betrachten können, verschwinden.

Neben (4.25) und (4.26) haben die Ableitungen der Wellenzahlen $a$ und $b$ eine weitere Bedingung zu erfüllen. Nach (4.3) werden sie nämlich aus der skalaren Funktion $\theta(\tilde{x}, \tilde{y}, t)$ bestimmt. Diese Funktion soll natürlich eine stetig differenzierbare Funktion sein, d.h. es soll gelten

$$\frac{\partial^2\theta}{\partial x\partial y} \overset{!}{=} \frac{\partial^2\theta}{\partial y\partial x} \Longleftrightarrow \frac{\partial}{\partial y}\underbrace{\left(\frac{\partial\theta}{\partial\tilde{x}}\right)}_{a(\overline{x},\overline{y})} \overset{!}{=} \frac{\partial}{\partial x}\underbrace{\left(\frac{\partial\theta}{\partial\tilde{y}}\right)}_{b(\overline{x},\overline{y})} \Longleftrightarrow \frac{\partial^2\theta}{\partial\tilde{x}\partial\tilde{y}} \overset{!}{=} \frac{\partial^2\theta}{\partial\tilde{y}\partial\tilde{x}}$$

woraus die Bedingung

$$\frac{\partial a}{\partial \overline{y}} = \frac{\partial b}{\partial \overline{x}} \qquad (4.31)$$

folgt. Sicherlich soll auch für die Wellenzahlen selbst die Stetigkeitsbedingung $\frac{\partial^2(a,b)}{\partial\overline{x}\partial\overline{y}} = \frac{\partial^2(a,b)}{\partial\overline{y}\partial\overline{x}}$ gelten. Wir können dieses umformulieren, indem wir (4.25) nach $\overline{y}$, Gl. (4.26) nach $\overline{x}$ differenzieren und voneinander abziehen. Wir erhalten daraus eine weitere Beziehung zwischen den Ableitungen der Wellenzahlen, die wir als letzte Gleichung des folgend aufgeführten Systems angeben

$$\begin{bmatrix} \overline{u} & 0 & \overline{v} & 0 \\ 0 & \overline{u} & 0 & \overline{v} \\ 0 & 1 & -1 & 0 \\ -\frac{\partial\overline{u}}{\partial\overline{y}} & \frac{\partial\overline{u}}{\partial\overline{x}} & -\frac{\partial\overline{v}}{\partial\overline{y}} & \frac{\partial\overline{v}}{\partial\overline{x}} \end{bmatrix} \begin{bmatrix} \frac{\partial\overline{a}}{\partial\overline{x}} \\ \frac{\partial\overline{a}}{\partial\overline{y}} \\ \frac{\partial\overline{b}}{\partial\overline{x}} \\ \frac{\partial\overline{b}}{\partial\overline{y}} \end{bmatrix} = \begin{bmatrix} s_a \\ s_b \\ 0 \\ \frac{\partial s_b}{\partial\overline{x}} - \frac{\partial s_a}{\partial\overline{y}} \end{bmatrix} \begin{matrix} (4.25) \\ (4.26) \\ (4.31) \\ \\ \end{matrix} \qquad (4.32)$$

Um die bis hier gemachten Ableitungen etwas zu veranschaulichen, wollen wir beispielhaft annehmen, wir hätten den Nichtparallelitätseffekt auf die Stabilität einer dreidimensionalen Grenzschichtströmung mit $u_0 = u_0(z, \overline{x})$, $v_0 = v_0(z, \overline{x})$ zu untersuchen. Unsere Grenzschichtströmung sei also von der wandparallelen spannweitigen Richtung $\overline{y}$ unabhängig. Solche Verhältnisse liegen z.B. in der Grenzschicht eines schiebenden Tragflügels unendlicher Spannweite exakt vor. Auch für Tragflügel großer Flügelstreckung sind diese Verhältnisse sehr gut erfüllt, wobei $\overline{x}$ in die Richtung senkrecht zur Spannweitenrichtung und parallel zu der Flügeloberfläche weise. Für diesen Fall gilt nach

(4.27)–(4.30) für die Größen $\overline{u} \neq \overline{u}(\overline{y})$, $\overline{v} \neq \overline{v}(\overline{y})$, $s_a \neq s_a(\overline{y})$ und $s_b = 0$. Damit entkoppelt sich aus (4.32) das folgende homogene Gleichungssystem

$$\begin{pmatrix} \overline{u} & \overline{v} \\ \frac{\partial \overline{u}}{\partial \overline{x}} & \frac{\partial \overline{v}}{\partial \overline{x}} \end{pmatrix} \begin{bmatrix} \frac{\partial a}{\partial \overline{y}} \\ \frac{\partial b}{\partial \overline{y}} \end{bmatrix} = \begin{bmatrix} 0 \\ 0 \end{bmatrix}$$

woraus wir sofort erkennen, daß $\frac{\partial a}{\partial \overline{y}} = \frac{\partial b}{\partial \overline{y}} = 0$. Damit ergibt sich aus (4.31) ebenfalls $\frac{\partial b}{\partial \overline{x}} = 0$, und wir berechnen schließlich aus (4.25) explizit

$$\frac{\partial a}{\partial \overline{x}} = \frac{s_a}{\overline{u}} \quad , \quad (\text{für} \quad u_0 = u_0(z, \overline{x}), v_0 = v_0(z, \overline{x}) \ )$$

Hiermit kann nun die Matrix $\frac{\partial \boldsymbol{M}}{\partial \overline{x}}$ in (4.17) bestimmt werden, und $\frac{\partial \tilde{\zeta}}{\partial \overline{x}}$ wird als Lösung des inhomogenen Gleichungssystems (4.17) erhalten. Damit ist der Beitrag der Eigenfunktionverzerrung $(\tilde{\zeta}_k)^{-1} \frac{\partial \tilde{\zeta}_k}{\partial \overline{x}}$ bzw. $(V_j)^{-1} \frac{\partial V_j}{\partial \overline{x}}$ nach (4.9) zur verallgemeinerten Wellenzahl $\gamma_\phi^j$ bestimmt.

**4.1.2.2 Einfluß des Amplitudenfaktors** Die Änderung des in (4.8) eingeführten Amplitudenfaktors $A$ in den Schichtparallelrichungen $\overline{x}, \overline{y}$ stellt den zweiten Beitrag zur verallgemeinerten Wellenzahl nach (4.5) dar. Um ihn berechnen zu können, müssen wir auf die Störungsdifferentialgleichungen erster Ordnung in $\epsilon$ für die Störgrößen $\overline{\boldsymbol{U}}'$ zurückgreifen. Wir erinnern uns daran, daß wir in der nichtparallelen Grundströmung die Störgröße $\boldsymbol{U}' = \tilde{\boldsymbol{U}}' + \epsilon\, \overline{\boldsymbol{U}}'$ nach (4.2) aus einem Anteil $\tilde{\boldsymbol{U}}'$ aus der lokalen Analyse und einem Korrekturanteil $\overline{\boldsymbol{U}}'$ zusammengesetzt hatten. Im Falle inkompressibler Strömungen war $\overline{\boldsymbol{U}}' = {}^t(\overline{u}', \overline{v}', \overline{w}', \overline{p}')$. Wir führen den Fall der inkompressiblen Strömungen hier explizit weiter. Allgemeinere Strömungen werden vollkommen analog behandelt.

Um die Störungsdifferentialgleichungen erster Ordnung zu erhalten, setzen wir (2.271) in (2.263)–(2.266) ein. Wir können darin Terme entsprechend (2.272)–(2.275) eliminieren und durch $\epsilon$ dividieren. Alle Terme, die danach noch mit dem Faktor $\epsilon$ versehen sind, streichen wir heraus. Nach diesen Schritten erhalten wir eine inhomogene lineare Differentialgleichung für die Störgrößen $\overline{\boldsymbol{U}}'$ :

$$\frac{\partial \overline{u}'}{\partial \tilde{x}} + \frac{\partial \overline{v}'}{\partial \tilde{y}} + \frac{\partial \overline{w}'}{\partial z} = \tilde{K}_1 \tag{4.33}$$

$$\frac{\partial \overline{u}'}{\partial t} + u_0 \frac{\partial \overline{u}'}{\partial \tilde{x}} + v_0 \frac{\partial \overline{u}'}{\partial \tilde{y}} + \frac{du_0}{dz} \overline{w}' + \frac{\partial \overline{p}'}{\partial \tilde{x}} - Re_d^{-1} \left( \frac{\partial^2 \overline{u}'}{\partial \tilde{x}^2} + \frac{\partial^2 \overline{u}'}{\partial \tilde{y}^2} + \frac{\partial^2 \overline{u}'}{\partial z^2} \right) = \tilde{K}_2 \tag{4.34}$$

$$\frac{\partial \overline{v}'}{\partial t} + u_0 \frac{\partial \overline{v}'}{\partial \tilde{x}} + v_0 \frac{\partial \overline{v}'}{\partial \tilde{y}} + \frac{dv_0}{dz} \overline{w}' + \frac{\partial \overline{p}'}{\partial \tilde{y}} - Re_d^{-1} \left( \frac{\partial^2 \overline{v}'}{\partial \tilde{x}^2} + \frac{\partial^2 \overline{v}'}{\partial \tilde{y}^2} + \frac{\partial^2 \overline{v}'}{\partial z^2} \right) = \tilde{K}_3 \tag{4.35}$$

$$\frac{\partial \overline{w}'}{\partial t} + u_0 \frac{\partial \overline{w}'}{\partial \tilde{x}} + v_0 \frac{\partial \overline{w}'}{\partial \tilde{y}} + \frac{\partial \overline{p}'}{\partial z} - Re_d^{-1} \left( \frac{\partial^2 \overline{w}'}{\partial \tilde{x}^2} + \frac{\partial^2 \overline{w}'}{\partial \tilde{y}^2} + \frac{\partial^2 \overline{w}'}{\partial z^2} \right) = \tilde{K}_4 \tag{4.36}$$

Die rechte Seite ist bereits bekannt, denn sie bestimmt sich aus den zuvor nach der lokalen Analyse bereits berechneten Störgrößen $\tilde{\boldsymbol{U}}'$ und deren gerade bestimmten Ableitungen nach $\overline{x}$ und $\overline{y}$ :

$$\tilde{K}_1 = -\left(\frac{\partial \tilde{u}'}{\partial \overline{x}} + \frac{\partial \tilde{v}'}{\partial \overline{y}}\right) \tag{4.37}$$

$$\tilde{K}_2 = -u_0 \frac{\partial \tilde{u}'}{\partial \overline{x}} - v_0 \frac{\partial \tilde{u}'}{\partial \overline{y}} - w_0 \frac{\partial \tilde{u}'}{\partial z} - \frac{\partial u_0}{\partial \overline{x}} \tilde{u}' - \frac{\partial u_0}{\partial \overline{y}} \tilde{v}' - \frac{\partial \tilde{p}'}{\partial \overline{x}} + + Re_d^{-1} \left(\frac{\partial^2 \tilde{u}'}{\partial \overline{x} \partial \tilde{x}} + \frac{\partial^2 \tilde{u}'}{\partial \tilde{x} \partial \overline{x}} + \frac{\partial^2 \tilde{u}'}{\partial \overline{y} \partial \tilde{y}} + \frac{\partial^2 \tilde{u}'}{\partial \tilde{y} \partial \overline{y}}\right) \tag{4.38}$$

$$\tilde{K}_3 = -u_0 \frac{\partial \tilde{v}'}{\partial \overline{x}} - v_0 \frac{\partial \tilde{v}'}{\partial \overline{y}} - w_0 \frac{\partial \tilde{v}'}{\partial z} - \frac{\partial v_0}{\partial \overline{x}} \tilde{u}' - \frac{\partial v_0}{\partial \overline{y}} \tilde{v}' - \frac{\partial \tilde{p}'}{\partial \overline{y}} + + Re_d^{-1} \left(\frac{\partial^2 \tilde{v}'}{\partial \overline{x} \partial \tilde{x}} + \frac{\partial^2 \tilde{v}'}{\partial \tilde{x} \partial \overline{x}} + \frac{\partial^2 \tilde{v}'}{\partial \overline{y} \partial \tilde{y}} + \frac{\partial^2 \tilde{v}'}{\partial \tilde{y} \partial \overline{y}}\right) \tag{4.39}$$

$$\tilde{K}_4 = -u_0 \frac{\partial \tilde{w}'}{\partial \overline{x}} - v_0 \frac{\partial \tilde{w}'}{\partial \overline{y}} - w_0 \frac{\partial \tilde{w}'}{\partial z} - \frac{\partial w_0}{\partial z} \tilde{w}' + + Re_d^{-1} \left(\frac{\partial^2 \tilde{w}'}{\partial \overline{x} \partial \tilde{x}} + \frac{\partial^2 \tilde{w}'}{\partial \tilde{x} \partial \overline{x}} + \frac{\partial^2 \tilde{w}'}{\partial \overline{y} \partial \tilde{y}} + \frac{\partial^2 \tilde{w}'}{\partial \tilde{y} \partial \overline{y}}\right) \tag{4.40}$$

Wir wollen das obige Gleichungssystem wie vorher als Differentialgleichungssystem erster Ordnung in $z$ formulieren. Dazu eignet sich in Analogie zum Vorgehen im Abschnitt 4.1.2.1 bei inkompressiblen Strömungen die Größe $\overline{\boldsymbol{\zeta}} = {}^t(\overline{\zeta}_1, \overline{\zeta}_2, \ldots, \overline{\zeta}_6) = e^{-i\theta} \cdot {}^t(\overline{u}', \frac{\partial \overline{u}'}{\partial z}, \overline{v}', \frac{\partial \overline{v}'}{\partial z}, \overline{w}', \overline{p}')$. Bei der Untersuchung kompressibler Strömungen können wir die Variable $\overline{\boldsymbol{\zeta}} = e^{-i\theta} \cdot {}^t(\overline{u}', \frac{\partial \overline{u}'}{\partial z}, \overline{v}', \frac{\partial \overline{v}'}{\partial z}, \overline{w}', \overline{p}', \overline{T}', \frac{\partial \overline{T}'}{\partial z})$ einführen. Hiermit schreibt sich die Bestimmungsgleichung für $\overline{\boldsymbol{\zeta}}$

$$\frac{\partial}{\partial z} \overline{\boldsymbol{\zeta}} - \boldsymbol{M} \overline{\boldsymbol{\zeta}} = \tilde{\boldsymbol{\kappa}} \tag{4.41}$$

Dabei ist abermals die gleiche linke Seite wie beim Eigenwertproblem (4.10) für $\tilde{\boldsymbol{\zeta}}$ entstanden. Für inkompressible Strömungen ergibt sich die rechte Seite $\tilde{\boldsymbol{\kappa}}$ nach diesem Umformulieren aus (4.37)–(4.40).

Wir wollen in diesem Abschnitt eine Bestimmungsgleichung für den Amplitudenfaktor $A$ ableiten. So wie im Abschnitt 4.1.2.1 verwenden wir wieder den Fredholm'schen Alternativsatz, der die Lösbarkeit des Gleichungssystems (4.41) sicherstellt sobald die folgende Bedingung erfüllt ist :

$$\int_{z_r^u}^{z_r^o} {}^t\tilde{\boldsymbol{\zeta}}^* \, \tilde{\boldsymbol{\kappa}} \, dz = 0 \tag{4.42}$$

worin $\tilde{\boldsymbol{\zeta}}^*$ die Lösung des adjungierten homogenen Problems zu (4.41), also (4.21) ist. Genau die Bedingung (4.42) stellt unsere Gleichung für den Amplitudenfaktor $A$ dar. Sie kann immer in die folgende Form gefasst werden :

$$u_A \frac{\partial A}{\partial \overline{x}} + v_A \frac{\partial A}{\partial \overline{y}} + s_A A = 0 \tag{4.43}$$

Werten wir (4.42) für den inkompressiblen Fall aus, dann erhalten wir unter Berücksichtigung von (4.37)–(4.40) und dem Ersetzen $A(\overline{x}, \overline{y}) \tilde{\boldsymbol{\zeta}}(z, \overline{x}, \overline{y}) e^{i\theta(\tilde{x}, \tilde{y})} = {}^t(\tilde{u}', \frac{\partial \tilde{u}'}{\partial z}, \tilde{v}', \frac{\partial \tilde{v}'}{\partial z}, \tilde{w}',$

$\tilde{p}'$) nach einigem Rechnen

$$u_A = \int_{z_r^u}^{z_r^o} \tilde{\zeta}_1\tilde{\zeta}_5^* + \tilde{\zeta}_6\tilde{\zeta}_2^* + \tilde{\zeta}_2\tilde{\zeta}_6^*/Re_d + (u_0 - i2aRe_d^{-1})(\tilde{\zeta}_1\tilde{\zeta}_2^* + \tilde{\zeta}_3\tilde{\zeta}_4^* + \tilde{\zeta}_5\tilde{\zeta}_6^*)\, dz \quad (4.44)$$

$$v_A = \int_{z_r^u}^{z_r^o} \tilde{\zeta}_3\tilde{\zeta}_5^* + \tilde{\zeta}_6\tilde{\zeta}_4^* + \tilde{\zeta}_4\tilde{\zeta}_6^*/Re_d + (v_0 - i2bRe_d^{-1})(\tilde{\zeta}_1\tilde{\zeta}_2^* + \tilde{\zeta}_3\tilde{\zeta}_4^* + \tilde{\zeta}_5\tilde{\zeta}_6^*)\, dz \quad (4.45)$$

$$\begin{aligned} s_A = \int_{z_r^u}^{z_r^o} & \left(\frac{\partial\tilde{\zeta}_1}{\partial\overline{x}} + \frac{\partial\tilde{\zeta}_3}{\partial\overline{y}}\right)\tilde{\zeta}_5^* + \tilde{\zeta}_2^* \boldsymbol{u_0}\cdot\boldsymbol{\nabla}\tilde{\zeta}_1 + \tilde{\zeta}_4^* \boldsymbol{u_0}\cdot\boldsymbol{\nabla}\tilde{\zeta}_3 + \tilde{\zeta}_6^* \boldsymbol{u_0}\cdot\boldsymbol{\nabla}\tilde{\zeta}_5 + \\ & \frac{\partial u_0}{\partial\overline{x}}\tilde{\zeta}_1\tilde{\zeta}_2^* + \frac{\partial v_0}{\partial\overline{y}}\tilde{\zeta}_3\tilde{\zeta}_4^* + \frac{\partial w_0}{\partial z}\tilde{\zeta}_5\tilde{\zeta}_6^* + \frac{\partial u_0}{\partial\overline{y}}\tilde{\zeta}_3\tilde{\zeta}_2^* + \frac{\partial v_0}{\partial\overline{x}}\tilde{\zeta}_1\tilde{\zeta}_4^* + \frac{\partial\tilde{\zeta}_6}{\partial\overline{x}}\tilde{\zeta}_2^* + \frac{\partial\tilde{\zeta}_6}{\partial\overline{y}}\tilde{\zeta}_4^* - \\ & iRe_d^{-1}\left[\left(\frac{\partial a}{\partial\overline{x}} + \frac{\partial b}{\partial\overline{y}}\right)(\tilde{\zeta}_1\tilde{\zeta}_2^* + \tilde{\zeta}_3\tilde{\zeta}_4^* + \tilde{\zeta}_5\tilde{\zeta}_6^*) + i\left(\frac{\partial\tilde{\zeta}_2}{\partial\overline{x}} + \frac{\partial\tilde{\zeta}_4}{\partial\overline{x}}\right)\tilde{\zeta}_6^* + \right. \\ & \left. 2\left(a\frac{\partial\tilde{\zeta}_1}{\partial\overline{x}} + b\frac{\partial\tilde{\zeta}_1}{\partial\overline{y}}\right)\tilde{\zeta}_2^* + 2\left(a\frac{\partial\tilde{\zeta}_3}{\partial\overline{x}} + b\frac{\partial\tilde{\zeta}_3}{\partial\overline{y}}\right)\tilde{\zeta}_4^* + 2\left(a\frac{\partial\tilde{\zeta}_5}{\partial\overline{x}} + b\frac{\partial\tilde{\zeta}_5}{\partial\overline{y}}\right)\tilde{\zeta}_6^*\right] dz \quad (4.46) \end{aligned}$$

Hierin bedeutet die Abkürzung $\boldsymbol{u_0}\cdot\boldsymbol{\nabla} = u_0\frac{\partial}{\partial\overline{x}} + v_0\frac{\partial}{\partial\overline{y}} + w_0\frac{\partial}{\partial z}$. Wir merken an, daß die Größen $u_A$, $v_A$ und $s_A$ bekannt sind, da die Eigenfunktionen $\tilde{\boldsymbol{\zeta}}$ und $\tilde{\boldsymbol{\zeta}}^*$ aus der lokalen Analyse zuvor berechnet wurden. Ferner sind die Ableitungen der $\tilde{\boldsymbol{\zeta}}$ und der Wellenzahlen $a, b$ nach $\overline{x}$ und $\overline{y}$ in Abschnitt 4.1.2.1 bestimmt worden.

Abschließend geben wir die Berechnung des Amplitudenfaktors für das am Ende von 4.1.2.1 gegebene Beispiel einer Grenzschichtströmung mit $u_0 = u_0(z,\overline{x})$ und $v_0 = v_0(z,\overline{x})$ an. In diesem Fall ist keine Größe von $\overline{y}$ abhängig, so daß wir für $A$ nach (4.43) einen Exponentialansatz $A = A_x(\overline{x})\exp(i\overline{b}\overline{y})$ machen dürfen. Dabei ist $\overline{b}$ eine Konstante, die wir ohne Beschränkung der Allgemeinheit zu $\overline{b} = 0$ setzen, denn sie könnte immer in die vorgegebene Wellenzahl $b$ aufgenommen werden. Damit gilt $A = A(\overline{x})$, und entsprechend (4.43) ergibt sich

$$\frac{1}{A}\frac{\partial A}{\partial\overline{x}} = -\frac{s_A}{u_A} \quad , \quad (\text{für} \quad u_0 = u_0(z,\overline{x}), v_0 = v_0(z,\overline{x}) \;)$$

Wir erhalten für dieses Beispiel die verallgemeinerte räumliche Anfachungsrate bezüglich der Richtung $\boldsymbol{e}_\phi$ nach (4.6) zu

$$(\gamma_\phi^j)_i = \Big[\underbrace{a_i - \epsilon\left\{\frac{1}{\tilde{\zeta}_k}\frac{\partial\tilde{\zeta}_k}{\partial\overline{x}}\right\}_r}_{(4.17)} + \epsilon\left(\frac{s_A}{u_A}\right)_r\Big]\cos\phi + b_i\sin\phi$$

## 4.2 Parabolisierte Störungsdifferentialgleichungen

Der im folgenden zu besprechende Ansatz zur Lösung von Stabilitätsproblemen nichtparalleler Strömungen erfordert weniger a priori zu treffende und damit einschränkende Annahmen als das unter 4.1 besprochene Vorgehen. Er wird uns am Ende auf Gleichungen führen, die mit Hilfe eines Raumschrittverfahrens numerisch gelöst werden müssen.

Die Ableitung der parabolisierten Störungsdifferentialgleichungen, die überwiegend mit *PSE* (engl. *Parabolized Stability Equations*) oder auch *Parabolisierte Stabilitätsgleichungen* bezeichnet werden, ist wesentlich einfacher, als die zuvor beschriebene analytische Erweiterung der lokalen Stabilitätsanalyse. Wir beginnen wiederum mit dem für kleine Störungen $\boldsymbol{U}'$ einer stationären Grundströmung $\boldsymbol{U}_0$ gültigen, linearen Differentialgleichungssystem (2.263)–(2.266). Im Gegensatz zur Vorgehensweise bei der analytischen Erweiterung der lokalen Analyse in 4.1 betrachten wir aber die einzelnen Näherungsordnungen, gekennzeichnet durch Potenzen im kleinen Parameter $\epsilon \sim 1/Re_d$, nicht getrennt voneinander. Wir lösen die Gleichungen direkt zur Bestimmung der Variablen $\boldsymbol{U}'$, die ja bereits die Nichtparallelitätseffekte enthält. Das hat ganz entscheidende Vorteile gegenüber der zuvor besprochenen analytischen Beschreibung. Dort besteht nämlich, ähnlich wie bei der lokalen Analyse, das Problem, die komplexen Wellenzahlen $a(\overline{x}), b(\overline{x})$ einer Störwelle zu bestimmen, die irgendwo stromauf der betrachteten Stelle $\overline{x}$, z.B. bei $\overline{x}_s$, die vorgegebenen Wellenzahlen $a(\overline{x}_s), b(\overline{x}_s)$ besitzt. Dieses Problem hängt wesentlich mit der Tatsache zusammen, daß im Rahmen der lokalen Analyse die physikalische Information darüber verlorengeht, wie sich die Wellenzahl einer bestimmten Welle global ändert. Die Analyse im vorangegangenen Abschnitt 4.1 hatte uns allenfalls eine Information über die lokale Änderung der Wellenzahl an einer beliebig herausgegriffenen Stelle $\overline{x}$ geben können. Die parabolisierten Stabilitätsgleichungen liefern gerade diese globale Information, die in der Variablen $\boldsymbol{U}'$ (im Gegensatz zu den einzeln behandelten Variablen $\tilde{\boldsymbol{U}}'$ und $\overline{\boldsymbol{U}}'$ in 4.1) enthalten ist.

Entsprechend des globalen Charakters der Lösungen der PSE (im Sinne des echt rechnerischen Fortschreitens entlang der Richtung $x$) ist es sinnvoll, die Variablen mit anderen Bezugsgrößen als bei der lokalen oder der erweiterten lokalen Analyse zu entdimensionieren. Dort wurde auf die lokalen Grenzschichtgrößen bezogen, z.B. Koordinaten auf die Blasiuslänge $d = \sqrt{\nu_\delta(x)x/U_\delta(x)}$ und Geschwindigkeiten auf $U_\delta(x)$, wobei der Index $\delta$ die Größe am Grenzschichtrand $z_\delta = \delta(x)$ andeutet. Die daraus folgenden dimensionslosen Parameter waren hiermit zwar abhängig von $x$, wurden aber für den betrachteten Ort als "eingefroren" betrachtet. Eine solche Entdimensionierung ist bei einer PSE–Analyse nicht sinnvoll. Hier wird auf konstante Referenzgrößen bezogen. Die daraus folgenden dimensionslosen Kennzahlen sind dann ebenfalls echte Konstanten. Als Bezugslänge $d$ ist daher eine konstante Länge zu wählen, die aber nach wie vor ein Maß für die Grenzschichtdicke der Strömung sein soll, z.B. $d = \sqrt{\nu_{ref} L_{ref}/U_{ref}}$. Hierin ist $L_{ref}$ eine charakteristische Längsausdehnung des Problems oder eine sinnvoll gewählte feste Referenzlänge, $U_{ref}$ eine konstante Bezugsgeschwindigkeit und $\nu_{ref}$ eine konstante Zähigkeit.

Die Ableitung der PSE erfolgt in zwei Schritten. Die eigentliche Parabolisierung der Gleichungen und die Einführung einer Normalisierung für die Störung.

### 4.2.1 Parabolisierung

Der entscheidende Schritt ist nun die Parabolisierung der Gleichungen (2.263)–(2.266). Sie ist gleichbedeutend damit, solche Terme herauszustreichen, die mit $\epsilon^2$ und höheren Potenzen des kleinen Parameters $\epsilon$ versehen sind. Anschließend machen wir wie im vorangegangenen Abschnitt einen WKB Ansatz für die betrachtete Störwelle

$$\boldsymbol{U}' = \hat{\boldsymbol{U}}(\overline{x}, z)e^{i\theta(\bar{x},\bar{y},t)} \tag{4.47}$$

Wir beschränken uns auf Strömungen, die von der Spannweitenrichtung $y$ unabhängig sind. Ein Exponentialansatz $\exp(ib - \omega t)$ mit $b = \frac{\partial\theta}{\partial y} = const_b$ und $\omega = -\frac{\partial\theta}{\partial t} = const_\omega$ beschreibt dann die Abhängigkeit der Störwelle in der Richtung $y$ und der Zeit $t$ vollständig, d.h. auch $\hat{\boldsymbol{U}} \neq \hat{\boldsymbol{U}}(y,t)$. Die Stetigkeitsbedingung der Phasenfunktion $\theta$, vgl. (4.31), die wir auch vorher gefordert hatten, zeigt uns, daß $a = \frac{\partial\theta}{\partial x} = a(x) \neq a(y,t)$ ist.

Man beachte, daß $\hat{\boldsymbol{U}}$ jetzt im Gegensatz zu (4.2) nicht nur die Amplitudenfunktion des lokalen Problems, sondern bereits des nichtparallelen Problems darstellt. Die der Methode der multiplen Skalen entstammenden Lang- und Kurzskalenvariablen hatten wir nur benötigt, um die Größenordnung der einzelnen Terme gegeneinander abzuschätzen. Nach dem Einführen des Ansatzes (4.47) in (2.263)–(2.266) ersetzen wir $\overline{x}$ wieder durch $\epsilon\, x$. Außerdem ersetzen wir $\epsilon\, w_0$ durch $w_0$, beziehen also alle Geschwindigkeiten auf die selbe Referenz $U_{ref}$. Das Gleichungssystem ergibt sich somit zu :

$$i\,a\hat{u} + i\,b\hat{v} + \frac{\partial\hat{w}}{\partial z} = -\frac{\partial\hat{u}}{\partial x} \tag{4.48}$$

$$i(au_0 + bv_0 - \omega)\hat{u} + \frac{\partial u_0}{\partial x}\hat{u} + \frac{\partial u_0}{\partial z}\hat{w} + w_0\frac{\partial\hat{u}}{\partial z} + ia\hat{p} + Re_d^{-1}\left(a^2 + b^2 - \frac{\partial^2}{\partial z^2}\right)\hat{u} =$$

$$= -u_0\frac{\partial\hat{u}}{\partial x} - \frac{\partial\hat{p}}{\partial x} + i\,Re_d^{-1}\left(2a\frac{\partial\hat{u}}{\partial x} + \hat{u}\frac{\partial a}{\partial x}\right) \tag{4.49}$$

$$i(au_0 + bv_0 - \omega)\hat{v} + \frac{\partial v_0}{\partial x}\hat{u} + \frac{\partial v_0}{\partial z}\hat{w} + w_0\frac{\partial\hat{v}}{\partial z} + ib\hat{p} + Re_d^{-1}\left(a^2 + b^2 - \frac{\partial^2}{\partial z^2}\right)\hat{v} =$$

$$= -u_0\frac{\partial\hat{v}}{\partial x} + i\,Re_d^{-1}\left(2a\frac{\partial\hat{v}}{\partial x} + \hat{v}\frac{\partial a}{\partial x}\right) \tag{4.50}$$

$$i(au_0 + bv_0 - \omega)\hat{w} + \frac{\partial w_0}{\partial z}\hat{w} + w_0\frac{\partial\hat{w}}{\partial z} + \frac{\partial\hat{p}}{\partial z} + Re_d^{-1}\left(a^2 + b^2 - \frac{\partial^2}{\partial z^2}\right)\hat{w} =$$

$$= -u_0\frac{\partial\hat{w}}{\partial x} + i\,Re_d^{-1}\left(2a\frac{\partial\hat{w}}{\partial x} + \hat{w}\frac{\partial a}{\partial x}\right) \tag{4.51}$$

Wir haben alle Ableitungen der Amplitudenfunktionen in Strömungsrichtung $x$ auf die rechte Seite des Gleichungssystems geschrieben. Außerdem entsteht ein Term, der die räumliche Ableitung der Wellenzahl $\frac{\partial a}{\partial x}$ enthält. Die Wellenzahl $a$ ergibt sich als Ergebnis des Fortschreitens in Richtung $x$, tritt also neben den $\hat{\boldsymbol{U}} = {}^t(\hat{u}, \hat{v}, \hat{w}, \hat{p})$ als weitere Variable auf. Da die Wellenzahl in Kombination mit den anderen Variablen erscheint, ist das Problem (4.48)–(4.51) sogar nichtlinear bezüglich $x$.

### 4.2.2 Normierung der Störung

Vergleichen wir die Zahl der Variablen mit der Zahl der zu ihrer Bestimmung zur Verfügung stehenden Gleichungen (4.48)–(4.51) so stellen wir fest, daß bislang 4 Gleichungen für 5 Unbekannte vorliegen. Wir benötigen demnach noch eine weitere Beziehung, die das Gleichungssystem schließt. Wir betrachten dazu nochmals den WKB-

Ansatz (4.47)

$$\boldsymbol{U}' = \hat{\boldsymbol{U}}(x,z)e^{i\theta(x,y,t)} = \underbrace{\hat{\boldsymbol{V}}(x,z)}_{(\hat{\boldsymbol{U}}e^{-i\alpha x})} e^{i\theta(x,y,t)+\alpha x}$$

und stellen fest, daß ja bisher nicht eindeutig definiert wurde, wie die Abhängigkeit der Störwelle $\boldsymbol{U}'$ von der Scherschicht–Parallelrichtung $x$ zwischen der Amplitudenfunktion $\hat{\boldsymbol{U}}$ und der Phasenfunktion $e^{i\theta(x,y,t)}$ "aufgeteilt" sein soll. Die beliebige Konstante $\alpha$ soll das hier andeuten. Diese Mehrdeutigkeit wollen wir durch eine sog. *Normierungsbedingung* beseitigen, wodurch wir zugleich die fünfte Gleichung erhalten, die bislang fehlte, um das Stabilitätsproblem lösen zu können.

Die vorangegangene Diskussion hat gezeigt, daß wir in der Wahl der benötigten Zusatzbedingung frei sind. Wir geben hier eine vielfach angewandte Bedingung an, die die Abhängigkeit der Amplitudenfunktion von $x$ im Mittel minimiert. Zunächst erinnern wir uns daran, daß für eine nichtparallele Grundströmung eine verallgemeinerte Wellenzahl $\gamma_\phi^j(z)$ nach (4.5) definierbar ist, die sowohl von der gewählten Strömungsvariablen $U_j'$, als auch der Schichtnormalenrichtung $z$ abhängt. Wir übernehmen diese Definition hier und werten sie für unseren WKB-Ansatz aus:

$$\gamma_\phi^j = \left(a - i\,(\hat{U}_j)^{-1}\frac{\partial \hat{U}_j}{\partial x}\right)\cos\phi + b\sin\phi \tag{4.52}$$

Wir multiplizieren nun (4.52) mit $\hat{U}_j^\dagger\hat{U}_j = |\hat{U}_j|^2$, wobei $\hat{U}_j^\dagger$ das konjugiert Komplexe von $\hat{U}_j$ bezeichne :

$$\gamma_\phi^j\,|\hat{U}_j|^2 = (a\cos\phi + b\sin\phi)\,|\hat{U}_j|^2 - i\,\hat{U}_j^\dagger\frac{\partial \hat{U}_j}{\partial x}\,\cos\phi \tag{4.53}$$

Wir summieren dann über alle Strömungsvariablen $j = 1,\ldots,n$, wobei bei inkompressiblen Strömungen $(\hat{U}_1,\ldots,\hat{U}_4) = (\hat{u},\hat{v},\hat{w},\hat{p})$, d.h. $n = 4$ ist. Ferner integrieren wir über den physikalisch relevanten Bereich $[z_r^u, z_r^o]$ der Schichtnormalenrichtung $z$ und teilen anschließend durch $\int_{z_r^u}^{z_r^o}\sum_{j=1}^n|\hat{U}_j|^2dz$ :

$$\begin{aligned}\gamma_\phi &:= \int_{z_r^u}^{z_r^o}\sum_{j=1}^n\gamma_\phi^j|\hat{U}_j|^2\,dz \Big/ \int_{z_r^u}^{z_r^o}\sum_{j=1}^n|\hat{U}_j|^2\,dz = \\ &= a\cos\phi + b\sin\phi - i\cos\phi\int_{z_r^u}^{z_r^o}\underbrace{\sum_{j=1}^n\hat{U}_j^\dagger\frac{\partial \hat{U}_j}{\partial x}}_{= {}^t\hat{\boldsymbol{U}}^\dagger\frac{\partial}{\partial x}\hat{\boldsymbol{U}}}\,dz \Big/ \int_{z_r^u}^{z_r^o}\sum_{j=1}^n|\hat{U}_j|^2\,dz\end{aligned} \tag{4.54}$$

Eine besonders einfache Definition der verallgemeinerten gemittelten Wellenzahl $\gamma_\phi$ erhalten wir offenbar, wenn wir nun fordern, daß das Integral der rechten Seite verschwindet, d.h. wir erhalten die folgende Normierungsbedingung zum Schließen des Systems der Parabolisierten Stabilitätsgleichungen :

$$\int_{z_r^u}^{z_r^o} {}^t\hat{\boldsymbol{U}}^\dagger\frac{\partial}{\partial x}\hat{\boldsymbol{U}}\,dz \overset{!}{=} 0 \tag{4.55}$$

Man beachte, daß damit

$$\gamma_\phi = a\cos\phi + b\sin\phi$$

gilt. Somit können wir die Normierungsbedingung (4.55) auch als Definitionsgleichung für die Wellenzahlkomponente $a$ in Richtung $x$ auffassen, denn für die verallgemeinerte gemittelte Wellenzahlkomponente $\gamma_\phi(\phi = 0) =: \gamma_0$ in der Richtung $x$ gilt mit (4.55)

$$\gamma_0 = a$$

### 4.2.3 Berechnungsmethode (Raumschrittverfahren)

In diesem Abschnitt wollen wir skizzieren, wie eine PSE–Analyse durchgeführt wird. Dazu können wir die PSE zur Bestimmung der Störamplitudenfunktion $\hat{\boldsymbol{U}}$ in der folgenden kompakten allgemeingültigen Form anschreiben :

$$\boldsymbol{L}\hat{\boldsymbol{U}} = \boldsymbol{L}_x \frac{\partial \hat{\boldsymbol{U}}}{\partial x} + \frac{\partial a}{\partial x}\boldsymbol{L}_a \hat{\boldsymbol{U}} \tag{4.56}$$

wobei die Matrixausdrücke z.T. Differentialausdrücke in $z$ darstellen. Für den Fall inkompressibler Strömungen entnehmen die Matrixausdrücke den Gleichungen (4.48)–(4.51) für $\hat{\boldsymbol{U}} = {}^t(\hat{u}, \hat{v}, \hat{w}, \hat{p})$ :

$$\boldsymbol{L} = \begin{bmatrix} ia & ib & \dfrac{\partial}{\partial z} & 0 \\ l + \dfrac{\partial u_0}{\partial x} & 0 & \dfrac{\partial u_0}{\partial z} & ia \\ \dfrac{\partial v_0}{\partial x} & l & \dfrac{\partial v_0}{\partial z} & ib \\ 0 & 0 & l + \dfrac{\partial w_0}{\partial z} & \dfrac{\partial}{\partial z} \end{bmatrix}$$

$$\boldsymbol{L}_x = \begin{bmatrix} -1 & 0 & 0 & 0 \\ l_x & 0 & 0 & -1 \\ 0 & l_x & 0 & 0 \\ 0 & 0 & l_x & 0 \end{bmatrix} \qquad \boldsymbol{L}_a = \begin{bmatrix} 0 & 0 & 0 & 0 \\ iRe_d^{-1} & 0 & 0 & 0 \\ 0 & iRe_d^{-1} & 0 & 0 \\ 0 & 0 & iRe_d^{-1} & 0 \end{bmatrix} \tag{4.57}$$

Hierin haben wir die Abkürzungen $l := i(au_0 + bv_0 - \omega) + Re_d^{-1}(a^2 + b^2 - \frac{\partial^2}{\partial z^2}) + w_0\frac{\partial}{\partial z}$ und $l_x := -u_0 + i2Re_d^{-1}a$ verwendet.

Die Gleichungen (4.56) stellen ein Anfangswertproblem bezüglich $x$ und ein Randwertproblem bezüglich $z$ dar. Die Ableitungen nach $z$ in $\boldsymbol{L}$ werden z.B. mit dem bereits mehrfach zur numerischen Lösung der Eigenwertprobleme verwendeten Chebychev--Kollokationsverfahren (vgl. A.3) diskretisiert, d.h. auf Matrixausdrücke zurückgeführt. Die entsprechenden homogenen Randbedingungen werden am Randpunkt gesetzt. Das Fortschreiten in der $x$-Richtung geschieht vorteilhafterweise mit einem impliziten Raumschrittverfahren. Wir wollen ein solches Verfahren in den Grundzügen kurz erläutern.

Ausgehend von einem Anfangswert für $a(x_s)$ sowie der Amplitudenfunktion $\hat{\boldsymbol{U}}(x_s)$ an der Stelle $x_s$ und festgehaltenen Parametern $\omega$ und $b$, schreiten wir in der Richtung $x$ ein kleines Wegelement $\Delta x_0$ voran, und suchen die $a(x_s + \Delta x_0)$ sowie $\hat{\boldsymbol{U}}(x_s + \Delta x_0)$. Wir wollen nach Abbildung 4.2 die Stellen $x$, die wir sukzessiv in $x$ durchlaufen, numerieren.

Die Stelle nach $p$ Wegelementen heiße $x = x_{p+1}$ Der Abstand zwischen der Position $x_{p+1}$ und $x_p$ sei mit $\Delta x_p = x_{p+1} - x_p$ bezeichnet. Die Variablen an der Stelle $x_p$ kennzeichen wir ebenfalls mit dem Index $p$. Am Punkt $x_{p+1}$ ist (4.56)

$$\left[ \boldsymbol{L}\hat{\boldsymbol{U}} = \boldsymbol{L}_x \frac{\partial \hat{\boldsymbol{U}}}{\partial x} + \frac{\partial a}{\partial x} \boldsymbol{L}_a \hat{\boldsymbol{U}} \right]_{p+1}$$

und wir approximieren nun die Ableitungen $\left[\frac{\partial a}{\partial x}\right]_{p+1}$ und $\left[\frac{\partial \hat{\boldsymbol{U}}}{\partial x}\right]_{p+1}$ mit Differenzen

$$\left[\frac{\partial a}{\partial x}\right]_{p+1} \approx (a_{p+1} - a_p)/\Delta x_p \quad , \quad \left[\frac{\partial \hat{\boldsymbol{U}}}{\partial x}\right]_{p+1} \approx (\hat{\boldsymbol{U}}_{p+1} - \hat{\boldsymbol{U}}_p)/\Delta x_p \tag{4.58}$$

Damit erhalten wir die folgende nichtlineare Differenzengleichung für die $\hat{\boldsymbol{U}}_{p+1}$ :

$$[\Delta x_p \boldsymbol{L}_{p+1} + (\boldsymbol{L}_x)_{p+1} + (a_{p+1} - a_p)\boldsymbol{L}_a]\, \hat{\boldsymbol{U}}_{p+1} = (\boldsymbol{L}_x)_{p+1} \hat{\boldsymbol{U}}_p \tag{4.59}$$

Der Matrixausdruck, der den Klammerausdruck darstellt, hängt von $a_{p+1}$, d.h. der gesuchten Lösung selbst ab. Daher muß das Gleichungssystem iterativ gelöst werden. Zur iterativen Bestimmung der Wellenzahl $a_{p+1}$ dient uns die Definitionsgleichung (4.54) der verallgemeinerten mittleren Wellenzahl $\gamma_\phi$ für $\phi = 0$. An jeder Stelle $x_{p+1}$ wollen wir die Normierungsbedingung (4.55) erfüllen, so daß $(\gamma_0)_{p+1} = a_{p+1}$. Beim Fortschreiten von $x_p$ auf $x_{p+1}$ steht uns aber zunächst nur der Schätzwert $a^0_{p+1} = a_p$ für $a_{p+1}$ zur Verfügung. Die hochgestellte Null deutet die $k = 0$'te Iteration an. Wir beginnen damit den Iterationsprozeß

$$a^{k+1}_{p+1} = (\gamma_0)^k_{p+1} = a^k_{p+1} - \frac{i}{\Delta x_p} \frac{\int_{z^u_r}^{z^o_r} ({}^t\hat{\boldsymbol{U}}^\dagger)^k_{p+1} (\hat{\boldsymbol{U}}^k_{p+1} - \hat{\boldsymbol{U}}_p)\, dz}{\int_{z^u_r}^{z^o_r} |\hat{\boldsymbol{U}}^k_{p+1}|^2\, dz} \quad , \tag{4.60}$$

der nichts anderes darstellt, als die am Punkt $p+1$ für $\phi = 0$ ausgewertete Definition der verallgemeinerten gemittelten Wellenzahl $\gamma_\phi$ , Gl. (4.54). Der hieraus ermittelte neue Schätzwert $a^{k+1}_{p+1}$ wird wieder in (4.59) eingesetzt, um einen Wert für $\hat{\boldsymbol{U}}^{k+1}_{p+1}$ zu erhalten, den wir wiederum zur Berechnung von $a^{k+2}_{p+1}$ in (4.60) verwenden. Dieser Iterationsprozeß wird solange durchgeführt wird, bis $|a^{k+1}_{p+1} - a^k_{p+1}|$ eine vorgegebene Fehlerschranke unterschreitet. Danach gehen wir zur nächsten Stelle $x_{p+2}$ vor. Die Integrationen in

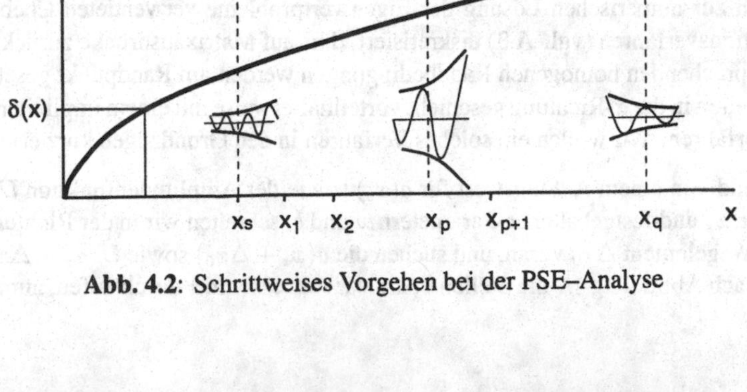


**Abb. 4.2**: Schrittweises Vorgehen bei der PSE–Analyse

(4.60) werden numerisch mit Hilfe der Chebychev Kollokation (Inversion der Differentiationsmatrix $\underline{\underline{D}}$, vgl. A.3, unter Einführung von Randbedingungen) durchgeführt.

Es sollte nicht unerwähnt bleiben, daß die Lösung einer PSE–Analyse nicht unabhängig von der gewählten Schrittweite $\Delta x$ ist. Es zeigt sich, daß die Lösung nicht nur beim Überschreiten einer maximalen Schrittweite nicht mehr konvergiert, sondern ebenfalls beim Unterschreiten einer minimal erlaubten Schrittweite. Das wird mathematisch erklärt mit der Tatsache, daß das Gleichungssystem (4.56) nicht vollkommen parabolisch ist. Bei zu kleinen Schrittweiten werden Lösungsanteile mit Stromaufwirkung erfaßt, die zu einer numerischen Instabilität führen.

### 4.2.4 Bemerkungen

Die Parabolisierten Stabilitätsgleichungen lassen sich recht einfach auf den Fall nichtlinearer Wechselwirkungen zwischen vielen verschiedenen, gleichzeitig vorhandenen Störwellen erweitern. Dazu werden die nichtlinearen Störungsdifferentialgleichungen, für inkompressible Strömungen (2.12), verwendet. In Analogie zum Vorgehen bei den linearen Störungsdifferentialgleichungen kann mit Hilfe der Methode der multiplen Skalen auch für die nichtlinearen Stabilitätsgleichungen ein quasi–parabolisches Störungsdifferentialgleichungssystem abgeleitet werden. Die Störung $\boldsymbol{U}'$ wird dann als ein System einander überlagerter Teilwellen (sog. Moden) dargestellt, die jeweils durch eine gegebene Frequenz $\omega_k = k\omega_0$ und Wellenzahlkomponente in $y$–Richtung $b_l = lb_0$ charakterisiert sind. Jede dieser Teilwellen wird wiederum als Reihe geschrieben, deren Glieder (numeriert mit $m$) in Analogie zum linearen Fall jeweils WKB–Ansätze bezüglich $x$ sind. Für jede einzelne Mode definiert die Normierungsbedingung nach (4.55) eine Wellenzahl $\alpha_m$. Es entsteht dann ein System von Gleichungssystemen der Form (4.56), jedoch ergänzt um jeweils einen zusätzlichen inhomogenen Term, der die nichtlineare Kopplung zwischen den einzelnen Teilwellen beschreibt. Wir wollen hier nicht auf die Details der nichtlinearen PSE–Analyse eingehen und verweisen am Ende auf entsprechende Fachartikel. Es sei nur erwähnt, das mit Hilfe der nichtlinearen PSE–Analyse nicht nur die Phase der sekundären Instabilität des laminar–turbulenten Übergangs, sondern darüberhinaus auch stark nichtlineare Stadien korrekt wiedergegeben werden. Der rechnerische Aufwand gegenüber einer auf einer direkten numerischen Lösung der Navier–Stokes Gleichungen basierenden Simulation des Transitionsvorgangs ist dabei um Größenordnungen kleiner.

Mit Hilfe der Parabolisierten Störungsdifferentialgleichungen können viele sog. *Rezeptivitätsprobleme* behandelt werden. Rezeptivitätsanalysen befassen sich mit der Anregung von Störungen. So kann etwa die Störentwicklung stromab einer lokalen Störung in der Grenzschicht oder auf einer überströmten Wand berechnet werden. Die Anregung von Tollmien–Schlichting Instabilitäten in der Plattengrenzschicht infolge von Schall ist ein anschauliches Rezeptivitätsproblem. Wir könnten annehmen, daß die Anregung solcher Instabilitätswellen geschieht, sobald wir Schall mit einer Frequenz $\omega_S$ auf die Grenzschicht einstrahlen lassen, die im Instabilitätsbereich der Grenzschicht liegt. Ohne weitere "Hilfsmittel" werden dabei jedoch keine Instabilitätswellen erzeugt. Das hängt mit der fundamental unterschiedlichen Dynamik von Schallwellen (=Druckwellen) und Instabilitätswellen (=Drehungswellen) zusammen. Im Vergleich zur Tollmien–Schlichting Welle besitzt die Schallwelle bei gleicher Frequenz eine wesentlich größere Phasengeschwindigkeit. Das verhindert hier die Resonanz der Grenzschichtinstabilitäten mit dem

Schall. Wir schätzen kurz die Größenordnung dieses Geschwindigkeitsunterschiedes ab. Eine stromablaufende Tollmien–Schlichting Welle bewegt sich typischerweise mit einer Phasengeschwindigkeit $c_{TS} \approx (0.3 \ldots 0.5)U_\infty$, wenn $U_\infty$ die Geschwindigkeit am Grenzschichtrand ist. Die Fronten einer unter dem Winkel $\vartheta$ gegenüber der wandparallelen Stromabrichtung $x$ einfallenden Schallwelle bewegen sich mit $c_S = U_\infty + a_\infty / \cos\vartheta$ in Richtung $x$ ($a_\infty$ Schallgeschwindigkeit). Das Geschwindigkeitsverhältnis ist damit $c_S/c_{TS} \approx (2 \ldots 3)\left(1 + \frac{1}{M_\infty \cos\vartheta}\right)$. Für eine Anströmmachzahl $M_\infty = 0.1$, einen Einfallswinkel $\vartheta = 10^o$ und $c_{TS} = 0.45U_\infty$ bewegen sich die Phasenlinien der Schallwelle mit der $c_S/c_{TS} \approx 25$–fachen Geschwindigkeit gegenüber denen der Tollmien–Schlichting Wellen entlang der Wand stromab.

Die Situation ändert sich fundamental, wenn sich irgenwo auf der Platte ein "Hindernis" (z.B. Vorderkante, Grat, scharfkantiges Loch, Imperfektion etc.) befindet. An solch einem Hindernis wird die Schall(druck-)störung sehr effizient in Drehungsstörungen umgewandelt (der Schalldruck verändert die Umströmung des Hindernisses, an dem wiederum ein verändertes instationäres Drehungsfeld entsteht). Es ist (unabhängig von der Phasengeschwindigkeit der Schallwelle) eine lokale Drehungstörquelle mit der Frequenz $\omega_S$ entstanden, die stromab Tollmien–Schlichting Wellen anregt. Wir wollen jedoch das Rezeptivitätsproblem hier nicht weiter ausführen sondern auf M. MORKOVIN 1988 verweisen.

Bei der Ableitung der Parabolisierten Stabilitätsgleichungen aus den Gleichungen (2.263)–(2.266) mit Hilfe der Methode der multiplen Skalen sind Terme der Form $\epsilon\, Re_d^{-1}\left(\frac{\partial^2 u'}{\partial \bar{x} \partial \bar{z}} + \frac{\partial^2 u'}{\partial \bar{x} \partial \bar{x}}\right)$ berücksichtigt worden. Da $\epsilon \sim Re^{-1}$ ist, wird bisweilen die zur Ableitung der PSE gemachte Näherung als über die Ordnung $O(\epsilon)$ hinausgehend bezeichnet. Werden diese Terme auch vernachlässigt, entsteht ebenfalls ein System parabolischer Stabilitätsgleichungen, die erfolgreich eingesetzt werden. Diese Gleichungen enthalten Ableitungen der Wellenzahl $\frac{\partial a}{\partial x}$ nicht und sind weniger steif (d.h. numerisch einfacher zu behandeln) als die oben abgeleiteten PSE.

Eine PSE–Analyse einer echt dreidimensionalen Grenzschichtströmung, bei der $u_0 = u(x, y)$ und $v_0 = v_0(x, y)$ ist, wie etwa im Falle der Grenzschicht eines Flügels kleiner Streckung (z.B Delta–Flügel) oder eines Seitenleitwerks wird erst dann durchführbar, wenn die Bewegungsrichtung des Raumschrittverfahrens eindeutig festgelegt werden kann.

## 4.3 Ergebnisse und Vergleich mit lokaler Stabilitätsanalyse

Wir haben gezeigt, daß im Rahmen der Berücksichtigung der Nichtparallelität einer Grundströmung eine räumliche Anfachungsrate nicht mehr eindeutig definierbar ist. Insofern ist ein Vergleich mit den Ergebnissen der lokalen Stabilitätsanalyse unter Parallelströmungsannahme strenggenommen nicht möglich. Auch bei Verwendung verschiedener Definitionen der räumlichen Anfachungsrate kann aber das folgende festgestellt werden.

Sowohl die analytische Erweiterung der lokalen Stabilitätstheorie als auch die PSE–Analysen haben gezeigt, daß die Grenzschichtaufdickung eine generell destabilisierende Wirkung auf Störwellen hat. Das heißt, daß bei gegebener Frequenz die räumliche Anfachung unter Berücksichtigung der Nichtparallelität der Grundströmung stärker ist als unter der Parallelströmungsannahme. Das gilt insbesondere für gegenüber der Hauptströmungsrichtung schräg laufenden Wellen, bei denen die Wellenlängenkomponente in Stromabrichtung große Werte besitzt. Der Effekt tritt besonders stark für Störwellen hervor, deren Wellennormale senkrecht zur Hauptströmung in spannweitiger Richtung $y$ zeigen. Die Inkonsistenz des Görtler'schen Stabilitätsproblems wird u.a. darauf zurückgeführt, denn Görtlerwirbel stellen gerade Störwellen der genannten Art dar. Ebenso die Querströmungsinstabilität in der Grenzschicht eines schiebenden Flügels besteht zum Teil aus Längswirbeln bzw. Wellen mit Schräglaufwinkeln in der Nähe von $\varphi = 90^0$. Auch auf die Querströmungsinstabilität hat die Nichtparallelität der Grundströmung eine stark anfachende Wirkung. Die Anfachungsrate von instabilen Störwellen in kompressiblen Grenzschichtströmungen wird ebenfalls wesentlich vergrößert, da kompressible Grenzschichten infolge der Aufheizung des Mediums in Wandnähe durch Volumenausdehnung stärker aufdicken als inkompressible Grenzschichten.

Es kann gezeigt werden, daß die Effekte aus Wandkrümmung und der Krümmung der Wellenfronten (Divergenz oder Konvergenz der Wellennormalen) häufig die räumliche Anfachungsrate ebenso stark beeinflussen wie die Nichtparallelität der Grundströmung. Mit Hilfe der Methode der multiplen Skalen können wiederum quasi–parabolische Störungsdifferentialgleichungen abgeleitet werden, welche Krümmungseffekte neben der Nichtparallelität der Grundströmung mit einbeziehen. Sie sind naturgemäß den PSE verwandt und werden nach dem gleichen Schema gelöst. Diese Gleichungen sind als *Nichtlokale Stabilitätsgleichungen*, oder engl. *Non–local Stability Equations* mit der Abkürzung *NSE* eingeführt. Einen deutlichen Einfluß hat die Krümmung etwa auf die Querströmungsinstabilitäten in der Nähe der Vorderkante eines schiebenden Tragflügels, wo i.d.R. eine starke konvexe Wandkrümmung vorliegt. Die konvexe Wandkrümmung stabilisiert solche Störwellen und wirkt in diesem Fall der anfachungsverstärkenden Nichtparallelität der Grundströmung entgegen. Im Sinne einer konsistenten Theorie müssen beide Effekte hier gleichzeitig berücksichtigt werden.

Wir wollen am Ende zur Übersicht noch einmal die Stärken und Schwächen der einzelnen Ansätze zur Stabilitätsanalyse auflisten und einander gegenüberstellen.

## Weiterführende Literatur

Die analytische Behandlung des Effekts der Grenzschichtaufdickung auf Instabilitäten hat M. Gaster 1974 beschrieben. Die analytische Erweiterung der lokalen parallelen Stabilitätsanalyse ist in N. El-Hady 1991 allgemein darstellt. Hier finden sich auch die entsprechenden Gleichungen für kompressible Strömungen. Parabolisierte Stabilitätsgleichungen sind erstmals von P. Hall 1983 zur Behandlung des Görtler Problems abgeleitet worden. Eine allgemeine Formulierung der PSE–Analyse ist in T. Herbert und F. Bertolotti 1987 dargestellt. Besonders übersichtlich und umfassend wird die PSE–Analyse von T. Herbert 1993 beschrieben. Die konsistente Formulierung der Stabilitätsanalyse nichtparalleler Strömungen bei Krümmungseinfluß in Form der Nichtlokalen Stabilitätsgleichungen NSE geht auf Simen zurück und ist von M. Simen, F. Bertolotti, S. Hein, A. Hanifi, D. Henningson, U. Dallmann 1994 zusammengefasst worden.

| | A : lokal parallele Analyse | B : analytisch erweiterte lokale Analyse | C : PSE–Analyse |
|---|---|---|---|
| 1 | räumliche Anfachung unabhängig vom Wandabstand $z$ und Strömungsgröße | räumliche Anfachung abhängig vom Wandabstand und Strömungsgröße (physikalisch richtig) | (gleich wie 1B) |
| 2 | | analytisches Vorgehen erfordert explizite Wahl des nicht eindeutigen Störgrößenparameters $\epsilon \sim Re_d^{-1}$ (in Grenzen willkürlich) | Verfahren frei von "willkürlichen Parametern" |
| 3 | Hinreichend genau für stromablaufende und leicht schräg laufende Wellen (sehr schwache Nichtparallelität. große Reynoldszahlen). Wenig genau bei stark variierender Grundströmung, bzw. schräg laufenden Störwellen. | genau auch bei schräglaufenden Wellen und moderater Aufdickung der Grundströmungsgrenzschicht, z.B. bei kompressiblen Strömungen | genau auch bei schräg laufenden Wellen und starker Aufdickung der Grenzschicht. |
| 4 | Versagen (physikalische Inkonsistenzen) in bestimmten Fällen, insbesondere Längswirbelstörungen, z.B. Görtler Problem. | (gleich wie 4A) | Längswirbel physikalisch richtig behandelbar, z.B. Querströmungsinstabilität am gepfeilten Flügel, Görtler Problem. |
| 5 | lokale Analysen an Einzelpunkten unabhängig voneinander, d.h. Fehlen der räumlichen Zusammenhänge der Störungsentwicklung. zusätzliche Annahmen nötig. | (gleich wie 5A) | PSE arbeitet "global", d.h. berücksichtigt räumlichen Entwicklungsverlauf der Störungen |
| 6 | prinzipiell beschränkt auf kleine Störungen | (gleich wie 6A) | PSE auf endlich große Störungen (Nichtlinearität) erweiterbar. |
| 7 | Berücksichtigung von Krümmungseffekten (Wandkrümmung, Divergenz/Konvergenz der Wellennormalen) i.d.R. nicht sinnvoll. | Berücksichtigung von Krümmungseffekten möglich und sinnvoll. | (gleich wie 7B) |
| 8 | geringer Rechenaufwand (eignet sich in vielen Fällen zur Erlangung eines ersten Überblicks über das Stabilitätsproblem). | geringer, aber deutlich größerer Rechenaufwand als lokale parallele Analyse (eignet sich oft zur Erlangung eines Überblicks über die prinzipiellen Effekte der Nichtparallelität). | größter Rechenaufwand der 3 Ansätze, ist aber weitgehend den physikalischen Vorgängen entsprechend und vielseitig einsetzbar. |

# 5 Technische Anwendungen

Der Nutzen der Strömungsmechanischen Stabilitätstheorie ist vielfältig. Ohne detailierte Ausführungen wollen wir an dieser Stelle zunächst beispielhaft einige der Anwendungsgebiete nennen. So kann z.B. der Wärmeübergang in durchströmten Wärmetauschern durch gezielte Anregung von Görtlerinstabilitäten wesentlich vergrößert werden. Das beruht auf der starken Durchmischung des Fluids, die diese gegensinnig rotierenden Längswirbel bewirken. Auch der Stoffaustausch bei inhomogenen Gemischen kann so stark erhöht werden. Bemerkenswerterweise können ablösungsgefährdete Grenzschichtströmungen mit Druckanstieg gegenüber Ablösung "stabilisiert" werden, indem zuvor Längswirbel eingebracht werden. Der Durchmischungseffekt transportiert Fluid mit hohem Impuls aus wandfernen Bereichen in Wandnähe und vermeidet das Entstehen von Rückströmungsgebieten.

Ein möglichst schneller Zerfall von Freistrahlen kann ebenfalls durch gezielte Anregung von Instabilitäten erreicht werden. Das hat eine technische Bedeutung überall dort, wo effiziente Stoffvermischung gefordert ist. Auch der Beginn des Zerfalls eines Flüssigkeitsstrahles in Tröpfchen, der bei Einspritz– und Verbrennungsvorgängen eine wichtige Rolle spielt, kann mit den Mitteln der Stabilitätsanalyse beschrieben werden.

Die Anregung asymmetrischer Instabilitäten von kreisförmigen Freistrahlen kann zur gezielten Strahlumlenkung ohne bewegte mechanische Teile genutzt werden. Damit lassen sich etwa Steueraufgaben von Strahlantrieben realisieren.

In diesem letzten, abschließenden Abschnitt wollen wir zwei wichtige Anwendungsgebiete der Stabilitätstheorie und ihrer Methoden in der Aerodynamik beispielhaft herausgreifen und skizzieren.

Die Beschreibung des laminar–turbulenten Übergangs spielt eine entscheidende Rolle bei der Auslegung eines modernen Laminarflügels, der Triebwerksgondel oder des Leitwerks, an denen der laminar–turbulente Übergang möglichst weit stromab gelegt werden sollte. Die Formgebung des aerodynamischen Profils (d.h. die Druckverteilung) als sog. *passive Maßnahme zur Laminarhaltung* ist u.a. mit Hilfe der Methoden der Stabilitätstheorie erreichbar. Wir wollen daher in 5.1 zwei Verfahren zur näherungsweisen Beschreibung des laminar–turbulenten Übergangs beschreiben.

Eine zunehmende Bedeutung kommt der aktiven Strömungsbeeinflussung zu. Sie umfaßt z.B. *aktive Maßnahmen zur Laminarhaltung* von Tragflügeln und Leitwerken etwa in der Form von verteilter Absaugung der Grenzschicht in Vorderkantennähe. Hinzu kommen vielfältige Möglichkeiten zur Strömungsbeeinflussung in verfahrenstechnischen Anlagen. Ein weiteres Anwendungsgebiet ist die Medizintechnik, in der bei der Auslegung durchströmter künstlicher Organe absolut instabile Gebiete unterdrückt werden müssen, insbesondere im komplexen Zusammenwirken mit Blutadern oder Aderverzweigungen. Wir erwähnen in 5.2 Ergebnisse der aktiven Beeinflussung im absolut instabilen Gebiet von Nachlaufströmungen.

## 5.1 Transitionsvorhersage

Eines der schwierigsten strömungsmechanischen Probleme ist die zuverlässige Beschreibung des laminar–turbulenten Übergangs. Ziel bleibt die Entwicklung eines allgemeingültigen ingenieurgerechten Transitionsmodells, das bei Vorgabe des Störspektrums der freien Anströmung den Ort $x^{trans}$ bestimmt, an dem der laminar–turbulente Übergang abgeschlossen ist. Hiermit wäre es möglich, Gebiete laminarer Strömung von Gebieten turbulenter Strömung zu unterscheiden. Turbulenzmodelle könnten korrekt eingesetzt werden.

Auch Jahrzehnte intensivster experimenteller, theoretischer und numerischer Untersuchungen haben bislang zu keinem Transitionsmodell geführt, das dieser Anforderung genügt. Zugleich würde ein solches Modell etwa zur vollständig theoretischen Auslegung eines modernen Tragflügels benötigt. Wir zeigen auf, wie unter Einsatz der Methoden der Stabilitätsanalyse sowie empirischer Daten approximative Vorhersagen getroffen werden.

Das wohl bekannteste, für zweidimensionale Grenzschichtströmungen heute am weitesten angewandte Verfahren zur halbempirischen Transitionsvorhersage heißt *$e^N$–Methode* oder *N–Faktor Methode*. Es basiert auf der primären Stabilitätsanalyse. Wir werden diese Methode in 5.1.1 skizzieren.

Ein neuerer Ansatz zur Transitionsmodellierung ist durch die Entwicklung der PSE-Analyse möglich geworden. Mit der nichtlinearen Erweiterung der PSE–Analysen auf Störungen endlicher Amplitude ist eine korrekte Berechnung des nichtlinearen Zusammenwirkens, insbesondere der Resonanz, unterschiedlicher Teilwellen erreicht worden. Das Auftreten solcher Wellenresonanzen wird als Kriterium zum alsbaldigen Zusammenbruch der transitionellen Strömung in die Turbulenz genommen. Wir werden dieses in 5.1.2 kurz bescheiben.

### 5.1.1 $e^N$–Methode

Die Hauptannahme der $e^N$–Methode besagt grob vereinfachend, daß der Transitionsvorgang abgeschlossen ist, sobald das Verhältnis von angewachsener zu anfänglicher Störamplitude $\dfrac{|\boldsymbol{U}'(x)|}{|\boldsymbol{U}'(x_0)|}$ den Wert $e^N$ erreicht. Die Zahl $N$ wird empirisch bestimmt.

Die Berechnung des Amplitudenverlaufs $|\boldsymbol{U}'(x)|$ geschieht mit Hilfe der räumlichen Stabilitätsanalyse, d.h. bei vorgegebener Frequenz $\omega_r$ wird an der Stelle $x$ die räumliche Anfachungsrate $-a_i(x)$ berechnet. Die räumliche Anfachungate ist definiert als relative räumliche Amplitudenänderung der Störwelle $\boldsymbol{U}'$, d.h. $-a_i = |\boldsymbol{U}'|^{-1} \dfrac{\partial |\boldsymbol{U}'|}{\partial x} = \dfrac{\partial \ln |\boldsymbol{U}'|}{\partial x}$. Der Amplitudenverlauf ist damit

$$\ln \frac{|\boldsymbol{U}'(x)|}{|\boldsymbol{U}'(x_0)|} = \int_{x_0}^{x} -a_i(\bar{x})\, d\bar{x} \tag{5.1}$$

Die Rechnung beginnt an der Stelle $x_0(\omega)$, bei der die Welle mit der vorgegebenen

Frequenz $\omega_r$ instabil wird. Der berechnete Verlauf wird in ein Diagramm $\ln \frac{|U'(x)|}{|U'(x_0)|}$ nach Skizze 5.1 eingetragen. Dieses wird für verschiedene Frequenzen wiederholt und die Einhüllende (Enveloppe) an alle Kurvenverläufe gelegt. Die Stelle $x^{trans}$, an der die Enveloppe den Wert des empirisch ermittelten N–Fakors erreicht, wird als Punkt abgeschlossener Transition vorausgesagt.

Für inkompressible Umströmungen ungepfeilter Tragflügel unter Freiflugbedingungen (störungsarm) ist ein N–Faktor von etwa $N \approx 13.5$ gültig. Das haben umfangreiche Korrelationen mit Experimenten ergeben. Der N-Faktor hängt i.d.R. vom Störspektrum der Anströmung ab. So zeigen Windkanaluntersuchungen kleinere N–Faktoren als Freiflugexperimente, weil die Anfangsstörungen hier größer sind und der laminar–turbulente Übergang entsprechend schneller vonstatten geht. Man beachte, daß dieser Unterschied zwischen Freiflug und Windkanalexperiment selbst bei Einhaltung der Reynolds– und Machzahlähnlichkeit zwischen Modell und Original besteht ! Der Störzustand der freien Anströmung definiert somit weitere, wesentliche Ähnlichkeitskennzahlen, wie z.B. den *Turbulenzgrad* der Anströmung $Tu := \sqrt{\overline{v'^2}}/|\overline{v}|$. Hierin bedeutet die Überstreichung den zeitlichen Mittelwert, und der Strich kennzeichnet die Abweichung der Strömung von diesem Mittelwert. Üblicherweise wird $|\overline{v}|$ auch mit $U_\infty$ bezeichnet.

Die $e^N$–Methode liefert brauchbare Abschätzungen für $x^{trans}$, sofern der Transitionsvorgang mit kleinen Störungen (hinreichend klein für eine Beschreibung mit der linearen Theorie) eingeleitet wird und die auftretende Instabilität ein viskose Instabilität ist (vgl. 2.4.4). In solchen Fällen ist die Strecke vom Ort $x^c$ (Abbildung 2.18) des erstmaligen Auftretens einer primären Instabilität, bis zum Ort des Einsetzens der sekundären Instabilität $x^s - x^c$ viel größer als die "Reststrecke" $x^{trans} - x^s$, d.h.

$$x^{trans} - x^c \approx x^s - x^c \tag{5.2}$$

(vgl. Abbildung 5.2). Bei nichtviskosen primären Instabilitäten ist die Verwendung der Beziehung (5.2) problematisch und die $e^N$–Methode versagt oftmals. Das ist z.B. bei Strömungen mit starken Druckanstiegen der Fall, in denen Wendepunktinstabilitäten

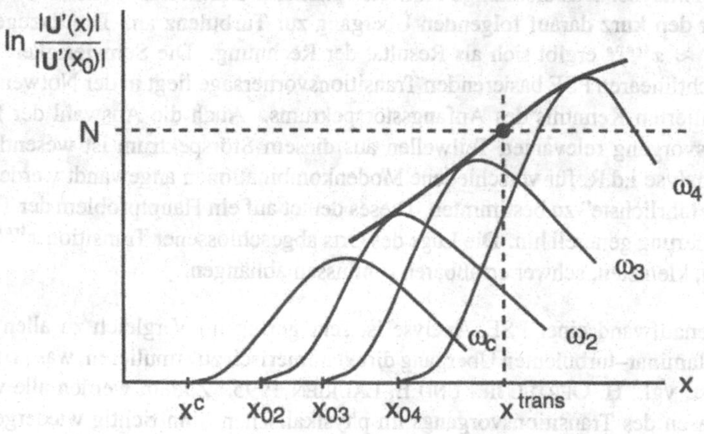


**Abb. 5.1**: Zur $e^N$–Methode.

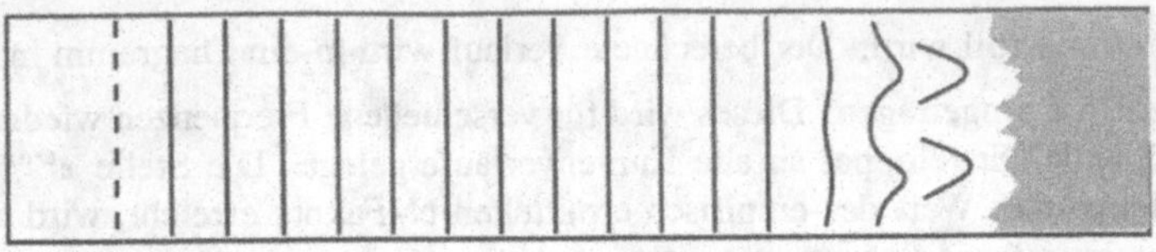


**Abb. 5.2**: Zum Anwendungsbereich der $e^N$–Methode.

(vgl. 2.4.4.3) vorliegen. Auch der durch Querströmungsinstabilität eingeleitete Transitionsvorgang ist mit Hilfe der N–Fakor Methode nicht beschreibbar. Die anfänglich stromab aufklingenden Amplituden der primären Querstromwirbel werden weit vor dem Punkt abgeschlossener Transition konstant (nichtlineare Sättigung). Sehr viel komplexere Vorgänge als primäre Instabilitäten bestimmen hier die Transitionslänge $x^{trans} - x^c$.

Die Anwendung der $e^N$–Methode in absolut instabilen Strömungsbereichen ist prinzipiell unmöglich, da in solchen Fällen gar kein räumlicher Transitionsvorgang stattfindet, sondern ein Umschlag am festen Ort. Ebenso ist eine durch große Anfangsstörungen hervorgerufene Transition (sog. *bypass Transition*, vgl. M. MORKOVIN 1993) überhaupt nicht mit Hilfe der $e^N$–Methode beschreibbar, da hierbei die Phase der primären Instabilität, auf der ja die Methode beruht, gar nicht auftritt.

### 5.1.2 Nichtlineare PSE–Analyse

Eine verfeinerte Beschreibung des laminar–turbulenten Übergangs, die auch die Phase der sekundären Instabilität physikalisch richtig wiedergibt, erlaubt die nichtlinear erweiterte PSE–Analyse. Das erstmalige Auftreten starker nichtlinearer Welleninteraktionen deutet hier den kurz darauf folgenden Übergang zur Turbulenz an. Die dazugehörige Position $x \approx x^{trans}$ ergibt sich als Resultat der Rechnung. Die Schwierigkeit bei der auf den nichtlinearen PSE basierenden Transitionsvorhersage liegt in der Notwendigkeit einer detaillierten Kenntnis des Anfangsstörspekrums. Auch die Auswahl der für den Transitionsvorgang relevanten Teilwellen aus diesem Störspektrum ist wesentlich, so daß die Analyse i.d.R. für verschiedene Modenkombinationen angewandt werden muß, um die "gefährlichste" zu bestimmten. Dieses deutet auf ein Hauptproblem der Transitionsmodellierung generell hin. Die Lage des Orts abgeschlossener Transition $x^{trans}$ kann von vielen, kleinsten, schwer erfaßbaren Einflüssen abhängen.

Der Rechenaufwand einer PSE–Analyse ist sehr gering im Vergleich zu allen Versuchen, den laminar–turbulenten Übergang direkt numerisch zu simulieren, was prinzipiell möglich ist, vgl. H. OERTEL JR. UND E. LAURIEN 1995. Zudem werden alle wesentlichen Phasen des Transitionsvorgangs im physikalischen Sinn richtig wiedergegeben. Darum ist zu erwarten, daß eine Transitionsmodellierung in der Ingenieurpraxis auf der PSE–Analyse basieren wird.

### 5.1.3 Laminarflügel mit Pfeilung

Die Auslegung eines transsonischen gepfeilten Laminarflügels stellt ein schwieriges Unterfangen dar. Das hängt mit einer Vielzahl gleichzeitig auftretender Instabilitätsphänomene zusammen. Eine wichtige Rolle spielt dabei die Pfeilung, die gewählt wird, um im Vergleich zum ungepfeilten Flügel bei sonst gleichen Anströmverhältnissen die lokalen Machzahlen am Profil zu verringern. In Vorderkantennähe tritt unter geeigneten Umständen die Querströmungsinstabilität (QSI) auf; weiter stromab liegt in jedem Fall eine Tollmien–Schlichting'sche Instabilität (TSI) vor, vgl. Abbildung 5.3 links. Hinzu kommt die Gefahr einer Instabilität an der Anlegelinie (Schnittlinie zwischen Flügelnase und der Stromfläche, die oberhalb und unterhalb des Flügels verlaufende Stromlinien trennt). Diese sog. Anlegelinien–Instabilität, ist der Tollmien–Schlichting'schen Instabilität ähnlich und erscheint in der Form von Störwellen, die entlang der Anlegelinie laufen. Sie entsteht bei großen Pfeilwinkeln und großen Profilnasenradien.

Eine weitere Gefahr bei der Laminarhaltung eines Pfeilflügels hängt mit der Einleitung von Störungen zusammen. Am Ort des Flügel– Rumpfanschlusses können Störungen, die vornehmlich von der turbulenten Rumpfgrenzschicht stammen, bei großen Pfeilwinkeln entlang der gesamten Vorderkante geschwemmt werden. Dieses Phänomen heißt *leading edge contamination (LEC)*. Es kann die Ursache dafür sein, daß die ganze Flügelgrenzschicht frühzeitig turbulent wird. LEC wird jedoch durch geeignete konstruktive Maßnahmen erfolgreich vermieden. Wir wollen uns an dieser Stelle nicht näher damit befassen.

Bei sonst gleichen Verhältnissen nimmt die Querströmungskomponente in Vorderkantennähe eines gepfeilten Flügels mit dem Pfeilwinkel zu. Daher ist zu erwarten, daß die Querströmungsinstabilität umso stärker hervortritt, je größer dieser Winkel ist. Bevor eine konstruktive Maßnahme zur Erzielung einer möglichst langen laminaren Laufstrecke über den Pfeilflügel gewählt wird, ist zu untersuchen, ob die Querströmungsinstabilität konvektiven oder absoluten Charakter (vgl. Abschnitt 2.5) besitzt. Wir müssen dazu die

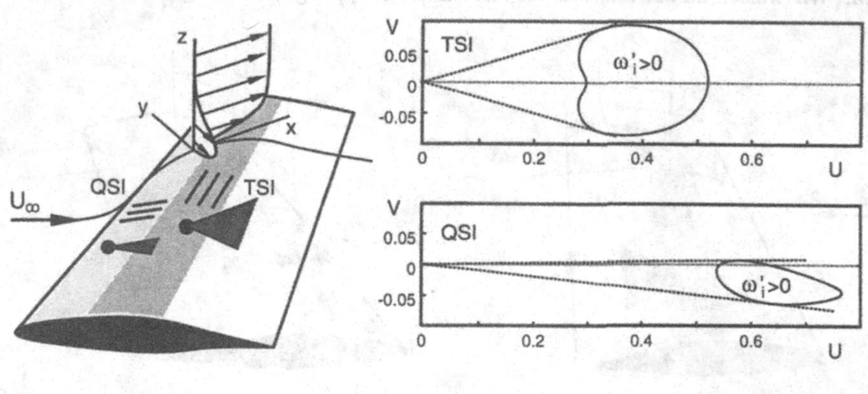


**Abb. 5.3**: links : Querströmungs– und Tollmien–Schlichting Instabilitäten am Pfeilflügel, rechts : Gebiete relativer zeitlicher Anfachung in der Gruppengeschwindigkeitsebene, $(U, V)$ bezogen auf Geschwindigkeit am Grenzschichtrand.

in 2.5 vorgestellten Methoden zur Identifizierung von absoluten Instabilitäten erweitern. Wir betrachten jetzt das Verhalten von dreidimensionalen Wellenpaketen in einer dreidimensionalen kompressiblen Grenzschicht (vgl. auch H. OERTEL JR., J. DELFS 1995). Im Gegensatz zur Untersuchung rein zweidimensionaler Störungen, erscheint nun auch die Querwellenzahl $b$ in der Dispersionsrelationsfunktion $D(\omega, a, b)$, deren Nullstellen ja gerade durch diejenigen Kombinationen $(\omega, a, b)$ bestimmt sind, die Lösungen des Stabilitätseigenwertproblems für komplexe $\omega, a, b$ repräsentieren. In Analogie zu (2.333) wird die Amplitudenänderung eines Störwellenpakets vom nunmehr mit der Geschwindigkeit ${}^t(U, V)$ bewegten Meßgerät registriert. Die dann beobachtete Frequenz ist analog zu (2.334)

$$\omega' = \omega - a\,U - b\,V$$

Wie im zweidimensionalen Fall haben wir wieder diejenigen Wellen zu suchen, deren Gruppengeschwindigkeit(-svektor) ${}^t(\frac{\partial\Omega}{\partial a}, \frac{\partial\Omega}{\partial b})$ reell ist (Sattelpunkt im bewegten System). Die komplexe Frequenzfunktion $\Omega(a, b)$ ist dabei definiert durch $D(\Omega(a, b), a, b) \equiv 0$. Wir tragen dann die relative zeitliche Anfachung $\omega_i'$ in Erweiterung zu Abbildung 2.45 nicht nur als Funktion von $U = \frac{\partial\Omega}{\partial a}$, sondern über der Gruppengeschwindigkeitsebene $(U, V)$ auf. Die Höhenlinie $\omega_i' = 0$ ist dabei von besonderem Interesse, da sie dasjenige Gebiet der $(U, V)$-Ebene umschließt, in dem $\omega_i' > 0$ ist. Dieses Gebiet repräsentiert daher diejenigen Störanteile, die zeitasymptotisch zum Wellenpaket beitragen. Die Abbildung 5.3 rechts enthält Diagramme mit den Gebieten relativer zeitlicher Anfachung an zwei repräsentativen Positionen des Pfeilflügels. Das untere Diagramm der Abbildung zeigt eine typische Kurve $\omega_i' = 0$, die für eine Position in der Nähe der Vorderkante des Pfeilflügels, d.h. im Bereich der Querströmungsinstabilität, berechnet wird. Das obere Diagramm zeigt die entsprechende Kurve an einer Flügelposition weiter stromab, an der Tollmien–Schlichting Instabilitäten vorliegen. Wir erkennen, daß beide Instabilitäten konvektiven Charakter besitzen, denn in beiden Fällen ist der Ursprung ${}^t(U, V) = {}^t(0, 0)$ nicht im Gebiet $\omega_i' > 0$ enthalten. Die anwachsende Störenergie wird in beiden Fällen stromab transportiert. Die Tangenten an die Kurven $\omega_i' = 0$ bestimmen den Winkelbereich, innerhalb dessen auf Dauer die aufklingenden Störungen verbleiben. Wir weisen darauf hin, daß die relevanten Gruppengeschwindigkeitsvektoren im

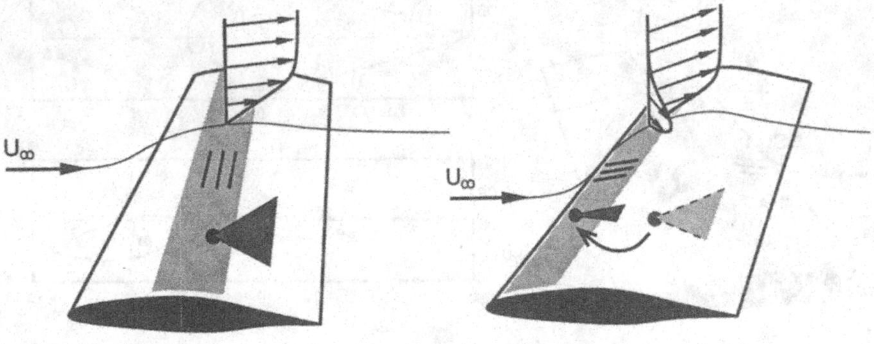


**Abb. 5.4**: Wechsel des Transitionsszenarios von TSI–dominiert (links) auf QSI–dominiert bei Überschreiten eines kritischen Pfeilwinkelbereichs und sonst gleichen Verhältnissen.

Falle der Querströmungsinstabilität in einem sehr engen Winkelbereich liegen und im wesentlichen stromab zeigen. Man beachte, daß die dazugehörigen Instabilitäten Wellen darstellen, die praktisch senkrecht dazu laufen! Hieran erkennen wir besonders deutlich den fundamentalen Unterschied zwischen Gruppen– und Phasengeschwindigkeit.

Nachdem wir festgestellt haben, daß die Querströmungsinstabilität konvektiver Natur ist, wissen wir, daß sie stromab einen räumlich ausgedehnten Transitionsvorgang einleitet. Entsprechende räumliche Wellenpaketanfachungsraten nach (2.340), deren Definition sich im dreidimensionalen Fall zu $g_{\max} = \left[(\omega_i - a_i U - b_i V)/\sqrt{U^2 + V^2}\right]_{\max}$ erweitert, sind für die transsonische Pfeilflügelgrenzschicht von J. DELFS 1996 berechnet worden. Es ist technologisch sehr schwierig, die Querströmungsinstabilität günstig aktiv zu beeinflussen. Das hängt u.a. mit der Tatsache zusammen, daß Rauhigkeiten als stationäre lokale Störungen aufgefaßt, besonders leicht die stationären Querstromwirbel anregen können. Zudem sind selbst kleinste Rauhigkeiten wegen der sehr dünnen Grenzschicht in Vorderkantennähe wirksam. Eine aktive Beeinflussung durch Absaugung ist aus den gleichen Gründen problematisch, denn jede kleinste Bohrung durch die abgesaugt wird, erzeugt ihrerseits eine lokale Störung, die Querstromwirbel anregen kann.

Die Vermeidung der Querströmungsinstabilität ist wesentlich bei der Entwicklung eines gepfeilten Laminarflügels, da unerwünschterweise der durch sie hervorgerufene Transitionsvorgang schon in unmittelbarer Nähe der Vorderkante beginnt. Gleichzeitig sind aktive Maßnahmen zur Laminarhaltung bei Querströmungsinstabilität problematisch. Wir können mit Hilfe der Methoden der Stabilitätsanalyse den Bereich der Auslegungsparameter eines Flügels bestimmen, innerhalb dessen aktive Beeinflussungsmaßnahmen noch nicht benötigt werden (natürliche Laminarhaltung). Einer dieser Parameter ist der Pfeilwinkel. Bei sonst gleichen Anströmverhaltnissen wird es einen kritischen Pfeilwinkelbereich geben, innerhalb dessen (vgl. Abbildung 5.4) der Transitionsvorgang von TSI–dominiert auf QSI–dominiert wechselt. Hiermit finden wir auf stabilitätstheoretischem Wege eine "natürliche Grenze" für den Pfeilwinkel.

## 5.2 Aktive Strömungsbeeinflussung

Um eine Reduzierung des Druckwiderstands von stumpfen Körpern zu erreichen, können Maßnahmen zur Strömungsbeeinflussung eingesetzt werden, die die instabilen Schwingungen des Nachlaufs vermeiden. Als Beispiel für eine solche Maßnahme sei ein Prinzipexperiment zur Unterdrückung der Ausbildung einer von Kármán'schen Wirbelstraße hinter einem querangeströmten Zylinder genannt. Wird nach Abbildung 5.5 ein kleiner Störzylinder an geeigneter Position in das laminare Strömungsfeld des Zylindernachlaufs eingebracht, so wird die Kármán'sche Wirbelstraße vermieden und der Widerstand verringert, vgl. P. STRYKOWSKI UND K. SREENIVASAN 1985 und H. OERTEL JR. 1990. Die Beeinflussung durch den Störzylinder wirkt auf das gesamte Strömungsfeld. Dieses funktioniert nur für solche Positionen des Störzylinders, die sich im absolut instabilen Gebiet (vgl. 2.5) des Zylindernachlaufs befinden. Hieraus kann geschlossen werden, daß effiziente, d.h. wenig Energieeinsatz erfordernde Beeinflussungsmaßnahmen dort vorgenommen werden können, wo die Strömung absolut instabil ist. Deshalb kann der absolut instabile Nachlauf eines Körpers mit stumpfer Rückseite z.B. duch Ausblasen

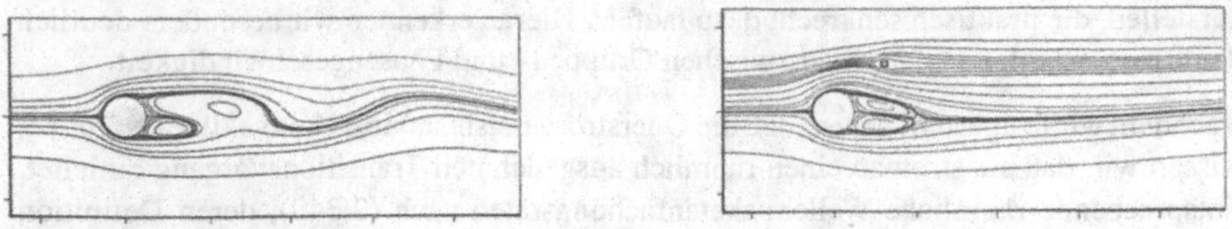

**Abb. 5.5**: Unterdrückung der von Kármán'schen Wirbelstraße mit kleinem Störzylinder

günstig beeinflußt werden. So kann etwa die Kármán'sche Wirbelstraße hinter einer Turbinenschaufel nach Abbildung 1.14 vermieden werden.

Der erste Schritt der Auslegung einer Strömungsbeeinflussung sollte in der Untersuchung des gemittelten Strömungsfeldes nach absoluten Instabilitäten bestehen. Diese Analyse gibt uns die absolut instabilen Gebiete, innerhalb derer die Beeinflussungsmaßnahmen (z.B. mechanische, akustische, piezoelektrische Aktuatoren, Saug- und Einblasdüsen etc.) die größte Wirkung auf das gesamte Strömungsfeld haben. Ein weiteres Forschungsbeispiel, in dem die instabile Oszillation des Nachlaufs einer Platte mit endlicher Dicke durch Ausblasen aus der Rückseite vermieden werden konnte, zeigt die Abbildung 5.6, vgl. auch K. HANNEMANN UND H. OERTEL JR. 1989.

Insbesondere die Erweiterung der Wellenpaketanalyse nach Abschnitt 2.5 auf nichtparallele Grundströmungen, die auch mit *globaler Stabilitätsanalyse* bezeichnet wird, hat Möglichkeiten eröffnet, um die konkrete Auswirkung einer Beeinflussungsmaßnahme in absolut instabilen Gebieten zu berechnen.

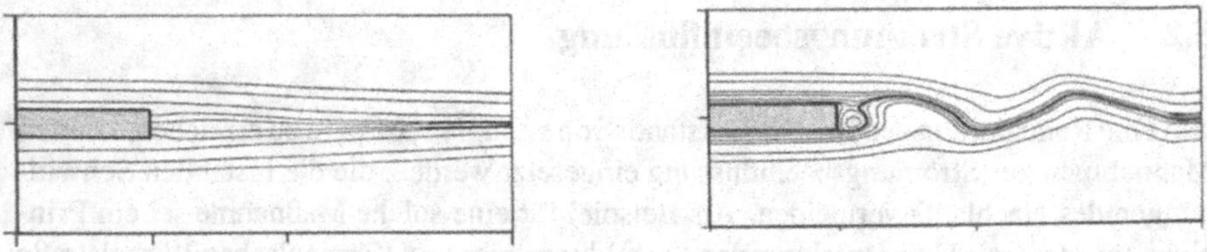

**Abb. 5.6**: Unterdrückung der von Kármán'schen Wirbelstraße durch Ausblasen aus Plattenrückseite

# Anhang

## A.1 Differentialoperatoren in Zylinderkoordinaten

Zur Hilfestellung bei der Formulierung und Umformung der Erhaltungsgleichungen in Zylinderkoordinaten seien im folgenden einige der benötigten Differentialausdrücke aufgelistet (für eine detailierte Ableitung s. z.B. E. KLINGBEIL 1989).

Bei gekrümmten Koordinatensystemen hinterlassen räumliche Ableitungen von Vektoren im Vergleich zu Ableitungen von skalaren Größen Zusatzterme, da nicht nur die Komponenten der Vektoren Abhängige darstellen, sondern die Basisvektoren selbst auch. Wir erkennen dieses z.B. am Laplaceoperator $\boldsymbol{\Delta}$, der in kartesischen Koordinaten einzeln auf die Komponenten eines Vektors angewandt werden darf, d.h. z.B. $(\boldsymbol{\Delta f})_y = \boldsymbol{\Delta} f_y$. Die Komponenten erscheinen hier wie Skalare. In Zylinderkoordinaten gilt aber z.B. $(\boldsymbol{\Delta f})_\phi \neq \boldsymbol{\Delta} f_\phi$. Dieses muß bei Umformungen natürlich beachtet werden.

Im folgenden bezeichne $z$ die Achsrichtung, $r$ den Abstand eines Punktes zur Achse und $\phi$ die azimutale Winkellage des Punktes um die Achse. Mit $S(r, \phi, z)$ meinen wir einen Skalar, während $\boldsymbol{V} := {}^t(V_r, V_\phi, V_z)$ ein Vektorfeld und $\boldsymbol{T} := [{}^t(T_{rr}, T_{\phi r}, T_{zr}), {}^t(T_{r\phi}, T_{\phi\phi}, T_{z\phi}), {}^t(T_{rz}, T_{\phi z}, T_{zz})]$ eine Matrix (Tensor 2. Stufe) sei. Räumliche Ableitungen kennzeichnen wir, indem wir als Subskript an die abzuleitende Größe ein Komma setzen und dahinter die Richtungen, nach denen differenziert werden soll auflisten, z.B. $\frac{\partial^2 S}{\partial y \partial x} =: S_{,yx}$.

## Gradient

### Skalare

$$grad\, S = \boldsymbol{\nabla} S = \left\{ \begin{array}{c} S_{,r} \\ \frac{1}{r} S_{,\phi} \\ S_{,z} \end{array} \right\}$$

### Vektoren

$$grad\, \boldsymbol{V} = \boldsymbol{\nabla V} = \left\{ \begin{array}{ccc} V_{r,r} & V_{\phi,r} & V_{z,r} \\ \frac{1}{r}(V_{r,\phi} - V_\phi) & \frac{1}{r}(V_{\phi,\phi} + V_r) & \frac{1}{r} V_{z,\phi} \\ V_{r,z} & V_{\phi,z} & V_{z,z} \end{array} \right\}$$

## Divergenz

### Vektoren

$$div\, \boldsymbol{V} = \boldsymbol{\nabla} \cdot \boldsymbol{V} = \frac{1}{r}(r\, V_r)_{,r} + \frac{1}{r} V_{\phi,\phi} + V_{z,z}$$

**Matrizen**

$$div\,\boldsymbol{T} = \boldsymbol{\nabla}\cdot\boldsymbol{T} = \left\{ \begin{array}{c} T_{rr,r} + \frac{1}{r}(T_{\phi r,\phi} + T_{rr} - T_{\phi\phi}) + T_{zr,z} \\ T_{r\phi,r} + \frac{1}{r}(T_{r\phi} + T_{\phi r} + T_{\phi\phi,\phi}) + T_{z\phi,z} \\ T_{rz,r} + \frac{1}{r}(T_{rz} + T_{\phi z,\phi}) + T_{zz,z} \end{array} \right\}$$

## Rotation

$$rot\,\boldsymbol{V} = \boldsymbol{\nabla}\times\boldsymbol{V} = \left\{ \begin{array}{c} (\boldsymbol{\nabla}\times\boldsymbol{V})_r \\ (\boldsymbol{\nabla}\times\boldsymbol{V})_\phi \\ (\boldsymbol{\nabla}\times\boldsymbol{V})_z \end{array} \right\} = \left\{ \begin{array}{c} \frac{1}{r}V_{z,\phi} - V_{\phi,z} \\ V_{r,z} - V_{z,r} \\ V_{\phi,r} + \frac{1}{r}(V_\phi - V_{r,\phi}) \end{array} \right\}$$

## Laplace–Operator

**Skalare**

$$div\,grad\,S = \boldsymbol{\Delta}S = S_{,rr} + \frac{1}{r}S_{,r} + \frac{1}{r^2}S_{,\phi\phi} + S_{,zz}$$

**Vektoren**

$$div\,grad\,\boldsymbol{V} = \boldsymbol{\Delta}\boldsymbol{V} = \left\{ \begin{array}{c} (\boldsymbol{\Delta}\boldsymbol{V})_r \\ (\boldsymbol{\Delta}\boldsymbol{V})_\phi \\ (\boldsymbol{\Delta}\boldsymbol{V})_z \end{array} \right\} = \left\{ \begin{array}{c} \boldsymbol{\Delta}V_r - \frac{1}{r^2}(V_r + 2V_{\phi,\phi}) \\ \boldsymbol{\Delta}V_\phi + \frac{1}{r^2}(2V_{r,\phi} - V_\phi) \\ \boldsymbol{\Delta}V_z \end{array} \right\}$$

Das Symbol $\boldsymbol{\Delta}$ an den einzelnen Komponenten von $\boldsymbol{V}$ hat dieselbe Bedeutung wie bei Skalaren.

## Mehrfach–Laplace–Operator

**Skalare**

$$\begin{aligned} \boldsymbol{\Delta}^2 S = \boldsymbol{\Delta}\boldsymbol{\Delta}S = S_{,rrrr} + \frac{2}{r}(S_{,rrr} + S_{,zzr}) + \\ + \frac{1}{r^2}(-S_{,rr} + 2S_{,\phi\phi rr} + 2S_{,\phi\phi zz} + \frac{1}{r^3}(S_{,r} - 2S_{,\phi\phi r}) + \frac{1}{r^4}(4S_{,\phi\phi} + S_{,\phi\phi\phi\phi}) + S_{,zzzz} \end{aligned}$$

**Vektoren**

$$\boldsymbol{\Delta}^2 \boldsymbol{V} = \boldsymbol{\Delta\Delta V} = \left\{ \begin{matrix} (\boldsymbol{\Delta}^2 \boldsymbol{V})_r \\ (\boldsymbol{\Delta}^2 \boldsymbol{V})_\phi \\ (\boldsymbol{\Delta}^2 \boldsymbol{V})_z \end{matrix} \right\} =$$

$$= \left\{ \begin{matrix} \boldsymbol{\Delta}^2 V_r + \frac{1}{r^2}(-2\boldsymbol{\Delta} V_r - 4\boldsymbol{\Delta} V_{\phi,\phi}) + \frac{1}{r^3}(4V_{r,r} + 8V_{\phi,\phi r}) + \frac{1}{r^4}(-3V_r - 4V_{r,\phi\phi} - 4V_{\phi,\phi}) \\ \boldsymbol{\Delta}^2 V_\phi + \frac{1}{r^2}(-2\boldsymbol{\Delta} \boldsymbol{V}_\phi + 4\boldsymbol{\Delta} V_{r,\phi}) + \frac{1}{r^3}(-4V_{\phi,r} - 8V_{r,\phi r}) + \frac{1}{r^4}(-4V_{\phi,\phi\phi} - 3V_\phi + 4V_{r,\phi}) \\ \boldsymbol{\Delta}^2 V_z \end{matrix} \right.$$

## A.2 Lösung des inhomomogenen Randwertproblems (2.317)

Wir wollen hier die Einzelheiten zur allgemeinen Lösung des bei der Untersuchung von absoluten und konvektiven Instabilitäten auftretenden inhomogenen Randwertproblems angeben. Dazu wird zunächst die allgemeine Lösung $w_h(z)$ des zugeordneten homogenen Problems ermittelt. Danach wird eine Partikulärlösung $w_p(z)$ erzeugt. Die Lösung des inhomogenen Problems $w'(z)$ wird sich dann unter Anpassung an die Randbedingungen als Summe von homogener und partikulärer Lösung ergeben.

1. Lösung des homogenen Problems

Wir wissen, daß sich die allgemeine Lösung des homogenen Problems

$$L(\tfrac{d}{dz}; a, \omega)\, w_h = 0 \tag{A.1}$$

als Linearkombination von 4 linear unabhängigen Lösungen $W_1, ..., W_4$ der Dgl. (A.1) ergibt :

$$w_h(z) = \sum_{i=1}^{4} C_i \cdot W_i(z) \quad .$$

Die Nichttrivialitätsforderung bei der Berechnung der Konstanten $C_i$ zur Anpassung von $w_h$ an die (2.319) zugeordneten homogenen Randbedingungen ($r_i = 0$) hat nach L. COLLATZ 1990, S.153 die Form

$$\Delta := \begin{vmatrix} \begin{bmatrix} R_1[W_1] & R_1[W_2] & R_1[W_3] & R_1[W_4] \\ R_2[W_1] & R_2[W_2] & R_2[W_3] & R_2[W_4] \end{bmatrix}_{z=z_a} \\ \begin{bmatrix} R_3[W_1] & R_3[W_2] & R_3[W_3] & R_3[W_4] \\ R_4[W_1] & R_4[W_2] & R_4[W_3] & R_4[W_4] \end{bmatrix}_{z=z_e} \end{vmatrix} \stackrel{!}{=} 0 \quad . \tag{A.2}$$

Ohne Beschränkung der Allgemeinheit wählen wir jetzt "geschickt normierte" Fundamentallösungen $W_i$ (die Konstanten $C_i$ werden uns immer genug Freiheit lassen, daraus jede andere Darstellung zu erzeugen) :

$$\left.\begin{array}{llll} R_1[W_1] = 0 & R_2[W_1] = 0 & Z_1[W_1] = 1 & Z_2[W_1] = 0 \\ R_1[W_2] = 0 & R_2[W_2] = 0 & Z_1[W_2] = 0 & Z_2[W_2] = 1 \end{array}\right\} z = z_a$$
$$\left.\begin{array}{llll} R_3[W_3] = 0 & R_4[W_3] = 0 & Z_3[W_3] = 1 & Z_4[W_3] = 0 \\ R_3[W_4] = 0 & R_3[W_4] = 0 & Z_3[W_4] = 0 & Z_4[W_4] = 1 \end{array}\right\} z = z_e \quad . \tag{A.3}$$

Dabei haben wir Zusatzbedingungen $Z_i$ (lineare Differentialausdrücke maximal 3. Ordnung) eingeführt, deren Wahl frei ist bis auf die Einschränkung, daß $Z_{1,2}$ linear unabhängig von $R_{1,2}$ und $Z_{3,4}$ linear unabhängig von $R_{3,4}$ sein muß.

Die Motivation für die Einführung unserer normierten Fundamentallösungen $W_i$ ist ersichtlich, wenn wir jetzt die Determinante $\Delta$ aus (A.2) anschreiben :

$$\Delta = \begin{vmatrix} 0 & 0 & \begin{bmatrix} R_1[W_3] & R_1[W_4] \\ R_2[W_3] & R_2[W_4] \end{bmatrix}_{z=z_a} \\ \begin{bmatrix} R_3[W_1] & R_3[W_2] \\ R_4[W_1] & R_4[W_2] \end{bmatrix}_{z=z_e} & 0 & 0 \end{vmatrix} \stackrel{!}{=} 0 \quad . \tag{A.4}$$

Wir erkennen, daß die obige Determinante dann verschwindet, wenn entweder die beiden oberen, oder die beiden unteren Zeilen der entsprechenden Matrix in (A.4) jeweils linear abhängig sind, also

$$\begin{aligned} (R_1[W_3]\cdot R_2[W_4] \quad &- \quad R_2[W_3]\cdot R_1[W_4])_{z=z_a} = 0 \quad \text{oder} && \text{(A.5)} \\ (R_3[W_1]\cdot R_4[W_2] \quad &- \quad R_2[W_3]\cdot R_4[W_1])_{z=z_e} = 0 \quad . && \text{(A.6)} \end{aligned}$$

Wir erinnern uns, daß nichttriviale Lösungen des homogenen Problems nichts anderes sind, als die Eigenfunktionen, die im Rahmen der Orr-Sommerfeld Stabilitätsanalyse berechnet wurden. Im folgenden werden wir eine für das weitere besonders bedeutsame Brücke von dem Kriterium (A.4) zur *Wronskideterminante* schlagen, die bei der späteren Diskussion der konvektiven bzw. absoluten Instabilitäten die entscheidende Rolle spielen wird.

Mit Hilfe der *Wronskideterminante* $D$, die die Determinante einer aus den $W_i$ gebildeten Matrix $\Phi$ ist, können wir überprüfen, ob dieser vorliegende Satz von Lösungen $W_i$ der homogenen Dgl. linear unabängig ist. Dies ist dann der Fall, wenn $D \neq 0$ gilt ($\Phi$ heißt dann *Fundamentalmatrix*) :

$$D(z;a,\omega) := \det \Phi := \begin{vmatrix} W_1 & W_2 & W_3 & W_4 \\ W_1' & W_2' & W_3' & W_4' \\ W_1'' & W_2'' & W_3'' & W_4'' \\ W_1''' & W_2''' & W_3''' & W_4''' \end{vmatrix}, \quad W' := \frac{dW}{dz}. \qquad \text{(A.7)}$$

Diese Wronskideterminante können wir z.B. am Rand $z = z_a$ auswerten und mit Hilfe elementarer Zeilenoperationen (die den Wert von $D$ ja nicht ändern) immer in die Form

$$D(z_a;a,\omega) = \begin{vmatrix} R_1[W_1] & R_1[W_2] & R_1[W_3] & R_1[W_4] \\ R_2[W_1] & R_2[W_2] & R_2[W_3] & R_2[W_4] \\ Z_1[W_1] & Z_1[W_2] & Z_1[W_3] & Z_1[W_4] \\ Z_2[W_1] & Z_2[W_2] & Z_2[W_3] & Z_2[W_4] \end{vmatrix}_{z=z_a} \qquad \text{(A.8)}$$

bringen, da die $R_1, R_2, Z_1, Z_2$ ja voraussetzungsgemäß linear unabhängig sind. Nutzen wir jetzt wieder unsere Normierung (A.3) aus, so wird aus (A.8) nach elementaren Spaltenoperationen

$$\begin{aligned} D(z_a;a,\omega) \quad &= \quad \begin{vmatrix} 0 & 0 & R_1[W_3] & R_1[W_4] \\ 0 & 0 & R_2[W_3] & R_2[W_4] \\ 1 & 0 & 0 & 0 \\ 0 & 1 & 0 & 0 \end{vmatrix}_{z=z_a} \\ &= \quad (R_1[W_3]\cdot R_2[W_4] - R_2[W_3]\cdot R_1[W_4])_{z=z_a} \qquad \text{(A.9)} \end{aligned}$$

In gleicher Weise ergibt die Auswertung der Wronskideterminante an der Randstelle $z = z_e$

$$D(z_e;a,\omega) = (R_3[W_1]\cdot R_4[W_2] - R_3[W_2]\cdot R_4[W_1])_{z=z_e} \qquad \text{(A.10)}$$

und wir erkennen bereits, daß in (A.5) und (A.9) bzw. in (A.6) und (A.10) jeweils die gleichen Ausdrücke stehen.

Schließlich nutzen wir den *Satz von Liouville*, nach dem wir die Wronskideterminante an einer Stelle $z$ aus ihrer Kenntnis z.B. bei $z = z_a$ berechnen können :

$$D(z; a, \omega) = D(z_a; a, \omega)\ \exp(-\int_{z_a}^{z} \frac{P_3(\tilde{z}; a, \omega)}{P_4(\tilde{z}; a, \omega)} d\tilde{z})$$

Das Polynom $P_3$ im Differentialausdruck $L$, vgl.(2.320), ist aber gerade gleich Null, so daß das Integral im Exponenten in der obigen Formel verschwindet. Wir folgern somit, daß die Wronskideterminante nicht vom Ort $z$ abhängt, also gilt

$$D(z_a; a, \omega) = D(z_e; a, \omega) = D(a, \omega) \tag{A.11}$$

Wir haben überdies gefunden, daß die beiden Ausdrücke (A.9) und (A.10) gleich sind. Der Vergleich der Determinanten $\Delta$ und $D$ sagt uns damit :

Die Wronskideterminante ist genau dann Null, wenn das homogene Problem nichttriviale Lösungen besitzt.

Daraus schließen wir sofort, daß die Nullstellen von $D(a_0, \omega_0)$ die Eigenwerte des Orr-Sommerfeldschen Eigenwertproblems, aufgestellt für komplexe Wellenzahlen $a_0$ und komplexe Frequenzen $\omega$ sind. $D(a, \omega) = 0$ heißt *Dispersionsrelation* und ist für alle weiteren Betrachtungen von zentraler Bedeutung.

2. Bestimmung einer Partikulärlösung

Nachdem wir uns die homogenen Fundamentallösungen $W_i$ beschafft haben, können wir uns nun eine Partikulärlösung $w_p(z)$ der inhomogenen Stördifferentialgleichung mit Hilfe der Methode der "Variation der Konstanten" berechnen. Nach Bronstein/Semendjajew, S.483 erhalten wir diese entsprechend

$$w_p(z) = \sum_{i=1}^{4} W_i \cdot \int^{z} \frac{D_i(\tilde{z}; a, \omega)}{D(a, \omega)} d\tilde{z} \tag{A.12}$$

wobei $D_i$ die Determinante der Matrix ist, die bis auf die $i$'te Spalte der Fundamentalmatrix $\Phi$ entspricht. Die ersten drei Elemente dieser $i$'ten Spalte bestehen aus Nullen, während das letzte Element der Störfunktion $G$ gleichgesetzt wird.

3. Allgemeine Lösung des inhomogenen Randwertproblems

Wir addieren die gewonnene spezielle Lösung des inhomogenen Randwertproblems zur homogenen Lösung und erhalten damit die allgemeine Lösung der Störantwort im Laplace-Fourier Bereich:

$$w'(a, \omega, z) = \sum_{i=1}^{4} W_i \left( \tilde{C}_i + \int^{z} \frac{D_i(a, \omega, \tilde{z})}{D(a, \omega)}\, d\tilde{z} \right) \tag{A.13}$$

Unabhängig davon, wie die linearen Randbedingungen $R_i[w'] = r_i$, an die wir die Konstanten $\tilde{C}_i$ anpassen müssen, beschaffen sind, erhalten wir immer eine Lösung der Form

$$w'(a, \omega, z) = \frac{Z(a, \omega, z)}{D(a, \omega)} \tag{2.321}$$

Im Falle homogener Randbedingungen ($r_i = 0$) ist $Z(a,\omega;z) = \sum_{i=1}^{2} -W_i \int_z^{z_e} D_i(a,\omega;\tilde{z})d\tilde{z} + \sum_{i=3}^{4} W_i \int_{z_a}^{z} D_i(a,\omega;\tilde{z})d\tilde{z}$. Es sei darauf hingewiesen, daß durch Entwicklung der Determinanten $D_i$ sofort klar wird, daß sie alle proportional zu $G$ sind. Bei Vorgabe irgendwelcher inhomogener Randbedingungen, z.B. eine lokal aktive Wand oder ein Rauhigkeitselement, erhält der Zähler $Z(a,\omega,z)$ einen zusätzlichen Summanden.

Aus der speziellen Form der Lösung (2.321) erkennen wir überdies "Resonanzstellen" als Nullstellen des Nenners $D(a,\omega)$.

## A.3 Numerische Lösung von Störungsdifferentialgleichungen

Für jedes behandelte Stabilitätsproblem haben wir lineare partielle Störungsdifferentialgleichungen abgeleitet, die wir mit Separationsansätzen in den homogenen Richtungen auf gewöhnliche Differentialgleichungen zurückführen konnten. Das hängt damit zusammen, daß nur solche Probleme behandelt worden sind, in denen maximal eine inhomogene Richtung auftrat. Die Instabilitäten in ruhenden Flüssigkeitsschichten ließen sich sogar durch Differentialgleichungen mit konstanten Koeffizienten beschreiben, da hier gar keine inhomogene Richtung auftrat. Schwieriger ist es in den darüber hinaus behandelten Fällen. So tritt in den separierten Störungsdifferentialgleichungen des Taylor-Couette Problems ein in der Radialrichtung nichtkonstanter Koeffizient auf, der einen einfachen Exponentialansatz bezüglich dieser Richtung nicht mehr zuläßt. Auch die Klasse der Scherströmungsinstabilitäten wird beschrieben durch Differentialgleichungen mit bezüglich der Schichtnormalenrichtung nichtkonstanten Koeffizienten. Es stellt sich daher die Frage nach einer numerischen Lösung dieser Störungsdifferentialgleichungen, die als homogene lineare Randwertprobleme in $z$ nur für bestimmte Parameterkombinationen nichttriviale Lösungen haben. Wir hatten es daher mit Eigenwertproblemen zu tun und die Lösungen auch Eigenfunktionen $\hat{\boldsymbol{U}}$ genannt.

Verschiedene numerische Verfahren, z.B. sog. *Kompakte Finite Differenzen* oder *Schießverfahren* werden verwendet, um die Abhängigkeit und die Ableitungen der Eigenfunktionen von der nichthomogenen Richtung $z$ zu approximieren. Wir wollen uns an dieser Stelle auf die Beschreibung eines einfachen numerischen Kollokationsverfahrens beschränken, mit Hilfe dessen die verschiedenen homogenen, linearen, gewöhnlichen Differentialgleichungssysteme mitsamt den Randbedingungen als homogene, lineare Gleichungssysteme numerisch approximiert werden können. Es ist wohlbekannt, daß solche homogenen linearen Gleichungssysteme nur für verschwindende Koeffizientendeterminante nichttriviale Lösungen besitzen. Diese Koeffizientendeterminante enthält Parameter (z.B. die Frequenz $\omega$ und die Wellenzahl $a$), für die diese Bedingung gerade erfüllt wird. Die Bestimmung dieser Parameter ist nichts anderes als das Lösen eines Eigenwertproblems.

Wir lehnen uns sehr eng an die numerische Formulierung des Taylor-Couette Problems 2.3.3.10 an. Alle behandelten Fälle hatten uns erlaubt, einen Separationsansatz $\boldsymbol{U}' = \hat{\boldsymbol{U}}(z)\exp(iax + iby - i\omega t)$ bezüglich der homogenen Richtungen $t$, $x$ und $y$ zu machen. Ohne Beschränkung der Allgemeinheit haben wir angenommen, die nicht homogene Richtung sei $z$. Wir schreiben die jeweilige Differentialgleichung in Analogie zu (2.45) in der folgenden Form

$$\hat{\boldsymbol{L}}_S[\hat{\boldsymbol{U}}(\omega)] - i\,\omega\,\hat{\boldsymbol{L}}_I[\hat{\boldsymbol{U}}(\omega)] = \boldsymbol{0} \quad . \tag{A.14}$$

Wir werden im weiteren $\hat{\boldsymbol{U}}(z) = {}^t(\hat{U}_1, \hat{U}_2, \hat{U}_3, \ldots)$ auch als Eigenfunktion mit den Komponenten $\hat{U}_j$ bezeichnen. Im Taylor-Couette Problem war das Rechenintervall endlich (Spaltweite). Im Falle der Grenzschicht- oder Scherschichtströmungen hingegen unendlich ($-\infty < z < \infty$), bzw. halbunendlich ($0 \leq z < \infty$). Die vorgestellte Kollokationsmethode ist jedoch auf das Einheitsintervall $-1 \leq \eta \leq 1$ beschränkt, so daß wir i.d.R. zunächst eine Koordinatenverzerrung $z = S(\eta)$ einführen müssen, die das Einheitsgebiet auf das tatsächliche Gebiet abbildet. Ableitungen nach $z$, die in $\hat{\boldsymbol{L}}_S$ bzw.

$\hat{\boldsymbol{L}}_I$ auftreten, werden damit nach der Kettenregel ersetzt:

$$\begin{array}{lll}
\frac{d}{dz} & \longrightarrow & \frac{d\eta}{dz}\frac{d}{d\eta} \\
\frac{d^2}{dz^2} & \longrightarrow & \frac{d^2\eta}{dz^2}\frac{d}{d\eta} + \left(\frac{d\eta}{dz}\right)^2 \frac{d^2}{d\eta^2} \\
\frac{d^3}{dz^3} & \longrightarrow & \frac{d^3\eta}{dz^3}\frac{d}{d\eta} + 3\frac{d\eta}{dz}\frac{d^2\eta}{dz^2}\frac{d^2}{d\eta^2} + \left(\frac{d\eta}{dz}\right)^3 \frac{d^3}{d\eta^3} \\
\frac{d^3}{dz^3} & \longrightarrow & \frac{d^3\eta}{dz^3}\frac{d}{d\eta} + \left(4\frac{d\eta}{dz}\frac{d^3\eta}{dz^3} + 3\left(\frac{d^2\eta}{dz^2}\right)^2\right)\frac{d^2}{d\eta^2} + 6\left(\frac{d\eta}{dz}\right)^2 \frac{d^2\eta}{dz^2}\frac{d^3}{d\eta^3} + \left(\frac{d\eta}{dz}\right)^4 \frac{d^3}{d\eta^3} \\
\vdots & & 
\end{array} \tag{A.15}$$

wo $\frac{d\eta}{dz} = \frac{dS}{d\eta}^{-1}$ ist.

### A.3.1 Numerische Darstellung von Ableitungen

Wir wollen nach Einführen einer Koordinatenverzerrung $z = S(\eta)$ nun davon ausgehen, die Eigenfunktionen $\hat{\boldsymbol{U}}$ hängen von $\eta$ ab. Die Ausdrücke $\hat{\boldsymbol{L}}_S$ und $\hat{\boldsymbol{L}}_I$ enthalten Differentiationen nach $z$. Diese können wir mit Hilfe von (A.15) auf Ableitungen nach $\eta$ zurürckführen. Die Eigenfunktionen $\hat{\boldsymbol{U}}(\eta) = {}^t(\hat{U}_1, \hat{U}_2, \hat{U}_3, \ldots)$ drücken wir jetzt als ein Polynom $N$'ten Grades aus. Ein solches Polynom ist eindeutig bestimmt, wenn seine Werte an $N+1$ verschiedenen Stützstellen $\eta_k$ bekannt sind. Wir nennen diese Stützstellen *Kollokationspunkte*. Wir können unser Polynom immer mit Hilfe der in 2.3.3.10 unter (2.227) definierten Chebychev–Polynome ausdrücken :

$$\hat{U}(\eta) \approx \sum_{k=0}^{N} C_k T_k(\eta) \tag{A.16}$$

wo wir den Index $p$ zur Kennzeichnung der $p$'ten Komponente der Eigenfunktion $\hat{\boldsymbol{U}}$ aus Übersichtsgründen fortgelassen haben. Die $N+1$ Zahlen $C_k$ heißen Koeffizienten. Wir werten das Polynom an den Kollokationsstellen aus

$$\hat{U}^j := \hat{U}(\eta_j) \approx \sum_{k=0}^{N} C_k \underbrace{T_k(\eta_j)}_{=:\, T_{kj}} \tag{A.17}$$

wo wir die Bezeichnung $\hat{U}^j$ für den Funktionswert an der Stelle $\eta_j$ und $T_{kj}$ für die Matrix $T_k(\eta_j)$ eingeführt haben. Das Polynom interpoliert Funktionswerte zwischen den Kollokationsstellen. Wir leiten nun (A.16) nach $\eta$ ab und werten das Ergebnis gleich wieder an den Stellen $\eta_j$ aus :

$$\left[\frac{d\hat{U}}{d\eta}\right]^j := \frac{d\hat{U}}{d\eta}(\eta_j) \approx \sum_{k=0}^{N} C_k \frac{dT_k}{d\eta}(\eta_j) \tag{A.18}$$

Wir haben die Ableitung unserer Funktion auf die Ableitung der Chebychev–Polynome zurückgeführt, für die es die folgende Ableitungsregel gibt:

$$\frac{d\,T_k}{d\eta}(\eta) = \sum_{l=0}^{k-1} \underbrace{\frac{1-(-1)^{k-l}}{1+\delta_{l0}}\, k}_{:=\, B_{kl}}\; T_l(\eta) \tag{A.19}$$

Hierin bedeutet $\delta_{ij}$ das sog. *Kronecker–Symbol.* Es ist $\delta_{ij} = 1$ für $i = j$ und $\delta_{ij} = 0$ für $i \neq j$. Mit (A.19) können wir die Ableitungen der Chebychev–Polynome auf die Chebychev–Polynome selbst zurückführen. Wir haben in (A.19) die Matrix $\underline{\underline{B}}$ gebildet. Sie hat (siehe Summationsindex $j$) eine Spalte weniger als Zeilen. Wir erweitern sie "künstlich" zu einer quadratischen Matrix $\underline{\underline{B}}^N$, indem wir eine Nullspalte ergänzen:

$$B_{kl}^N = B_{kl} \quad , \quad B_{kN}^N = 0 \quad l,k = 0,\ldots,N \tag{A.20}$$

Wir schreiben nun (A.17) nochmals an

$$\left[\frac{d\hat{U}}{d\eta}\right]^j \approx \sum_{k=0}^{N} C_k \frac{dT_k}{d\eta}(\eta_j) = \sum_{k,l=0}^{N} C_k\, B_{kl}^N\, T_{lj} \tag{A.21}$$

Nun formulieren wir noch um in

$$\left[\frac{d\hat{U}}{d\eta}\right]^j \approx \underbrace{\sum_{m=0}^{N}\sum_{k=0}^{N} C_k\, T_{km}}_{=\,\hat{U}^m} \underbrace{\sum_{l,n=0}^{N} T_{mn}^{-1}\, B_{nl}^N\, T_{lj}}_{=:\, D_{mj}} \tag{A.22}$$

Damit finden wir die Ableitungen an den Kollokationsstellen $\eta_j$ einfach durch Multiplikation der Spalte $\underline{\hat{U}} = {}^t(\hat{U}^0, \hat{U}^1, \ldots, \hat{U}^N)$ mit der Ableitungsmatrix $\underline{\underline{D}}$ aus (A.22). Man beachte, daß die Matrix $\underline{\underline{D}}$ nur von den verwendeten Kollokationsstellen $\eta_j$ sowie deren Anzahl $N+1$ abhängt. Sie kann also ein für alle Mal vorab berechnet werden. Die sog. *Gauss–Lobatto* Punkte der Chebychev-Polynome $\eta_k = \cos(k\pi/N)$ haben besonders günstige Interpolationseigenschaften. Werden sie verwendet, dann kann für $\underline{\underline{D}}$ nach (2.230) ein expliziter Ausdruck angegeben werden. Höhere Ableitungen ergeben sich sehr einfach durch Mehrfachmultiplikation mit $\underline{\underline{D}}$ :

$$\frac{d^m\underline{\hat{U}}}{d\eta^m} \approx \underline{\underline{D}}^m \underline{\hat{U}} \tag{A.23}$$

### A.3.2 Halbunendliches physikalisches Intervall

Wir können nun Ableitungen in der Variablen $\eta$ numerisch formulieren, indem wir die Anweisung $\frac{d}{d\eta}$ durch die Matrix $\underline{\underline{D}}$ ersetzen. Mit (A.15) lassen sich im Prinzip diese Ableitungen auf Ableitungen nach $z$ umrechnen. Eine Komplikation ergibt sich bei halbunendlich augedehnten Gebieten. Wir stellen hier ein Verfahren vor, daß die Fernfeldrandbedingungen bereits implizit berücksichtigt. Wir führen die Koordinatentransformation $z = S(\eta) = -C \ln \eta$ ein und benutzen nur das halbe Intervall $\eta \in (0,1]$, d.h. die Kollokationspunkte $\eta_k$ mit $k = 0,\ldots,(N-1)/2$, um die Funktionen im physikalischen Gebiet $z \in [0,\infty)$ darzustellen. $N$ hat eine ungerade Zahl zu sein. Auf dem numerischen Restintervall setzen wir an allen Kollokationsstellen $\eta_k$ mit $k = (N+1)/2,\ldots,N$ den Wert der Funktion (Randbedingung) im Unendlichen $\hat{U}_\infty$. Üblicherweise ist $\hat{U}_\infty = 0$, da alle Störungen im Unendlichen abgeklungen sein sollen. Wir unterteilen $\underline{\underline{D}}$ entsprechend des Intervalls in 4 Teile:

$$\frac{d}{d\eta}\left[\begin{array}{c}\underline{\hat{U}}\\ \hline \underline{\hat{U}}_\infty\end{array}\right] = \underbrace{\left[\begin{array}{c|c}\underline{\underline{D}}_1 & \underline{\underline{D}}_2\\ \hline \underline{\underline{D}}_3 & \underline{\underline{D}}_4\end{array}\right]}_{\underline{\underline{D}}}\left[\begin{array}{c}\underline{\hat{U}}\\ \hline \underline{\hat{U}}_\infty\end{array}\right] \Longleftrightarrow \begin{array}{rcl}\frac{d}{d\eta}\underline{\hat{U}} &=& \underline{\underline{D}}_1\underline{\hat{U}} + \underline{\underline{D}}_2\underline{\hat{U}}_\infty\\ \frac{d}{d\eta}\underline{\hat{U}}_\infty &=& \underline{\underline{D}}_3\underline{\hat{U}} + \underline{\underline{D}}_4\underline{\hat{U}}_\infty\end{array} \tag{A.24}$$

Hierin ist $\underline{\hat{U}}_\infty = {}^t(\hat{U}_{(N+1)/2}, \ldots, \hat{U}_N) = {}^t(\hat{U}_\infty, \ldots, \hat{U}_\infty)$. Als zweite Randbedingung im Unendlichen fordern wir üblicherweise das Verschwinden der Ableitung $\frac{d}{d\eta}\underline{\hat{U}}_\infty = \underline{0}$. Diese führt nach der zweiten Zeile in (A.24) zu der Nebenbedingung $\underline{\underline{D}}_3\,\underline{\hat{U}} = -\underline{\underline{D}}_4\,\underline{\hat{U}}_\infty$, die wir für die Formulierung der zweiten Ableitung verwenden :

$$\frac{d^2}{d\eta^2}\left[\frac{\underline{\hat{U}}}{\underline{\hat{U}}_\infty}\right] = \left[\begin{array}{c|c} \underline{\underline{D}}_1^2 + \underline{\underline{D}}_2\underline{\underline{D}}_3 & \underline{\underline{D}}_1\underline{\underline{D}}_2 + \underline{\underline{D}}_2\underline{\underline{D}}_4 \\ \hline \underline{\underline{D}}_1\underline{\underline{D}}_3 + \underline{\underline{D}}_4\underline{\underline{D}}_3 & \underline{\underline{D}}_3\underline{\underline{D}}_2 + \underline{\underline{D}}_4^2 \end{array}\right]\left[\frac{\underline{\hat{U}}}{\underline{\hat{U}}_\infty}\right] \Longleftrightarrow$$

$$\Longleftrightarrow \begin{array}{rcl} \frac{d^2}{d\eta^2}\underline{\hat{U}} & = & \underline{\underline{D}}_1^2\underline{\hat{U}} + \underline{\underline{D}}_1\underline{\underline{D}}_2\underline{\hat{U}}_\infty \\ \frac{d^2}{d\eta^2}\underline{\hat{U}}_\infty & = & (\underline{\underline{D}}_3\underline{\underline{D}}_2 - \underline{\underline{D}}_1\underline{\underline{D}}_4)\underline{\hat{U}}_\infty \end{array}$$

Wir führen die Bezeichnung $\underline{Z}(\underline{\underline{D}}_j)\hat{U}_\infty = \underline{\underline{D}}_j\underline{\hat{U}}_\infty$ ein, wobei $\underline{Z}(\underline{\underline{D}}_j)$ die Spalte ist, die aus den Zeilensummen der Zeilen der Matrix $\underline{\underline{D}}_j$ entsteht. Höhere Ableitungen erhalten wir durch sukzessives Multiplizieren der schon erhaltenen Ableitungen mit $\underline{\underline{D}}$ und Zusammenfassen. Die ersten vier Ableitungen ergeben sich dann zu :

$$\begin{array}{rcl} \frac{d}{d\eta}\underline{\hat{U}} & = & \underline{\underline{D}}_1\,\underline{\hat{U}} + \underline{Z}(\underline{\underline{D}}_2)\,\hat{U}_\infty \\ \frac{d^2}{d\eta^2}\underline{\hat{U}} & = & \underline{\underline{D}}_1^2\,\underline{\hat{U}} + \underline{Z}(\underline{\underline{D}}_1\underline{\underline{D}}_2)\,\hat{U}_\infty \\ \frac{d^3}{d\eta^3}\underline{\hat{U}} & = & [\underline{\underline{D}}_1^2 + \underline{\underline{D}}_2\underline{\underline{D}}_3]\underline{\underline{D}}_1\,\underline{\hat{U}} + \underline{Z}([\underline{\underline{D}}_1^2 + \underline{\underline{D}}_2\underline{\underline{D}}_3]\underline{\underline{D}}_2)\,\hat{U}_\infty \\ \frac{d^3}{d\eta^3}\underline{\hat{U}} & = & [\underline{\underline{D}}_1^3 + \underline{\underline{D}}_1\underline{\underline{D}}_2\underline{\underline{D}}_3 + \underline{\underline{D}}_2\underline{\underline{D}}_3\underline{\underline{D}}_1 + \underline{\underline{D}}_2\underline{\underline{D}}_4\underline{\underline{D}}_3]\underline{\underline{D}}_1\,\underline{\hat{U}} + \\ & & +\underline{Z}([\underline{\underline{D}}_1^3 + \underline{\underline{D}}_1\underline{\underline{D}}_2\underline{\underline{D}}_3 + \underline{\underline{D}}_2\underline{\underline{D}}_3\underline{\underline{D}}_1 + \underline{\underline{D}}_2\underline{\underline{D}}_4\underline{\underline{D}}_3]\underline{\underline{D}}_2)\,\hat{U}_\infty \end{array} \tag{A.25}$$

Setzen wir jetzt noch (A.25) in (A.15) ein, haben wir die numerische Darstellung der Ableitung nach $z$ der Funktion $\hat{U}(z)$ erreicht. Beispielhaft geben wir hier die zweite Ableitung $\frac{d^2\underline{\hat{U}}}{dz^2}$ an für eine Funktion $\hat{U}(z)$ die im Unendlichen auf Null abklingt ($\hat{U}_\infty = 0$) :

$$\text{Original :}\quad \frac{d^2\hat{U}}{dz^2} \;=\; \left\{\frac{d^2\eta}{dz^2}\frac{d}{d\eta} + \left(\frac{d\eta}{dz}\right)^2\frac{d^2}{d\eta^2}\right\}\hat{U}$$

$$\longrightarrow \text{Numerisch :}\quad \frac{d^2}{dz^2}\underline{\hat{U}} \;=\; \underbrace{\left\{\underline{\underline{\Delta}}_2\underline{\underline{D}}_1 + \underline{\underline{\Delta}}_1^2\underline{\underline{D}}_1^2\right\}}_{=:\,\underline{\underline{D}}^{(2)}}\underline{\hat{U}}$$

Hierin enthalten die Diagonalmatrizen $\underline{\underline{\Delta}}$ die inneren Ableitungen aus der Koordinatenverzerrung $z = S(\eta)$. Lediglich die Elemente der Hauptdiagonalen einer Diagonalmatrix sind von Null verschieden. Sie sind hier $diag(\underline{\underline{\Delta}}_n) = {}^t\left((\frac{d^n\eta}{dz^n})_0, (\frac{d^n\eta}{dz^n})_1, \ldots, (\frac{d^n\eta}{dz^n})_{(N-1)/2}\right)$.

### A.3.3 Numerische Formulierung der Störungsdifferentialgleichung

Wir wollen in diesem Abschnitt die oben abgeleitete numerische Darstellung der Ableitungen nach $\eta$ bzw. $z$ nutzen, um jetzt die Störungsdifferentialgleichung (oder auch Eigenwertproblem) numerisch zu formulieren und konkret zu lösen. Liegt unser Stabilitätsproblem in einem endlichen Gebiet vor (z.B. Spaltweite im Taylor–Couette Problem), dann bilden wir mittels einer Koordinatenverzerrung $z = S(\eta)$ das gesamte numerische Rechenintervall $\eta \in [-1, 1]$ und damit alle Kollokationspunkte $\eta_k$ in das physikalische Gebiet ab. Ableitungen nach $z$ bestimmen sich dann aus (A.23) in Verbindung mit (A.15). Bei halbunendlichen Gebieten wie z.B. Grenzschichten hatten wir nur die Hälfte des Rechenintervalls verwendet (vgl. oben). Wir wollen ab jetzt die Anzahl der tatsächlich im physikalischen Gebiet liegenden Kollokationspunkte mit $N^* + 1$ bezeichnen. Für endliche Gebiete ist danach $N^* = N$ und für halbunendliche Gebiete $N^* = (N-1)/2$.

Indem wir die Ableitungsoperationen, z.B. $\frac{d^2}{dz^2}$, explizit als gegebene Matrix $\underline{\underline{D}}^{(2)}$ ausgedrückt haben, können wir lineare Differentialgleichungen für eine Funktion $\hat{U}$ denkbar einfach in lineare Gleichungssysteme für die numerische Approximation dieser Funktion $\underline{\hat{U}}$ an $N^* + 1$ Stützstellen "übersetzen". Wir brauchen dazu nur termweise zu ersetzen. Aus einer Eigenwertgleichung

$$\frac{d^2\hat{U}}{dz^2} + \nu\,\hat{U} = 0$$

wird z.B. einfach

$$\underline{\underline{D}}^{(2)}\underline{\hat{U}} + \nu\,\underline{\hat{U}} = \underline{0} \quad \text{bzw.} \quad \left[\underline{\underline{D}}^{(2)} + \nu\,\underline{\underline{I}}\right]\underline{\hat{U}} = \underline{0}$$

Dieses Eigenwertproblem kann in dieser Form mit Hilfe eines geeigneten Eigenwertlösers einer Programmbibliothek gelöst werden. Wir können in dieser Weise auch unser ursprünglich zu lösendes Eigenwertproblem (A.14) "numerisch übersetzen" :

$$\left[\underline{\underline{\hat{\boldsymbol{L}}}}_S - i\,\omega\,\underline{\underline{\hat{\boldsymbol{L}}}}_I\right]\underline{\hat{\boldsymbol{U}}} = \underline{\boldsymbol{0}} \tag{A.26}$$

Die $\underline{\underline{\hat{\boldsymbol{L}}}}$ sind nach der numerischen Formulierung an den Kollokationsstellen Matrixausdrücke. Die numerische Approximation der Eigenfunktion $\hat{\boldsymbol{U}}$ haben wir mit $\underline{\hat{\boldsymbol{U}}} = {}^t(\underline{\hat{U}}_1, \underline{\hat{U}}_2, \underline{\hat{U}}_3, \ldots)$ bezeichnet. Jede ihrer "Komponenten" $\underline{\hat{U}}_p$ ist durch $N^* + 1$ Punkte repräsentiert. Bei der numerischen Formulierung des zeitlichen Eigenwertproblems in einer kompressiblen Strömung, in der $\hat{\boldsymbol{U}} = {}^t(\hat{\rho}, \hat{u}, \hat{v}, \hat{w}, \hat{T})$ ist, besteht der Eigenvektor $\underline{\hat{\boldsymbol{U}}}$ aus $5 \cdot (N^* + 1)$ Werten und die Matrizen $\underline{\underline{\hat{\boldsymbol{L}}}}$ haben die Größe $25 \cdot (N^* + 1)^2$. Das zeigt, daß auch für wenige Kollokationspunkte $\eta_k$, z.B. $N^* = 40$ bereits große (komplexe) Matrizen entstehen, in diesem Fall mit 205 Spalten und Zeilen.

Als weiteres Beispiel für die numerische Umsetzung einer Eigenwertgleichung nehmen wir die Orr–Sommerfeldgleichung (2.291). Hier hat die Eigenfunktion nur eine Komponente $\hat{\boldsymbol{U}} = \hat{w}$. Die Gleichung sieht in der Originalversion folgendermaßen aus (wir haben aus Übersichtsgründen nur den zweidimensionalen Fall genommen) :

$$\underbrace{\left[ i a u_0 \left[\frac{d^2}{dz^2} - a^2\right] - i\,a\,\frac{d^2 u_0}{dz^2} - Re_d^{-1}\left[\frac{d^4}{dz^4} - 2a^2\frac{d^2}{dz^2} + a^4\right]\right]}_{=\,\hat{\boldsymbol{L}}_S \text{ nach (A.14)}} \hat{w} - i\omega \underbrace{\left[\frac{d^2}{dz^2} - a^2\right]}_{\hat{\boldsymbol{L}}_I \text{ nach (A.14)}} \hat{w} = 0$$

Wir ersetzen die Ableitungen durch Matrizen und die Funktionen durch ihre Werte an den Kollokationsstellen $\eta_j$ bzw. $z_j = S(\eta_j)$. Insbesondere schreiben wir die Werte der Grundströmung wieder in eine Diagonalmatrix $\underline{\underline{u_0}}$ mit $diag(\underline{\underline{u_0}}) = {}^t(u_0(z_0), u_0(z_1), \ldots, u_0(z_{N^*}))$ :

$$\left[\underbrace{i a \underline{\underline{u_0}}\left[\underline{\underline{D}}^{(2)} - a^2\underline{\underline{I}}\right] - i\,a\,\underline{\underline{\frac{d^2 u_0}{dz^2}}} - Re_d^{-1}\left[\underline{\underline{D}}^{(4)} - 2a^2\underline{\underline{D}}^{(2)} + a^4\underline{\underline{I}}\right]}_{=\,\underline{\underline{\hat{\boldsymbol{L}}_S}}} - i\omega \underbrace{\left[\underline{\underline{D}}^{(2)} - a^2\underline{\underline{I}}\right]}_{\underline{\underline{\hat{\boldsymbol{L}}_I}}}\right]\underline{\hat{w}} = \underline{0}$$

Die zweite Ableitung der Grundströmung $\underline{\underline{u_0}}$ an den Kollokationsstellen ist entweder gegeben oder kann mit $\underline{\underline{D}}^{(2)}$ erzeugt werden.

### A.3.4 Numerische Darstellung expliziter Randbedingungen

In den vorangegangenen Teilen haben wir die *Diskretisierung* der inhomogenen Richtung $z$ in einzelne Kollokationsstellen vorgenommen. Wir konnten so die Differentialoperatoren in $z$ konkret in Matrixform und damit die im Feld zu lösenden Differentialgleichungen explizit als lineare Gleichungssysteme schreiben. Wir müssen aber zusätzlich immer Randbedingungen erfüllen, z.B. die Haftbedingung oder kinematische Strömungsbedingung an einer festen Wand. Diese wollen wir als explizite Randbedingungen bezeichnen und sie damit von der impliziten Randbedingung trennen, die wir oben in Form der Abklingbedingung von Störungen für $z \to \infty$ kennengelernt haben. Wir hatten eine numerische Formulierung für die Ableitungen gewählt, die (implizite) Abklingbedingung bereits berücksichtigt.

Wir nehmen als Beispiel die kinematische Strömungsbedingung $\hat{w}(z=0)=0$ und Haftbedingung $(\frac{d}{dz}\hat{w})(z=0)=0$ an einer Wand bei $z=0$. Diese stellten die Wandrandbedingungen (2.292) für die im vorigen Abschnitt gerade numerisch formulierte Orr–Sommerfeldgleichung (2.291) dar und haben insofern eine sehr wichtige Bedeutung. Die Position, an der die Randbedingungen gefordert werden, entspricht einem der Kollokationspunkte, o.B.d.A. dem Punkt $\eta_0$ bzw. $z_0 = S(\eta_0)$. Die gewählte Komponente der Eigenfunktion $\hat{\boldsymbol{U}}$ ist hier $\hat{U} = \hat{w}$. In der numerischen Darstellung an den einzelnen Kollokationsstellen $\eta_0, \eta_1, \ldots, \eta_{N^*}$ schreibt sich das $\underline{\hat{U}} = {}^t(\hat{w}^0, \hat{w}^1, \ldots, \hat{w}^{N^*})$. Unsere Randbedingungen lauten damit

$$\text{Original:} \quad \hat{w}(z=0)=0 \qquad \frac{d\hat{w}}{dz}(z=0)=0$$

$$\longrightarrow \text{Numerisch:} \quad \hat{w}^0 = 0 \qquad \sum_{j=0}^{N^*} D_{0j}^{(1)}\hat{w}^j = 0$$

Hierin bezeichnet $D_{ij}^{(1)}$ die Komponenten der Ableitungsmatrix $\underline{\underline{D}}^{(1)}$ der ersten Ableitung in $z$. Wir müssen diese Randbedingungen in das numerisch formulierte Eigenwertproblem (A.26) einbauen. Aus Überschaubarkeitsgründen fassen wir jetzt zunächst die Matrizen $\underline{\underline{\hat{L}_S}}$ und $\underline{\underline{\hat{L}_I}}$ zusammen :

$$\underline{\underline{\hat{L}}} := \underline{\underline{\hat{L}_S}} - i\,\omega\,\underline{\underline{\hat{L}_I}} \tag{A.27}$$

Wir kommen nun auf die numerisch formulierte Orr-Sommerfeldgleichung des letzten Abschnitts zurück aus der wir $\underline{\underline{\hat{L}}}$ als Matrixausdruck entnehmen. In Komponenten haben wir

$$\sum_{j=0}^{N^*} L_{ij}\,\hat{w}^j = 0 \quad , \quad i = 0, \ldots, N^* \tag{A.28}$$

Man beachte, daß jede Zeile $i$ die numerische Auswertung der Eigenwertgleichung an einer bestimmten Stelle $z_i$ repräsentiert. Die Erfüllung der Randbedingung $w^0 = 0$ erscheint sehr einfach : Wir streichen die erste Spalte $L_{i0}$ von $\underline{\underline{\hat{L}}}$, da sie nur mit $w^0 = 0$ multipliziert wird. Damit haben wir die Größe des Gleichungssystems um Eins verringert, da es nur noch $N^*$ Unbekannte $\hat{w}^1, \hat{w}^2, \ldots, \hat{w}^{N^*}$ gibt. Es existieren aber nach wir vor $N^* + 1$ Zeilen $i$ im obigen Gleichungssystem (A.28). Wir haben eine Gleichung dieses Systems zu "opfern". Wir können entweder an einer Stelle die Randbedingung erfüllen, oder die Eigenwertgleichung; beides würde das numerische Gleichungssystem überbestimmt machen. Streichen wir also z.B. die $p$'te Gleichung, dann verbleibt ein Eigenwertproblem, bei dessen Lösung die Randbedingung $w^0 = 0$ erfüllt ist.

Der Einbau der Haftbedingung $\sum_{j=0}^{N^*} D_{0j}^{(1)} \hat{w}^j \stackrel{!}{=} 0$ in die Eigenwertgleichung (A.28) ist komplizierter. Denn diese Randbedingung stellt nur eine Beziehung zwischen den Werten $\hat{w}^j$ her. Wir können keinen Wert explizit setzen, sondern haben einen Wert $\hat{w}^k$ mit Hilfe der anderen auszudrücken und in der Gleichung (A.28) zu eliminieren. Wir schreiben dazu

$$\hat{w}^k = -\frac{1}{D_{0k}^{(1)}} \sum_{\substack{j=1 \\ j\neq k}}^{N^*} D_{0j}^{(1)} \hat{w}^j$$

Man beachte, daß wir nur von $j = 1$ an summieren, da wir auch hier die erste Randbedingung $\hat{w}^0 = 0$ mitberücksichtigen müssen. Wir eliminieren jetzt $\hat{w}^k$ in der Eigenwertgleichung:

$$\sum_{\substack{j=1 \\ j\neq k}}^{N^*} L_{ij}\, \hat{w}^j + \sum_{\substack{j=1 \\ j\neq k}}^{N^*} \overbrace{-L_{ik} \frac{D_{0j}^{(1)}}{D_{0k}^{(1)}}}^{=:\, \Delta L_{ij}^k} \hat{w}^j = 0 \Longleftrightarrow$$

$$\sum_{\substack{j=1 \\ j\neq k}}^{N^*} (L_{ij} + \Delta L_{ij}^k)\, \hat{w}^j = 0 \quad , \quad i = 0, \ldots, N^* \,,\ i \neq p, q$$

Hiermit haben wir auch die Haftbedingung an $z = 0$ eingebaut. Dabei wurde die Unbekannte $\hat{w}^k$ eliminiert, so daß wir neben der $p$'ten jetzt auch z.B. die $q$'te Gleichung aus dem System "geopfert" haben. Wir haben damit beide Randbedingungen in die numerische Eigenwertgleichung eingebaut und lösen jetzt ein Eigenwertproblem der Größe $(N^* - 1)^2$.

Im allgemeinen fordern wir bei der Verwendung der Orr–Sommerfeldgleichung am Rand zwei unabhängige Randbedingungen. Dieses könnten auch Symmetriebedingungen o.ä. sein. Die beiden Bedingungen mögen im allgemeinen Fall die Form

$$\frac{d^n \hat{w}}{dz^n}(z = 0) = 0 \quad , \quad \frac{d^m \hat{w}}{dz^m}(z = 0) = 0 \tag{A.29}$$

besitzen. Wir können dann in gleicher Weise wie zuvor folgende Eigenwertgleichung mit eingebauten Randbedingungen ableiten

$$\sum_{\substack{j=0 \\ j\neq k,l}}^{N^*} \underbrace{(L_{ij} + \Delta L_{ij}^k + \Delta L_{ij}^l)}_{:=\, \tilde{L}_{ij}} \hat{w}^j = 0 \quad , \quad i = 0, \ldots, N^* \,,\ i \neq p, q \tag{A.30}$$

wo $k, l$ die eliminierten Variablen und $p, q$ die "geopferten" Gleichungen bezeichnen. Wir haben hier die mit den Randbedingungen modifizierte Matrix $\underline{\underline{\hat{L}}}$ nun $\underline{\underline{\tilde{L}}}$ genannt und darüberhinaus die Abkürzungen

$$\Delta L_{ij}^{k} = L_{ik} \frac{D_{0l}^{(n)} D_{0j}^{(m)} - D_{0l}^{(m)} D_{0j}^{(n)}}{D_{0k}^{(n)} D_{0l}^{(m)} - D_{0k}^{(m)} D_{0l}^{(n)}} \quad , \quad \Delta L_{ij}^{l} = L_{il} \frac{D_{0k}^{(m)} D_{0j}^{(n)} - D_{0k}^{(n)} D_{0j}^{(m)}}{D_{0k}^{(n)} D_{0l}^{(m)} - D_{0k}^{(m)} D_{0l}^{(n)}} \tag{A.31}$$

verwendet. Um den Fall $\hat{w}^0 = 0$ mitbehandeln zu können, wollen wir vereinbaren, daß für z.B. $n = 0$ die Definition $D_{0j}^{(0)} := \delta_{j0}$ gilt, wobei hiermit auch entweder $k = 0$ oder $l = 0$ gesetzt werden muß. Die zuvor besprochenen Randbedingungen erhalten wir für den Spezialfall $n = 0$ mit $l = 0$ und $m = 1$.

### A.3.5 Form des kompletten numerischen Eigenwertproblems

Wir sollten uns an dieser Stelle nochmals daran erinnern, welche Größe wir mit Hilfe der numerischen Formulierung des Stabilitätseigenwertproblems bestimmen wollen. In der zeitlichen Stabilitätsanalyse sind wir an dem Eigenwert $\omega$ interessiert, da das Vorzeichen seines Imaginärteils $\omega_i$ die entscheidende Stabilitätsaussage macht. Wir hatten die Matrizen $\underline{\underline{\hat{L}}}_I$ und $\underline{\underline{\hat{L}}}_S$ in (A.27) aus Übersichtsgründen zu $\underline{\underline{\hat{L}}} = \underline{\underline{\hat{L}}}_S - i\omega \underline{\underline{\hat{L}}}_I$ zusammengefasst. Wir wollen nach dem Einbau der Randbedingungen diese wieder einzeln schreiben :

$$\left[\underline{\underline{\tilde{L}}}_S - i\omega \underline{\underline{\tilde{L}}}_I\right] \underline{\tilde{U}} = \underline{0} \tag{A.32}$$

worin die durch die Randbedingungen modifizierten Matrizen durch ein tilde–Symbol gekennzeichnet sind. Auch der Eigenvektor $\underline{\hat{U}}$ ist modifizert, denn wir haben ja (vgl. oben) im Zuge des Einbaus der expliziten Randbedingungen einzelne Komponenten eliminieren müssen. Lösen wir z.B. ein Stabilitätsproblem für eine kompressible Strömung, so besteht $\underline{\hat{U}} = {}^t(\underline{\hat{\rho}}, \underline{\hat{u}}, \underline{\hat{v}}, \underline{\hat{w}}, \underline{\hat{T}})$ aus 5 Komponenten á $N^* + 1$ Kollokationswerten. Wir setzen an der Wand $\hat{u}^0 = \hat{v}^0 = \hat{w}^0 = 0$ und $\hat{T}^0 = 0$. Damit entält $\underline{\tilde{U}}$ $N_z := 5(N^*+1) - 4$ Komponenten. Die Matrizen $\underline{\underline{\tilde{L}}}$ besitzen die entsprechende Größe. Das Eigenwertproblem (A.32) liefert nun $N_z$ Eigenwerte $\omega$, von denen uns in der Mehrzahl der Fälle nur einer oder sehr wenige interessieren (diejenigen mit $\omega_i > 0$).

In inkompressiblen Grenzschichten etwa erhalten wir i.d.R. maximal einen Eigenwert mit $\omega_i > 0$. Er ist insofern leicht im Eigenwertspektrum zu erkennen. Wir wollen nun unser oben angeführtes Beispiel zu Ende führen und mit Hilfe der diskretisierten Form der Orr–Sommerfeldgleichung einen zeitlichen Eigenwert für die Blasius'sche Grenzschichtströmung berechnen. Die Abbildung A.1 zeigt die Ergebnisse einer Stabilitätsanalyse für die Blasius'sche Grenzschicht. Der relevante Eigenwert mit positivem Imaginärteil $\omega_i > 0$ repräsentiert die Tollmien–Schlichting Welle.

Sind wir and der Ermittlung der Wellenzahl $a(\omega)$, d.h. an einer räumlichen Stabilitätsanalyse interessiert, dann haben wir ein nichtlineares Eigenwertproblem zu lösen. Denn $a$ steht in der vierten Potenz in der Orr–Sommerfeldgleichung. Wir können aber dieses nichtlineare Eigenwertproblem auf ein lineares zurückführen. Wir schreiben zunächst die diskrete Form der Orr–Sommerfeldgleichung nach Abschnitt A.3.3 folgendermaßen um

$$\left[\underline{\underline{L}}^0 + a\underline{\underline{L}}^1 + a^2\underline{\underline{L}}^2 + a^3\underline{\underline{L}}^3 + a^4\underline{\underline{L}}^4\right] \underline{\hat{w}} = \underline{0}$$

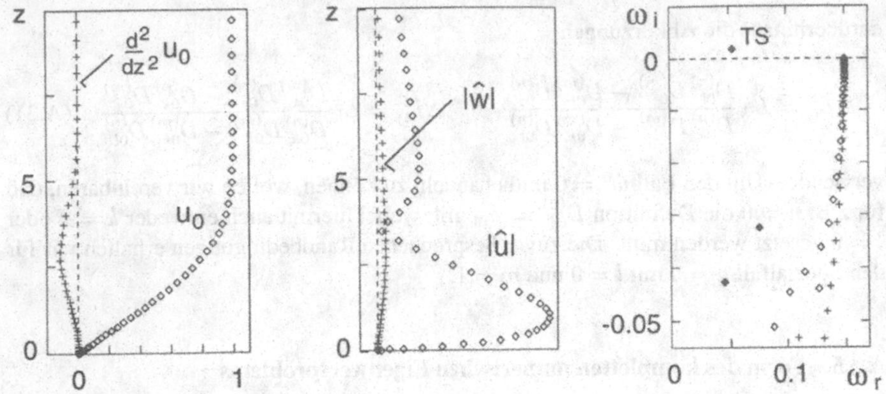


**Abb. A.1**: Eigenwertspektrum $\omega(a = 0.15)$ für $Re_d = 580$. Koordinatenverzerrung $z = S(\eta) = -20 \ln \eta$. links : Grundströmung and den Kollokationsstellen, rechts : Ausschnitt aus dem Eigenwertspektrum Kreuze : $N^* = 74$, Kästchen : $N^* = 49$, mittig : Eigenfunktionen $\underline{\hat{u}}$ und $\underline{\hat{w}}$ für $N^* = 74$.

Hierin ist

$$\begin{aligned}
\underline{\underline{L}}^0 &:= -Re_d^{-1}\underline{\underline{D}}^{(4)} - i\omega\underline{\underline{D}}^{(2)} \\
\underline{\underline{L}}^1 &:= i\underline{\underline{u_0}}\,\underline{\underline{D}}^{(2)} - i\frac{d^2\underline{\underline{u_0}}}{dz^2} \\
\underline{\underline{L}}^2 &:= 2Re_d^{-1}\underline{\underline{D}}^{(2)} + i\omega\underline{\underline{I}} \\
\underline{\underline{L}}^3 &:= -i\underline{\underline{u_0}} \\
\underline{\underline{L}}^4 &:= -Re_d^{-1}\underline{\underline{I}}
\end{aligned}$$

Führen wir nun die zusätzlichen Variablen

$$\underline{\hat{U}}^0 := \underline{\hat{w}}, \quad \underline{\hat{U}}^1 := a\underline{\hat{w}}, \quad \underline{\hat{U}}^2 := a^2\underline{\hat{w}}, \quad \underline{\hat{U}}^3 := a^3\underline{\hat{w}}$$

ein, so gelingt uns die Umwandlung des nichtlinearen Eigenwertproblems in ein lineares Eigenwertproblem in $a$. Denn wir können nun schreiben :

$$\left\{\begin{bmatrix} \underline{\underline{L}}^0 & \underline{\underline{L}}^1 & \underline{\underline{L}}^2 & \underline{\underline{L}}^3 \\ \underline{\underline{0}} & \underline{\underline{I}} & \underline{\underline{0}} & \underline{\underline{0}} \\ \underline{\underline{0}} & \underline{\underline{0}} & \underline{\underline{I}} & \underline{\underline{0}} \\ \underline{\underline{0}} & \underline{\underline{0}} & \underline{\underline{0}} & \underline{\underline{I}} \end{bmatrix} + a \begin{bmatrix} \underline{\underline{0}} & \underline{\underline{0}} & \underline{\underline{0}} & \underline{\underline{L}}^4 \\ -\underline{\underline{I}} & \underline{\underline{0}} & \underline{\underline{0}} & \underline{\underline{0}} \\ \underline{\underline{0}} & -\underline{\underline{I}} & \underline{\underline{0}} & \underline{\underline{0}} \\ \underline{\underline{0}} & \underline{\underline{0}} & -\underline{\underline{I}} & \underline{\underline{0}} \end{bmatrix}\right\} \begin{bmatrix} \underline{\hat{U}}^0 \\ \underline{\hat{U}}^1 \\ \underline{\hat{U}}^2 \\ \underline{\hat{U}}^3 \end{bmatrix}$$

Man beachte, daß das räumliche Stabilitätsproblem einen wesentlich größeren Rechenaufwand erfordert, da sich die Dimension der Matrizen gegenüber vorher vervierfacht hat. Die expliziten Randbedingungen, die für $\hat{w}$ gefordert werden, fordern wir jetzt ebenso für alle $\underline{\hat{U}}^j$.

# Ausgewählte Literatur


M. ABRAMOWITZ, I.A. STEGUN (HRSG.) 1972 :
Handbook of Mathematical Functions with Formulas, Graphs and Mathematical Tables, Gov. Printing Office Washington, DC.

R. BETCHOV, W. CRIMINALE JR. 1967 :
Stabiliy of parallel flows. New York Academic Press.

H. BIPPES 1972 :
Experimentelle Untersuchung des laminar–turbulenten Umschlags an einer parallel angeströmten konkaven Wand. Heidelberger Akademie der Wissenschaften, Math. Naturwiss. Kl., Sitzungsbereich 3 103.

H. BIPPES, H. DEYLE 1992 :
Das Receptivity–Problem in Grenzschichten mit längswirbelartigen Störungen. Z. Flugwiss. Weltraumforsch. ZFW 16 (1992), S. 34–41, Springer Verlag.

L. BREVDO 1991 :
Three–dimensional absolute and convective instabilities, and spatial amplifying waves in parallel shear flows. Journal of Applied Methematics and Physics (ZAMP), Vol. 42, Nov. 1991.

L. BREVDO 1992 :
Spatially amplifying waves in plane Poiseuille flow. Z. angew. Math. Mech. ZAMM 72 3, S. 163–174.

R. BRIGGS 1964 :
Electron–stream interactions in plasmas. MIT Press 1964.

I. BRONSTEIN, K. SEMENDJAJEW 1985 :
Taschenbuch der Mathematik. Verlag Harri Deutsch. Thun und Frankfurt/Main.

F. BUSSE 1978 :
Nonlinear properties of thermal convection. Rep. Prog. Phys. 41, S. 1929–1967.

C. CANUTO, M. HUSSAINI, A. QUARTERONI, T. ZANG 1988 :
Spectral methods in fluid daynamics. Springer–Verlag Berlin Heidelberg.

CODDINGTON, LEVINSON 1955 :
Theory of ordinary differential equations, Mc Graw–Hill, New York.

D. COLES 1965 :
Transition in circular Couette flow. J.Fluid Mech. 21, S. 385–425.

L. COLLATZ 1990 :
Differentialgleichungen. 7. überarb. u. erw. Aufl., Teubner Verlag Stuttgart.

J. DELFS 1996 :
Behaviour of unstable wave packets in the three–dimensional compressible flow past a wing. Applied Sciences – Especially Mechanics. Special volume ZAMM, Z. angew. Math. Mech. 1996. Akademie Verlag, Berlin.

P. DRAZIN, W. REID 1982 :
Hydrodynamic stability. Cambridge University Press.

N. EL-HADY 1991 :
Nonparallel instability of supersonic and hypersonic boundary layers. Phys. Fluids A 3 (9), S. 2164–2178.

J. FLORYAN 1991 :
On the Görtler instability of boundary layers. Prog. Aerospace Sci., Vol. 28, S. 235–271.

M. GASTER 1962 :
A note on the relation between temporally–increasing and spatially increasing disturbances in hydrodynamic stability. J.Fluid Mech. Vol. 14, S. 222–224.

M. GASTER 1968 :
The development of three–dimensional wave packets in a boundary layer. J.Fluid Mech. 32, S. 173-184.

M. GASTER 1974 :
On the effects of boundary–layer growth on flow stability. J.Fluid Mech., Vol. 66, S. 465–480.

G. GERSHUNI, E. ZHUKOVITSKII 1976 :
Convective stability of incompressible fluids. Israel program for scientific translations. Keter publishing house, Jerusalem.

P. HALL 1983 :
The linear development of Görtler vortices in growing boundary layers. J.Fluid Mech., Vol. 130, S. 41–58.

K. HANNEMANN, H. OERTEL JR. 1989
Numerical simulation of the absolutely and convectively unstable wake. J.Fluid Mech., Vol. 199, S. 55-88.

T. HERBERT 1984 :
Secondary instability of shear flows. In : VKI–special course on stability and transition, Mar. 26–30 Brüssel, Belgien.

T. HERBERT, F. BERTOLOTTI 1987 :
Stability analysis of nonparallel boundary layers. Bull. Am. Phys. Soc., Vol. 32, S. 2079.

T. HERBERT 1988 :
Secondary Instability of boundary layers. Ann. Rev. Fluid Mech., Vol 20, S. 487–526.

T. HERBERT 1993 :
Parabolized Stability Equations. AGARD–VKI Special Course on "Progress in Transition Modelling", March–April 1993.

J. HIRSCHFELDER, C. CURTISS, R. BIRD 1967 :
Molecular theory of gases and liquids. John Wiley& Sons, New York, London, Sydney.

P. HUERRE, P. MONKEWITZ 1985 :
Absolute and convective instabilities in free shear layers. J.Fluid Mech. 159, S.151–168.

P. HUERRE, P. MONKEWITZ 1990 :
Local and global instabilities in spatially developing flows. Ann. Rev. Fluid Mech. 22, S. 473–537.

H. JEFFREYS, B. SWIRLES 1962 :
Methods of mathematical physics. Cambridge. At the University Press.

D. JOSEPH 1976 :
Stability of fluid motions, Bd. I und Bd. II. Springer Tracts in Natural Philosophy Vol. 27 u. 28. Springer Verlag Berlin Heidelberg New York.

R. KIRCHARTZ, U. MÜLLER, H. OERTEL JR., J. ZIEREP 1981 :
axisymmetric and non–axisymmetric convection in a cylindrical container. Acta Mech. 40, S. 181–194.

E. KLINGBEIL 1989 :
Tensorrechnung für Ingenieure. 2. überarb. Aufl. BI–Wiss. Verlag. BI–Hochschultaschenbücher, Bd. 197.

E. KOSCHMIEDER 1993 :
Bénard cells and Taylor vortices. Cambridge monographs on mechanics and applied mathematics. Cambridge University Press.

R. KRISHNAMURTI 1973 :
Some further studies on the transition to turbulent convection. J.Fluid Mech. Vol. 60, S. 285–303.

L. LEES, C. LIN 1946 :
Investigation of the stability of the laminar boundary layer in a compressible fluid. NACA TN 1115.

C. LIN 1955 :
The theory of hydrodynamic stability, chapt. 5. Cambridge University Press.

L. MACK 1969 :
Boundary layer stability theory. Jet Propulsion Lab., Pasadena, Calif., Rep. 900–277.

L. MACK 1984 :
Boundary layer linear stability theory. In : Special course on stability and transition of laminar flow. AGARD Rep. No. 709, S. (3-1)–(3-81).

J. MASAD, A. NAYFEH 1991 :
Effect of heat transfer on the subharmonic instability of compressible boundary layers. Phys. Fluids A 3 (9), S. 2148–2163.

P. MONKEWITZ, P. HUERRE, J. CHOMAZ 1993 :
Global linear stability analysis of weakly non–parallel shear flows. J.Fluid Mech., Vol. 251, S. 1–20.

M. MORKOVIN 1988 :
Recent insights into instability and transition to turbulence in open–flow systems. AIAA Paper 88–3675.

M. MORKOVIN 1993 :
Bypass–transition reasearch : Issues and philosophy. In : Instabilities and Turbulence in Engineering Flows. Hrsg. D. ASHPIS, T. GATSKI, R. HIRSCH. Kluwer Academic.

L. NG, G. ERLEBACHER 1992 :
Secondary instabilities in compressible boundary layers. Phys. Fluids A 4, S. 710–726.

H. OERTEL JR., M. BÖHLE, T. EHRET 1995 :
Strömungsmechanik – Methoden und Phänomene. Springer–Lehrbuch Berlin, Heidelberg, New York.

H. OERTEL JR. 1990 :
Wakes behind blunt bodies. Ann. Rev. Fluid Mech. 22, S. 539–564.

H. OERTEL JR., E. LAURIEN 1995 :
Numerische Strömungsmechanik. Springer–Lehrbuch Berlin, Heidelberg, New York.

H. OERTEL JR., J. DELFS 1995 :
Mathematische Analyse der Bereiche reibungsbehafteter Strömungen. Z. angew. Math. Mech. ZAMM 75 7, S. 491–505.

H. OERTEL JR. 1979 :
Thermische Zellularkonvektion. Habilitationsschrift, Universität Karlsruhe.

W. SARIC 1994 :
Görtler vortices. Ann. Rev. Fluid Mech. 26, S. 379–409.

H. SCHLICHTING 1982 :
Grenzschicht-Theorie. 8. bearb. u. unter Mitw. von F. RIEGELS erw. Aufl. Braun Verlag Karlsruhe.

G. SCHUBAUER, H. SKRAMSTAD 1947 : Laminar bounday layer oscillations and transition on a flat plate. J. Aero. Sci. 14, S. 69–78.

F. SHERMAN 1990 :
Viscous flow. McGraw–Hill.

M. SIMEN, F. BERTOLOTTI, S. HEIN, A. HANIFI, D. HENNINGSON, U. DALLMANN 1994 :
Nonlocal and Nonlinear Instability Theory. Computational Fluid Dynamics 94. John Wiley& Sons.

K. STORK, U. MÜLLER 1972 :
Convection in boxes : experiments. J.Fluid Mech. 54, S. 599–611.

P. STRYKOWSKI, K. SREENIVASAN 1985 :
The control of transitional flows. AIAA Paper No. 85–0559.

J. TURNER 1973 :
Buoyancy effects in fluids. Cambridge University Press.

F. WHITE 1974 :
Viscous fluid flow. Mc–Graw Hill.

J. ZIEREP, H. OERTEL JR. (HRSG.) 1982 :
Convective transport and instability phenomena. Braun Verlag Karlsruhe.

# Sachwortverzeichnis

Printed in the United States
By Bookmasters